普通高校本科计算机专业特色教材·数理基础

离散数学

王建芳 主编
齐俊艳 张静 李亚男 郑艳梅 参编

清華大學出版社
北京

内 容 简 介

本教材以研究离散量结构及其关系为核心，全面涵盖数理逻辑、集合论、代数系统、图论等内容，具有思政融合、系统性与连贯性强、应用导向、深度解析等特点，配套线上编程资源与视频课程，目标是助力使用者构建知识体系，培养计算思维与解决实际问题的能力，树立自主学习意识。

本书可作为普通高等院校计算机和软件工程等相关专业"离散数学"课程的教材，也可供从事计算机领域教学和研究的人员参考。

图书在版编目（CIP）数据

离散数学/王建芳主编. --北京：清华大学出版社，2025.3. --（普通高校本科计算机专业特色教材）. --ISBN 978-7-302-68436-7

Ⅰ. O158

中国国家版本馆 CIP 数据核字第 2025WC3958 号

责任编辑：郭　赛
封面设计：常雪影
责任校对：李建庄
责任印制：刘海龙

出版发行：清华大学出版社
　　网　　址：https://www.tup.com.cn，https://www.wqxuetang.com
　　地　　址：北京清华大学学研大厦 A 座　　　**邮　　编**：100084
　　社 总 机：010-83470000　　　**邮　　购**：010-62786544
　　投稿与读者服务：010-62776969，c-service@tup.tsinghua.edu.cn
　　质量反馈：010-62772015，zhiliang@tup.tsinghua.edu.cn
　　课件下载：https://www.tup.com.cn，010-83470236
印 装 者：天津鑫丰华印务有限公司
经　　销：全国新华书店
开　　本：185mm×260mm　　**印　　张**：21.75　　**字　　数**：531 千字
版　　次：2025 年 3 月第 1 版　　**印　　次**：2025 年 3 月第 1 次印刷
定　　价：68.00 元

产品编号：106505-01

前言

FOREWORD

离散数学以研究离散量的结构及其相互间的关系为主要目标，其研究对象一般是有限或可数元素。这一特性使得离散数学能够充分描述计算机学科离散性的特点。作为一门数学学科，离散数学不仅具备数学的一切美妙性质，更是与计算机一同发展起来的学科。计算机所处理的对象是离散的，因此离散对象的处理成为计算机科学的核心，而离散数学正是研究离散对象的科学。

- **教材内容**

(1) **数理逻辑**：主要包括命题逻辑和谓词逻辑。通过多个示例将相关重要知识点有机联系起来，例如将中国古文化、动物识别系统的应用场景与推理理论相结合。这不仅丰富了数理逻辑的内涵，还提供了更加生动、具体的学习素材。

(2) **集合论**：以“部分是否能够等于全体”为引子，深入探究康托尔集合论中涉及的集合关系及性质、无穷集合及其大小比较、罗素悖论及解决方法。最后以“家族族谱管理系统”作为本部分的应用场景，使读者能够将抽象的集合理论与实际生活相结合，加深对知识的理解。

(3) **代数系统**：主要包括群论、格(论)和布尔代数。群论方面，从整数集内的加法和除法谈起，让读者深刻理解群及其相关概念。格(论)部分从偏序关系入手，深刻理解格的基本概念和典型应用场景。最后通过布尔代数范式理论与数理逻辑的范式建立起关联，形成完整的知识闭环体系。

(4) **图论**：从哥尼斯堡“七桥问题”出发，深入探究每一个知识点。除了阐述基本理论，还将结合实际应用，知其然，更知其所以然。

- **教材特点**

(1) **思政融合**：将数学知识与传统文化、生活现象相结合，激发读者的学习兴趣与文化自信。例如，在数理逻辑部分，通过中国古文化中的逻辑思想，引导读者树立正确的文化观；在集合论部分，通过寻根问祖的家谱系统，培养读者的民族自豪感和文化认同感。

(2) **系统性与连贯性**：本教材深入探讨逻辑推理、集合关系和数学结构的逻辑关联，通过集合中关系的闭包与图论、偏序关系与格相结合，由群论、布尔代数的范式再回到命题推理的范式等知识点，构建了一个完整且逻辑严密的离散数学体系。

(3) **应用导向**：每部分或者章节均配备有综合性案例或者实际应用场景，展示离散数学在解决实际问题中的强大活力。

(4) **深度解析**：对重点、难点、疑点进行深度剖析，辅以图表、思维导图等辅助工具，帮助读者轻松掌握。

- **配套资源**

(1) **线上编程资源**：为了更好地服务广大师生，教学团队开发了配套的离散数学在线创新实践平台，支持多种编程语言。

(2) **视频**：在中国大学 MOOC 爱课程网站搜索"离散数学河南理工大学"课程，可观看课程视频、浏览课件，这为学习者提供了更加便捷、高效的学习渠道。

- **教材目标**

(1) **知识目标**：引导读者领悟"离散观万物，逻辑蕴智慧，集合论关系，算法含温度，群论知结构"。通过对离散数学各个知识点的学习，使读者能够建立起完整的知识体系，理解离散数学在现代科学与技术中的重要地位。

(2) **能力目标**：培养读者的计算思维、创新能力，以及对复杂工程问题的建模、设计、分析和求解能力。通过实际案例分析和实践操作，提高读者运用离散数学知识解决实际问题的能力。

(3) **素养目标**：培养读者自主学习与终身学习的意识，激发读者的专业志趣和算法职业规范。使读者理解社会发展对计算机技术的需求，并具备适应其快速发展的持续学习能力。

本书中标注"*"的内容均可编写代码实现。

本书由王建芳统稿并编写第 0～14 章和第 22～35 章，第 15～21 章由郑艳梅编写，第 22～26 章由李亚男编写，第 27～31 章由张静编写，第 36～43 章由齐俊艳编写。因编者水平有限，书中疏漏在所难免，欢迎读者给编者发送邮件(762522981@qq.com)或在网站上留言，对本书提出意见和建议，会在每次重印时及时予以更正。

作　者

2025 年 3 月

目 录

CONTENTS

第1部分 数理逻辑

第 2 部分　集　合　论

第 4 部分　图　论

第 1 部分　数 理 逻 辑

数理逻辑简介

数理逻辑(Mathematical Logic)是一门运用数学方法研究逻辑或形式逻辑的学科。它既是数学的一个分支,也是逻辑学的重要分支,专注于研究推理形式结构及其规律。

联合国教科文组织宣布1月14日为"世界逻辑日",这一日期的选择意义重大,旨在纪念20世纪的两位逻辑学巨匠:库尔特·哥德尔(Kurt Gödel,1906年4月28日—1978年1月14日),其不完全性定理深刻改变了20世纪逻辑研究的面貌;阿尔弗雷德·塔斯基(Alfred Tarski,1901年1月14日—1983年10月26日),其理论与哥德尔的理论相互呼应。

数理逻辑将逻辑推理形式化,通过使用符号和公式来表示命题、逻辑联结词、量词等。例如,用"¬"表示否定,"∧"表示合取,"∨"表示析取,"→"表示条件等。它通过对这些符号和公式的操作来推导结论,使得逻辑推理过程更加精确和严谨。

数理逻辑具有高度的抽象性、精确性和形式化特点。它借助数学方法,使逻辑推理具备更强的严谨性、可验证性以及系统性。例如在证明和推理过程中,遵循严格的逻辑规则和推理步骤,确保每一步都有理有据。

数理逻辑的核心内容主要包括命题逻辑(Propositional Logic)和谓词逻辑(Predicate Logic)。命题逻辑主要研究命题之间的逻辑关系;谓词逻辑则引入了量词和谓词,对命题进行更深入的分析和描述。

20世纪以来,数理逻辑发展迅速,衍生出众多理论分支,如模型论、证明论、递归论和公理化集合论等。这些分支相互交织,共同推动了数理逻辑在各个领域的发展。

总之,数理逻辑作为一门用数学方法研究逻辑的学科,在数学基础理论研究、数学证明以及自动定理证明等方面发挥着重要作用。它是现代数学和计算机科学的重要基础之一,在计算机科学、人工智能、哲学等多个领域都具有不可或缺的地位。

数理逻辑部分包括命题逻辑(第0~8章)、谓词逻辑(第9~13章)和综合应用(第14章)。

命题逻辑

命题逻辑主要用于研究命题之间的关系和推理规则。

命题逻辑部分除了基本概念、基本定理等内容外,内容方面由两个例子贯穿本部分的主要知识点。

其中,示例L_1主要涉及从命题到范式的内容;示例L_2主要涉及蕴含和逻辑推理部分内容。

L_1:谁在说谎?

① 张三说李四在说谎。

② 李四说王五在说谎。

③ 王五说张三、李四都在说谎。

请问三人中到底谁说的是真话,谁在说谎?

请给出逻辑推理过程及程序代码实现。

L_2:检验下列论证的有效性?

① 如果我努力学习,那么我的“离散数学”课程及格。

② 如果我不热衷于玩游戏,那么我将努力学习。

③ 但我的“离散数学”课程不及格。

④ 因此我热衷于玩游戏。

请给出逻辑推理过程及程序代码实现。

谓词逻辑

谓词逻辑主要用于研究谓词之间的关系和推理规则。

谓词逻辑部分由亚里士多德三段论贯穿本部分的主要**知识点**。

L_3：亚里士多德三段论

① 所有的人都是要死的。

② 亚里士多德是人。

③ 所以亚里士多德是要死的。

请给出谓词推理过程。

命题逻辑思维导图

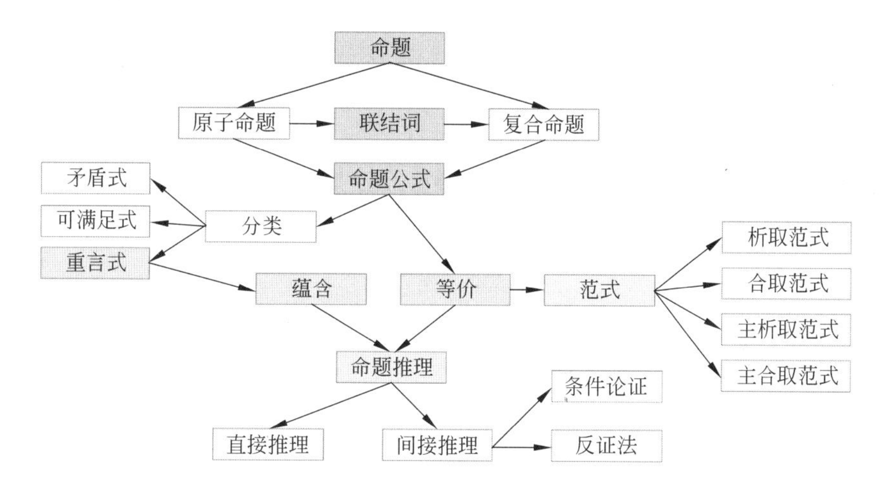

第 0 章 逻辑绪论

本章思维导图

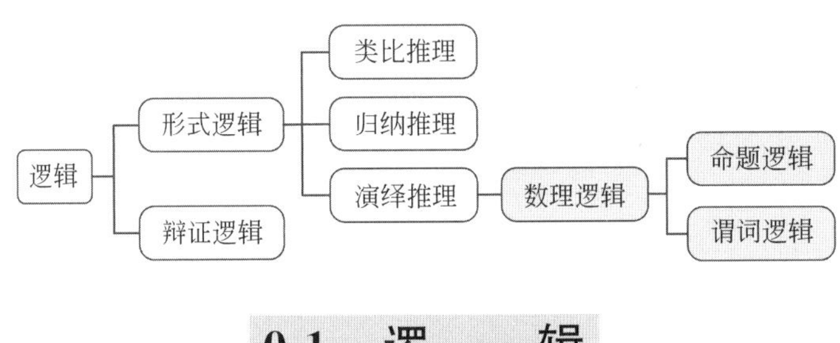

0.1 逻　　辑

逻辑是以研究人的思维形式及思维规律为目的的一门学科。实际上，逻辑是确保推理与论证的有效规则。逻辑分为**辩证逻辑**和**形式逻辑**(类似于一门语法的工具性学科)。**数理逻辑是用数学的方法研究形式逻辑**。

所谓“数学方法”，是建立一套有严格定义的符号，即建立一套形式语言来研究形式逻辑。所以数理逻辑也称为“符号逻辑”，它与数学的其他分支、计算机科学、人工智能、语言学等学科均有密切联系。

拓展：数理逻辑与计算机的关系

使用计算机必须首先学会编“程序”，那么什么是程序？

程序＝算法＋数据

算法＝逻辑＋控制

可见“逻辑”对于编程序是多么重要。要想学好、使用好计算机，必须学习逻辑。此外，掌握逻辑推理规律和证明方法会培养学生的逻辑思维能力，提高证明问题的技巧。

电子计算机与数理逻辑具有非常密切的关系。正是在数理逻辑中，把人类的推理过程分解成一些非常简单原始的、机械的动作，才使得用机器代替人类的推理设想有了实现的可能。有了电子计算机，使用它时，必须先进行程序设计，把整个推理、计算过程，丝毫不漏地考虑到，统统编入程序，而机器则依次地运行；如稍有错误，将立即得到毫无意义的结果。可见必须有足够的数理逻辑的训练，熟悉推理过程的全部细节，才能从事程序设计工作。此外，程序设计是一个很细致又很麻烦的工作，如何从事程序设计，如何防止在计算过程中出错，如何很快地发现这种错误并及时加以改正，都是程序设计理论中非常根本又非常重要的内容。随着近年来人工智能、深度学习和大语言模型等知识或技术的发展，这些内容都与数理逻辑息息相关。

0.2 形式逻辑

人的思维过程：**概念→判断→推理**。

正确的思维是指概念清楚、判断正确以及推理合乎逻辑。

人们是通过各种各样的学习（理论学习和从实践中学习）来掌握许多概念和判断的。

而**形式逻辑主要是研究推理**的。

0.3 推理分类

推理是由若干已知的判断（前提）推出新的判断（结论）的思维过程。

推理的分类如下：

1. 类比推理

由个别事实推出个别结论。

【例 0-1】

（前提）地球上有空气、水，地球上有生物。
　　　　火星上有空气、水。
（结论）火星上有生物。

2. 归纳推理

由若干个别事实推出一般结论。

【例 0-2】

（前提）铜能导电。铁能导电。锡能导电。铅能导电……
（结论）一切金属都导电。

3. 演绎推理

由一般规律推出个别事实。

演绎推理一般是由**大前提**、**小前提**和**结论**三部分组成。

【例 0-3】

（大前提）　如果天下雨，则路上有水。（一般规律）
（小前提）　天下雨了。　　　　　　　（个别事实）
（结论）　　路上有水。　　　　　　　（个别结论）

【例 0-4】 晏子使楚

（大前提）　使狗国者从狗门入。　　（一般规律）
（小前提）　今臣使楚。　　　　　　（个别事实）
（结论）　　不当从此门入。　　　　（个别结论）

【例 0-5】

（大前提）　所有的人都是要死的。　（一般规律）
（小前提）　亚里士多德是人。　　　（个别事实）
（结论）　　亚里士多德是要死的。　（个别结论）

数理逻辑主要是**研究演绎推理**的。

拓展阅读

古代逻辑学的发源地一般被认为是两千多年前的古代中国、印度和希腊。国际学术界公认世界逻辑学有三大源流，即中国的名辩学、印度的正理因明学和以古希腊为代表的西方逻辑学。它们在历史的长河中都经历了自身的发生和发展的过程。

为逻辑及数理逻辑做出奠基性工作的一些关键人物如下。

- **亚里士多德**(Aristotle，公元前 384—前 322)，古代先哲，古希腊人，世界古代史上伟大的哲学家、科学家和教育家之一，堪称希腊哲学的集大成者。他是柏拉图的学生，亚历山大的老师。他提出了三段论(一种基于两个前提的推论论证)的逻辑，为逻辑学的发展奠定了基础。
- **莱布尼茨**(Gottfried Wilhelm Leibniz，1646—1716)，德国哲学家、数学家，被誉为 17 世纪的亚里士多德。和牛顿同为微积分学的创建者。在数理逻辑方面也做出了重要贡献，特别是他试图用代数形式来表达逻辑，虽然当时并未完全成功，但他的思想对后来数理逻辑的发展产生了深远影响。
- **乔治·布尔**(George Boole，1815—1864)，英国数学家，数理逻辑的奠基者之一。1847 年发表了《逻辑的数学分析》，建立了“布尔代数”，并创造了一套符号系统来表示逻辑中的各种概念，通过布尔代数这一概念将数学和逻辑学结合在了一起，这为数理逻辑的发展奠定了重要基础。
- **弗雷格**(Gottlob Frege，1848—1925)，德国数学家，逻辑学家和哲学家，数理逻辑和分析哲学的奠基人，在《算术基础》一书中引入了量词的符号，使得数理逻辑的符号系统更加完备。
- **伯特兰·罗素**(Bertrand Russell，1872—1970)，英国数学家、哲学家、逻辑学家，对数学、逻辑学、集合论等多个领域都有重要贡献。他和怀特海合著的《数学原理》奠定了现代数理逻辑的理论基础。

命题及符号化

本部分包括命题、联结词和命题合式公式及符号化三章内容。

本部分思维导图

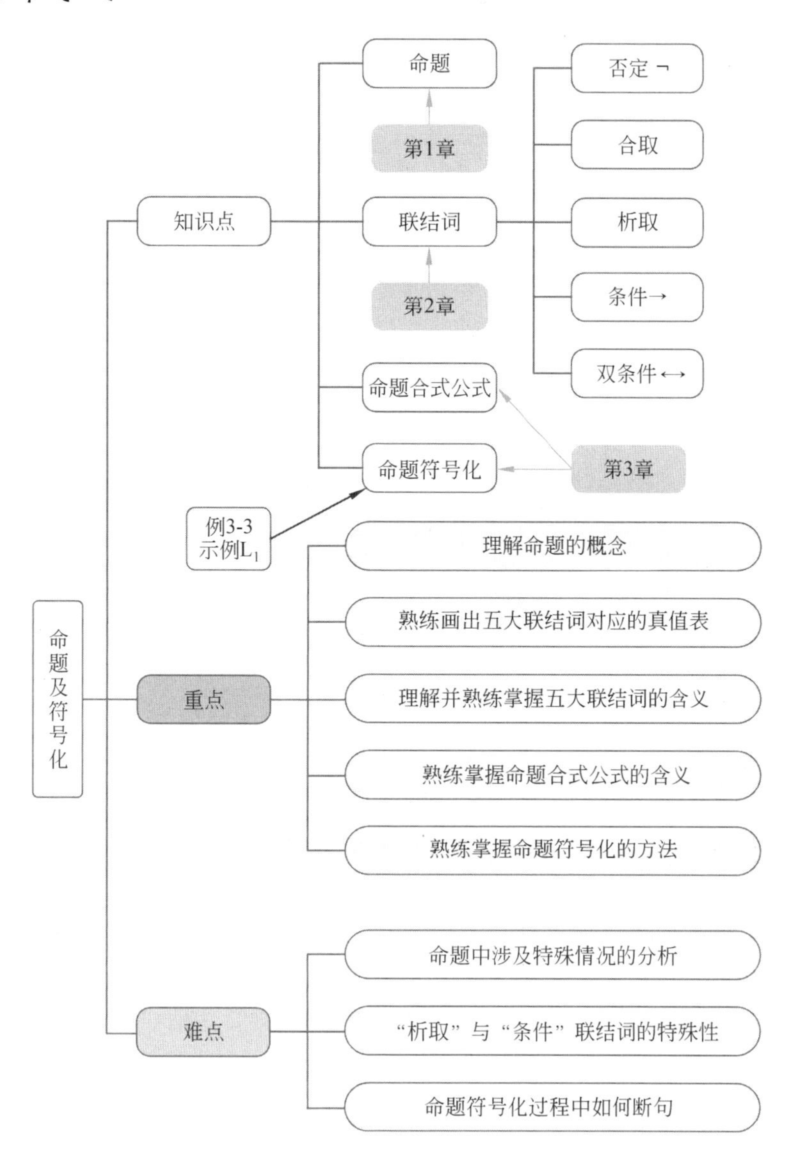

第 1 章 命　　题

命题是数理逻辑的基础，也是构建复杂逻辑系统、进行逻辑推理和论证的基本单元。

1.1 命　　题

【定义 1-1】 命题（Proposition）是**能表达判断并具有确定真值的陈述句**。

判断一个句子是否为命题：

首先判断它是否为**陈述句**；

其次判断它是否有**唯一的真值**。

真值：每个命题都具有的一个值。要么为真（T，1），要么为假（F，0）。

注意：

- 感叹句、祈使句、疑问句都不是命题。
- 陈述句中的悖论以及判断结果不能唯一确定的不是命题。

判断是否为命题：1）是否为陈述句；2）确定真值；3）表达判断。

【例 1-1】 王维《相思》中的四句话是否分别为命题？

① 红豆生南国。

② 春来发几枝？

③ 愿君多采撷！

④ 此物最相思！

解：第①句是命题；

第②句是疑问句，不是命题；

第③句是祈使句，不是命题；

第④句是感叹句，不是命题。

【例 1-2】 我第一次接触"离散数学"，我就立刻喜欢上它了。

解：是命题。虽然不同的人有不同的答案，但针对每一个人，都是确切的答案，要么真，要么假。

【例 1-3】 1＋11＝100。

解：不是命题。因为它的真假随着外部条件的改变而改变，例如二进制还是十进制，条件没有标明。

【例 1-4】 2050 年的元旦是晴天。

解：不是命题。如果是命题，一定现在就知道真假。

判断结果不唯一确定的陈述句不是命题。不能说是命题，但不知真假。根据命题定义，一旦确定是命题时，真假也就随之而定下来。

【例 1-5】 我正在说谎。

解：自称谓的陈述句，不是命题。

那些"**自称谓**"的陈述句可以理解为一种自我指涉的表达式或命题，即该表达式或命题在描述或定义自身的同时，也直接或间接地引用或包含了自身的某部分。这种自称谓的命题在数理逻辑中可能导致逻辑上的矛盾或**悖论**，故不在数理逻辑讨论之列。

什么是悖论?

悖论(Paradoxes)是指在一种推理系统中，由于推理的规则、定义或假设的矛盾而导致的矛盾结论。通俗来说是表面上同一命题或推理中隐含着两个对立的结论，而这两个结论都能自圆其说。

悖论的抽象公式可以表示为：如果事件 A 发生，则推导出非 A；非 A 发生则推导出 A。

拓展阅读：常见悖论

(1) **理发师悖论**。

理发师悖论也叫罗素悖论，是由伯特兰·罗素在 1901 年提出的。

某个城市里唯一的理发师立下了以下规定：**只给那些不给自己理发的人理发**。

现在问一个问题：理发师应该给自己理发吗?

会发现理发师处于两难，因为：

- 如果理发师不给自己理发，他需要遵守规则，给自己理发。
- 如果理发师是给自己理发的，他需要遵守规则，不给自己理发。

(2) **薛定锷的猫**。

薛定锷的猫(Schrodinger's Cat)最早由物理学家薛定锷提出，是量子力学领域中的一个悖论。其内容是：一只猫、一些放射性元素和一瓶毒气一起被封闭在一个盒子里一小时。在一小时内，放射性元素衰变的概率为 50%。如果衰变，那么一个连接在盖革计数器上的锤子就会被触发，并打碎瓶子，释放毒气，杀死猫。因为这件事是否发生的概率相等，薛定锷认为在盒子被打开前，盒子中的猫被认为是既死又活的。

(3) **芝诺悖论**。

二分法悖论作为芝诺悖论(Zeno's Paradoxes)中的一个重要组成部分,由古希腊数学家芝诺(Zeno of Elea)提出。这一悖论主要探讨了运动、空间和时间分割的无限性,进而对运动的可能性提出了质疑。

在二分法悖论中,芝诺的论证是这样的:假设一个人从 A 地出发,要走到 X 地。他首先必须通过标有 1/2 的 B 点,这是 A 到 X 的中心点。然后,他又得经过标有 3/4 的 C 点,即 B 到 X 的中心点。接着,从 C 点出发,在到达 X 之前他仍要经过一个中心点,即标有 7/8 的 D 点。以此类推,无论离 X 的距离有多么接近,他都得先经过一个中心点。由于这些中心点是无止境的,因此芝诺认为,尽管行走的人离终点越来越近,但他始终无法到达终点。

1.2 命题的表示

数理逻辑是用数学符号处理逻辑,因此首先要对命题进行符号化处理。命题通常也称为命题变元或命题变量,一般用**小写字母** p、q、r、s、t 表示。

如雪是白色的,命题可表示为

p:雪是白色的。

命题一般分为**原子命题**和**复合命题**。

如:雪是白色的,为**原子命题**,它是不可再分的。

而"雪是白色的并且今天是星期三"为**复合命题**,它是由两个简单命题通过联结词组合而成的。

第 2 章 联结词

命题逻辑联结词(Connective)也称命题联结词,是命题逻辑的基本概念之一,用于由已有的命题构造出复合命题。主要包括 5 个联结词:否定“¬”、合取“∧”、析取“∨”、条件“→”和双条件“↔”。

2.1 否定

【定义 2-1】 原命题为 p,称“$\neg p$”为 p 的否定,表示“……不成立”“不……”。

用于对一个命题 p 的否定,写成 $\neg p$,读成“非 p”。

$\neg p$ 的真值:与 p 真值相反。

说明:“¬”属于一元(Unary)运算符。

否定在电路中可以理解成否定电路。对应的真值表如表 2-1 所示。

表 2-1 否定联结词真值表

p	$\neg p$
F	T
T	F

【例 2-1】 p:2 是素数。

$\neg p$:2 不是素数。

2.2 合取

【定义 2-2】 设 p,q 为二命题,复合命题“p 并且 q”(或“p 与 q”)称为 p 与 q 的**合取式**,记作 $p\wedge q$,符号“∧”称为合取联结词。

合取可以理解成串联电路,对应的真值表如表 2-2 所示。

表 2-2 合取联结词真值表

p	q	$p\wedge q$
F	F	F
F	T	F

续表

p	q	$p \wedge q$
T	F	F
T	T	T

$p \wedge q$ 为真当且仅当 p 和 q 同时为真。

说明："∧"属于二元(Binary)运算符。

合取运算特点：只有参与运算的二命题全为真时，运算结果才为真，否则为假。

自然语言中表示"并且"意思的联结词，如"既……又……""不但……而且……""虽然……但是……""一面……一面……""……和……""……与……"等都可以符号化为∧。

【例 2-2】 将下列命题符号化。

(1) 李平既聪明又用功。

(2) 李平虽然聪明，但不用功。

(3) 李平不但聪明，而且用功。

(4) 李平不是不聪明，而是不用功。

解：设 p：李平聪明。

q：李平用功。

则 (1) $p \wedge q$。

(2) $p \wedge \neg q$。

(3) $p \wedge q$。

(4) $\neg(\neg p) \wedge \neg q$。

注意：不要见到"与"或"和"就使用联结词∧。

"∧"与日常语言中的"与""和"的不同之处在于：

(1) 逻辑学中允许两个相互独立无关的，甚至互为否定的原子命题生成一个新的命题；

(2) 自然语言中有时在各种不同意义上使用联结词"与""和"，不能一概用联结词∧翻译。如：

① 王芳和王华是姐妹。

② 张三和李四是朋友。

2.3 析　取

【例 2-3】 区分下面两句话的差异。

(1) 今天上午第一节课，张三在上数学课或者在上英语课。

(2) 李四学会了英语或者法语。

第(1)句话，张三在同一时刻，虽然用了"或者"，但只能在一个地方。

第(2)句话，李四既可以掌握英语，也可以掌握法语，也可以同时掌握英语和法语两种语言。

从上述两句话可以看出：**汉语中的"或者"具有歧义性，或者说具有二义性。**

【定义 2-3】 设 p,q 为二命题,复合命题"p 或者 q"("p 或 q")称为 p 与 q 的**析取式**,记作 $p \vee q$,符号"$\vee$"称为析取联结词。

从真值表可知,"$\vee$"为可兼取的或。$p \vee q$ 为真当且仅当 p 和 q 只要有一个为真。

说明:"$\vee$"属于二元运算符。

析取运算特点:只有参与运算的两命题全为假时,运算结果才为假,否则为真。

析取可以理解成并联电路,对应的真值表如表 2-3 所示。

表 2-3　析取联结词真值表

p	q	$p \vee q$
F	F	F
F	T	T
T	F	T
T	T	T

- $p \vee q$ 读成 p 析取 q,p 或者 q。
- $p \vee q$ 的真值为 F,当且仅当 p 与 q 均为 F。

拓展阅读:异或联结词

异或表示两个命题不可能同时成立,也称为**不可兼取或/排斥或**。

命题:张三第一节课上数学或者上英语。

可以理解为

张三第一节课上数学而没有上英语;

或者

张三第一节课上英语而没有上数学。

p:第一节上数学课。

q:第一节上英语课。

上述复合命题可写成 $p \oplus q$,读成 p 异或 q。

$p \oplus q$ 的真值为 F,当且仅当 p 与 q 的真值相同。

于是有 $p \oplus q$ 与 $(\neg p \wedge q) \vee (\neg q \wedge p)$ 是一样的,或者说是等价的。

【例 2-4】 将下列命题符号化。

(1) 张三爱打球或爱跑步。　　　　(可兼或)

设 p:张三爱打球。q:张三爱跑步。

　　则上述命题可符号化为:$p \vee q$

(2) 张三学过英语或法语。　　　　(可兼或)

设 p:张三学过英语。q:张三学过法语。

　　则上述命题可符号化为:$p \vee q$

(3) 派张三或李四中的一人去开会。　　　　(排斥或)

设 p:派张三去开会。q:派李四去开会。

则上述命题可符号化为:$(p \wedge \neg q) \vee (\neg p \wedge q)$

由析取联结词的定义可以看出,"∨"与汉语中的联结词"或"意义相近,但又不完全相同。

注意:

(1) 逻辑学中允许"∨"联结两个毫无关系的命题。

如:今天星期一或者张三去图书馆。

(2) 自然语言中有时在各种不同意义上使用联结词"或",不能一概用联结词"∨"去翻译,因为联结词"∨"与日常语言中"或"有不同之处,具有歧义性。在现代汉语中,联结词的"∨"实际上有"可兼取或"和"排斥或"之分。

2.4 条　件

【定义 2-4】 设 p,q 为二命题,复合命题"p 条件 q"称为 p 与 q 的**条件式**,记作 $p\to q$,符号"→"称为条件连接词。

"→"表示"如果……则……"。

条件联结词对应的真值表如表 2-4 所示。

表 2-4　条件联结词真值表

p	q	$p\to q$
F	T	T
T	F	F
T	T	T
F	F	T

$p\to q$ 的真值为假,当且仅当 p 为真,q 为假。

说明:"→"属于二元运算符。

如何理解条件联结词"→"。

- 把 p 看作"考试过程中考题出的对错",试题正确为 T,试题错误为 F。
- 把 q 看作"学生回答相应试题答案的对错",答案正确为 T,答案错误为 F。
- 则 $p\to q$ 可以理解为"该试题得分情况",得分为 T,不得分为 F(表 2-5)。

表 2-5　条件联结词真值表的理解

p	q	$p\to q$
教师考题对错	学生答案对错	学生是否得分
F	T	T
T	F	F
T	T	T
F	F	T

【例 2-5】 p 表示:缺少水分。

q 表示:植物会死亡。

$p \rightarrow q$：如果缺少水分，植物就会死亡。

$p \rightarrow q$：也称为条件式，读成"若 p 则 q"。

在条件联结词 $p \rightarrow q$ 中，也可将"→"左边部分称为"**前件**"，右边部分称为"**后件**"，即 p 是 $p \rightarrow q$ 的前件，q 是 $p \rightarrow q$ 的后件。还可以说 p 是 q 的充分条件，q 是 p 的必要条件。

当条件 p 为 F 时，条件($p \rightarrow q$)为 T。

【例 2-6】 设 p 表示"今天下雨"，q 表示"地面湿滑"。已知 p 为真，则以下哪个命题必然为真？

(1) q 为真。

(2) $\neg q$(q 的否定)为真。

(3) 无法确定 q 的真假。

(4) p 与 q 等价。

解：已知 p 为真，即"今天下雨"是事实。

但从"今天下雨"这一事实不能直接推断出"地面湿滑"(q)也一定为真，因为地面湿滑可能受多种因素影响(如排水系统、地面材质等)。

因此，选项(1)(q 为真)和选项(4)(p 与 q 等价)都是错误的。

选项(2)($\neg q$ 为真)更是与已知事实相悖。

唯一合理的答案是(3)，即无法确定 q 的真假。

拓展阅读：充分条件和必要条件

充分条件：只要条件成立，结论就成立，则该条件就是充分条件。

例如："植物缺少水分"就是"植物会死亡"的充分条件。在自然语言中表示充分条件的词有：

如果……则……，只要……就……，若……则……。

如果有事物情况 A，则必然有事物情况 B；如果没有事物情况 A 而未必没有事物情况 B，A 就是 B 的充分而不必要条件，简称充分条件。

必要条件：如果该条件不成立，那么结论就不成立，则该条件就是必要条件。

"植物死亡"就是"缺少水分"的必要条件(植物未死亡，一定不缺少水分) 或者说 (植物死亡了，不一定缺少水分)。

在自然语言中表示必要条件的词有：

只有……才……；仅当……，……；……，仅当……。

如果没有事物情况 A，则必然没有事物情况 B；如果有事物情况 A 而未必有事物情况 B，A 就是 B 的必要而不充分的条件，简称必要条件。

简单地说，不满足 A，必然不满足 B；满足 A，不必然满足 B，则 A 是 B 的必要条件。

【例 2-7】 将下列命题符号化。

解：设 p：天气好。q：我去跑步。

(1) 如果天气好，我就去跑步。

(2) 只要天气好，我就去跑步。

(3) 若天气好，我就去跑步。

(4) 仅当天气好，我才去跑步。

(5) 只有天气好，我才去跑步。

(6) 我去公园,仅当天气好。

命题(1)、(2)、(3)写成: $p \to q$。

命题(4)、(5)、(6)写成: $q \to p$。

可见"→"既表示充分条件(前件是后件的充分条件),也表示必要条件(后件是前件的必要条件)。这一点要特别注意,它决定了哪个作为前件,哪个作为后件。

2.5 双条件

【定义 2-5】 设 p,q 为二命题,复合命题"p 双条件 q"称为 p 与 q 的**双条件式**,记作 $p \leftrightarrow q$,符号"↔"称为双条件连接词。

原命题为 p、q,称 $p \leftrightarrow q$ 为"p 当且仅当 q"。

"↔"表示"当且仅当""充分且必要"。

双条件联结词对应的真值表如表 2-6 所示。

表 2-6 双条件联结词真值表

p	q	$p \leftrightarrow q$
F	F	T
F	T	F
T	F	F
T	T	T

从表 2-6 可以看出,当 p 和 q 是同号时,"↔"结果为真,否则为假。

说明:"↔"属于二元运算符。

【例 2-8】

p:△ABC 是等边三角形。

q:△ABC 是等角三角形。

$p \leftrightarrow q$:△ABC 是等边三角形当且仅当它是等角三角形。

2.6 小结

(1) 联结词在自然语言中的含义如表 2-7 所示。

表 2-7 联结词在自然语言中的含义

联结词	符号	表达式	读法	真值结果
否定	$\neg$	$\neg p$	非 p	$\neg p$ 为真当且仅当 p 为假
合取	$\wedge$	$p \wedge q$	p 合取 q	$p \wedge q$ 为真当且仅当 p,q 同为真
析取	$\vee$	$p \vee q$	p 析取 q	$p \vee q$ 为真当且仅当 p,q 至少一个为真
条件	$\to$	$p \to q$	若 p 则 q	$p \to q$ 为假当且仅当 p 为真 q 为假
等价	$\leftrightarrow$	$p \leftrightarrow q$	p 当且仅当 q	$p \leftrightarrow q$ 为真当且仅当 p,q 同为真假

(2) 联结词真值表如表 2-8 所示。

表 2-8　联结词真值表

p	q	$p \wedge q$	$p \vee q$	$p \to q$	$p \leftrightarrow q$
F	F	F	F	T	T
F	T	F	T	T	F
T	F	F	T	F	F
T	T	T	T	T	T

(3) 析取联结词“或者”的二义性,即要区分给定的“或”是“可兼取的或”还是“不可兼取的或”。

(4) 条件联结词“→”的用法,它既表示“充分条件”,也表示“必要条件”,即要明确哪个作为前件,哪个作为后件。

(5) 在符号化命题或判断命题真假时,可以忽略日常用语中的必然联系。

例如:①如果 1+1=2,则天是蓝色的。

② 花是红的当且仅当今天是星期三。

(6) 一般约定:

① 联结词结合力强弱顺序为:¬,∧,∨,→,↔;凡符合此顺序的,括号可省略。

② 相同的运算符从左到右次序计算时,括号可省略。

③ 最外层括号可省略。

(7) ∧、∨、↔ 具有对称性,而¬、→没有。

(8) ∧、∨、¬分别与计算机中的与门、或门、非门电路相对应。

(9) ¬为一元联结词,∧、∨、→、↔为二元联结词。

2.7　联结词的应用

在布尔检索中,联结词“∧”(一般用 AND 表示)用于匹配包含两个检索项的记录,联结词“∨”(一般用 OR 表示)用于匹配包含两个检索项中至少有一个的记录,而联结词“¬”(一般用 NOT 表示)用于排除某个特定的检索项。

在百度搜索引擎中输入以下内容:

(1) 河南省 AND 大学

检索河南省各大学的网页信息。

(2) (河南省 OR 陕西省) AND 大学

检索河南省或陕西省各大学的网页信息。

当然,类似方法也可以用命题联结词进行学术信息的搜索。

2.8　布尔代数

1849 年,英国数学家乔治·布尔(George Boole)首先提出用来描述客观事物逻辑关系的数学方法——**布尔代数**。

布尔代数后来被广泛用于开关电路和数字逻辑电路的分析与设计，所以也称为开关代数或逻辑代数，用于处理二值逻辑问题。

实际上“¬”“∧”“∨”联结词分别对应“非电路”“串联电路”“并联电路”。

逻辑代数中用字母表示变量——逻辑变量，每个逻辑变量的取值只有两种可能——0和1。它们也是逻辑代数中仅有的两个常数。0和1只表示两种不同的逻辑状态，不表示数量大小。

逻辑代数表示的是逻辑关系，而不是数量关系，这是它与普通代数的本质区别。

1. 基本定律

三种基本运算是：与、或、非(反)。

非逻辑运算如表2-9所示。

表 2-9　非逻辑运算

¬0	1
¬1	0

与逻辑运算如表2-10所示。

表 2-10　与逻辑运算

0·0=0·1=1·0=0	1·1=1

或逻辑运算如表2-11所示。

表 2-11　或逻辑运算

0+1=1+0=1+1=1	0+0=0

2. 逻辑运算

逻辑赋值/状态赋值：

- 用“1”表示开关接通，用“0”表示开关没有接通。
- 用“1”表示灯亮，用“0”表示灯不亮。

(1) 非逻辑电路。

图2-1代表的非逻辑关系是：决定事件的条件满足时，事件反而不发生。

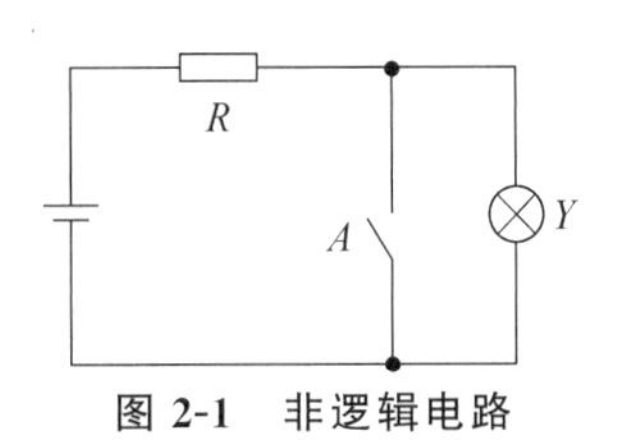

图 2-1　非逻辑电路

$$Y=\neg A$$

非电路真值表如表2-12所示。

表 2-12　非电路真值表

A	Y
0	1
1	0

(2) 与运算串联电路。

图2-2代表的与逻辑关系是：决定事件的全部条件都满足时，事件才会发生。

$$Y=A \cdot B=AB=A \text{ and } B=A\&B$$

串联电路真值表如表 2-13 所示。

表 2-13 串联电路真值表

A	B	Y
0	0	0
0	1	0
1	0	0
1	1	1

(3) 或运算并联电路。

图 2-3 代表的或逻辑关系是：决定事件的全部条件只要有一个满足时，事件就会发生。

$$Y=A+B=A \text{ or } B$$

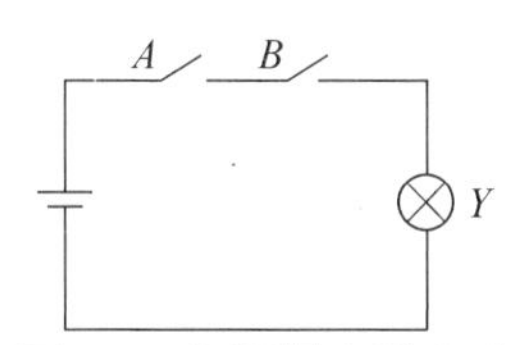

图 2-2 与逻辑串联电路

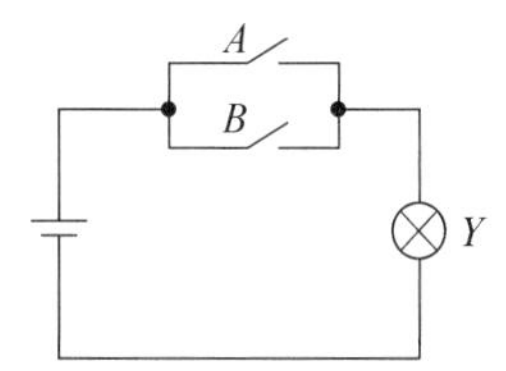

图 2-3 或逻辑并联电路

并联电路真值表如表 2-14 所示。

表 2-14 并联电路真值表

A	B	Y
0	0	0
0	1	1
1	0	1
1	1	1

第 3 章 命题合式公式及符号化

合式公式是一种形式化语言表达式，遵循一定规则构建而成。命题符号化则是将自然语言中的命题转换为形式化表达的过程，通过设定命题变量和逻辑联结词，将复杂语句简化为可逻辑推演的符号系统。

3.1 命题合式公式

【定义 3-1】 命题合式公式（Well Formed Formulas，WFF）：

（1）单个命题变元是合式公式；

（2）若 A 是合式公式，则 $\neg A$ 是合式公式；

（3）若 A 和 B 是合式公式，则 $(A \wedge B)$、$(A \vee B)$、$(A \rightarrow B)$ 和 $(A \leftrightarrow B)$ 都是合式公式；

（4）当且仅当有限次地应用（1）（2）（3）所得到的含有命题变元、联结词和括号的符号串是合式公式。

该定义是递归的，（1）是递归的基础，由（1）开始，使用规则（2）（3），可以得到任意的合式公式。

合式公式也可简称为**公式**。

【例 3-1】 根据定义判断下列式子是否为合式公式。

（1）$p \neg \rightarrow r$。

（2）$p \vee (q \wedge r)$。

（3）$p \rightarrow r$。

（4）$p \vee (q \wedge r$。

解：

（1）$p \neg \rightarrow r$　　不是，$\neg$ 后面紧跟命题。

（2）$p \vee (q \wedge r)$　　是。

（3）$p \rightarrow r$　　是。

（4）$p \vee (q \wedge r$　　不是，少一个右括号。

3.2 命题符号化的方法

【定义 3-2】 所谓**命题符号化**，也称命题翻译，就是用命题公式的符号串来表示给定的命题。

命题一般分为原子命题和复合命题。对复合命题符号化的方法为：

(1) 首先要明确给定命题的含义；

(2) 对于复合命题，找联结词，用联结词断句，分解出各个原子命题；

(3) 设原子命题符号，并用逻辑联结词联结原子命题符号，构成给定命题的符号表达式。

【例 3-2】 命题符号化下列句子。

(1) 说离散数学无用且枯燥无味是不对的。

解：设p：离散数学是有用的。

q：离散数学是枯燥无味的。

该命题可写成：$\neg(\neg p \wedge q)$。

(2) 如果小张与小王都不去，则小李去。

解：设 p：小张去。q：小王去。r：小李去。

该命题可写成：$(\neg p \wedge \neg q) \rightarrow r$。

如果小张与小王都不去，则小李去。

该命题可写成：$\neg(p \vee q) \rightarrow r$。

也可以写成：$(\neg p \vee \neg q) \rightarrow r$。

(3) 仅当天不下雨且我有时间，我才上街。

解：设 p：天下雨。q：我有时间。r：我上街。

分析：由于“仅当”是表示“必要条件”的，即“天不下雨且我有时间”是“我上街”的必要条件。所以

该命题可写成：$r \rightarrow (p \wedge q)$。

(4) 人不犯我，我不犯人；人若犯我，我必犯人。

解：设 p：人犯我。q：我犯人。

该命题可写成：$(\neg p \rightarrow \neg q) \wedge (p \rightarrow q)$。

或写成：$p \leftrightarrow q$。

(5) 若天不下雨，我就上街；否则我在家。

解：设 p：天下雨。q：我上街。r：我在家。

该命题可写成：$(\neg p \rightarrow q) \wedge (p \rightarrow r)$。

注意：中间的联结词一定是“$\wedge$”，而不是“$\vee$”，也不是“$\oplus$(可兼取的或，异或)”。

因为原命题表示“天不下雨时我做什么，天下雨时我又做什么”的两种做法，其中有一种做法是假的，则我说的就是假话，所以中间的联结词一定是“$\wedge$”。

如果写成 $(\neg p \rightarrow q) \vee (p \rightarrow r)$，就表明只有当两种做法都是假的时，我说的才是假话。这显然是错误的。

若写成$(\neg p \rightarrow q) \oplus (p \rightarrow r)$，当 p 为 F、q 为 F 时，即天没下雨而我没上街，此时我说的是假话，但是表达式$(\neg p \rightarrow q) \oplus (p \rightarrow r)$ 的真值却是 T，因为此时$(p \rightarrow r)$的真值是 T。

【例 3-3】 L_1：谁在说谎？

(1) 张三说李四在说谎。

(2) 李四说王五在说谎。

(3) 王五说张三、李四都在说谎。

请问三人中到底谁说的是真话，谁在说谎？

解：设p：张三说真话。

q：李四说真话。

r：王五说真话。

则　第(1)句可符号化：$p\leftrightarrow\neg q\Leftrightarrow(p\wedge q)\vee(\neg p\wedge\neg q)$。

第(2)句可符号化：$q\leftrightarrow\neg r$。

第(3)句可符号化：$r\leftrightarrow(\neg p\wedge\neg q)$。

整段文字可翻译成：

$$\text{WFF } L_1\Leftrightarrow(p\leftrightarrow\neg q)\wedge(q\leftrightarrow\neg r)\wedge(r\leftrightarrow(\neg p\wedge\neg q))$$

习　题

1. 判断下列哪个语句是命题。

(1) 北京是中华人民共和国的首都。　(　　)

(2) 今天天气真好！　(　　)

(3) 海王星上有生物。　(　　)

(4) 我第一次接触“离散数学”，我就立刻喜欢上它了。　(　　)

(5) 离散数学老师会在考试时出什么题目呢？　(　　)

(6) 我只给不给自己刮胡子的人刮胡子。　(　　)

(7) 禁止吸烟！　(　　)

(8) 你喜欢唱歌吗？　(　　)

(9) 所有的质数都是奇数。　(　　)

(10) 如果今天是周五，那么明天是周六。　(　　)

(11) 太阳从西边升起。　(　　)

(12) 河南理工大学是我国历史上第一所矿业高等学府。　(　　)

2. 填空题。

(1) 已知 $p\wedge q$ 为 T，则 p 为(　　)，q 为(　　)。

(2) 已知 $p\vee q$ 为 F，则 p 为(　　)，q 为(　　)。

(3) 已知 p 为 F，则 $p\wedge q$ 为(　　)。

(4) 已知 p 为 T，则 $p\vee q$ 为(　　)。

(5) 已知 $p\vee q$ 为 T，且 p 为 F，则 q 为(　　)。

(6) 已知 $p\rightarrow q$ 为 F，则 p 为(　　)，q 为(　　)。

(7) 已知 p 为 F，则 $p\rightarrow q$ 为(　　)。

(8) 已知 q 为 T，则 $p\rightarrow q$ 为(　　)。

(9) 已知 $\neg p\rightarrow\neg q$ 为 F，则 p 为(　　)，q 为(　　)。

(10) 已知 p 为 T，$p\rightarrow q$ 为 T，则 q 为(　　)。

(11) 已知 $\neg q$ 为 T，$p\rightarrow q$ 为 T，则 p 为(　　)。

(12) 已知 $p\leftrightarrow q$ 为 T，p 为 T，则 q 为(　　)。

(13) 已知 $p\leftrightarrow q$ 为 F，p 为 T，则 q 为(　　)。

(14) $p\leftrightarrow p$ 的真值为(　　)。

(15) $p\rightarrow p$ 的真值为(　　)。

3. 设 p 表示“张三是学生”,q 表示“张三每天学习”。给出以下推理：如果 p,则 q。现知 p 为真,问以下哪个命题为真。

(1) q 一定为真。

(2) q 一定为假。

(3) 无法确定 q 的真假,但 q 为真的可能性较大。

(4) p 与 q 无必然联系。

4. 用命题和联结词翻译下面的句子。

(1) 明天不下雨。

(2) 小明既聪明又勤奋。

(3) 所有的猫都是哺乳动物,且都有四条腿。

(4) 或者小明去了北京,或者小明去了上海。

(5) 这本书要么是关于数学的,要么是关于物理的。

(6) 如果下雨,那么地面会湿。

(7) 只有当你完成作业,你才能玩游戏。

(8) 一个数是偶数当且仅当它能被 2 整除。

(9) 两个三角形全等当且仅当它们的所有对应边和对应角都相等。

(10) 当且仅当天气好,才去公园。

(11) 小明不聪明也不勤奋。

(12) 所有的学生都必须通过考试或者完成一篇论文,才能毕业。

(13) 小明不喜欢苹果,也不喜欢香蕉。

(14) 如果小明通过了考试,并且完成了论文,那么小明就能毕业。

(15) 当且仅当小明通过了考试并且完成了论文,小明才能毕业。

(16) 小明要么去纽约,要么去巴黎,要么留在家里。

(17) 小明不是老师,也不是学生。

(18) 当且仅当小明有票或者小明有邀请函,小明才能进入会场。

5. 用 C、C++、Java、Python 中的任一编程语言实现从键盘输入一个公式,判断其是否为合式公式。

等价公式及范式

本部分包括等价公式、范式和主范式的应用。

本部分思维导图

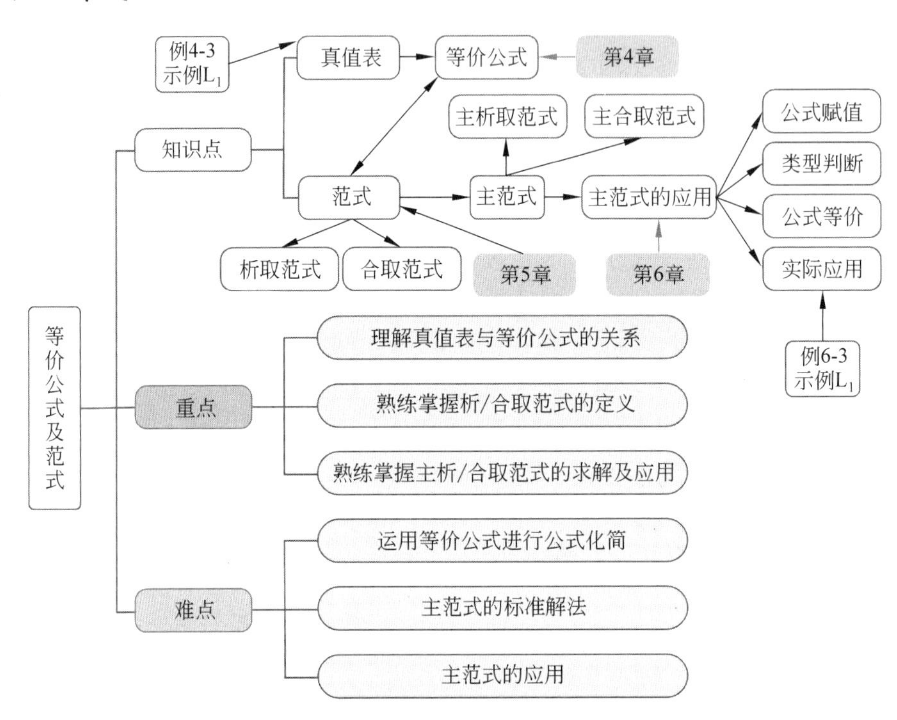

第 4 章 等价公式

等价公式允许在不同逻辑表达式之间建立等价关系，即如果两个表达式满足等价公式，则它们在逻辑上具有相同的真值。

等价公式的重要性在于它简化了复杂的逻辑推理过程，可以将复杂的逻辑表达式简化为更简单的形式，从而更容易地判断其真值或进行逻辑推导。此外，等价公式还是构建范式和进行逻辑推理的基础，例如将命题逻辑公式转换为合取范式（CNF）或析取范式（DNF），这些范式在自动定理证明、电路设计和数据库查询优化等领域有广泛应用。

本章需要回答：

（1）公式 $p\rightarrow q$ 和 $\neg p\vee q$ 是否等价？如果等价，理由是什么？

（2）表 4-4 的推导过程。

（3）**拓展**[*]：用程序实现等价公式的判断。

4.1 真值表

如果某个命题公式不是复合命题，则它没有真值，但是给其中的所有命题变元作指派以后它就有了真值。

【定义 4-1】 真值表对于一个命题公式而言，将对于其分量的各种可能的真值指派汇聚成的表。

由于对每个命题变元可以有两个真值（T，F）被指派，所以有 n 个命题变元的命题公式 $A(p_1,p_2,\cdots,p_n)$ 的真值表有 2^n 行。

为了有序地列出 $A(p_1,p_2,\cdots,p_n)$ 的真值表，可以将 F 看成 0，将 T 看成 1，按照二进制数 00…0，00…01，00…010，…，11…10，11…1（十进制的 $0,1,2,\cdots,2^{n-1}$）的次序进行指派。

对公式 A 构造真值表的具体步骤为：

（1）找出公式中所有命题变元 $p_1,p_2,\cdots,p_n$，列出全部的 2^n 组赋值；

（2）按从小到大的顺序列出对命题变元 $p_1,p_2,\cdots,p_n$ 的全部 2^n 组赋值；

（3）对应各组赋值计算出公式 A 的真值，并将其列在对应赋值的后面。

【例 4-1】 根据表 4-1 列出 $\neg p\vee q$ 及 $p\rightarrow q$ 的真值，能判断两者是等价的吗？

解：所求真值表如表 4-1 所示。

表 4-1　例 4-1 真值表

p	q	$\neg p$	$\neg p \vee q$	$p \rightarrow q$
1	1	0	1	1
1	0	0	0	0
0	1	1	1	1
0	0	1	1	1

根据表 4-1 可知，针对每组 p，q 的真值指派，对应所得的结果相同，因此：

$$p \rightarrow q \Leftrightarrow \neg p \vee q$$

也就是说 $p \rightarrow q$ 等价于 $\neg p \vee q$。

【例 4-2】 求出 $(p \rightarrow q) \wedge (q \rightarrow p)$、$(\neg p \vee q) \wedge (p \vee \neg q)$ 和 $(p \wedge q) \vee (\neg p \wedge \neg q)$ 的真值表，如表 4-2 所示，能得到什么结果？

解：所求真值表如表 4-2 所示。

表 4-2　例 4-2 真值表

p	q	$p \leftrightarrow q$	$(p \rightarrow q) \wedge (q \rightarrow p)$	$(\neg p \vee q) \wedge (p \vee \neg q)$	$(p \wedge q) \vee (\neg p \wedge \neg q)$
0	0	1	1	1	1
0	1	0	0	0	0
1	0	0	0	0	0
1	1	1	1	1	1

根据表 4-2 可知，针对每一组 p，q 的真值指派，所得的结果相同，因此：

$$p \leftrightarrow q \Leftrightarrow (p \rightarrow q) \wedge (q \rightarrow p) \Leftrightarrow (\neg p \vee q) \wedge (p \vee \neg q) \Leftrightarrow (p \wedge q) \vee (\neg p \wedge \neg q)$$

【例 4-3】 L_1：谁在说谎？

用真值表来判断三人中到底谁说的是真话，谁在说谎。

解：根据题意，以及例 3-3 的分析，可得出其合式公式：

$$\text{WFF } L_1 \Leftrightarrow (p \leftrightarrow \neg q) \wedge (q \leftrightarrow \neg r) \wedge (r \leftrightarrow (\neg p \wedge \neg q))$$

该题有 3 个命题变量，共有 8 种情况，其真值表如表 4-3 所示。

表 4-3　例 4-3 真值表

	p	q	r	$\neg p$	$\neg q$	$\neg r$	$p \leftrightarrow \neg q$	$q \leftrightarrow \neg r$	$\neg p \wedge \neg q$	$r \leftrightarrow (\neg p \wedge \neg q)$	WFF L_1
000	0	0	0	1	1	1	0	0	0	0	0
001	0	0	1	1	1	0	0	0	1	0	0
010	0	1	0	1	0	1	1	1	0	0	1
011	0	1	1	1	0	0	1	1	1	1	0
100	1	0	0	0	1	1	1	1	0	0	0
101	1	0	1	0	1	0	1	1	0	0	0
110	1	1	0	0	0	1	0	0	0	0	0
111	1	1	1	0	0	0	0	0	0	0	0

由真值表可以看出 WFF L_1 只有一种情况其真值为 1，即张三在说谎，李四在说真话，王五在说谎话。

4.2 等价公式

4.2.1 等价

【定义 4-2】 对两个命题公式 A、B，若对于 A、B 中的所有命题变元 $p_1, p_2, \cdots, p_n$，对它们的任一组真值指派，A、B 相同对应行的真值相同，则称 A 与 B **等价**。

记作：A⇔B。

4.2.2 从真值表到等价式

【例 4-4】 根据表 4-1 列出 $\neg p \vee q$ 及 $p \to q$ 的真值，能否判断两者是等价的吗？

根据表 4-1 可知，针对每一组（行）p, q 的直值指派，对应所得的结果相同，因此：

$$p \to q \Leftrightarrow \neg p \vee q$$

也就是说 $p \to q$ 等价于 $\neg p \vee q$。

【例 4-5】 求出 $(p \to q) \wedge (q \to p)$、$(\neg p \vee q) \wedge (p \vee \neg q)$ 和 $(p \wedge q) \vee (\neg p \wedge \neg q)$ 的真值表，如表 4-2 所示，能得到什么结果？

根据表 4-2 可知，针对每一组 p, q 的直值指派，所得的结果相同，因此：

$$p \leftrightarrow q \Leftrightarrow (p \to q) \wedge (q \to p) \Leftrightarrow (\neg p \vee q) \wedge (p \vee \neg q) \Leftrightarrow (p \wedge q) \vee (\neg p \wedge \neg q)$$

例 4-4 和例 4-5 可以看出等价公式可以由真值表求得。

4.2.3 等价公式

常见的等价公式如表 4-4 所示，所有这些公式全部可以通过真值表获得。

表 4-4　常见的等价公式

名　称	等价公式	编　号
双重否定律	$p \Leftrightarrow \neg\neg p$	E_1
恒等律	$p \vee p \Leftrightarrow p$	E_2
	$p \wedge p \Leftrightarrow p$	E_3
交换律	$p \vee q \Leftrightarrow q \vee p$	E_4
	$p \wedge q \Leftrightarrow q \wedge p$	E_5
结合律	$p \vee (q \vee r) \Leftrightarrow (p \vee q) \vee r$	E_6
	$p \wedge (q \wedge r) \Leftrightarrow (p \wedge q) \wedge r$	E_7
分配律	$p \vee (q \wedge r) \Leftrightarrow (p \vee q) \wedge (p \vee r)$	E_8
	$p \wedge (q \vee r) \Leftrightarrow (p \wedge q) \vee (p \wedge r)$	E_9
吸收律	$p \vee (p \wedge q) \Leftrightarrow p$	E_{10}
	$p \wedge (p \vee q) \Leftrightarrow p$	E_{11}

续表

名　称	等价公式	编　号
德·摩根律	$\neg(p\vee q)\Leftrightarrow\neg p\wedge\neg q$	E_{12}
	$\neg(p\wedge q)\Leftrightarrow\neg p\vee\neg q$	E_{13}
条件转化律	$p\rightarrow q\Leftrightarrow\neg p\vee q$	E_{14}
	$q\rightarrow p\Leftrightarrow\neg p\rightarrow\neg q$	E_{15}
双条件转化律	$p\leftrightarrow q\Leftrightarrow(\neg p\vee q)\wedge(p\vee\neg q)$	E_{16}
	$p\leftrightarrow q\Leftrightarrow(p\rightarrow q)\wedge(q\rightarrow p)\Leftrightarrow(p\wedge q)\vee(\neg p\wedge\neg q)$	E_{17}
同一律	$p\vee F\Leftrightarrow p$	E_{18}
	$p\wedge T\Leftrightarrow p$	E_{19}
零律	$p\vee T\Leftrightarrow T$	E_{20}
	$p\wedge F\Leftrightarrow F$	E_{21}
互补律	$p\vee\neg p\Leftrightarrow T$	E_{22}
	$p\wedge\neg p\Leftrightarrow F$	E_{23}
输出律	$(p\wedge q)\rightarrow r\Leftrightarrow p\rightarrow(q\rightarrow r)$	E_{24}
归谬律	$(p\rightarrow q)\wedge(p\rightarrow\neg q)\Leftrightarrow\neg p$	E_{25}

4.3 等价公式的应用

4.3.1 证明

（1）通过真值表来进行等价证明。

略。

（2）等价公式法。

【例 4-6】 证明吸收律 E_{11}：$p\wedge(p\vee q)\Leftrightarrow p$。

证明：

$$\begin{aligned}&p\wedge(p\vee q)\\\Leftrightarrow&(p\vee F)\wedge(p\vee q)\\\Leftrightarrow&p\vee(F\wedge q)\\\Leftrightarrow&p\vee F\\\Leftrightarrow&p\end{aligned}$$

【例 4-7】 证明：$(p\vee q)\rightarrow(p\wedge q)\Leftrightarrow p$。

证明：

$$\begin{aligned}&(p\vee q)\rightarrow(p\wedge q)\\\Leftrightarrow&\neg(\neg p\vee q)\vee(p\wedge q)\\\Leftrightarrow&(\neg\neg p\wedge\neg q)\vee(p\wedge q)\end{aligned}$$

$$\Leftrightarrow (p \wedge \neg q) \vee (p \wedge q)$$
$$\Leftrightarrow p \wedge (\neg q \vee q)$$
$$\Leftrightarrow p \wedge \mathrm{T}$$
$$\Leftrightarrow p$$

4.3.2 化简

化简(或等价证明)的方法基本一致,主要步骤如下。

(1) 将公式中的联结词划归成 ¬、∧及∨(先用相应的公式去掉→和↔)。

E_{14} $p \to q \Leftrightarrow \neg p \vee q$

E_{16} $p \leftrightarrow q \Leftrightarrow (p \wedge q) \vee (\neg p \wedge \neg q)$

(2) 将否定联结词消去或者内移(德·摩根律)到各命题变元之前。

E_1 $\neg\neg p \Leftrightarrow p$

E_{12} $\neg(p \vee q) \Leftrightarrow \neg p \wedge \neg q$

E_{13} $\neg(p \wedge q) \Leftrightarrow \neg p \vee \neg q$

(3) 利用分配律、结合律将公式化简。

【例 4-8】 化简 $(p \wedge q) \vee (\neg p \wedge q)$。

解:

$$(p \wedge q) \vee (\neg p \wedge q)$$
$$\Leftrightarrow (p \vee \neg p) \wedge q$$
$$\Leftrightarrow \mathrm{T} \wedge q$$
$$\Leftrightarrow q$$

4.3.3 综合应用

【例 4-9】 某件事是甲、乙、丙、丁 4 人中某一个人干的,询问 4 人后回答如下:

(1) 甲说是丙干的;

(2) 乙说我没干;

(3) 丙说甲讲的不符合事实;

(4) 丁说是甲干的。

若其中 3 人说的是对的、1 人说的不对,问是谁干的?

解: 设

p:这件事是甲干的。

q:这件事是乙干的。

r:这件事是丙干的。

s:这件事是丁干的。

4 人所说命题分别用 A、B、C、D 表示,则(1)、(2)、(3)、(4)分别符号化为:

$A \Leftrightarrow \neg p \wedge \neg q \wedge r \wedge \neg s$;

$B \Leftrightarrow \neg q$;

$C \Leftrightarrow \neg r$;

$D \Leftrightarrow p \wedge \neg q \wedge \neg r \wedge \neg s$。

3 人对、1 人错的命题 WFF 符号化为:

$WFF \Leftrightarrow (\neg A \wedge B \wedge C \wedge D) \vee (A \wedge \neg B \wedge C \wedge D) \vee (A \wedge B \wedge \neg C \wedge D) \vee (A \wedge B \wedge C \wedge \neg D)$
而$(\neg A \wedge B \wedge C \wedge D) \Leftrightarrow p \wedge \neg q \wedge \neg r \wedge \neg s$，其他三项$\Leftrightarrow$F，所以 p 为真时，$p \wedge \neg q \wedge \neg r \wedge \neg s$ 为真，所以这件事是甲干的。

拓展*：用程序实现推理过程。

4.4 公式类型

设 p 为任一命题公式，

(1) 若 p 在其各种赋值下的取值均为真，则称 p 是**重言式**(Tautology)或永真式，记为 T 或 1。

(2) 若 p 在其各种赋值下的取值均为假，则称 p 是**矛盾式**(Contradiction)或永假式，记为 F 或 0。

(3) 若 p 不是矛盾式，则称 p 为**可满足式**(Satisfiable)。

注：由定义可知，重言式一定是可满足式，反之不成立。

【例 4-10】 化简并判别下列命题公式的类型。

(1) $p \to ((p \wedge q) \vee (p \wedge \neg q))$。

(2) $(p \vee q) \to (q \to p)$。

(3) $\neg (p \to r) \wedge r \wedge q$。

解：

(1) $p \to ((p \wedge q) \vee (p \wedge \neg q)) \Leftrightarrow 1$ 永真式

(2) $(p \vee q) \to (q \to p)$

$\Leftrightarrow \neg (p \vee q) \vee (\neg q \vee p)$

$\Leftrightarrow (\neg p \wedge \neg q) \vee (\neg q \vee p)$ 可满足式

(3) $\neg (p \to r) \wedge r \wedge q \Leftrightarrow 0$ 永假式

拓展*：用程序实现命题公式类型的判断。

4.5 逻辑三大定律

逻辑三大定律

同一律：$(A \vee 0) \Leftrightarrow A$，$(A \wedge 1) \Leftrightarrow A$。

排中律：$(A \vee \neg A) \Leftrightarrow T$。

矛盾律：$(A \wedge \neg A) \Leftrightarrow F$。

1. 同一律

$$(A \vee 0) \Leftrightarrow A$$

$$(A \wedge 1) \Leftrightarrow A$$

前后提及一个概念时，内涵和外延必须保持统一。

概念和内容是同一的，时间轴上是同一的。

2. 排中律

$$(A \vee \neg A) \Leftrightarrow T$$

($A \vee \neg A$) 为真，意味着 A 和 $\neg A$ 不可能同时为假(排中律)。

$$A \vee \neg A \Leftrightarrow T$$

生存还是毁灭，没有中间状态！

排中律是指两个自相矛盾的观点中一定有一个是对的，有一个是错的，没有都不对这种中间状态。

排中律最大的价值是识别、揭穿那些“骑墙者”，提高思辨能力和沟通效率，其中暗藏着一种著名的推理方法，叫作反证法。

根据排中律，既然两个自相矛盾的观点中一定有一个是对的，没有都不对这种中间状态，那么只要证明这两个观点中有一个是错的，就等于证明另一个是对的。这就是著名的反证法。

而反证法有著名的三段论，一是反设，即反过来假设这个观点不成立；二是归谬，即找到其谬误的子集或者案例；三是存真，即找到真相并留存以证伪。

3. 矛盾律

$$A \wedge \neg A \Leftrightarrow F$$

$\neg(A \wedge \neg A)$为真，意味着 A 和 $\neg A$ 不可能同时为真(矛盾律)。

矛盾律的核心观点认为：两个互相否定的思想不可能都对，一定有一个是假的。成功的否定不是失败，而是未成功，未成功和失败是一回事吗？未成功可能是失败，也可能是一种未知的状态，这种未知的状态未来可能演化为成功，也可能演化为失败。而失败是未成功的子集，所以成功和未成功相互否定。

4. 排中律与矛盾律的区别

- 排中律：一场跑步比赛中只有两人，结果必为一胜一负。应用情况是两个命题如同硬币的两面，非此即彼，构成一个全集。
- 矛盾律：跑步比赛不能双赢，至少有一负，如果比赛的人多，例如十个人比赛，那么就有九个人是输家。应用情况是两个命题是仇人关系，有你没我。

二者的本质区别就在于应用的前提不一样：排中律应用在两人比赛中，矛盾律应用在两人以上的比赛中，排中律也可以视为矛盾律的特殊情况。适用排中律时，可以推导出一胜一负(一真一假)；适用矛盾律时，只能推导出一负(一假)。

抽象来说，假如一个集合只有一个子集为真，排中律应用的是只有两个互斥子集的情况，而矛盾律应用的是有多个互斥子集的情况。

排中律说的是密实性，即无缝隙，拒绝其他元素的加入。

矛盾律说的是独立性，即无交集，拒绝已有元素的跨界混同。

【例 4-11】 军训最后一天，一班学生进行实弹射击。几位教官谈论一班的射击成绩。

张教官说：“这次军训时间太短，这个班没有人射击成绩会是优秀。”

孙教官说：“不会吧，有几个人以前训练过，他们的射击成绩会是优秀。”

周教官说：“我看班长或体育委员能打出优秀成绩。”

结果发现三位教官中只有一人说对了。

由此可以推出以下哪一项肯定为真？

(1) 班里所有人的射击成绩都不是优秀。

(2) 班里所有人的射击成绩都是优秀。

(3) 班长的射击成绩是优秀。

（4）体育委员的射击成绩不是优秀。

解：

（1）三人中只有一个说得对。

（2）张、孙二教官的说法矛盾。

张教官说："这次军训时间太短，这个班没有人射击成绩会是优秀。"

孙教官说："不会吧，有几个人以前训练过，他们的射击成绩会是优秀。"

断定：张、孙二人一对一错。因仅有一人对，第三个人周教官必错无疑。

周教官说："我看班长或是体育委员能打出优秀成绩。"

这是错话，所以班长和体育委员都不优秀（任哪一个优秀，周都不会错了）。

故正确答案为（4）。

习　　题

1. 某单位共有6名工作人员：

① 有人会使用计算机；

② 有人不会使用计算机；

③ 所长不会使用计算机。

上述三个判断中只有一个是真的。

以下哪项正确表示了该单位会使用计算机的人数？（　　）

（1）6人都会使用　　　　（2）6人没人会使用

（3）仅有1人不会使用　　（4）仅有1人会使用

2. 用等价公式证明下列式子。

（1）$(p\rightarrow r)\wedge(q\rightarrow r)\Leftrightarrow(p\vee q)\rightarrow r$

（2）$(p\wedge q)\vee(\neg p\wedge r)\Leftrightarrow(p\wedge q)\vee r$

（3）$(p\rightarrow q)\wedge(q\rightarrow r)\Leftrightarrow p\rightarrow r$

（4）$p\leftrightarrow q\Leftrightarrow(p\wedge q)\vee(\neg p\wedge\neg q)$

（5）$(p\vee q)\wedge(\neg p\vee r)\Leftrightarrow q\vee r$

（6）$\neg(p\leftrightarrow q)\Leftrightarrow(p\wedge\neg q)\vee(\neg p\wedge q)$

（7）$(p\rightarrow q)\vee(q\rightarrow p)\Leftrightarrow\neg(p\oplus q)$

提示：$\oplus$表示异或，即 $p\oplus q\Leftrightarrow(p\wedge\neg q)\vee(\neg p\wedge q)$。

（8）$(p\wedge q)\rightarrow r\Leftrightarrow p\rightarrow(q\rightarrow r)$

（9）$p\leftrightarrow(q\leftrightarrow r)\Leftrightarrow(p\wedge q\wedge r)\vee(\neg p\wedge\neg q\wedge\neg r)$

（10）$(p\wedge(q\vee r))\Leftrightarrow((p\wedge q)\vee(p\wedge r))$

3. 用等价公式简化下列式子。

（1）$(p\rightarrow q)\wedge(p\rightarrow\neg q)$

（2）$\neg(p\rightarrow q)\wedge q$

（3）$(p\wedge(p\rightarrow q))\rightarrow q$

（4）$(p\wedge\neg q)\vee(p\wedge q)$

（5）$(p\wedge q)\vee(\neg p\wedge\neg q)$

(6) $(p \vee q) \wedge (\neg p \vee r) \wedge (\neg q \vee \neg r)$

(7) $(p \wedge (q \vee r)) \vee (\neg p \wedge s)$

(8) $(p \rightarrow q) \vee (q \rightarrow \neg p)$

4. 判断下列公式的类型。

(1) $q \vee \neg((\neg p \vee q) \wedge p)$

(2) $(p \vee \neg p) \rightarrow (q \wedge \neg q) \wedge r$

(3) $(p \rightarrow q) \wedge \neg p$

(4) $\neg(p \rightarrow q) \wedge q$

(5) $p \wedge (p \vee q)$

(6) $((p \rightarrow q) \wedge \neg q) \rightarrow \neg p$

5. 某项工作需要派 p、q、r 和 s 这 4 人中的 2 人去完成，按下面 3 个条件，有几种派法？如何派？

(1) 若 p 去，则 r 和 s 中要去 1 人；

(2) q 和 r 不能都去；

(3) 若 r 去，则 s 留下；

拓展*：用程序实现该推理过程。

6. 奥运会乒乓球单打决赛在甲、乙、丙、丁四位选手中进行。赛前，有四人预测比赛的结果，A 说甲第四；B 说乙不是第二，也不是第四；C 说丙的名次在乙的前面；D 说丁将得第一。比赛结果表明，四人中只有一人预测错了。那么，四位选手的排名顺序是什么？

拓展*：用程序实现推理过程。

第5章 范式

命题公式的范式(Normal Forms of Propositional Formula)简称范式(Normal Forms,NF),指的是公式的规**范**(标准)形**式**。

范式包含析取范式(Disjunctive Normal Form,DNF)和合取范式(Conjunctive Normal Form,CNF)。

主范式包含主析取范式和主合取范式。

引入范式和主范式的原因如下。

1. 范式

- 范式是命题逻辑中的一种标准形式,用于将复杂的命题公式转换为更简单、更统一的形式。它通常包括析取范式和合取范式,这两种范式分别通过析取(或)和合取(与)操作将命题公式中的简单子句组合起来。
- 范式的主要作用是简化命题公式的表示,使得复杂的逻辑结构变得清晰易懂。通过转换为范式形式,可以更容易地判断公式的真值情况,并进行逻辑推理和公式化简。
- 在实际应用中,范式常用于数据库设计、逻辑推理系统、自动推理工具等领域,以优化数据结构,提高推理效率。

2. 主范式

- 主范式是范式的一种特殊形式,包括命题公式的主析(合)取范式(Principal Disjunctive & Conjunctive Normal Form, PDNF & PCNF)。主析取范式是所有简单合取式都是极小项的析取范式,而主合取范式是所有简单析取式都是极大项的合取范式。
- **主范式的关键特点是其唯一性**。对于任何一个命题公式,其主析取范式和主合取范式都是唯一的(不考虑命题变元的排列顺序)。这种唯一性使得主范式在逻辑推理和公式简化中具有重要作用,可以用于判断公式的等价性,进行真值表的简化等。
- 在逻辑推理和公式化简中,主范式提供了一种强大的工具,使得复杂的逻辑问题可以转换为更简单的形式来处理。

本章思维导图

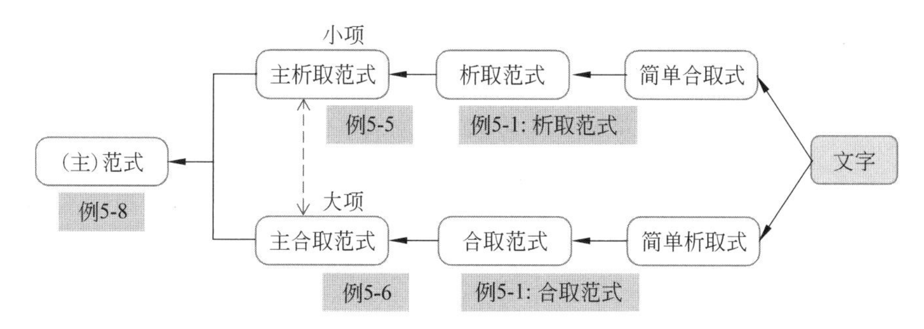

本章内容主要围绕例 5-5、例 5-6 和例 5-8 展开讨论。

5.1 范 式

5.1.1 基本概念

【定义 5-1】 文字。

命题变元及其否定统称为文字。如 p，$\neg p$。

【定义 5-2】 简单析取式。

仅由有限个文字组成的析取式称为简单析取式。如 p，$\neg p \vee q$，$q \vee p \vee \neg p$，$p \vee \neg q \vee r \vee \neg s$。

【定义 5-3】 简单合取式。

仅由有限个文字组成的合取式称为简单合取式。如 p，$\neg p \wedge \neg q$，$p \wedge \neg p$，$q \wedge p \wedge \neg p$，$p \wedge \neg q \wedge r$。

注意：单个文字既是简单析取式，又是简单合取式。

因为 $p \vee p \Leftrightarrow p$，$p \wedge p \Leftrightarrow p$。

从定义不难看出：

(1) 一个简单析取式是重言式，当且仅当它同时含有某个命题变元及其否定式。

(2) 一个简单合取式是矛盾式，当且仅当它同时含有某个命题变元及其否定式。

5.1.2 范式

【定义 5-4】 析取范式。

一个命题公式称为**析取范式**，当且仅当它具有形式 $A_1 \vee A_2 \vee \cdots \vee A_n$（$n$ 大于或等于 1），其中 $A_i(i=1,2,3,\cdots,n)$为简单合取式。如：$p \vee \neg q$，$(p \wedge q) \vee (p \wedge \neg q \wedge r)$，$q \wedge \neg p$。

注：析取范式指的是括号(如果有括号)之间是析取，括号内是合取，而且只能出现单层括号。

【定义 5-5】 合取范式。

一个命题公式称为**合取范式**，当且仅当它具有形式 $A_1 \wedge A_2 \wedge \cdots \wedge A_n$（$n$ 大于或等于 1），其中 $A_i(i=1,2,3,\cdots,n)$为简单析取式。如：$p \vee \neg q$，$(p \vee q) \wedge (p \vee \neg q \vee r)$，$q \wedge \neg p$。

注：析取范式指的是括号(如果有括号)之间是合取，括号内是析取，而且只能出现单层

括号。

从定义不难看出：

(1) 一个析取范式是重言式，当且仅当它同时含有某个命题变元及其否定式。

(2) 一个合取范式是矛盾式，当且仅当它同时含有某个命题变元及其否定式。

【定义 5-6】 析取范式与合取范式统称为**范式**。

5.1.3 性质

析取范式与合取范式的性质：

(1) 一个析取范式是矛盾式，当且仅当它的每个简单合取式都是矛盾式；

(2) 一个合取范式是重言式，当且仅当它的每个简单析取式都是重言式。

例如：$(p \wedge \neg q) \vee (\neg q \wedge \neg r) \vee r$ 是一个析取范式，而$(p \vee q \vee r) \wedge (\neg p \vee \neg q) \wedge r$ 是一个合取范式。

因此，形如$\neg p \wedge q \wedge r$ 的公式既是由一个简单合取式构成的析取范式，又是由三个简单析取式构成的合取范式。

类似地，形如 $p \vee \neg q \vee r$ 的公式既可看成析取范式，也可以看成合取范式。

5.1.4 求范式的基本步骤

(1) 将公式中的联结词划归成$\neg$、$\vee$或者$\wedge$(先用相应的公式去掉$\vee$或者$\wedge$)。

$$p \to q \Leftrightarrow \neg p \vee q$$

$$p \leftrightarrow q \Leftrightarrow (p \wedge q) \vee (\neg p \wedge \neg q)$$

$$p \leftrightarrow q \Leftrightarrow (p \to q) \wedge (q \to p)$$

(2) 将否定联结词消去或内移到各命题变元之前。

$$\neg \neg p \Leftrightarrow p$$

$$\neg (p \vee q) \Leftrightarrow \neg p \wedge \neg q$$

$$\neg (p \wedge q) \Leftrightarrow \neg p \vee \neg q$$

(3) 利用分配律、结合律将公式转换为合取范式或析取范式。

$$p \wedge (q \vee r) \Leftrightarrow (p \wedge q) \vee (p \wedge r)$$

$$p \vee (q \wedge r) \Leftrightarrow (p \vee q) \wedge (p \vee r)$$

【例 5-1】 求$((p \vee q) \to r) \to p$ 的范式。

$$((p \vee q) \to r) \to p$$

$$\Leftrightarrow \neg (\neg (p \vee q) \vee r) \vee p$$

$$\Leftrightarrow (\neg \neg (p \vee q) \wedge \neg r) \vee p$$

$$\Leftrightarrow ((p \vee q) \wedge \neg r) \vee p$$

$$\Leftrightarrow ((p \wedge \neg r) \vee (q \wedge \neg r)) \vee p$$

$$\Leftrightarrow (p \wedge \neg r) \vee (q \wedge \neg r) \vee p \qquad \text{(析取范式)}$$

$$\Leftrightarrow p \vee (p \wedge \neg r) \vee (q \wedge \neg r)$$

$$\Leftrightarrow p \vee (q \wedge \neg r) \qquad \text{(析取范式)}$$

$$\Leftrightarrow (p \vee q) \wedge (\neg r \vee p) \qquad \text{(合取范式)}$$

$$\Leftrightarrow (p \vee q \vee p) \wedge (\neg r \vee p) \qquad \text{(合取范式)}$$

从上述式子可以看出，范式（析取或者合取）不唯一。

拓展[*]：从键盘输入一个合式公式，用程序实现求解范式。

5.1.5 范式的应用

【例 5-2】 某电子设备由三个独立的部件 a、b、c 组成，只有当至少两个部件正常工作时，设备才能运行。请写出该设备能够运行的逻辑条件的合取范式。

解：首先需要定义部件 a、b、c 的状态。假设每个部件正常工作为真（True），用逻辑变量 a、b、c 表示，否则为假（False）。

根据题目描述中“只有当至少两个部件正常工作时，设备才能运行”，可以分析出以下情况：

(1) 部件 a 和 b 正常工作，c 可以正常工作或不正常工作；

(2) 部件 a 和 c 正常工作，b 可以正常工作或不正常工作；

(3) 部件 b 和 c 正常工作，a 可以正常工作或不正常工作。

将上述三种情况转换为逻辑表达式，得到：

(1) $(a \wedge b) \wedge (c \vee \neg c)$。注意 $(c \vee \neg c)$ 总是为真，因此可以简化为 $a \wedge b$。

(2) $(a \wedge c) \wedge (b \vee \neg b)$。同样地，$(b \vee \neg b)$ 总是为真，因此可以简化为 $a \wedge c$。

(3) $(b \wedge c) \wedge (a \vee \neg a)$。$(a \vee \neg a)$ 也总是为真，因此可以简化为 $b \wedge c$。

由于题目要求的是“至少两个部件正常工作”，故需要将上述三种情况中的至少一种为真作为整个逻辑表达式的条件，这可以通过逻辑或（$\vee$）来实现，但因为最终需要合取范式，故需要将这些析取式转换为合取范式。然而，在这个特定的情况下，由于每个子表达式已经是“且”（$\wedge$）的形式，并且只需要它们中的至少一个为真，所以整个表达式已经是“或”连接的一系列“且”表达式，这实际上已经是一个析取范式。

但为了满足题目要求，可以将析取范式视为一个特殊的合取范式，因为它没有引入任何额外的逻辑连接符（除了已经是析取范式形式的子表达式）。因此，该设备能够运行的逻辑条件的合取范式为：

$$(a \wedge b) \vee (a \wedge c) \vee (b \wedge c)$$

【例 5-3】 学校设立奖学金，评选条件是学生必须满足以下至少一项：学习成绩（g）优秀且社会实践（p）丰富，或者科研成果（r）显著且获得过荣誉（h）。请写出获得奖学金的逻辑条件的合理范式。

解：根据条件，可得：

(1) 学习成绩（g）优秀且社会实践（p）丰富，表示为 $g \wedge p$；

(2) 科研成果（r）显著且获得过荣誉（h），表示为 $r \wedge h$。

整个奖学金评选条件的逻辑表达式是这两个条件的析取，即：

$$(g \wedge p) \vee (r \wedge h)$$

这个表达式已经是析取范式形式，因为它直接表示了两种可能的获奖方式。

5.2 主 范 式

由于一个命题公式的析(合)取范式不是唯一的,因此不能作为命题公式的规范形式(标准形式),为了使任意命题公式转换为唯一的标准形式,故引入主范式的概念。

5.2.1 主析取范式

【定义 5-7】 设命题公式 A 中含有 n 个命题变元,如果 A 的析取范式中所有的简单合取式都是极小项,则称该析取范式为 A 的**主析取范式**。

【定理 5-1】 任何命题公式都存在着与之等价的主析取范式,并且是唯一的。

【定义 5-8】 在含有 n 个命题变元的简单合取式中,若每个命题变元和它的否定不同时出现,而二者之一必出现且仅出现一次,且称这样的简单合取式为**极小项**。

例如,有两个变元的小项:

$\neg p \wedge \neg q$、$\neg p \wedge q$、$p \wedge \neg q$、$p \wedge q$,如表 5-1 所示。

表 5-1 两个命题变元的小项

		m_0	m_1	m_2	m_3
p	q	$\neg p \wedge \neg q$	$\neg p \wedge q$	$p \wedge \neg q$	$p \wedge q$
0	0	1	0	0	0
0	1	0	1	0	0
1	0	0	0	1	0
1	1	0	0	0	1

(1) 有 n 个变元,则有 2^n 个小项。

(2) 每组指派有且只有一个小项为 T。

为了记忆方便,可将各组指派对应的为 T 的小项分别记作 $m_0, m_1, m_2, \cdots, m_{2^n-1}$。

两个命题变元 p, q,其小项共有 4 个,可表示为:

$m_0 \quad \neg p \wedge \neg q \qquad\qquad m_1 \quad \neg p \wedge q$

$m_2 \quad p \wedge \neg q \qquad\qquad m_3 \quad p \wedge q$

例如,有三个命题变元 p、q、r,其小项共有 8 个,如表 5-2 所示。

表 5-2 三个命题变元的小项

小 项	编 码	真值指派	小项的真值
$\neg p \wedge \neg q \wedge \neg r$	m_{000}/m_0	000	1
$\neg p \wedge \neg q \wedge r$	m_{001}/m_1	001	1
$\neg p \wedge q \wedge \neg r$	m_{010}/m_2	010	1
$\neg p \wedge q \wedge r$	m_{011}/m_3	011	1
$p \wedge \neg q \wedge \neg r$	m_{100}/m_4	100	1
$p \wedge \neg q \wedge r$	m_{101}/m_5	101	1

续表

小　　项	编　　码	真值指派	小项的真值
$p \wedge q \wedge \neg r$	m_{110}/m_6	110	1
$p \wedge q \wedge r$	m_{111}/m_7	111	1

考虑：n 个命题变元可产生多少个小(大)项？(2^n)

n 个变元的小项：

$$m_0 \quad \neg p_1 \wedge \neg p_2 \wedge \cdots \quad \wedge \neg p_n$$

$$m_1 \quad \neg p_1 \wedge \neg p_2 \wedge \cdots \quad \wedge p_n$$

……………………………………

$$m_{2^n-1} \quad p_1 \wedge p_2 \wedge \cdots \quad \wedge p_n$$

小项的性质：

(1) 没有两个小项是等价的，且每个小项有且仅有一个成真赋值，若成真赋值所对应的二进制数转换为十进制数为 i，就将所对应的小项记作 m_i；

(2) 任意两个不同的小项的合取为矛盾式；

(3) 全体小项的析取为永真式。

5.2.2　主析取范式的求法

主析取范式的求法：

(1) 真值表法；

(2) 等价公式法。

1. 真值表法

【定理 5-2】　在命题公式 A 的真值表中，真值为 1 的指派对应的小项的析取即为 A 的主析取范式。

用真值表求主析取范式的步骤：

(1) 列出给定公式的真值表。

(2) 找出真值表中每个 T 对应的小项(如何根据一组指派写对应的为 T 的项：如果变元 p 被指派为 T，则 p 在小项中以 p 的形式出现；如果变元 p 被指派为 F，则 p 在小项中以 p 的形式出现(因要保证该小项为 T))。

(3) 用"∨"联结上述小项即可。

【例 5-4】　根据真值表求 $p \rightarrow q$ 和 $p \leftrightarrow q$ 的主析取范式，真值表如表 5-3 所示。

表 5-3　真值表

p	q	$p \rightarrow q$	$p \leftrightarrow q$
0	0	1	1
0	1	1	0
1	0	0	0
1	1	1	1

$p \to q$ 的主析取范式：

$$p \to q \Leftrightarrow m_0 \vee m_1 \vee m_3$$

$p \leftrightarrow q$ 的主析取范式：

$$p \leftrightarrow q \Leftrightarrow m_0 \vee m_3$$

2. 等价公式法

一个命题公式 A 的主析取范式还可以通过等价公式的方法求出，具体求解步骤为：

（1）将 WFF 转换为析取范式 A；

（2）若析取范式 A 中某简单合取式 p 不含命题变元 q，则添加 $(q \vee \neg q)$，然后应用分配律展开，即

$$p \Leftrightarrow p \wedge 1 \Leftrightarrow p \wedge (q \vee \neg q) \Leftrightarrow (p \wedge q) \vee (p \wedge \neg q)$$

（3）将式子中重复出现的简单合取式和相同变元都消去；

（4）按角标从小到大进行析取。

注：

（1）命题公式的主析合取范式唯一；

（2）两命题公式若有相同的主析合取范式，则二命题公式等价；

（3）主析取范式可以用求和符号“$\sum$”表示。

【例 5-5】 求例 5-1 中 $((p \vee q) \to r) \to p$ 的主析取范式。

解： $((p \vee q) \to r) \to p$

$\Leftrightarrow (p \wedge \neg r) \vee (q \wedge \neg r) \vee p$ （析取范式）

$\Leftrightarrow (p \wedge \mathrm{T} \wedge \neg r) \vee (\mathrm{T} \wedge q \wedge \neg r) \vee (p \wedge \mathrm{T} \wedge \mathrm{T})$ （析取范式）

$\Leftrightarrow (p \wedge (q \vee \neg q) \wedge \neg r) \vee ((p \vee \neg p) \wedge q \wedge \neg r) \vee (p \wedge (q \vee \neg q) \wedge (r \vee \neg r))$

$\Leftrightarrow ((p \wedge q \wedge \neg r) \vee (p \wedge \neg q \wedge \neg r)) \vee ((p \wedge q \wedge \neg r) \vee (\neg p \wedge q \wedge \neg r))$
$\vee ((p \wedge q \wedge r) \vee (p \wedge q \wedge \neg r) \vee (p \wedge \neg q \wedge r) \vee (p \wedge \neg q \wedge \neg r))$

$\Leftrightarrow ((p \wedge q \wedge \neg r) \vee (p \wedge \neg q \wedge \neg r)) \vee ((p \wedge q \wedge \neg r) \vee (\neg p \wedge q \wedge \neg r))$
$\vee ((p \wedge q \wedge r) \vee (p \wedge q \wedge \neg r) \vee (p \wedge \neg q \wedge r) \vee (p \wedge \neg q \wedge \neg r))$

$\Leftrightarrow (p \wedge q \wedge \neg r) \vee (p \wedge \neg q \wedge \neg r) \vee (\neg p \wedge q \wedge \neg r)) \vee (p \wedge q \wedge r) \vee (p \wedge \neg q \wedge r)$
（主析取范式）

$\Leftrightarrow m_{110} \vee m_{100} \vee m_{010} \vee m_{111} \vee m_{101}$

$\Leftrightarrow m_6 \vee m_4 \vee m_2 \vee m_7 \vee m_5$

$\Leftrightarrow m_2 \vee m_4 \vee m_5 \vee m_6 \vee m_7$

$\Leftrightarrow \sum_{2,4,5,6,7}$ （主析取范式）

5.2.3 主合取范式

【定义 5-9】 设命题公式 A 中含有 n 个命题变元，如果 A 的合取范式中所有的简单析取式都是**大项**，则称该合取范式为 A 的**主合取范式**。

【定理 5-3】 任何命题公式都存在着与之等价的主合取范式，并且是唯一的。

【定义 5-10】 在含有 n 个命题变元的简单析取式中，若每个命题变元和它的否定不同时出现，而二者之一必出现且仅出现一次，则称这样的简单析取式为**大项**。

例如，有两个变元的大项及其真值表如表 5-4 所示。

表 5-4　两个命题变元的大项

		M_0	M_1	M_2	M_3
p	q	$p \vee q$	$p \vee \neg q$	$\neg p \vee q$	$\neg p \vee \neg q$
F	F	F	T	T	T
F	T	T	F	T	T
T	F	T	T	F	T
T	T	T	T	T	F

(1) 有 n 个变元，则有 2^n 个大项。

(2) 每组指派有且只有一个大项为 F。

为了记忆方便，可将各组指派对应的为 F 的大项分别记作 $M_0, M_1, M_2, \cdots, M_{2^n-1}$。

两个命题变元 p, q，其大项共有 4 个，可表示为

M_0　$p \vee q$　　　　M_1　$p \vee \neg \neg q$

M_2　$\neg p \vee q$　　　　M_3　$\neg p \vee \neg q$

例如，有三个命题变元 p、q、r，其大项共有 8 个，如表 5-5 所示。

表 5-5　三个命题变元的大项

大　项	编　码	真值指派	大项的真值
$p \vee q \vee r$	M_{000}/M_0	000	0
$p \vee q \vee \neg r$	M_{001}/M_1	001	0
$p \vee \neg q \vee r$	M_{010}/M_2	010	0
$p \vee \neg q \vee \neg r$	M_{011}/M_3	011	0
$\neg p \vee q \vee r$	M_{100}/M_4	100	0
$\neg p \vee q \vee \neg r$	M_{101}/M_5	101	0
$\neg p \vee \neg q \vee r$	M_{110}/M_6	110	0
$\neg p \vee \neg q \vee \neg r$	M_{111}/M_7	111	0

n 个变元的大项：

$$M_0 \quad p_1 \vee p_2 \vee \cdots \vee p_n$$

$$M_1 \quad p_1 \vee p_2 \vee \cdots \vee \neg p_n$$

……………………………………

$$M_{2^n-1} \quad \neg p_1 \vee \neg p_2 \vee \cdots \vee \neg p_n$$

大项的性质：

(1) 没有两个大项是等价的，且每个大项有且仅有一个成假赋值，若成假赋值所对应的二进制数转换为十进制数为 i，就将所对应的大项记作 M_i；

(2) 任意两个不同的大项的析取为永真式；

(3) 全体大项的合取为矛盾式。

合取范式的求解示例见例 5-1。

5.2.4 主合取范式的求法

主合取范式的求法如下。

1. 真值表法(略)

【定理 5-4】 在命题公式 A 的真值表中,真值为 0 的指派对应的大项的合取,即为 A 的主合取范式。

2. 等价公式法

一个命题公式 A 的主合取范式还可以通过等价公式的方法求出,其推演步骤为:

(1) 将命题公式 A 转换为合取范式 A';

(2) 若合取范式 A' 中某简单析取式 p 不含命题变元 q,则添加 $(q \vee \neg q)$,然后应用分配律展开,即

$$p \Leftrightarrow p \vee 0 \Leftrightarrow p \vee (q \wedge \neg q) \Leftrightarrow (p \vee q) \wedge (p \vee \neg q)$$

(3) 将式子中重复出现的简单析取式和相同变元都消去;

(4) 按角标从小到大进行合取。

注:主合取范式可以用求积符号"$\prod$"表示。

【例 5-6】 求例 5-1 中 $((p \vee q) \rightarrow r) \rightarrow p$ 的主合取范式。

解: $((p \vee q) \rightarrow r) \rightarrow p$

$\Leftrightarrow p \vee (q \wedge \neg r)$ (析取范式)

$\Leftrightarrow (p \vee q) \wedge (p \vee \neg r)$ (合取范式)

$\Leftrightarrow (p \vee q \vee \mathrm{F}) \wedge (p \vee \mathrm{F} \vee \neg r)$

$\Leftrightarrow (p \vee q \vee (r \wedge \neg r)) \wedge (p \vee (q \wedge \neg q) \vee \neg r)$

$\Leftrightarrow ((p \vee q \vee r) \wedge (p \vee q \vee \neg r)) \wedge ((p \vee q \vee \neg r) \wedge (p \vee \neg q \vee \neg r))$

$\Leftrightarrow (p \vee q \vee r) \wedge (p \vee q \vee \neg r) \wedge (p \vee \neg q \vee \neg r)$ (主合取范式)

$\Leftrightarrow M_{000} \wedge M_{001} \wedge M_{011}$

$\Leftrightarrow M_0 \wedge M_1 \wedge M_3$

$\Leftrightarrow \prod_{0,1,3}$ (主合取范式)

【例 5-7】 求 $(p \rightarrow r) \wedge (q \rightarrow \neg r)$ 的主合取范式。

解: $(p \rightarrow r) \wedge (q \rightarrow \neg r)$

$\Leftrightarrow (\neg p \vee r) \wedge (\neg q \vee \neg r)$

$\Leftrightarrow (\neg p \vee r) \wedge (\neg q \vee \neg r)$ (合取范式)

$\Leftrightarrow (\neg p \vee \mathrm{F} \vee r) \wedge (\mathrm{F} \vee \neg q \vee \neg r)$

$\Leftrightarrow (\neg p \vee (q \wedge \neg q) \vee r) \wedge ((p \wedge \neg p) \vee \neg q \vee \neg r) \wedge (r \vee p \vee q)$

$\Leftrightarrow (\neg p \vee q \vee r) \wedge (\neg p \vee \neg q \vee r) \wedge (p \vee \neg q \vee \neg r) \wedge (\neg p \vee \neg q \vee \neg r)$

$\Leftrightarrow M_{100} \wedge M_{110} \wedge M_{011} \wedge M_{111}$

$\Leftrightarrow M_4 \wedge M_6 \wedge M_3 \wedge M_7$

$\Leftrightarrow M_3 \wedge M_4 \wedge M_6 \wedge M_7$

$\Leftrightarrow \prod_{3,4,6,7}$ (主合取范式)

练习:求 $(p \rightarrow r) \wedge (q \rightarrow \neg r) \wedge (\neg r \rightarrow (p \vee q))$ 的主范式。

5.3 主析取范式与主合取范式的关系

设 Z 为命题公式 A 的主析取范式中所有小项的集合，R 为命题公式 A 的主合取范式中所有大项的集合，则

$$R=\{0,1,2,\cdots,2^n-1\}-Z$$

或

$$Z=\{0,1,2,\cdots,2^n-1\}-R$$

故已知命题公式 A 的主析取范式，可求得其主合取范式；反之亦然。

注意到小项与大项之间具有关系：

$$\neg m_i \wedge M_i,\neg M_i \wedge m_i(m_5: P\wedge \neg Q\wedge R, M_5: \neg P\wedge Q\wedge \neg R)$$

设命题公式 A 中含 n 个命题变元，且设 A 的主析取范式中含 k 个小项 $m_{j1},m_{j2},\cdots,m_{jk}$，则 $\neg A$ 的主析取范式中必含 2^n-k 个小项 $m_{i1},m_{i2},\cdots,m_{i2^n-k}$，且 $\{0,1,2,\cdots,2^n-1\}-\{j_1,j_2,\cdots,j_k\}=\{i_1,i_2,\cdots,i_{2^n-k}\}$，

所以

$$\neg A\Leftrightarrow m_{i1}\vee m_{i1}\vee\cdots\vee m_{i2^n-k}$$

$$A\Leftrightarrow\neg(m_{i1}\vee m_{i1}\vee\cdots\vee m_{i2^n-k})$$

$$\Leftrightarrow\neg m_{i1}\wedge\neg m_{i1}\wedge\cdots\wedge\neg m_{i2^n-k})$$

$$\Leftrightarrow M_{i1}\wedge M_{i1}\wedge\cdots\wedge M_{i2^n-k}$$

主范式(包括主析取范式和主合取范式)的求法如下。

(1) 求范式。先通过等值推演将所给的命题公式转换为析取范式(合取范式)。

(2) 补项。若某个简单合取式(简单析取式)A 中既不含变项 p_i，又不含变项 $\neg p_i$，则使用

$$A\Leftrightarrow A\wedge 1\Leftrightarrow A\wedge(p_i\vee\neg p_i)\Leftrightarrow(A\wedge p_i)\vee(A\wedge\neg p_i)$$

或

$$A\Leftrightarrow A\vee 0\Leftrightarrow A\vee p_i\wedge\neg p_i)\Leftrightarrow(A\vee p_i)\wedge(A\vee\neg p_i)$$

(3) 化简。消去重复变项和矛盾式，如用 p、m_i、0 分别代替 $p\wedge\neg p$、$m_i\vee\neg m_i$ 和矛盾式等。

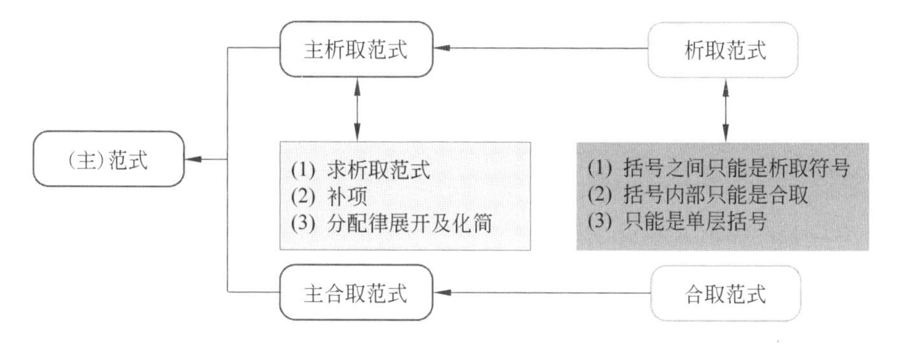

【例 5-8】 求例 5-1 中$((p\vee q)\rightarrow r)\rightarrow p$ 的主范式。

解：主合析取范式

$$((p \vee q) \to r) \to p$$

$$\Leftrightarrow \prod_{0,1,3} \quad \text{(主合取范式)}$$

主析取范式为

$$((p \vee q) \to r) \to p \Leftrightarrow \sum_{2,4,5,6,7} \quad \text{(主析取范式)}$$

主范式为

$$((p \vee q) \to r) \to p$$

$$\Leftrightarrow \prod_{0,1,3} \quad \text{(主合取范式)}$$

$$\Leftrightarrow \sum_{2,4,5,6,7} \quad \text{(主析取范式)}$$

拓展*：从键盘输入一个合式公式，用程序实现求解主范式。

【例 5-9】 求例 5-7 中$(p \to r) \wedge (q \to \neg r)$的主范式。

解：

$$(p \to r) \wedge (q \to \neg r)$$

$$\Leftrightarrow \prod_{3,4,6,7} \quad \text{(主合取范式)}$$

$$\Leftrightarrow \sum_{0,1,2,5} \quad \text{(主析取范式)}$$

主合取范式和主析取范式是对同一逻辑公式的不同标准化表示方法。

- 等价性
  - ◆ 主合取范式和主析取范式在逻辑上是等价的，这意味着一个逻辑公式既可以转换为主合取范式，也可以转换为主析取范式，并且这两种范式在逻辑上表达的是相同的含义。
- 表达形式的差异
  - ◆ 主合取范式：是一组析取子句(子句的合取)的合取。每个析取子句内部由原子命题(或否定原子命题)通过“或”连接而成，而整个主合取范式则由这些析取子句通过“与”连接而成。
  - ◆ 主析取范式：是一组合取子句(子句的析取)的析取。每个合取子句内部由原子命题(或否定原子命题)通过“与”连接而成，而整个主析取范式则由这些合取子句通过“或”连接而成。
- 转换性
  - ◆ 主合取范式和主析取范式可以互相转换。尽管这种转换在某些情况下可能非常复杂，但在理论上，任何逻辑公式都可以表示为主合取范式或主析取范式。
- 用途
  - ◆ 这两种范式在逻辑分析和计算中有不同的用途。例如，在证明公式的有效性或讨论公式的某些属性(如是否为重言式、矛盾式或可满足式)时，主合取范式和主析取范式可能更为方便。
- 互补性
  - ◆ 需要注意的是，虽然主合取范式和主析取范式在逻辑上是等价的，但它们并不是“互补”的。互补性通常指的是两个事物或概念相加等于某个整体或全集，而在这里，主合取范式和主析取范式并不是这样的关系，它们只是从不同角度对同一逻辑内容进行了描述。

总之，主合取范式和主析取范式是逻辑公式的两种等价表示形式，它们之间具有等价性和转换性，但并非具有互补关系。

习　　题

1. 求下列公式的析取范式和合取范式。

(1) $p \to q$

(2) $p \lor \neg q$

(3) $(p \lor r) \to q$

(4) $(p \to q) \to r$

(5) $(r \to q) \land p$

2. 求下列公式的主范式。

(1) $(p \lor q) \to \neg (p \lor r)$

(2) $(p \to q) \land r$

(3) $(p \land r) \lor (q \land r) \lor \neg p$

(4) $(\neg p \to q) \land (r \lor p)$

(5) $q \to (p \lor \neg r)$

3. 范式的应用。

(1) 一个安全系统有三个解锁条件：指纹验证(F)、密码输入(P)和视网膜扫描(R)。系统要求同时满足两个或三个条件才能解锁。请构造一个析取范式(DNF)来描述所有可能的解锁方式。

(2) 在一项决议中，有四位委员参与投票。决议通过的条件是至少三位委员投赞成票。假设委员分别为A、B、C、D，每个委员的投票结果(赞成或反对)为一个逻辑变量。请写出决议通过的合理范式。

(3) 某大学规定，学生必须选修数学(M)、物理(P)或化学(C)中的至少两门，并且必须选修至少一门人文类课程(H)。请构造一个满足这些条件的逻辑表达式的合取范式。

(4) 在游戏中，一个角色要满足以下所有条件才能成为“超级战士”：力量(S)和敏捷(A)必须同时达到或超过一定水平，或者耐力(E)极高。请写出成为“超级战士”的合取范式。

(5) 一个保险箱有三组密码锁，每组密码锁有两个选项(如0或1)。保险箱打开的条件是至少两组密码锁的组合与预设组合相匹配。请给出所有能打开保险箱的密码组合的析取范式。

(6) 一个十字路口的交通信号灯有三种颜色：红(R)、黄(Y)、绿(G)。设计一个逻辑表达式，使得在红灯或绿灯亮时，行人禁止过马路(用P表示)，而黄灯亮时，行人可以开始准备过马路。请给出该逻辑的合理范式。

第 6 章 主范式的应用

主范式的应用包括赋值、判断公式的类型、判断公式是否等价以及实际应用等。

6.1 赋　　值

命题公式的赋值包括成真赋值和成假赋值。

对于一个命题公式 P 中的所有命题变项指定一组真值，则称之为 P 的一个赋值。

(1) 如果在某种赋值下，命题公式 P 的值为 1，这种赋值称为**成真赋值**。

(2) 如果在某种赋值下，命题公式 P 的值为 0，这种赋值称为**成假赋值**。

【例 6-1】 求 $p\rightarrow q$ 的成真赋值与成假赋值。

解：　$p\rightarrow q$

$\Leftrightarrow \neg p \vee q$

$\Leftrightarrow (\neg p \wedge \mathrm{T}) \vee (\mathrm{T} \wedge q)$

$\Leftrightarrow (\neg p \wedge (q \vee \neg q)) \vee ((p \vee \neg p) \wedge q)$

$\Leftrightarrow ((\neg p \wedge q) \vee (\neg p \wedge \neg q)) \vee ((p \wedge q) \vee (\neg p \wedge q))$

$\Leftrightarrow (\neg p \wedge q) \vee (\neg p \wedge \neg q) \vee (p \wedge q) \vee (\neg p \wedge q)$

$\Leftrightarrow (\neg p \wedge q) \vee (\neg p \wedge \neg q) \vee (p \wedge q)$

$\Leftrightarrow m_0 \vee m_1 \vee m_3$

其真值表如表 6-1 所示。

表 6-1　例 6-1 真值表

	p	q	$p\rightarrow q$
00	0	0	1
01	0	1	1
10	1	0	0
11	1	1	1

(1) 结合真值表，**成真赋值**为主析取范式为 1 的项所对应的真值。

成真赋值为：00，01，11。

(2) **成假赋值**为主合取范式为 0 的项所对应的真值。

成假赋值为：10。

6.2 判断公式的类型

公式的类型主要有重言式、矛盾式和可满足式。

1. 重言式

重言式也是永真式，公式真值恒为1。如果用主范式表达，主析取范式包含所有的小项。

2. 矛盾式

矛盾式也是永假式，公式真值恒为0。如果用主范式表达，主合取范式包含所有的大项。

3. 可满足式

不是矛盾式则称为可满足式。

【例6-2】 用主析取范式判断下列公式的类型，并对可满足式求成真赋值。

(1) $p\rightarrow((p\wedge q)\vee(p\wedge\neg q))\Leftrightarrow m_0\vee m_1\vee m_2\vee m_3\Leftrightarrow 1$。

(2) $(p\vee q)\rightarrow(q\rightarrow p)\Leftrightarrow m_0\vee m_2\vee m_3$。

(3) $\neg(p\rightarrow r)\wedge r\wedge q\Leftrightarrow 0$。

解：

(1) $p\rightarrow((p\wedge q)\vee(p\wedge\neg q))\Leftrightarrow m_0\vee m_1\vee m_2\vee m_3$。

成真赋值：00,01,10,11,永真式。

(2) $(p\vee q)\rightarrow(q\rightarrow p)\Leftrightarrow m_0\vee m_2\vee m_3$。

成真赋值：00,10,11,可满足式。

(3) $\neg(p\rightarrow r)\wedge r\wedge q\Leftrightarrow 0$。

矛盾式，没有成真赋值。

【例6-3】 用主合取范式判断下列公式的类型，并对可满足式求成假赋值。

(1) $p\rightarrow((p\wedge q)\vee(p\wedge\neg q))$。

(2) $(p\vee q)\rightarrow(q\rightarrow p)$。

(3) $\neg(p\rightarrow r)\wedge r\wedge q$。

解：

(1) $p\rightarrow((p\wedge q)\vee(p\wedge\neg q))\Leftrightarrow 1$。

永真式，无成假赋值。

(2) $(p\vee q)\rightarrow(q\rightarrow p)\Leftrightarrow M_1$。

可满足式，成假赋值：10。

(3) $\neg(p\rightarrow r)\wedge r\wedge q\Leftrightarrow M_0\wedge M_1\wedge M_2\wedge M_3\wedge M_4\wedge M_5\wedge M_6\wedge M_7$。

矛盾式，成假赋值：000,001,010,011,100,101,110,111。

6.3 判断公式是否等价

【例6-4】 用主析取范式判断下列公式是否等价。

(1) $A\Leftrightarrow(p\wedge q)\vee(\neg p\wedge q\wedge r))$和$B\Leftrightarrow(p\vee(q\wedge r)\wedge(q\vee(\neg p\wedge r))$。

(2) $A \Leftrightarrow (p \rightarrow (p \wedge q)) \vee r$ 和 $B \Leftrightarrow ((\neg p \vee q) \wedge (\neg r \rightarrow q))$。

解:

(1) $A \Leftrightarrow (p \wedge q) \vee (\neg p \wedge q \wedge r))$。

$\Leftrightarrow m_3 \vee m_6 \vee m_7$

$B \Leftrightarrow (p \vee (q \wedge r) \wedge (q \vee (\neg p \wedge r))$

$\Leftrightarrow (p \vee q) \wedge (p \vee r) \wedge (q \vee \neg p) \wedge (q \vee r)$

$\Leftrightarrow m_3 \vee m_6 \vee m_7$

因此 $A \Leftrightarrow B$。

(2) $A \Leftrightarrow (p \rightarrow (p \wedge q)) \vee r$。

$\Leftrightarrow (\neg p \vee (p \wedge q)) \vee r$

$\Leftrightarrow (\neg p \vee p) \wedge (\neg p \vee q)) \vee r$

$\Leftrightarrow \mathrm{T} \wedge (\neg p \vee q) \vee r$

$\Leftrightarrow \neg p \vee q \vee r$

$\Leftrightarrow M_{100}$

$\Leftrightarrow M_4$

$\Leftrightarrow m_0 \vee m_1 \vee m_2 \vee m_3 \vee m_5 \vee m_6 \vee m_7$

$B \Leftrightarrow ((\neg p \vee q) \wedge (\neg r \rightarrow q))$

$\Leftrightarrow (\neg p \vee q) \wedge (r \vee q)$

$\Leftrightarrow (\neg p \vee q) \wedge (q \vee r)$

$\Leftrightarrow (\neg p \vee q \vee \mathrm{T}) \wedge (\mathrm{T} \vee q \vee r)$

$\Leftrightarrow M_0 \wedge M_4 \wedge M_5$

因此 A 不等价于 B。

6.4 实际应用

【例 6-5】 用主范式求解 L_1,谁在说谎?

解:根据例 4-3 中 WFF $\mathrm{L}_1 \Leftrightarrow (p \leftrightarrow \neg q) \wedge (q \leftrightarrow r) \wedge (r \leftrightarrow (\neg p \wedge \neg q))$,求 WFF L_1 的主析取范式:

WFF $\mathrm{L}_1 \Leftrightarrow (p \leftrightarrow \neg q) \wedge (q \leftrightarrow r) \wedge (r \leftrightarrow (\neg p \wedge \neg q))$

$\Leftrightarrow (p \rightarrow \neg q) \wedge (\neg q \rightarrow p) \wedge (q \rightarrow \neg r) \wedge (\neg r \rightarrow q) \wedge (r \rightarrow (\neg p \wedge \neg q)) \wedge$
$((\neg p \wedge \neg q) \rightarrow r)$

$\Leftrightarrow (\neg p \vee \neg q) \wedge (q \vee p) \wedge (\neg q \vee \neg r) \wedge (r \vee q) \wedge (\neg r \vee (\neg p \wedge \neg q)) \wedge$
$(\neg (\neg p \wedge \neg q) \vee r)$

$\Leftrightarrow (\neg p \vee \neg q) \wedge (q \vee p) \wedge (\neg q \vee \neg r) \wedge (r \vee q) \wedge (\neg r \vee (\neg p \wedge \neg q)) \wedge$
$(\neg (\neg p \wedge \neg q) \vee r)$

$\Leftrightarrow (\neg p \vee \neg q) \wedge (q \vee p) \wedge (\neg q \vee \neg r) \wedge (r \vee q) \wedge (\neg r \vee \neg p) \wedge$
$(\neg r \vee \neg q) \wedge (p \vee q \vee r)$

$\Leftrightarrow (\neg p \vee \neg q \vee \mathrm{F}) \wedge (q \vee p \vee \mathrm{F}) \wedge (\mathrm{F} \vee \neg q \vee \neg r) \wedge (\mathrm{F} \vee r \vee q) \wedge$

$(\neg r \vee \neg p \vee F) \wedge (\neg r \vee \neg q \vee F) \wedge (p \vee q \vee r)$

$\Leftrightarrow (\neg p \vee \neg q \vee (r \wedge \neg r)) \wedge (p \vee q \vee (r \wedge \neg r)) \wedge ((p \wedge \neg p) \vee \neg q \vee \neg r) \wedge ((p \wedge \neg p) \vee q \vee r) \wedge (\neg p \vee (q \wedge \neg q) \vee \neg r) \wedge ((p \wedge \neg p) \vee \neg q \vee \neg r) \wedge (p \vee q \vee r)$

$\Leftrightarrow (\neg p \vee \neg q \vee r) \wedge (\neg p \vee \neg q \vee \neg r) \wedge (p \vee q \vee r) \wedge (p \vee q \vee \neg r) \wedge (p \vee \neg q \vee \neg r) \wedge (\neg p \vee q \vee r) \wedge (\neg p \vee q \vee \neg r) \wedge (\neg p \vee \neg q \vee \neg r) \wedge (\neg p \vee q \vee \neg r) \wedge (\neg p \vee \neg q \vee \neg r) \wedge (p \vee \neg q \vee \neg r) \wedge (\neg p \vee \neg q \vee \neg r) \wedge (p \vee q \vee r)$

$\Leftrightarrow (\neg p \vee \neg q \vee r) \wedge (\neg p \vee \neg q \vee \neg r) \wedge (p \vee q \vee r) \wedge (p \vee q \vee \neg r) \wedge (p \vee \neg q \vee \neg r) \wedge (\neg p \vee q \vee r) \wedge (\neg p \vee q \vee \neg r) \wedge (\neg p \vee \neg q \vee \neg r) \wedge (\neg p \vee q \vee \neg r) \wedge (\neg p \vee \neg q \vee \neg r) \wedge (p \vee \neg q \vee \neg r) \wedge (\neg p \vee \neg q \vee \neg r) \wedge (p \vee q \vee r)$

$\Leftrightarrow (\neg p \vee \neg q \vee r) \wedge (\neg p \vee \neg q \vee \neg r) \wedge (p \vee q \vee r) \wedge (p \vee q \vee \neg r) \wedge (p \vee \neg q \vee \neg r) \wedge (\neg p \vee q \vee r) \wedge (\neg p \vee q \vee \neg r)$

$\Leftrightarrow M_{110} \wedge M_{111} \wedge M_{000} \wedge M_{001} \wedge M_{011} \wedge M_{100} \wedge M_{101}$

$\Leftrightarrow M_6 \wedge M_7 \wedge M_0 \wedge M_1 \wedge M_3 \wedge M_4 \wedge M_5$

$\Leftrightarrow M_0 \wedge M_1 \wedge M_3 \wedge M_4 \wedge M_5 \wedge M_6 \wedge M_7$

$\Leftrightarrow \Pi_{0,1,3,4,5,6,7}$（主合取范式）

$\Leftrightarrow \Sigma_2$（主析取范式）

$\Leftrightarrow m_{010}$

$\Leftrightarrow \neg p \wedge q \wedge \neg r$

即张三说谎，王五说谎，李四说的是真话。

与例4-3中真值表方法的结果相一致。

用程序实现 L_1 谁在说谎的推理。

解题方案：用穷举法进行解决。

首先将问题分析中得到的3个分析结果用表达式表达出来。

用变量 x、y 和 z 分别表示张三、李四和王五3人说话真假的情况。

当 x、y 或 z 的值为1时表示该人说的是真话，值为0时表示该人在说谎。

则问题分析中的3个结论可以使用如下的表达式进行表示：

`x==1 && y==0`　表示张三说的是真话，李四在说谎；

`x==0 && y==1`　表示张三在说谎，李四说的是真话；

`y==1 && z==0`　表示李四说的是真话，王五在说谎；

`y==0 && z==1`　表示李四在说谎，王五说的是真话；

`z==1 && x==0 && y==0`　表示王五说的是真话，则张三和李四两人都在说谎；

`z==0 && (x+y)!=0`　表示王五在说谎，则张三和李四两人至少一人说的是真话。

在C语言中，可以使用一个逻辑表达式来表达出一个复杂的关系。

将上面的表达式进行整理获得C语言的表达式如下：

```
((x&&!y) || (!x&&y)) && ((y&&!z) || (!y&&z)) && ((z&&x==0&&y==0) || (!z&&x+y!=0))
```

谁在说谎——C 语言代码

```
#include <stdio.h>

int main() {
    int x, y, z;           //x, y, z 分别代表张三、李四和王五说话的真假情况,1 为真话,0 为说谎

    //遍历所有可能的情况
    for (x = 0; x <= 1; x++) {
        for (y = 0; y <= 1; y++) {
            for (z = 0; z <= 1; z++) {
                //根据逻辑关系判断当前情况是否符合条件
                if (((x && !y) || (!x && y)) &&              //张三和李四的陈述
                    ((y && !z) || (!y && z)) &&              //李四和王五的陈述
                    ((z && x == 0 && y == 0) || (!z && (x + y) != 0))) { //王五的陈述
                    printf("张三说的是%s.\n", x ?"真话" : "说谎");
                    printf("李四说的是%s.\n", y ?"真话" : "说谎");
                    printf("王五说的是%s.\n", z ?"真话" : "说谎");
                }
            }
        }
    }
    return 0;
}
```

【例 6-6】 学校中的课程安排问题,某班下学期有五门课,要求是:

(1) A,B 不能安排在同一天上课;

(2) C 是 B 的实验课,如果有课程 B,当天便有课程 C;

(3) D,E 是同一任课教师,该教师要求两门课不能排在同一天。

试给出合理的排课方案,并用程序实现。

解:设 a,b,c,d,e 分别表示五门相应的课程,将 3 句话符号化为:

(1) $\neg(a \wedge b)$;

(2) $(\neg b \rightarrow \neg c) \wedge (b \rightarrow c)$;

(3) $\neg(d \wedge e)$。

求出其主析取范式:

$$\neg(a \wedge b) \wedge (\neg b \rightarrow \neg c) \wedge (b \rightarrow c) \wedge \neg(d \wedge e)$$

$$\Leftrightarrow(\neg a \wedge \neg b) \wedge (b \vee \neg c) \wedge (\neg b \vee c) \wedge (\neg d \wedge \neg e)$$

$$\Leftrightarrow(\neg a \wedge b \wedge c \wedge \neg d \wedge \neg e) \vee (\neg a \wedge b \wedge c \wedge \neg d \wedge e) \vee (\neg a \wedge b \wedge c \wedge d \wedge \neg e) \vee (a \wedge \neg b \wedge \neg c \wedge \neg d \wedge e) \vee (a \wedge \neg b \wedge \neg c \wedge d \wedge \neg e)$$

所以每天排课的方式有 5 种方案:

①B,C; ②B,C,E; ③B,C,D; ④A,E; ⑤A,D。

【例 6-7】 某单位有 5 个可供选择的理财投资项目,其所需投资额(单位:万元)和期望

收益(单位：万元)如表6-2所示。投资项目需要满足：(1)A、C、E之间必须选择一项，且仅需选择一项；(2)B和D之间必须选择，也仅需选择一项；(3)C与D密切相关，C的实施必须以D的实施为前提条件。该单位现有资金15万元。

表6-2 投资额与期望收益

项 目	A	B	C	D	E
所需投资额	6	4	2	4	5
期望收益	10	8	7	6	9

试问：应选择哪些项目进行理财投资，才能使该单位的期望收益达到最大？

解：

设 p_i：选择项目 $i(i=1,2,\cdots,5)$ 分别对应A,B,C,D,E，则满足3个条件的命题公式为：

$$((p_1\wedge\neg p_3\wedge\neg p_5)\vee(\neg p_1\wedge p_3\wedge\neg p_5)\vee(\neg p_1\wedge\neg p_3\wedge p_5))\wedge((p_2\wedge\neg p_4)\vee(\neg p_2\wedge p_4))\wedge(p_3\to p_4)$$

该命题公式的成真赋值即为可行的项目选择投资方案，经过等值演算得到：

$$((p_1\wedge\neg p_3\wedge\neg p_5)\vee(\neg p_1\wedge p_3\wedge\neg p_5)\vee(\neg p_1\wedge\neg p_3\wedge p_5))\wedge((p_2\wedge\neg p_4)\vee(\neg p_2\wedge p_4))\wedge(p_3\to p_4)$$

$$\Leftrightarrow((p_1\wedge\neg p_3\wedge\neg p_5)\vee(\neg p_1\wedge p_3\wedge\neg p_5)\vee(\neg p_1\wedge\neg p_3\wedge p_5))\wedge((p_2\wedge\neg p_4)\vee(\neg p_2\wedge p_4))\wedge(p_3\to p_4)$$

$$\Leftrightarrow((p_1\wedge\neg p_3\wedge\neg p_5)\vee(\neg p_1\wedge p_3\wedge\neg p_5)\vee(\neg p_1\wedge\neg p_3\wedge p_5))\wedge((p_2\wedge\neg p_4)\vee(\neg p_2\wedge p_4))\wedge(\neg p_3\vee p_4)$$

$$\Leftrightarrow((p_1\wedge\neg p_3\wedge\neg p_5)\vee(\neg p_1\wedge p_3\wedge\neg p_5)\vee(\neg p_1\wedge\neg p_3\wedge p_5))\wedge((p_2\wedge\neg p_3\wedge\neg p_4)\vee(\neg p_2\wedge\neg p_3\wedge p_4)\vee(\neg p_2\wedge p_4))$$

$$\Leftrightarrow(p_1\wedge p_2\wedge\neg p_3\wedge\neg p_4\wedge\neg p_5)\vee(\neg p_1\wedge p_2\wedge\neg p_3\wedge\neg p_4\wedge p_5)\vee(p_1\wedge\neg p_2\wedge\neg p_3\wedge p_4\wedge\neg p_5)\vee(\neg p_1\wedge\neg p_2\wedge\neg p_3\wedge p_4\wedge p_5)\vee(\neg p_1\wedge\neg p_2\wedge p_3\wedge p_4\wedge\neg p_5)$$

因此，满足条件的投资项目选择方案共有5种，在这5种方案中，投资资金不超过15万元且期望收益达到最大的只有一种方案，即选择投资项目1和项目2，故该单位应该选择投资项目A和项目B，才能使该单位的期望收益达到最大，其最大期望收益是18万元。

习　题

1. 求下列公式的主范式并求成真赋值和成假赋值。

(1) $p\to(p\wedge(q\to p))$

(2) $\neg(p\to q)\vee(r\wedge p)$

(3) $(p\vee q)\to\neg(p\vee r)$

(4) $(p\to(q\wedge r))\wedge(\neg p\to(\neg q\wedge\neg r))$

(5) $p\vee(\neg p\to(q\vee(\neg q\to r)))$

(6) $(p \to q) \wedge (p \to r)$

2. 通过主范式判断下列公式的类型。

(1) $(p \wedge q) \vee (\neg p \wedge \neg q)$

(2) $\neg (p \vee q) \wedge (p \wedge \neg q)$

(3) $(p \to q) \wedge (q \to r) \wedge (\neg r \to \neg p)$

(4) $p \wedge (q \vee \neg q)$

(5) $(p \wedge \neg p) \vee (q \wedge \neg q)$

(6) $(p \vee q) \wedge (\neg p \vee r)$

3. 通过求主范式判断下列命题公式是否等价。

(1) $A \Leftrightarrow (p \vee q) \wedge (\neg p \vee r)$和$B \Leftrightarrow q \vee r$

(2) $A \Leftrightarrow (p \wedge q) \vee (\neg p \wedge \neg q)$和$B \Leftrightarrow \neg (p \leftrightarrow q)$

(3) $A \Leftrightarrow (p \wedge q) \vee (p \wedge \neg q) \vee (\neg p \wedge q)$和$B \Leftrightarrow p \vee q$

(4) $A \Leftrightarrow (p \wedge q) \vee (\neg p \wedge r) \vee (q \wedge r)$和$B \Leftrightarrow (p \vee r) \wedge (q \vee \neg p)$

(5) $A \Leftrightarrow (p \vee q \vee r) \wedge (\neg p \vee q \vee \neg r) \wedge (p \vee \neg q \vee r)$和$B \Leftrightarrow (q \vee r) \wedge (p \vee \neg r)$

(6) $A \Leftrightarrow (p \wedge q) \vee (\neg p \wedge q \wedge r)$和$B \Leftrightarrow (p \vee (q \wedge r)) \wedge (q \vee (\neg p \wedge r))$

4. 主范式的应用。

(1) 投资组合优化。

投资者有 10 万元资金,需要在三个项目 A、B、C 中进行分配,每个项目的预期收益率和风险不同。要求设计一个投资组合,使得在总风险不超过一定水平的前提下,使预期总收益最大化。

逻辑条件:

- 总投资额为 10 万元;
- 每个项目的投资额度不能为负;
- 预期总收益是各项目收益的加权和,权重为各自的投资比例。

(2) 分期投资策略。

投资者计划在五年内对四个项目进行投资,每个项目的投资期限和回收期限不同。要求制定一个分期投资策略,使得第五年末的总资金量最大化。

逻辑条件:

- 项目 A 每年初投资,次年末回收本利;
- 项目 B 第三年初投资,第五年末回收;
- 项目 C 第二年初投资,第五年末回收,但投资上限为 3 万元;
- 项目 D 每年初可投资,当年末回收;
- 每年初的投资总额不超过前一年末的总资金量。

(3) 选举投票规则。

在一个选举中,有三个候选人 A、B、C。投票规则要求:

- 必须至少有两位候选人获得超过半数(假设总票数为奇数,以确保存在多数)的选票才能当选;
- 如果只有一位候选人获得超过半数的选票,则选举无效,需要重新投票。

请构造一个逻辑表达式(可以转换为主合取范式),以判断选举结果是否有效。

(4) 项目管理决策。

一个项目团队需要在三个候选方案 A、B、C 中选择一个实施方案。选择条件如下：

- 如果方案 A 的效益评估最高，则选择 A；
- 如果方案 A 的效益评估不是最高的，但方案 B 的效益评估高于方案 C，则选择 B；
- 否则，选择 C。

请构造一个逻辑表达式(可以转换为主合取范式)，以描述项目团队的决策过程。

命题逻辑推理

本部分包括蕴含和命题逻辑推理。

本部分思维导图

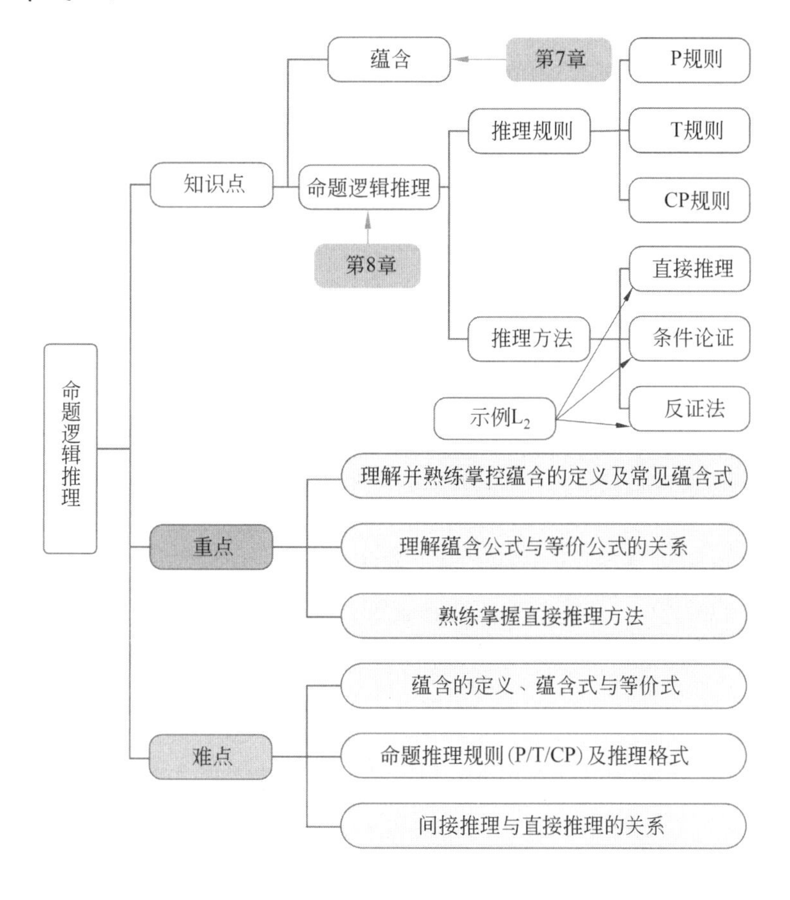

第 7 章 蕴含

蕴含(Implication)不仅是连接命题与结论的桥梁,更是等价性与推理能力的重要基石。它以一种逻辑上的"如果……,那么……"关系精确界定了前提与结论之间的必然联系。蕴含的本质在于:当且仅当前提为真而结论为假时,整个蕴含关系才为假,这构成了逻辑推理的严密性基础。通过蕴含,能够构建复杂的逻辑系统,实现从已知到未知的推导过程,即推理。

本章要理解例 7-4 的求解方法以及表 7-3 的推导过程。

7.1 重言式

【定义 7-1】 设 P 为任一命题公式,若 P 在其各种赋值下的取值均为真,则称 P 是**重言式**或永真式,记为 T 或 1。

【例 7-1】 $((p\rightarrow q)\wedge\neg q)\rightarrow\neg p\Leftrightarrow T$,为重言式。

重言式的性质:

(1) 如果 A 是永真式,则 $\neg A$ 是永假式;

(2) 如果 A、B 是永真式,则 $(A\wedge B)$、$(A\vee B)$、$(A\rightarrow B)$和$(A\leftrightarrow B)$也都是永真式;

(3) 如果 A 是永真式,则 A 的置换例式也是永真式。

置换例式:$A(p_1,p_2,\cdots,p_n)$ 是含有命题变元 $p_1,p_2,\cdots,p_n$ 的命题公式,如果用合式公式 X 替换某个 p_i(如果 p_i 在 $A(p_1,p_2,\cdots,p_n)$中的多处出现,则各处均用 X 替换),其余变元不变,替换后得到新的公式 B,则称 B 是 $A(p_1,p_2,\cdots,p_n)$的置换例式。

【例 7-2】 公式 A:$p\vee p\wedge((p\rightarrow q)\rightarrow r))$。

用$(D\vee E)$替换 A 中 p,得到 A 的置换例式 B 为

$$(D\vee E)\vee((D\vee E)\wedge(((D\vee E)\rightarrow q)\rightarrow r))$$

【例 7-3】 如果 A 是永真式,例如 A 为 $p\vee p$,则用$(D\vee E)$替换 A 中 p,得到 A 的置换。公式 B 为

$$(D\vee E)\vee(D\vee E)$$

显然 B 也是永真式。

如果可以断定给定公式是某个永真式的置换例式,则这个公式也是永真式。

7.2 蕴含式

7.2.1 蕴含

【定义 7-2】 当且仅当 $P \to Q$ 是重言式时，称 **P 蕴含 Q**，并记作 $P \Rightarrow Q$。

注意：P、Q 代表一个合式公式。

如果一个合式公式是蕴含式，则包含两方面含义：

(1) 该合式公式中含有条件联结词；

(2) 化简后等价于永真式。

那么，可将该条件式作为蕴含(推导)的依据。

注意：符号"⇒"不是联结词，它表示公式间的"永真蕴含"关系，也可以看成"推导"关系。即 $P \Rightarrow Q$ 可以理解成由 P 可推出 Q，也可以看出由 P 为真可以推出 Q 也为真，如表 7-1 所示。

表 7-1 原命题及逆反命题

原 命 题	逆 换 式	反 换 式	逆 反 式
$P \to Q$	$\neg Q \to \neg P$	$\neg P \to \neg Q$	$\neg Q \to \neg P$

它们之间具有如下关系：

- $P \to Q \Leftrightarrow \neg Q \to \neg P$
- $Q \to P \Leftrightarrow \neg P \to \neg Q$

即原命题等价于它的逆否命题。

7.2.2 蕴含式的证明

蕴含式的证明方法如下。

(1) 真值表法：列出 $p \to q$ 的真值表，观察其是否永为真。

(2) 等值演算法：通过证明 $p \to q \Leftrightarrow 1$ 来证明 $p \Rightarrow q$。

【例 7-4】 证明：$\neg q \wedge (p \to q) \Rightarrow \neg p$。

(1) 真值表法。

列出 $p \to q$ 的真值表，观察其是否永为真。

证明 $\neg q \wedge (p \to q) \to \neg p$ 是否等价于 1。

原式$\Leftrightarrow (\neg q \wedge (p \to q)) \to \neg p$，列出真值表，如表 7-2 所示。

表 7-2 例 7-4 真值表

p	q	$\neg q$	$(p \to q)$	$\neg q \to (p \to q)$	$\neg p$	$(\neg q \wedge (p \to q)) \to \neg p$
0	0	1	1	1	1	1
0	1	0	1	0	1	1
1	0	1	0	0	0	1
1	1	0	1	0	0	1

从表 7-2 可知，最后一列全部为 1，原式得证。

(2) 等价公式法。

$$
\begin{aligned}
&\neg q \wedge (p \rightarrow q) \rightarrow \neg p \\
\Leftrightarrow &\neg(\neg q \wedge (p \rightarrow q)) \vee (\neg p) \\
\Leftrightarrow &q \vee \neg(\neg p \vee q) \vee (\neg p) \\
\Leftrightarrow &(\neg p \vee q) \vee \neg(\neg p \vee q) \\
\Leftrightarrow &1
\end{aligned}
$$

因此

$$\neg q \wedge (p \rightarrow q) \Rightarrow \neg p$$

7.2.3 常见的蕴含式

常用的蕴含式均可通过蕴含的定义获得(方法类似例 7-4)。

常见蕴含式如表 7-3 所示。

表 7-3 常见蕴含式

编号	蕴 含 式	编号	蕴 含 式
I_1	$p \wedge q \Rightarrow p$	I_2	$p \wedge q \Rightarrow q$
I_3	$p \Rightarrow p \vee q$	I_4	$q \Rightarrow p \vee q$
I_5	$\neg p \Rightarrow p \rightarrow q$	I_6	$q \Rightarrow p \rightarrow q$
I_7	$\neg(p \rightarrow q) \Rightarrow p$	I_8	$\neg(p \rightarrow q) \Rightarrow \neg q$
I_9	$p, q \Rightarrow p \wedge q$	I_{10}	$\neg p \wedge (p \vee q) \Rightarrow q$
I_{11}	$p \wedge (p \rightarrow q) \Rightarrow q$	I_{12}	$\neg q \wedge (p \rightarrow q) \Rightarrow \neg p$
I_{13}	$(p \rightarrow q) \wedge (q \rightarrow r) \Rightarrow p \rightarrow r$	I_{14}	$(p \vee q) \wedge (p \rightarrow r) \wedge (q \rightarrow r) \Rightarrow r$
I_{15}	$p \rightarrow q \Rightarrow (p \vee r) \rightarrow (q \vee r)$	I_{16}	$p \rightarrow q \Rightarrow (p \wedge r) \rightarrow (q \wedge r)$

7.3 应 用

【例 7-5】 L_2：检验下列论证的有效性。

① 如果我努力学习，那么我的“离散数学”课程及格。

② 如果我不热衷于玩游戏，那么我将努力学习。

③ 但我的“离散数学”课程不及格。

④ 因此我热衷于玩游戏。

解：(1) 命题符号化。

设 p：我努力学习。

q：我的“离散数学”课程及格。

r：我热衷于玩游戏。

(2) 符号化。

① $p \to q$

② $\neg r \to p$

③ $\neg q$

④ r

接下来验证是否有

$$(p \to q) \land (\neg r \to p) \land (\neg q) \Rightarrow r$$

(3) 用蕴含式进行论证。

$$
\begin{aligned}
&((p \to q) \land (\neg r \to p) \land (\neg q)) \to r \\
\Leftrightarrow &\neg ((p \to q) \land (\neg r \to p) \land (\neg q)) \lor r \\
\Leftrightarrow &\neg ((\neg p \lor q) \land (\neg \neg r \lor p) \land (\neg q)) \lor r \\
\Leftrightarrow &(\neg (\neg p \lor q) \lor \neg (\neg \neg r \lor p) \lor \neg (\neg q)) \lor r \\
\Leftrightarrow &((p \land \neg q) \lor (\neg r \land \neg p) \lor q) \lor r \\
\Leftrightarrow &(p \land \neg q) \lor q \lor (\neg r \land \neg p) \lor r \\
\Leftrightarrow &((p \lor q) \land (\neg q \lor q)) \lor ((\neg r \lor r) \land (\neg p \lor r)) \\
\Leftrightarrow &((p \lor q) \land \mathrm{T}) \lor (\mathrm{T} \land (\neg p \lor r)) \\
\Leftrightarrow &(p \lor q) \lor (\neg p \lor r) \\
\Leftrightarrow &p \lor q \lor \neg p \lor r \\
\Leftrightarrow &\mathrm{T}
\end{aligned}
$$

因此,论证有效。

习　　题

用蕴含式的定义论证下列公式的有效性。

(1) $p \land q \Rightarrow p$

(2) $p \Rightarrow p \lor q$

(3) $\neg p \Rightarrow p \to q$

(4) $\neg (p \to q) \Rightarrow \neg q$

(5) $\neg p \land (p \lor q) \Rightarrow q$

(6) $\neg q \land (p \to q) \Rightarrow \neg p$

(7) $(p \to q) \land (q \to r) \Rightarrow p \to r$

(8) $(p \lor q) \land (p \to r) \land (q \to r) \Rightarrow r$

(9) $p \to q \Rightarrow (p \lor r) \to (q \lor r)$

(10) $p \to q \Rightarrow (p \land r) \to (q \land r)$

第 8 章 命题逻辑推理

命题逻辑推理作为逻辑学的重要组成部分，其作用在于系统地分析和验证思维中的前提与结论之间的必然联系。它不仅能帮助人们确保论证的严谨性和正确性，还能在复杂的信息网中抽丝剥茧，揭示隐藏的逻辑结构。通过命题逻辑推理，计算机能够构建更加稳固的知识体系，推动人工智能及推理的进步与发展。

本章主要通过一个例子(L_2)来解释直接推理、条件论证和反证法这三种推理方法的求解过程。

拓展*：用程序实现本章内容的推理过程。

8.1 推理及分类

推理就是根据一个或几个已知的判断得出一个新的判断的思维过程，称这些已知的判断为前提。得到的新的判断为前提的有效结论。

实际上，推理的过程就是证明永真蕴含式的过程，即令 $H_1,H_2,\cdots,H_n$ 是已知的命题公式的假设(Hypothesis)前提。

若有

$$H_1 \wedge H_2 \wedge \cdots \wedge H_n \Rightarrow C$$

则称 C 是 $H_1,H_2,\cdots,H_n$ 的有效结论，简称**结论**(Conclusion)。

根据前提得到结论需要有推理的规则。下面引入两个推理规则。

- 前提**引入** P(Premise) **规则**：在推理过程中，可以随时引入前提已有的式子。
- 推理**转换** T(Translation) **规则**：在推理过程中，可以利用 E 系列或者 I 系列得到推理的结果。

在推理过程中，还要应用永真蕴含式 $I_1 \sim I_{16}$ 和等价公式 $E_1 \sim E_{25}$。

下面介绍三种推理方法：直接推理、条件论证及反证法。

8.2 直接推理

直接推理就是从前提直接推出结论。

上面讲到推理的过程实际上是证明永真蕴含式的过程，只不过证明的过程采用另一种书写格式。

直接推理的规范格式如表 8-1 所示。

表 8-1　直接推理的规范格式

序　　号	前提或结论	所用规则	从哪几步得到	所 用 公 式
(1)				
(2)				
(3)				
…				

【例 8-1】 用直接推理论证 L_2。

L_2：检验下列论证的有效性。

① 如果我努力学习，那么我的"离散数学"课程及格。

② 如果我不热衷于玩游戏，那么我将努力学习。

③ 但我的"离散数学"课程不及格。

④ 因此我热衷于玩游戏。

请给出推理过程。

证明：根据例 7-4 可得

$$(p \to q) \land (\neg r \to p) \land (\neg q) \Rightarrow r$$

直接推理过程如下。

序　　号	前提或结论	所用规则	从哪几步得到	所 用 公 式
(1)	$p \to q$	P		
(2)	$\neg q$	P		
(3)	$\neg p$	T	(1)(2)	I_{12}
(4)	$\neg r \to p$	P		
(5)	$\neg\neg r$	T	(3)(4)	
(6)	r	T	(5)	E_1

拓展*：用程序实现该推理过程。

我是否热衷于玩游戏——C 语言代码

```
#include <stdio.h>
#include <stdbool.h>

int main() {
    bool discreteMathPass;
    printf("请输入《离散数学》是否及格(1 表示及格,0 表示不及格):");
    scanf("%d", &discreteMathPass);

    bool studyHard=discreteMathPass;
```

```
    bool enthusiasticAboutGames=!studyHard;

    if (enthusiasticAboutGames) {
        printf("我热衷于玩游戏。\n");
    } else {
        printf("我不热衷于玩游戏。\n");
    }

    return 0;
}
```

【例 8-2】 求证：$p \to (q \to s)$，$\neg r \vee p$，$q \Rightarrow r \to s$。

证明：直接推理过程如下。

序　号	前提或结论	所用规则	从哪几步得到	所用公式
(1)	$p \to (q \to s)$	P		
(2)	$\neg p \vee (\neg q \vee s)$	T	(1)	E_{16}
(3)	$\neg p \vee (s \vee \neg q)$	T	(2)	E_3
(4)	$(\neg p \vee s) \vee \neg q$	T	(3)	E_5
(5)	q	P		
(6)	$\neg p \vee s$	T	(4)(5)	I_{10}
(7)	$p \to s$	T	(6)	E_{16}
(8)	$\neg r \vee p$	P		
(9)	$r \to p$	T	(8)	E_{16}
(10)	$r \to s$	T	(7)(9)	I_{13}

8.3 条件论证

【定理 8-1】 如果 $H_1 \wedge H_2 \wedge \cdots \wedge H_n \wedge R \Rightarrow S$，则 $H_1 \wedge H_2 \wedge \cdots \wedge H_n \Rightarrow R \to S$。

证明：因为 $H_1 \wedge H_2 \wedge \cdots \wedge H_n \wedge R \Rightarrow S$，则$(H_1 \wedge H_2 \wedge \cdots \wedge H_n \wedge R) \to S$ 是永真式。

根据结合律得$((H_1 \wedge H_2 \wedge \cdots \wedge H_n) \wedge R) \to S$ 是永真式。

根据公式 E_{19} 得$(H_1 \wedge H_2 \wedge \cdots \wedge H_n) \to (R \to S)$是永真式。

即

$$H_1 \wedge H_2 \wedge \cdots \wedge H_n \Rightarrow R \to S$$

定理得证。

E_{19}：$p \to (q \to r) \Leftrightarrow (p \wedge q) \to r$。

由此定理可知，如果要证明的结论是蕴含式$(R \to S)$形式，则可以把结论中蕴含式的前提 R 作为附加前提，与给定的前提一起推出后件 S 即可。

可以把上述定理写成如下规则：

规则 CP(Conditional Proof)：

如果 $H_1 \wedge H_2 \wedge \cdots \wedge H_n \wedge R \Rightarrow S$，则 $H_1 \wedge H_2 \wedge \cdots \wedge H_n \Rightarrow R \rightarrow S$。

【例 8-3】 用条件论证方法推理论证 L_2。

即验证下列结论是否有效：

$$(p \rightarrow q) \wedge (\neg r \rightarrow p) \Rightarrow \neg q \rightarrow r$$

证明：推理过程如下。

序　号	前提或结论	所用规则	从哪几步得到	所用公式
(1)	$\neg q$	P(附加前提)		
(2)	$p \rightarrow q$	P		
(3)	$\neg p$	T	(1)(2)	I_{12}
(4)	$\neg r \rightarrow p$	P		
(5)	$\neg\neg r$	T	(3)(4)	I_{12}
(6)	r	T	(5)	E_1
(7)	$\neg q \rightarrow r$	CP	(7)	

【例 8-4】 用条件论证证明例 8-2 中的 $p \rightarrow (q \rightarrow s), \neg r \vee p, q \Rightarrow r \rightarrow s$。

证明：推理过程如下。

序　号	前提或结论	所用规则	从哪几步得到	所用公式
(1)	r	P(附加前提)		
(2)	$\neg r \vee p$	P		
(3)	p	T	(1) (2)	I_{10}
(4)	$p \rightarrow (q \rightarrow s)$	P		
(5)	$q \rightarrow s$	T	(3) (4)	I_{11}
(6)	q	P		
(7)	s	T	(5) (6)	I_{11}
(8)	$r \rightarrow s$	CP		

与例 8-2 相比，因为增加了一个附加前提，所以推理就更容易一些。

8.4 反　证　法

反证法的主要思想是：假设结论不成立，可以推出矛盾的结论(矛盾式)。下面先介绍有关概念和定理。

【定理 8-2】 设 $H_1, H_2, \cdots, H_n$ 是命题公式，$P_1, P_2, \cdots, P_M$ 是公式中的命题变元，如果对所有命题变元至少有一种指派，使得 $H_1 \wedge H_2 \wedge \cdots \wedge H_n$ 的真值为 T，则称公式集合

$\{H_1, H_2, \cdots, H_n\}$是相容的(也称是一致的);如果对所有命题变元的每种指派都使得 $H_1 \wedge H_2 \wedge \cdots \wedge H_n$ 的真值为 F,则称公式集合$\{H_1, H_2, \cdots, H_n\}$是不相容的(也称是不一致的)。

分析:若要证明相容的公式集合$\{H_1, H_2, \cdots, H_n\}$可以推出公式 C,则只要证明 $H_1 \wedge H_2 \wedge \cdots \wedge H_n \wedge C$ 是矛盾式即可。

证明:设 $H_1 \wedge H_2 \wedge \cdots \wedge H_n \wedge C$ 是矛盾式,则$(H_1 \wedge H_2 \wedge \cdots \wedge H_n \wedge C)$是永真式。

上式$(H_1 \wedge H_2 \wedge \cdots \wedge H_n) \vee C$

$(H_1 \wedge H_2 \wedge \cdots \wedge H_n) \rightarrow C$

所以 $H_1 \wedge H_2 \wedge \cdots \wedge H_n \Rightarrow C$

实际上,要证明 $H_1 \wedge H_2 \wedge \cdots \wedge H_n \Rightarrow C$,只要证明 $H_1 \wedge H_2 \wedge \cdots \wedge H_n \wedge C$ 可推出矛盾式即可,即

$$H_1 \wedge H_2 \wedge \cdots \wedge H_n \wedge C \Rightarrow R \wedge \neg R$$

【例 8-5】 采用反证法论证 L_2。

即验证下列结论是否有效:

$$(p \rightarrow q) \wedge (\neg r \rightarrow p) \wedge (\neg q) \Rightarrow r$$

证明:推理过程如下。

序　　号	前提或结论	所用规则	从哪几步得到	所 用 公 式
(1)	$\neg r$	P(附加前提)		
(2)	$\neg r \rightarrow p$	P		
(3)	p	T	(1)(2)	I_{11}
(4)	$p \rightarrow q$	P		
(5)	q	T	(3)(4)	I_{11}
(6)	$\neg q$	P		
(7)	$q \wedge \neg q$	T	(5)(6)	E_{23}

【例 8-6】 论证 $p \rightarrow q, (\neg q \vee r) \wedge \neg r, \neg(\neg p \wedge s) \Rightarrow \neg s$。

证明:推理过程如下。

序　　号	前提或结论	所用规则	从哪几步得到	所 用 公 式
(1)	$\neg\neg s$	P(附加前提)		
(2)	s	T	(1)	E_1
(3)	$\neg(\neg p \wedge s)$	P		
(4)	$p \vee \neg s$	T	(3)	E_8
(5)	p	T	(2)(4)	I_{10}
(6)	$p \rightarrow q$	P		
(7)	q	T	(5)(6)	I_{11}
(8)	$(\neg q \vee r) \wedge \neg r$	P		

续表

序　号	前提或结论	所用规则	从哪几步得到	所用公式
(9)	$\neg q \vee r$	T	(8)	I_1
(10)	$\neg r$	T	(8)	I_2
(11)	r	T	(7)(9)	I_{10}
(12)	$r \wedge \neg r$	T	(10)(11)	I_9

8.5 应　用

【例 8-7】 一个店铺发生了一起离奇的掌柜被谋杀案，狄仁杰勘查现场后得出以下事实：

① 账房先生或者店小二谋害了掌柜；

② 如果账房先生谋害了掌柜，则谋害不会发生在午夜前；

③ 如果店小二的证词正确，则谋害发生在午夜前；

④ 如果店小二的证词不正确，则午夜时屋里灯光未灭；

⑤ 如果账房先生富裕，则他不会谋害掌柜；

⑥ 掌柜有钱且账房先生不富裕；

⑦ 午夜时办公室的灯灭了。

请问谁谋害了掌柜？请给出详细的推理过程。

解：

(1) 命题符号化

p：账房先生谋害了掌柜。　　q：店小二谋害了掌柜。

r：谋害发生在午夜前。　　s：店小二的证词是正确的。

t：午夜时屋里灯光灭了。　　w：账房先生富裕。

x：掌柜有钱。

(2) 翻译

$$p \vee q, p \to \neg r, s \to r, \neg s \to \neg t, w \to \neg p, x \wedge \neg w, t \Rightarrow ?$$

(3) 推理

推理过程如下。

序　号	前提或结论	所用规则	从哪几步得到	所用公式
(1)	t	P		
(2)	$\neg s \to \neg t$	P		
(3)	$\neg\neg s$	T	(1)(2)	I
(4)	s	T	(3)	T
(5)	$s \to r$	P		

续表

序　　号	前提或结论	所用规则	从哪几步得到	所用公式
(6)	r	T	(4)(5)	I
(7)	$p\to\neg r$	P		
(8)	$\neg p$	T	(6)(7)	I
(9)	$p\vee q$	P		
(10)	q	T	(8)(9)	I

结论：店小二谋害了掌柜。

习　　题

1. A、B、C、D、E 五人相互比较年龄大小，满足如下条件：

(1) A 比 B 大，但比 D 小；

(2) E 比 D 大，但比 C 小；

(3) C 比 D 大，但比 B 小；

(4) B 比 C 大。

以下哪个说法是正确的？(　　)

(1) A 最大

(2) B 最大

(3) C 最大

(4) D 最大

2. 用直接推理证明下列推理的有效性。

(1) $(p\to q),(p\to r),\ \neg(q\wedge r),\ s\vee p\Rightarrow s$

(2) $p\to q,q\to r,p\Rightarrow r$

(3) $(p\vee q)\to(r\wedge s),\ (s\vee t)\to u\Rightarrow p\to u$

3. 用条件论证证明下列推理的有效性。

(1) $p\to(r\vee q),q\to\neg p,s\to\neg r\Rightarrow p\to\neg s$

(2) $p\to(q\to r),r\to(q\to s)\Rightarrow p\to(q\to s)$

(3) $(p\vee q)\to(r\wedge s),\ (s\vee t)\to u\Rightarrow p\to u$

4. 用反证法证明下列推理的有效性。

(1) $p\to\neg q,q\vee\neg r,r\wedge(\neg s)\Rightarrow\neg p$

(2) $p\to(q\to r),p\wedge q\Rightarrow r\vee s$

(3) $(p\vee q)\to(r\wedge s),\ (s\vee t)\to u\Rightarrow p\to u$

5. 在自然系统中构造下列推理的证明。

(1) 若明天下雨或下雪，我就要明早出门做救援。若我明早出门做救援，今晚必须准备物资。我今晚没有准备物资。因此明天不下雨也不下雪。

(2) 如果今天是周六，就到颐和园或圆明园玩。如果颐和园游人太多，就不去颐和园。

今天是周六，并且颐和园游人太多，所以去圆明园或动物园玩。

(3) 2是素数或合数。若2是素数，则$\sqrt{2}$是无理数。若$\sqrt{2}$是无理数，则4不是素数。所以，如果4是素数，则2是合数。

(4) 努力是成功的前提或关键。若努力是成功的前提，则坚持是努力的基础。若坚持是努力的基础，则放弃不是明智之举。一个人要想成功，就不能放弃。

6. 用命题逻辑推理方法证明下列推理的有效性。

如果马会飞或羊吃草，母鸡就会是飞鸟。如果母鸡是飞鸟，那么烤熟的鸭子还会跑。烤熟的鸭子不会跑，所以羊不吃草。

7. 用命题逻辑推理方法证明下列推理的有效性。

(1) 如果体育馆有球赛，春秋大道交通就拥挤；

(2) 在这种情况下，如果张三不提前出发，就会迟到；

(3) 因此，张三没有提前出发也未迟到，则体育馆没有球赛。

谓词逻辑导论

先从**亚里士多德三段论**谈起，即由一个大前提和一个小前提进而推出结论的过程。

L_3：亚里士多德三段论

① 所有的人都是要死的。

② 亚里士多德是人。

③ 所以亚里士多德是要死的。

根据命题推理的方法，将上述三段论符号化并进行推理证明。

(1) 原子命题符号化如下。

p：所有的人都是要死的。

q：亚里士多德是人。

r：亚里士多德是要死的。

(2) 三段论用形式符号表示为：

$$p \wedge q \Rightarrow r$$

即

$$p \wedge q \rightarrow r \Leftrightarrow \mathrm{T}$$

但在命题逻辑里，$p \wedge q \rightarrow r$ 显然不是重言式。

三段论应该是正确的，但根据前提却推导不出结论，问题出在哪里了？

命题逻辑专注于研究命题之间的逻辑关系，其核心单元为原子命题，这些命题在逻辑演算中被视为不可再分的基元。此方式虽便于分析命题间的基本联系，却忽略了命题内部可能蕴含的复杂结构与深层逻辑关系，从而限制了表达人类复杂思维过程的能力。

相比之下，**谓词逻辑不仅继承了命题逻辑的逻辑联结词体系，还引入了量词与谓词两大关键元素**。谓词作为描述个体属性或个体间关系的表达式，能够包含变量，极大地丰富了逻辑的表达能力。这一扩展使得谓词逻辑成为命题逻辑在推理与表达层面上的自然进阶。

在人工智能领域，谓词逻辑被视作一种强有力的语言工具，用于精确描述和推理关于世界状态及事件的知识。它赋能机器以理解人类语言与行为的深层含义，促进更加智能化的决策制定。通过谓词逻辑，人工智能系统能够构建复杂的知识图谱，执行高级的逻辑推理，并在自然语言处理等领域发挥关键作用，助力计算机深入解析人类语言中的复杂句构与意义。

因此，谓词逻辑凭借其卓越的表达能力与推理能力，在计算机科学等多个领域展现出广泛的应用价值，特别是在需要形式化复杂推理与精确描述系统的场景中，其重要性更是不言而喻。

本部分内容最终将解答示例 L_3 涉及的主要知识点。

谓词逻辑部分思维导图

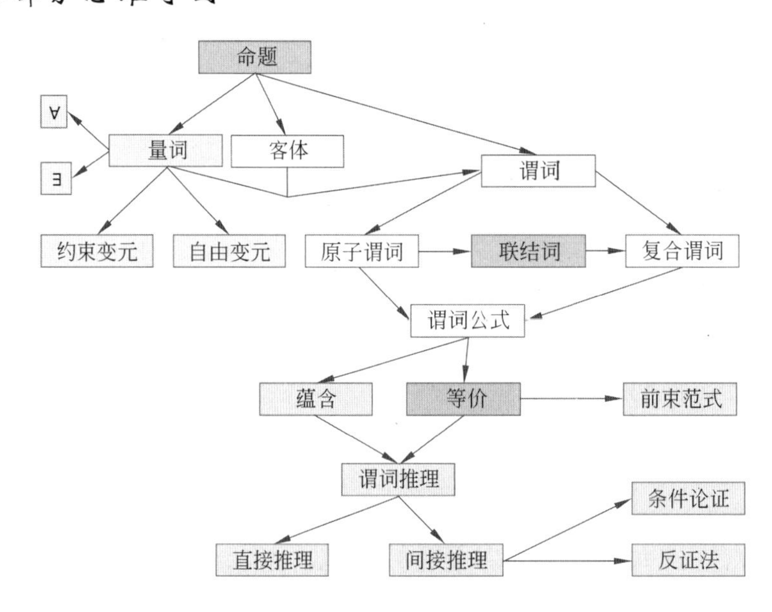

谓词及符号化

本部分包括命题和谓词公式及符号化。

本部分思维导图

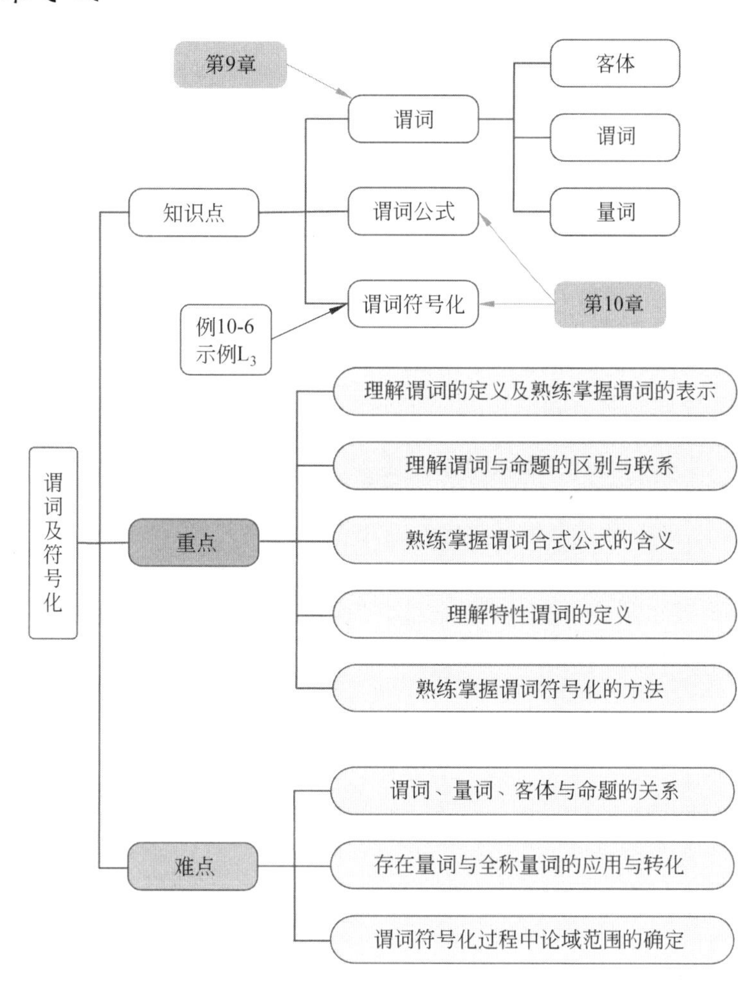

第 9 章 谓　词

在数理逻辑中，谓词扮演着至关重要的角色，它是连接逻辑与数学对象的桥梁。通过谓词，可以精确地表达复杂的逻辑命题，谓词的使用极大地增强了数学表达的严谨性和精确性，使得逻辑推理和证明过程更加清晰明了。在形式化语言和自动推理系统中，谓词更是不可或缺，它作为构建块，用来构建复杂的逻辑表达式和理论。因此，理解并掌握谓词的概念及其作用，对于深入学习离散数学及其逻辑应用至关重要。

9.1 谓　词

在命题逻辑中，命题是具有确定真值的陈述句。从语法上分析，一个陈述句由**主语**和**谓语**两部分组成。主语是谓语陈述的对象（称为客体或个体），指出谓语说的是"谁"或者"什么"；谓语是用来陈述主语的，说明主语"怎么样"或者"是什么"（称为谓词）。

【例 9-1】 (1) 张三是大学生。

　　　主语　谓语

(2) 亚里士多德是古希腊哲学家。

　　主语　谓语

(3) 哲学是研究世界观的学问。

　　主语　谓语

在谓词逻辑中，为揭示命题内部结构及其不同命题的内部结构关系，就按照这两部分对命题进行分析，并且把主语称为个体或**客体**（Object），把谓语称为**谓词**（Predicate）。

客体可以独立存在，它可以是具体的，也可以是抽象的。上面的"张三""亚里士多德""哲学"是客体。"是……"是谓词，表达了客体的性质。

【例 9-2】 5 大于 3。

　　张三比李四高。

这里的 5、3 和张三、李四是客体；"大于""比……高"是谓词，表达了客体之间的关系。

【定义 9-1】 在反映判断的句子中，用来刻画客体的性质或关系的部分是**谓词**。

9.2 谓词的表示

1. 客体和谓词的表示方法

约定用**大写字母**表示**谓词**，用**小写字母**表示**客体**名称。

表示特定谓词,称为**谓词常元**。

表示不确定的谓词,称为**谓词变元**。

谓词都用大写英文字母或大写英文字母带下标来表示,如 P,Q,R 或 A_1,A_2,A_3。

表示特定的客体,称为**客体常元**,以 a,b,c 或 a_1,b_1,c_1 表示。

表示不确定的客体,称为**客体变元**,以 x,y,z 或 x_1,y_1,z_1 表示。

2. 谓词命题的表示方法

用**谓词**表达命题,必须包括**客体**和**谓词**两部分。

单独一个谓词不是完整的命题,必须在谓词后填上客体才能表示命题。谓词后填上客体所得的式子称为**谓词填式**。

对于给定的命题,当用表示其客体的小写字母和表示其谓词的大写字母来表示时,规定把小写字母写在大写字母右侧的**圆括号**内。

例如:P 表示"是大学生",a 表示张三,b 表示李四。

则 $P(a)$表示命题"张三是大学生",$P(b)$表示命题"李四是大学生"。

对于"a 小于 b"这种表示两个客体之间关系的命题,可表达为 $B(a,b)$,这里 $B(a,b)$表示"小于"。

例如:H 表示"高于",a 表示客体"张三",b 表示客体"李四",则 $H(a,b)$表示命题"张三高于李四"。

$A(b)$,$G(t)$称作一元谓词(One Order),$B(a,b)$称作二元谓词。

可推广到 n 元谓词。

【定义 9-2】 A 是谓词,a_1,a_2,…,a_n 是客体的名称,则 $A(a_1,a_2,\cdots,a_n)$是 ***n* 元谓词**。

一元谓词表达客体的性质,多元谓词表达客体之间的关系。在多元谓词中,客体的次序与事先约定有关。

本书重点研究一元谓词。

9.3 命题函数

【定义 9-3】 由一个谓词、一些客体变元组成的表达式称为**简单命题函数**。

【例 9-3】 $A(x)$表示"x 学习好",x 是客体变元,$A(x)$是简单命题函数。此时 $A(x)$没有确定的真值,所以 $A(x)$不是命题,只有当 x 取特定的客体时,$A(x)$才确定了一个命题。

【定义 9-4】 由一个或 n 个简单命题函数以及逻辑联结词组合而成的表达式称为**复合命题函数**。

逻辑联结词$\neg$、$\wedge$、$\vee$、$\rightarrow$、$\leftrightarrow$的意义与命题演算中的解释完全类似。

【例 9-4】 设 $S(x)$表示"学习很好",用 $W(x)$表示"工作很好"。

则$\neg S(x)$表示"学习不是很好"。

$S(x) \wedge W(x)$表示"学习、工作都很好"。该命题是复合命题。

$S(x) \rightarrow W(x)$表示"若学习很好,则工作很好"。

【例 9-5】 用 $H(x,y)$表示"张三比李四长得高"。设 x 表示张三,y 表示李四。

则$\neg H(x,y)$表示"李四不比张三长得高"。

$\neg H(x,y) \land \neg H(x,y)$表示“李四不比张三长得高”且“张三不比李四长得高”，即“张三与李四同样高”。

9.4 量　词

【定义 9-5】 量词(Quantifier)用来表示客体之间的数量关系。

量词分为全称量词和存在量词。

1. 全称量词

【定义 9-6】 “对所有的”“对任意的”在陈述中表示整体或全部的含义，称为**全称量词**，用符号“∀”表示。

“对 M 中任意一个 x，有 $P(x)$成立”的命题，记为$\forall x \in M, P(x)$，读作“对任意 x 属于 M，有 $P(x)$成立”。

2. 存在量词

【定义 9-7】 “存在一个”“至少有一个”在陈述中表示个别或者一部分的含义，称为**存在量词**，用符号“∃”表示。

“存在 M 中的一个 x，使 $P(x)$成立”的命题，记为$\exists x \in M, P(x)$，读作“存在一个 x 属于M，使 $P(x)$成立”。

拓展阅读

量词符号主要是由逻辑学家**弗雷格**(Friedrich Ludwig Gottlob Frege)引入的。弗雷格在逻辑史上做出了重大贡献，**他创见性地引入了量词的记法**，使量词在表达式中独立出来，并仔细分析了量词在表达式中的辖域。这一创新不仅使得逻辑表达更加精确和严谨，也为现代数理逻辑的发展奠定了重要基础。

习　题

1. 用谓词表达式写出下列命题。

(1) 张三不是工人。

(2) 李四是田径或球类运动员。

(3) 王五是非常聪明和美丽的。

(4) 若 m 是奇数，则 $2m$ 不是奇数。

(5) 每个有理数是实数。

2. 写出下列命题的谓词表达式。

(1) 所有教练员都是运动员。

(2) 某些运动员是大学生。

(3) 某些教练是年老的，但是健壮的。

(4) 金教练既不老但也不健壮。

(5) 不是所有运动员都是教练。

(6) 某些大学生运动员是国家选手。

(7) 没有一个国家选手不是健壮的。

(8) 所有老的国家选手都是运动员。

(9) 存在一个物体,它是红色的并且是圆的。

(10) 所有的鸟都会飞。

(11) 如果一个人是医生,那么他可以治疗疾病。

(12) 有些动物是食草的。没有一个学生是不喜欢学习的。

(13) 如果今天是周末,那么有些人会去看电影。

(14) 所有的正方形都是四边形。有些植物是多年生的。

(15) 没有两个人有完全相同的指纹。

3. 定义一个二元谓词 $L(x, y)$,它表示"x 爱 y"。请解释在这个定义中 x 和 y 分别代表什么,以及 $L(x,y)$ 如何被解释为一个命题。

4. 假设 R 表示"是红色",a 表示"苹果",b 表示"香蕉"。请写出表示"苹果是红色"的谓词表达式。

5. 已知 $T(x)$ 表示"x 是老师",$S(x)$ 表示"x 是学生"。写出复合命题函数,表示"存在一位老师,他是学生"的命题,并给出其逻辑表达式。

6. 假设 $F(x)$ 表示"x 是胖子",P 是所有人的集合。用全称量词表示"所有人都是胖子"的命题,并给出其逻辑表达式。

7. 使用存在量词和否定,写出表示"不存在一个数,它既是偶数又是奇数"的命题,并给出其逻辑表达式。

8. 定义 $E(x,y)$ 为"x 等于 y 的两倍",a 表示数字"4",b 表示数字"2"。请写出表示"4是2的两倍"的命题,并用谓词逻辑表示。

9. 已知 $G(x)$ 表示"x 是男人",$B(x)$ 表示"x 是女人"。使用全称量词和逻辑联结词写出表示"所有人要么是男人,要么是女人"的命题。

第 10 章 谓词公式及符号化

谓词公式是离散数学中用于表达复杂逻辑命题的一种形式化语言，它通过谓词、量词、联结词等符号进行组合，精确地描述数学对象之间的性质与关系。

符号化则是将自然语言中的命题转换为谓词公式的过程，使得逻辑推理更加严谨和精确。

与命题公式相比，谓词公式能够处理包含多个变量和复杂关系的命题，而命题公式则主要处理简单的真值命题。谓词公式的符号化过程是将自然语言中的句子分解为个体词、谓词、量词等组成部分，并按照一定的规则组合成逻辑表达式。

本章要求掌握谓词符号化过程中量词以及论域（例 10-2 和例 10-3）的使用规则。

10.1 谓词合式公式

【定义 10-1】 谓词合式公式（Well Formed formulas，WFF）的递归定义如下：

(1) 原子谓词公式是合式公式；

(2) 如果 A 是合式公式，则 $\neg A$ 也是合式公式；

(3) 如果 A、B 是合式公式，则 $(A \wedge B)$、$(A \vee B)$、$(A \rightarrow B)$、$(A \leftrightarrow B)$ 都是合式公式；

(4) 如果 A 是合式公式，x 是 A 中的任何客体变元，则 $\forall xA$ 和 $\exists xA$ 也是合式公式；

(5) 只有有限次地按规则(1)～(4)求得的公式才是合式公式。

谓词合式公式也叫**谓词公式**，简称公式。

【例 10-1】 根据谓词公式的概念，判断下列哪些公式是谓词公式。

(1) P

(2) $(P \rightarrow Q)$

(3) $(Q(x) \wedge P)$

(4) $\forall x\ (A(x) \rightarrow B(x))$

(5) $\exists x\ C(x)$

(6) $x \forall y \exists P(x)$

(7) $P(\exists x) \wedge Q(x) \forall \exists x$

解：上述(1)～(5)均为谓词公式。

(6)中的量词应该在客体的左边，不是谓词公式。

(7)中的全称量词后面应该紧跟客体，而不是量词，不是谓词公式。

为了方便，最外层括号可以省略，但是若量词后边有括号，则此括号不能省略。

注意：公式 $\forall x(A(x)\rightarrow B(x))$ 中 $\forall x$ 后边的括号不是最外层括号，所以不可以省略。

10.2 特性谓词

在谓词演算中，命题的符号化比较复杂，命题的符号表达式与论域有关。

【例 10-2】 每个自然数都是整数。

(1) 如果论域是自然数集合 **N**，令 $I(x)$：x 是整数，则命题的表达式为

$$\forall xI(x)$$

(2) 如果论域扩大为全总个体域，则上述表达式 $\forall x\ I(x)$ 表示“所有客体都是整数”，显然这是假的命题，此表达式已经不能表达原命题了，因此需要添加谓词 $N(x)$：x 是自然数，用于表明 x 的特性，于是命题的符号表达式为

$$\forall x(N(x)\rightarrow I(x))$$

【例 10-3】 有些大学生课堂上玩手机。

(1) 如果论域是大学生集合 S，令 $A(x)$：x 表示课堂上玩手机，则命题的表达式为

$$\exists xA(x)$$

(2) 如果论域扩大为全总个体域，则上述表达式 $\exists xA(x)$ 表示“有些客体课堂上玩手机”，就不是表示此命题了，故需要添加谓词 $S(x)$：x 是大学生，用于表明 x 的特性，于是命题的表达式为

$$\exists x(S(x)\wedge A(x))$$

从上述两个例子可以看出，命题的符号表达式与论域有关。当论域扩大时，需要添加用来表示客体特性的谓词，称此谓词为**特性谓词**。特性谓词往往就是给定命题中量词后边的那个名词。如上面两个例子中的“每个自然数”和“有些大学生”。

如何添加特性谓词是十分重要的问题，与前边的量词有关。

为什么必须这样添加特性谓词？分析以下特性谓词和原谓词所表示的概念之间的关系，如图 10-1 所示，图 10-1(a)的自然数集合 **N** 所表示数据的范围小于整数集合 **I** 所表示数据的范围，图 10-1(b)的阴影表示玩手机的大学生阴影的集合。

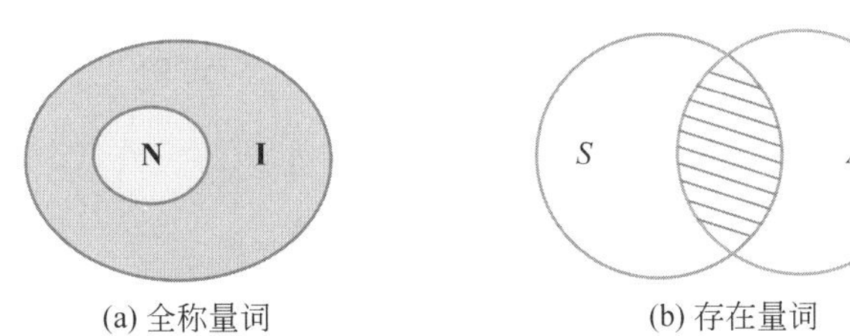

图 10-1 特性谓词的关系

令 **N**：自然数集合，**I**：整数集合。

S：大学生集合，A：玩手机的集合。

从图 10-1 可以看出，自然数与整数的关系是“包含于”的关系，而大学生与玩手机的集合是“交集”的关系。

讨论带有量词的命题函数时，**必须确定其个体域**。为了方便，将所有命题函数的个体域

全部统一，使用全总个体域。对每个客体变元的变化范围用特性谓词加以限制。

特性谓词的添加方法如下：

- **如果前边是全称量词，则特性谓词后边是条件联结词“→”；**
- **如果前边是存在量词，则特性谓词后边是合取联结词“∧”。**

判断该类型题目的核心是谓词表述和文氏图表示的相互转换。

【例 10-4】 有些男士吸烟，所有男士都喜欢运动。据此，可推出：

(1) 有些吸烟的男士喜欢运动；

(2) 有些喜欢运动的男士不吸烟；

(3) 有些男士不吸烟，但喜欢运动；

(4) 有些男士吸烟，但不喜欢运动。

解：按照解题方法，先画包含“所有”的命题，再画“有些”。“所有”以圆圈表示，“有些”以圆点表示，且该圆点可以扩大到无限大。文氏图表示如图 10-2 所示。

根据文氏图可推出(1)正确；(2)、(3)、(4)三项不能推出。

故正确答案为(1)。

【例 10-5】 所有来自中国的留学生都住在校园内；所有住在校园内的学生都必须参加运动会；有些中国留学生加入了学生会；有些心理学专业的学生也加入了学生会；所有心理学专业的学生都没有参加运动会。

由此不能推出以下哪项结论？

(1) 所有中国留学生都参加了运动会；

(2) 没有一个心理学专业的学生住在校园内；

(3) 有些中国留学生是学心理学专业的；

(4) 有些学生会成员没有参加运动会。

解：先画出所有中国留学生在住在校园内的圈里；住在校园内在参加运动会的圈里，心理学专业和参加运动会是全异关系，圈应该画在参加运动会的外面；再画“有些”，中国留学生和心理学专业在学生会有交集，可以画一个学生会圆圈表示两者的交集之处，题干关系可用文氏图表示，如图 10-3 所示。

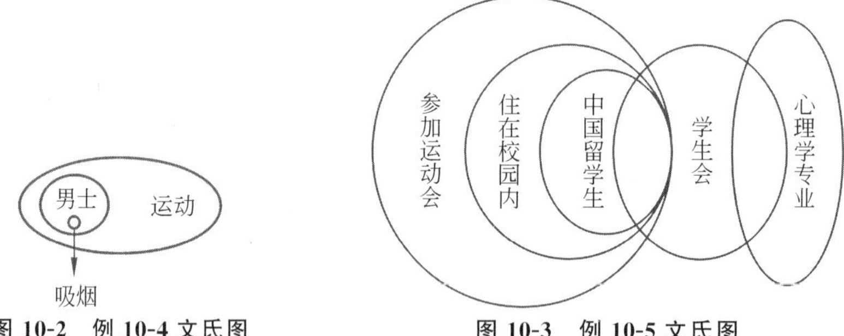

图 10-2 例 10-4 文氏图　　**图 10-3 例 10-5 文氏图**

由图 10-3 可知，中国留学生与心理学专业是全异关系，(3)不能推出。

由图可知(1)、(2)、(4)三项都能推出。

故正确答案为(3)。

10.3 谓词符号化

与命题符号化类似，把一个文字叙述的命题用谓词公式表示出来，称为谓词逻辑的翻译或符号化；反之亦然。

一般来说，谓词符号化的步骤如下：

(1) 正确理解给定命题，使其中每个原子命题、原子命题之间的关系明显地表达出来；

(2) 把每个原子命题分解成客体、谓词和量词，在全总论域讨论时，要给出特性谓词；

(3) 找出恰当量词，应注意全称量词后跟条件式，存在量词后跟合取式；

(4) 用恰当的联结词把给定命题表示出来。

【例 10-6】 将下列谓词符号化。

(1) 教室里有同学在讲话。

解：因为题中没有特别指明个体域，所以这里采用全总个体域。

令 $S(x)$：x 是同学；$R(x)$：x 在教室里；$T(x)$：x 在讲话。则命题可符号化为

$$\exists x(S(x)\wedge R(x)\wedge T(x))$$

(2) 在班中，并非所有同学都能取得优秀成绩。

解：令 $S(x)$：x 是同学；$C(x)$：x 在班中；$E(x)$：x 能取得优秀成绩。则命题可符号化为

$$\neg\forall x((S(x)\wedge C(x))\rightarrow E(x))$$

或者，此命题也可以理解为“在班中存在不能取得优秀成绩的同学”。则可符号化为

$$\exists x(S(x)\wedge C(x)\wedge\neg E(x))$$

(3) 没有最大的自然数。

解：命题中“没有最大的”显然是对所有的自然数而言的，所以可理解为“对所有的 x，如果 x 是自然数，则一定还有比 x 大的自然数”。再具体点，即“对所有的 x，如果 x 是自然数，则一定存在 y，y 也是自然数，并且 y 比 x 大”。

则可符号化为

$$(\forall x)(N(x)\rightarrow(\exists y)(N(y)\wedge G(y,x)))$$

(4) 今天有雨雪，有些人会跌跤。

解：令 R：今天下雨；S：今天下雪；$M(x)$：x 是人；$F(x)$：x 会跌跤。则可符号化为

$$(R\wedge S)\rightarrow\exists x(M(x)\wedge F(x))$$

并非所有命题都要用谓词来表达。

(5) 没有不犯错误的人。

解：本语句即为“不存在不犯错误的人”。

设 $M(x)$：x 是人；$F(x)$：x 犯错误。则可符号化为

$$\neg(\exists x)(M(x)\wedge\neg F(x))$$

此命题等价于“任何人都要犯错误”或“所有人都要犯错误”。则可符号化为

$$(\forall x)(M(x)\rightarrow F(x))$$

(6) 尽管有人聪明，但未必所有人都聪明。

解：设 $M(x)$：x 是人；$P(x)$：x 是聪明的。则可符号化为

$$((\exists x)(M(x)\wedge P(x)))\wedge\neg((\forall x)(M(x)\rightarrow P(x)))$$

(7) 这只大红书柜摆满了那些古书。

解：由于人们对命题的文字叙述含义理解的不同，强调的重点也不同，故会使命题符号化的形式不同。

对个体刻画对象的不同就可以翻译成不同的谓词公式。

解法 1：这只大红书柜摆满了那些古书。

x：这只大红书。

y：那些古书。

设 $F(x,y)$：x 摆满了 y。

再对 x 和 y 加以限制：

$R(x)$：x 是大红书柜。

$Q(y)$：y 是古书。

a：这只；b：那些。

则可符号化为

$$R(a)\land Q(b)\land F(a,b)$$

解法 2：

设 $A(x)$：x 是书柜。

$B(x)$：x 是大的。

$C(x)$：x 是红的。

$D(y)$：y 是古老的。

$E(y)$：y 是图书。

$F(x,y)$：x 摆满了 y。

a：这只；b：那些。

则可符号化为

$$A(a)\land B(a)\land C(a)\land D(b)\land E(b)\land F(a,b)$$

解法 1 中 $R(x)$表示 x 是大红书柜。

解法 2 中 $A(x)\land B(x)\land C(x)$也可表示大红书柜，但用 $A(x)\land B(x)\land C(x)$将更方便对书柜的大小和颜色进行讨论。

(8) 所有大学生都喜欢一些歌星。

解：令 $S(x)$：x 是大学生；$X(x)$：x 是歌星；$L(x,y)$：x 喜欢 y。则可符号化为

$$\forall x(S(x)\rightarrow \exists y(X(y)\land L(x,y)))$$

(9) 不是所有的自然数都是偶数。

解：令 $N(x)$：x 是自然数；$E(x)$：x 是偶数。则可符号化为

$$\neg\forall x(N(x)\rightarrow E(x))\text{或者}\exists x(N(x)\land\neg E(x))$$

(10) 每个自然数都有唯一的后继数。

解：令 $N(x)$：x 是自然数；$A(x,y)$：y 是 x 的后继数；$E(x,y)$：$x=y$。则可符号化为

$$\forall x(N(x)\rightarrow \exists y(N(y)\land A(x,y)\land \forall z((N(z)\land A(x,z))\rightarrow E(y,z)))$$

有一个后继数：

$$\exists y(N(y)\land A(x,y))$$

后继数的唯一性：

$$\forall z((N(z)\wedge A(x,z))\rightarrow E(y,z))$$

【例 10-7】 对 L_3：亚里士多德三段论进行谓词符号化。

① 所有的人都是要死的。

② 亚里士多德是人。

③ 所以亚里士多德是要死的。

解：设 $M(x)$：x 是人；$M(x)$：x 是要死的；a：亚里士多德。

① 所有的人都是要死的。 $(\forall x)(M(x)\rightarrow D(x))$

② 亚里士多德是人。 $M(x)$

③ 所以亚里士多德是要死的。 $M(a)$

则可谓词符号化为

$$(\forall x)(M(x)\rightarrow D(x)),M(x)\Rightarrow M(a)$$

习　题

1. 在谓词逻辑中将下列谓词符号化。

(1) 凡正数都大于 0。

(2) 存在小于 2 的素数。

(3) 没有不能表示成分数的有理数。

(4) 并不是所有参加考试的人都能取得好成绩。

(5) 所有运动员都钦佩某些教练。

(6) 有些运动员不钦佩教练。

(7) 每只猫都喜欢鱼。

(8) 存在一位学生从未迟到过。

(9) 所有计算机专业的学生都精通 C 语言程序设计。

(10) 在一个班级中，每个学生都至少参加了数学或物理中的一门课程。

2. 给出命题“所有猫都是哺乳动物”。如果论域是全总个体域，请写出包含特性谓词的命题表达式。

3. 给出命题“有的狗会游泳”。若论域是所有动物，请写出包含特性谓词的命题表达式。

4. 将命题“没有一个苹果是红色的”转换为包含特性谓词的逻辑表达式，并指出其论域。

5. 给出命题“所有参加马拉松的选手都完成了比赛，且有些选手打破了纪录”。如果论域是所有运动员，请写出包含特性谓词的完整命题表达式。

6. 将命题“存在一位离散数学老师是足球迷”转换为全称命题的形式(使用特性谓词)。

7. 给出命题“所有学生中，至少有一个喜欢数学，但并非所有学生都喜欢数学”。请写出包含特性谓词的逻辑表达式，并指出其中涉及的全称量词和存在量词。

8. 已知命题“每个偶数都是整数，但不是所有整数都是偶数”。请分别写出这两个子命题包含特性谓词的逻辑表达式，并解释为什么它们不能合并为一个简单的全称命题。

第 11 章 谓词等价式与蕴含式

本章思维导图

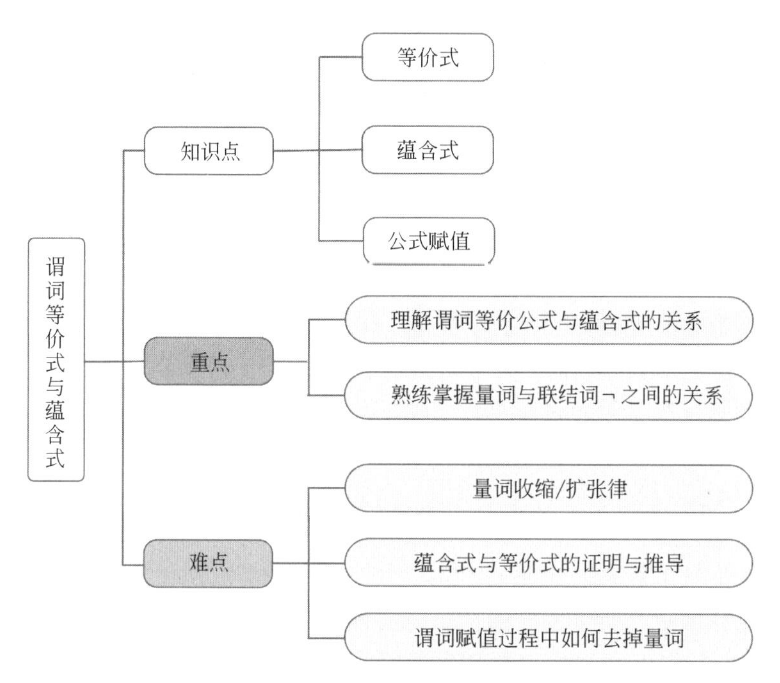

谓词的等价式和蕴含式不仅深化了命题间关系的表达，更是对命题逻辑的一种细化与扩展，使得复杂逻辑结构得以精确刻画。它与命题的等价式和蕴含式共同构建了推理的坚实基础，使得从简单命题到复杂逻辑的推导变为可能，促进了知识的系统化与严谨化。

本章需要理解和掌握常用的等价式和蕴含式（表 11-3 和表 11-4）。

11.1 公式的分类

与命题公式真值讨论类似，可以描述谓词公式在指定变量（包含非量化的个体变量和谓词变量）后的真值情况，进而划分出永真公式或永假公式。

【定义 11-1】 给定任意谓词公式 A，其个体域为 E，对于 A 的所有赋值，A 都为真，则称 A 在 E 上是**重言式**（或永真式）。

【定义 11-2】 一个谓词公式 A，如果在所有赋值下都为假，则称 A 为**矛盾式**（或永假式）。

【定义 11-3】 一个谓词公式 A，如果至少在一种赋值下为真，则称 A 为**可满足式**。

11.2 公式的等价

【定义 11-4】 给定任何两个谓词公式 A 和 B，设它们有共同的个体域 E，若对 A 和 B 的任一组变元进行赋值，所得命题的真值都相同，则称谓词公式 A 和 B 在 E 上是等价的，并记作

$$A \Leftrightarrow B$$

【例 11-1】 设 P，Q 为任意谓词变元；x 为全总个体域上的个体变元。则谓词公式 $A \Leftrightarrow \neg P(x) \wedge \neg Q(x)$ 与 $B \Leftrightarrow \neg(P(x) \vee Q(x))$ 逻辑等价。

证明：将 P 和 Q 分别指派以任意确定的一元谓词 U 和 V，同时将 x，y 分别指派以任意确定的个体 a，b 之后，由 A，B 分别得到命题公式 $\neg U(a) \wedge \neg V(b)$ 和 $\neg(U(a) \vee V(b))$。

由德·摩根律可知，上述命题公式的真值表相同。

因此

$$A \Leftrightarrow B$$

11.3 等价式和蕴含式

1. 命题公式的推广

在命题演算中，任一永真公式中同一命题变元用同一公式取代时，其结果也是永真公式。可以把这个情况推广到谓词公式中，当谓词演算中的公式代替命题演算中永真公式的变元时，所得的谓词公式即为有效公式，故命题演算中的等价公式表和蕴含公式表都可推广到谓词演算中使用(表 11-1)。

表 11-1 谓词演算的等价式

命题演算的等价式	谓词演算的等价式
$p \to q \Leftrightarrow \neg p \vee q$	$(\forall x)(P(x) \to Q(x) \Leftrightarrow (\forall x)(\neg P(x) \vee Q(x))$
$p \vee q \Leftrightarrow \neg(\neg p \wedge \neg q)$	$(\forall x)P(x) \vee (\exists y)R(x,y) \Leftrightarrow \neg(\neg \forall x(P(x) \wedge \neg(\exists y)R(x,y)))$
$p \wedge \neg p \Leftrightarrow \mathrm{F}$	$P(x) \wedge \neg P(x) \Leftrightarrow \mathrm{F}$

2. 量词与联结词 ¬ 之间的关系

$$\neg(\forall x)P(x) \Leftrightarrow (\exists x)\neg P(x)$$

$$\neg(\exists x)P(x) \Leftrightarrow (\forall x)\neg P(x)$$

将量词前面的 ¬ 移到量词后面去时，存在量词改为全称量词，全称量词改为存在量词；反之，将量词后面的 ¬ 移到量词前面去时，也要做相应的改变。

小提示：

$$\neg(\forall x)P(x) \Leftrightarrow (\exists x)\neg P(x)$$

- $\neg(\forall x)P(x)$可理解为并非所有学生都有取得优秀成绩；
- $(\exists x)\neg P(x)$可理解为存在一些没有取得优秀成绩的学生。

整个式子可理解为：并非所有学生都取得优秀成绩等价于存在一些没有取得优秀成绩

的学生。

$$\neg(\exists x)P(x)\Leftrightarrow(\forall x)\neg P(x)$$

- $\neg(\exists x)P(x)$可理解为没有学生在宿舍；
- $(\forall x)\neg P(x)$可理解所有的学生都不在宿舍。

整个式子可理解为：没有学生在宿舍等于所有的学生都不在宿舍。

3. 量词收缩/扩张律

量词收缩/扩张律见表11-2。

表11-2　量词收缩/扩张律

量词收缩律	量词扩张律
$(\forall x)(A(x)\vee B)\Leftrightarrow(\forall x)A(x)\vee B$	$(\forall x)A(x)\rightarrow B\Leftrightarrow(\exists x)(A(x)\rightarrow B)$
$(\forall x)(A(x)\wedge B)\Leftrightarrow(\forall x)A(x)\wedge B$	$(\exists x)A(x)\rightarrow B\Leftrightarrow(\forall x)(A(x)\rightarrow B)$
$(\exists x)(A(x)\vee B)\Leftrightarrow(\exists x)A(x)\vee B$	$B\rightarrow(\forall x)A(x)\Leftrightarrow(\forall x)(B\rightarrow A(x))$
$(\exists x)(A(x)\wedge B)\Leftrightarrow(\exists x)A(x)\wedge B$	$B\rightarrow(\exists x)A(x)\Leftrightarrow(\exists x)(B\rightarrow A(x))$

【例11-2】 证明$(\forall x)A(x)\rightarrow B\Leftrightarrow(\exists x)(A(x)\rightarrow B)$（$B$不含$x$）。

证明：

$$\begin{aligned}&(\forall x)A(x)\rightarrow B\\ \Leftrightarrow&\neg(\forall x)A(x)\vee B\\ \Leftrightarrow&(\exists x)\neg A(x)\vee B\\ \Leftrightarrow&(\exists x)(\neg A(x)\vee B)\\ \Leftrightarrow&(\exists x)(A(x)\rightarrow B)\end{aligned}$$

4. 量词与命题联结词之间的等价式

$$(\forall x)(A(x)\wedge B(x))\Leftrightarrow(\forall x)A(x)\wedge(\forall x)B(x)$$
$$(\exists x)(A(x)\vee B(x))\Leftrightarrow(\exists x)A(x)\vee(\exists x)B(x)$$
$$(\exists x)(A(x)\rightarrow B(x))\Leftrightarrow(\forall x)A(x)\rightarrow(\exists x)B(x)$$

证明： 在有限个体域E上证明这两个等价式。

$$\begin{aligned}&(\forall x)(A(x)\wedge B(x))\\ \Leftrightarrow&(A(a_1)\wedge B(a_1))\wedge(A(a_2)\wedge B(a_2))\wedge\cdots\wedge(A(a_n)\wedge B(a_n))\\ \Leftrightarrow&(A(a_1)\wedge A(a_2)\wedge\cdots\wedge A(a_n))\wedge(B(a_1)\wedge B(a_2)\wedge\cdots\wedge B(a_n))\\ \Leftrightarrow&(\forall x)A(x)\wedge(\forall x)B(x)\end{aligned}$$

$$\begin{aligned}&(\exists x)(A(x)\vee B(x))\\ \Leftrightarrow&(A(a_1)\vee B(a_1))\vee(A(a_2)\vee B(a_2))\vee\cdots\vee(A(a_n)\vee B(a_n))\\ \Leftrightarrow&(A(a_1)\vee A(a_2)\vee\cdots\vee A(a_n))\vee(B(a_1)\vee B(a_2)\vee\cdots\vee B(a_n))\\ \Leftrightarrow&(\exists x)A(x)\vee(\exists x)B(x)\end{aligned}$$

5. 量词与命题联结词之间的蕴含式

(1) $(\exists x)(A(x)\wedge B(x))\Rightarrow(\exists x)A(x)\wedge(\exists x)B(x)$

(2) $(\forall x)A(x)\vee(\forall x)B(x)\Rightarrow(\forall x)(A(x)\vee B(x))$

(3) $(\forall x)(A(x)\rightarrow B(x))\Rightarrow(\forall x)A(x)\rightarrow(\forall x)B(x)$

(4) $(\forall x)(A(x)\leftrightarrow B(x))\Rightarrow(\forall x)A(x)\leftrightarrow(\forall x)B(x)$

(5) $(\exists x)A(x)\rightarrow(\forall x)B(x)\Rightarrow(\forall x)(A(x)\rightarrow B(x))$

证明：

(1) $(\exists x)(A(x)\wedge B(x))\Rightarrow(\exists x)A(x)\wedge(\exists x)B(x)$。

假设前件$(\exists x)(A(x)\wedge B(x))$为T,则个体域中至少有一个个体$a$,使得$A(a)\wedge B(a)$为T。

于是,$A(a)$和$B(a)$都为T，所以有$(\exists x)A(x)$为T以及$(\exists x)B(x)$为T,进而$(\exists x)A(x)\wedge(\exists x)B(x)$为T。

因此$(\exists x)(A(x)\wedge B(x))\Rightarrow(\exists x)A(x)\wedge(\exists x)B(x)$

对(1)的进一步理解如下。

设$A(x)$：x在联欢会上唱歌,$B(x)$：x在联欢会上跳舞。

论域为{班上所有同学}。

$(\exists x)(A(x)\wedge B(x))$表示：有些同学在联欢会上既唱歌又跳舞。

$(\exists x)A(x)\wedge(\exists x)B(x)$表示：有些同学在联欢会上唱歌并且有些同学在联欢会上跳舞。

可以看出

$$(\exists x)(A(x)\wedge B(x))\Rightarrow(\exists x)A(x)\wedge(\exists x)B(x)$$

而由$(\exists x)A(x)\wedge(\exists x)B(x)$不能推出$(\exists x)(A(x)\wedge B(x))$。

(2) $(\forall x)A(x)\vee(\forall x)B(x)\Rightarrow(\forall x)(A(x)\vee B(x))$。

① **分析法**。

若$(\forall x)(A(x)\vee B(x))$为假，则必有个体$a$，使$A(a)\vee B(a)$为假;

因此$A(a)$，$B(a)$皆为假,所以$(\forall x)A(x)$和$(\forall x)B(x)$为假,即$(\forall x)A(x)\vee(\forall x)B(x)$为假。

因此

$$(\forall x)A(x)\vee(\forall x)B(x)\Rightarrow(\forall x)(A(x)\vee B(x))$$

② **等价公式法**。

$(\exists x)(\neg A(x)\wedge\neg B(x))\Rightarrow(\exists x)\neg A(x)\wedge(\exists x)\neg B(x)$

$\Leftrightarrow(\exists x)\neg(A(x)\vee B(x))\Rightarrow\neg(\forall x)A(x)\wedge\neg(\forall x)B(x)$

$\Leftrightarrow\neg(\forall x)(A(x)\vee B(x))\Rightarrow\neg((\forall x)A(x)\vee(\forall x)B(x))$

若$P\Rightarrow Q$,则$\neg Q\Rightarrow\neg P$。

因此

$$(\forall x)A(x)\vee(\forall x)B(x)\Rightarrow(\forall x)(A(x)\vee B(x))$$

(3) $(\forall x)(A(x)\rightarrow B(x))\Rightarrow(\forall x)A(x)\rightarrow(\forall x)B(x)$。

证明：$(\forall x)(A(x)\rightarrow B(x))$

$\Leftrightarrow(\forall x)(\neg A(x)\vee B(x))$

$\Leftrightarrow(\neg A(a_1)\vee B(a_1))\wedge(\neg A(a_2)\vee B(a_2))\wedge\cdots\wedge(\neg A(a_n)\vee B(a_n))$

$\Leftrightarrow(\neg A(a_1)\wedge\neg A(a_2)\wedge\cdots\wedge\neg A(a_n))\vee(B(a_1)\wedge B(a_2)\wedge\cdots\vee B(a_n))\vee\cdots$

$\Leftrightarrow(\forall x)\neg A(x)\vee(\forall x)B(x)\vee\cdots$

$(\forall x)A(x)\rightarrow(\forall x)B(x)$

$\Leftrightarrow \neg(\forall x)A(x) \vee (\forall x)B(x)$

$\Leftrightarrow (\exists x)\neg A(x) \vee (\forall x)B(x)$

$(\forall x)\neg A(x) \vee (\forall x)B(x) \vee \cdots \Rightarrow (\exists x)\neg A(x) \vee (\forall x)B(x)$

因此

$$(\forall x)(A(x) \to B(x)) \Rightarrow (\forall x)A(x) \to (\forall x)B(x)$$

(4) 由(3)证明(4)。

$$(\forall x)(A(x) \leftrightarrow B(x)) \Rightarrow (\forall x)A(x) \leftrightarrow (\forall x)B(x)$$

证明： $(\forall x)(A(x) \leftrightarrow B(x))$

$\Leftrightarrow (\forall x)((A(x) \to B(x)) \wedge (B(x) \to A(x))$

$\Rightarrow ((\forall x)A(x) \to (\forall x)B(x)) \wedge ((\forall x)B(x) \to (\forall x)A(x))$

$\Leftrightarrow (\forall x)A(x) \leftrightarrow (\forall x)B(x)$

因此

$$(\forall x)(A(x) \leftrightarrow B(x)) \Rightarrow (\forall x)A(x) \leftrightarrow (\forall x)B(x)$$

(5) 由(2)证明(5)。

$$(\exists x)A(x) \to (\forall x)B(x) \Rightarrow (\forall x)(A(x) \to B(x))$$

证明： $(\exists x)A(x) \to (\forall x)B(x)$

$\Leftrightarrow \neg(\exists x)A(x) \vee (\forall x)B(x)$

$\Leftrightarrow (\forall x)\neg A(x) \vee (\forall x)B(x)$

$\Rightarrow (\forall x)(\neg A(x) \vee B(x))$

$\Leftrightarrow (\forall x)(A(x) \to B(x))$

因此

$$(\exists x)A(x) \to (\forall x)B(x) \Rightarrow (\forall x)(A(x) \to B(x))$$

6. 多个量词的使用

考虑两个量词的情况，更多量词的使用方法与其类似。全称量词与存在量词在公式中出现的次序不能随意更换。用双向箭头表示等价，单向箭头表示蕴含，可见它们之间的关系。

对于二元谓词，如果不考虑自由变元，可以有以下 8 种情况，如图 11-1 所示。

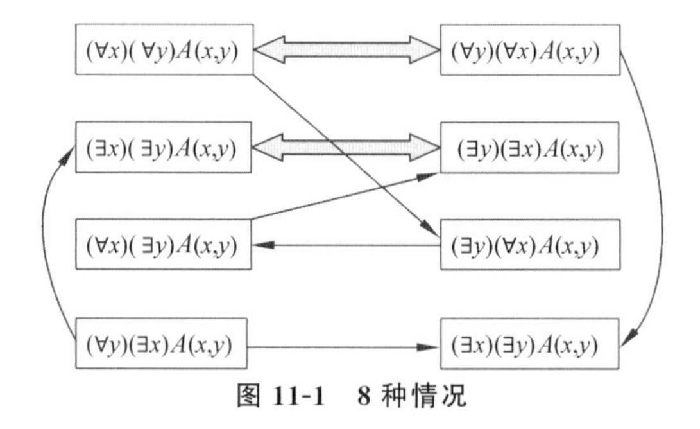

图 11-1 8 种情况

有两个等价关系：

$$(\forall x)(\forall y)A(x,y) \Leftrightarrow (\forall y)(\forall x)A(x,y)$$

$$(\exists x)(\exists y)A(x,y) \Leftrightarrow (\exists y)(\exists x)A(x,y)$$

具有两个量词的谓词公式有如下蕴含关系：

$$(\forall x)(\forall y)A(x,y)\Rightarrow(\exists y)(\forall x)A(x,y)$$

$$(\forall y)(\forall x)A(x,y)\Rightarrow(\exists x)(\exists y)A(x,y)$$

$$(\exists y)(\forall x)A(x,y)\Rightarrow(\forall x)(\exists y)A(x,y)$$

$$(\exists x)(\exists y)A(x,y)\Rightarrow(\forall y)(\exists x)A(x,y)$$

$$(\forall x)(\exists y)A(x,y)\Rightarrow(\exists y)(\exists x)A(x,y)$$

$$(\forall y)(\exists x)A(x,y)\Rightarrow(\exists x)(\exists y)A(x,y)$$

在命题逻辑中的等价式(E 系列)如表 11-3 所示，蕴含式(I 系列)如表 11-4 所示的基础补充了谓词的等价式和蕴含式。

表 11-3　常见的谓词等价式

编　号	等　价　式
E_{26}	$\neg\forall xA(x)\Leftrightarrow\exists x\neg A(x)$
E_{27}	$\neg\exists xA(x)\Leftrightarrow\forall x\neg A(x)$
E_{28}	$\forall x\ (A(x)\wedge B(x))\Leftrightarrow\forall xA(x)\wedge\forall xB(x)$
E_{29}	$\exists x(A(x)\vee B(x))\Leftrightarrow\exists xA(x)\vee\exists xB(x)$
E_{30}	$\forall x(A\vee B(x))\Leftrightarrow A\vee\forall xB(x)$
E_{31}	$\forall x(A\wedge B(x))\Leftrightarrow A\wedge\forall xB(x)$
E_{32}	$\exists x(A\vee B(x))\Leftrightarrow A\vee\exists xB(x)$
E_{33}	$\exists x(A\wedge B(x))\Leftrightarrow A\wedge\exists xB(x)$
E_{34}	$\forall xA(x)\rightarrow B\Leftrightarrow\exists x(A(x)\rightarrow B)$
E_{35}	$\exists xA(x)\rightarrow B\Leftrightarrow\forall x(A(x)\rightarrow B)$
E_{36}	$A\rightarrow\forall xB(x)\Leftrightarrow\forall x(A\rightarrow B(x))$
E_{37}	$A\rightarrow\exists xB(x)\Leftrightarrow\exists x(A\rightarrow B(x))$

表 11-4　常见的谓词蕴含式

编　号	蕴　含　式
I_{17}	$\forall xA(x)\vee\forall xB(x)\Rightarrow\forall x(A(x)\vee B(x))$
I_{18}	$\exists x(A(x)\wedge B(x))\Rightarrow\exists xA(x)\wedge\exists xB(x)$
I_{19}	$\exists xA(x)\rightarrow\forall xB(x)\Rightarrow\forall x(A(x)\rightarrow B(x))$

下面证明 I_{17}：$\exists xA(x)\rightarrow\forall xB(x)\Rightarrow\forall x(A(x)\rightarrow B(x))$。

证明：设论域 $D=\{1,2\}$

$$\exists xA(x)\rightarrow\forall xB(x)\Leftrightarrow(A(1)\vee A(2))\rightarrow(B(1)\wedge B(2))$$

$$\Leftrightarrow\neg(A(1)\vee A(2))\vee(B(1)\wedge B(2))$$

$$\Leftrightarrow(\neg(A(1)\vee A(2))\vee B(1))\wedge(\neg(A(1)\vee A(2))\vee B(2))$$

$$\Leftrightarrow((\neg A(1)\wedge\neg A(2))\vee B(1))\wedge((\neg A(1)\wedge\neg A(2))\vee B(2))$$

$\Leftrightarrow(\neg A(1)\vee B(1))\wedge(\neg A(2))\vee B(1))\wedge((\neg A(1)\vee B(2))\wedge$
$(\neg A(2)\vee B(2))$

$\Leftrightarrow(A(1)\rightarrow B(1))\wedge(A(2)\rightarrow B(1))\wedge(A(1)\rightarrow B(2))\wedge(A(2)\rightarrow B(2))$

$\forall x(A(x)\rightarrow B(x))\Leftrightarrow(A(1)\rightarrow B(1))\wedge(A(2)\rightarrow B(2))$

当$\exists xA(x)\rightarrow\forall xB(x)$为真时，$\forall x(A(x)\rightarrow B(x))$也为真，所以蕴含式成立。

11.4 谓词公式赋值

谓词公式中常包含命题变元和客体变元，当客体变元被确定的客体所取代，命题变元被确定的命题所取代时，就称作对**谓词公式赋值**。一个谓词公式经过赋值以后，就成为具有确定真值的命题。

【例 11-3】 令$A(x)$：表示x是整数，$B(x)$：表示x是奇数，设论域是$\{1,2,3,4,5\}$，谓词公式$\forall xA(x)$表示论域内所有的客体都是整数，显然公式$\forall xA(x)$的真值为真，因为$A(1)$、$A(2)$、$A(3)$、$A(4)$、$A(5)$都为真，于是有

$$\forall xA(x)\Leftrightarrow A(1)\wedge A(2)\wedge A(3)\wedge A(4)\wedge A(5)$$

【例 11-4】 谓词公式$\exists xB(x)$表示论域内有些客体是奇数，显然公式$\exists xB(x)$的真值也为真，因为$B(1)$、$B(3)$、$B(5)$的真值为真，于是有

$$\exists xB(x)\Leftrightarrow B(1)\vee B(2)\vee B(3)\vee B(4)\vee B(5)$$

一般地，设论域为$\{a_1,a_2,\cdots,a_n\}$，则

- $\forall xA(x)\Leftrightarrow A(a_1)\wedge A(a_2)\wedge\cdots\wedge A(a_n)$
- $\exists xB(x)\Leftrightarrow B(a_1)\vee B(a_2)\vee\cdots\vee B(a_n)$

【例 11-5】 求下列公式在正整数集 **I** 下的真值。

给定解释 **I** 如表 11-5 和表 11-6 所示。

(1) $(\forall x)(P(x)\rightarrow Q(f(x),a))$。

(2) $(\exists x)(P(f(x))\wedge Q(x,f(a))$。

表 11-5 例 11-5 表(1)

(a)

$f(1)$	$f(2)$
2	1

(b)

$P(1)$	$P(2)$
F	T

其中，论域$D=\{1,2\}$，$a=1$。

表 11-6 例 11-5 表(2)

$Q(1,1)$	$Q(1,2)$	$Q(2,1)$	$Q(2,2)$
T	T	F	F

解：

(1) $(\forall x)(P(x)\rightarrow Q(f(x),a))$

$\Leftrightarrow(P(1)\rightarrow Q(f(1),1))\wedge(P(2)\rightarrow Q(f(2),1))$

$\Leftrightarrow(F\rightarrow Q(2,1))\wedge(T\rightarrow Q(1,1))$

$\Leftrightarrow(F\rightarrow F)\wedge(T\rightarrow T)$

$\Leftrightarrow T$

(2) $(\exists x)(P(f(x))\wedge Q(x,f(a))$

$\Leftrightarrow(P(f(1))\wedge Q(1,f(1)))\vee(P(f(2))\wedge Q(2,f(1)))$

$\Leftrightarrow(P(2)\wedge Q(1,2))\vee(P(1)\wedge Q(2,2))$

$\Leftrightarrow(T\wedge T)\vee(F\wedge F)$

$\Leftrightarrow T\vee F$

$\Leftrightarrow T$

习　题

1. 证明等价式。

(1) $(\exists x)A(x)\rightarrow B\Leftrightarrow(\forall x)(A(x)\rightarrow B)$($B$ 不含 x)

(2) $(\exists x)(A(x)\rightarrow B(x))\Leftrightarrow(\forall x)A(x)\rightarrow(\exists x)B(x)$

(3) $B\rightarrow(\forall x)A(x)\Leftrightarrow(\forall x)(B\rightarrow A(x))$($B$ 不含 x)

(4) $B\rightarrow(\exists x)A(x)\Leftrightarrow(\exists x)(B\rightarrow A(x))$($B$ 不含 x)

2. 甲使用量词辖域收缩与扩张等值式进行如下演算：

$$\forall x(F(x)\rightarrow G(x,y))\Leftrightarrow\exists xF(x)\rightarrow G(x,y)$$

乙说甲错了，乙说得对吗？为什么？

3. 设论域 $D=\{a,b,c\}$，证明：

$$(\forall x)P(x)\vee(\forall x)Q(x)\Rightarrow(\forall x)(P(x)\vee Q(x))$$

4. 判断以下两个谓词逻辑表达式是否等价。

(1) $\forall x(P(x)\rightarrow Q(x))$与$\neg\exists x(P(x)\wedge\neg Q(x))$

(2) $\forall x\exists y(P(x,y)\leftrightarrow Q(y,x))$与$\exists y\forall x(P(x,y)\leftrightarrow Q(y,x))$

(3) $\forall x\forall y(P(x)\wedge Q(y))$与$\forall xP(x)\wedge\forall yQ(y)$

5. 证明或反驳以下蕴含关系。

$$\forall x(P(x)\rightarrow Q(x))\Rightarrow\exists x(P(x))\rightarrow\exists x(Q(x))$$

6. 化简谓词逻辑表达式。

$$\exists x(P(x)\wedge\forall y(Q(y)\rightarrow R(x,y)))$$

7. 证明以下蕴含关系。

$$\forall x\forall y(P(x,y)\rightarrow Q(x))\Rightarrow\forall x((\exists yP(x,y))\rightarrow Q(x))$$

8. 证明以下式子不成立。

(1) $\exists x(P(x)\wedge Q(x))\Rightarrow(\exists xP(x))\wedge(\exists xQ(x))$

(2) $\forall x\forall y(P(x)\wedge Q(y)\rightarrow R(x,y))\Rightarrow\forall xP(x)\rightarrow\forall yQ(y)\rightarrow\forall x\forall yR(x,y)$

9. 证明：$\forall x(P(x)\rightarrow\exists yQ(x,y))\Rightarrow\exists y\forall x(P(x)\rightarrow Q(x,y))$在一般情况下不成立。

10. 谓词公式赋值。

(1) 设谓词公式 $P(x)$表示“x 是偶数”，请对 $P(3)$和 $P(4)$进行赋值，并解释结果。

(2) 设谓词公式 $Q(x,y)$表示"x 大于 y"，请对 $Q(2,3)$和 $Q(5,2)$进行赋值，并解释结果。

(3) 设谓词公式 $R(x,y,z)$表示"x、y、z 三个数中至少有一个是负数"，请对 $R(1,2,3)$和 $R(-1,2,3)$进行赋值，并解释结果。

(4) 设谓词公式 $S(x)$表示"x 是素数"，请对 $S(4)$和 $S(5)$进行赋值，并解释结果。

(5) 设谓词公式 $T(x,y)$表示"x 和 y 的和是奇数"，请对 $T(2,3)$和 $T(4,5)$进行赋值，并解释结果。

(6) 设谓词公式 $U(x)$表示"x 是正数"，请对 $U(0)$和 $U(1)$进行赋值，并解释结果。

(7) 设谓词公式 $V(x,y)$表示"x 和 y 的乘积小于 10"，请对 $V(2,5)$和 $V(3,4)$进行赋值，并解释结果。

11. 学生选课与成绩。

在一个大学系统中，每个学生可以选择多门课程，每门课程有及格和不及格两种状态。

问题：设计两个谓词逻辑表达式，分别表示"所有学生选择的每门课程都及格"和"不存在学生选择的课程不及格"。

证明这两个表达式是等价的。

12. 图书馆借阅规则。

在一个图书馆中，每本书可以被多人借阅，每个读者可以借阅多本书。图书馆有规定，过期未还的书需要缴纳罚款。

问题：设计两个谓词逻辑表达式，分别表示"所有借阅的书籍都已按时归还"和"不存在借阅的书籍过期未还"。

证明这两个表达式是等价的。

13. 社交网络关系。

在一个社交网络中，用户可以关注其他用户，也可以被其他用户关注。

问题：设计两个谓词逻辑表达式，分别表示"每个人关注的人都关注了他"和"不存在一个人关注的人没有关注他"。

假设第一个表达式为真，证明第二个表达式也为真(蕴含关系)。

14. 利用例 11-5 所给的条件，对以下公式赋值后求真值。

(1) $(\exists x)(P(x) \land Q(x,a))$

(2) $(\forall x)(\exists y)(P(x) \land Q(x,y))$

第12章 前束范式

本章思维导图

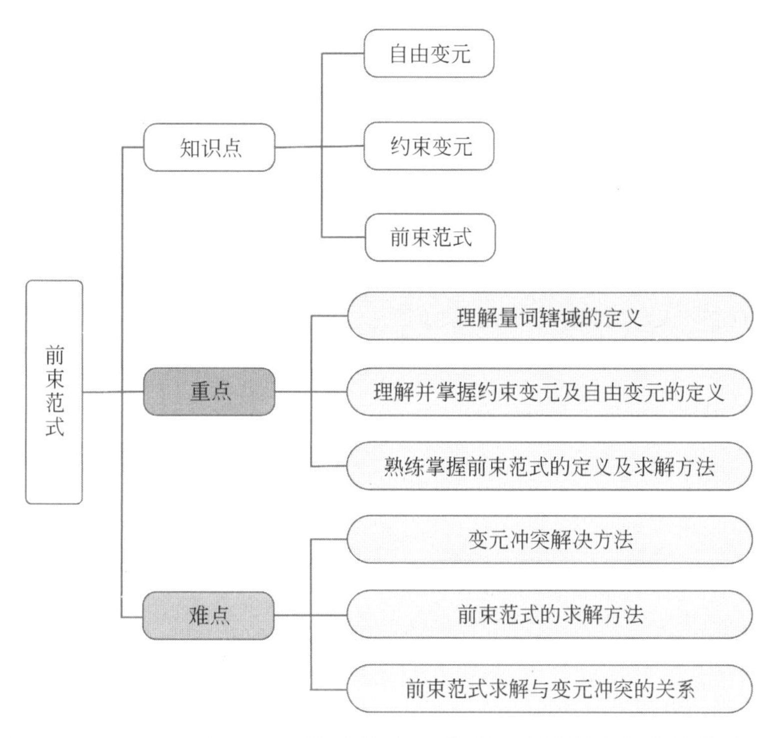

前束范式(Prenex Normal Form)的目的在于将复杂的谓词公式转换为一种标准化的形式，使得所有量词(全称量词或存在量词)均非否定地出现在公式最前端，且其辖域延伸至公式末端。这种标准化的形式有助于简化推理过程，提高逻辑推理的清晰度和准确性。

前束范式的意义在于它提供了一种统一的表达方式，使得不同的谓词公式在逻辑上可以进行有效的比较和转换。此外，前束范式还为后续的逻辑推理提供了便利。

12.1 量词辖域

【定义 12-1】 在谓词公式中，量词的作用范围称为量词的**作用域**，也叫量词的**辖域**。

【例 12-1】

(1) $\forall xA(x)$中$\forall x$ 的辖域为$A(x)$。

(2) $\forall x((P(x)\land Q(x))\rightarrow \exists yR(x,y))$中$\forall x$ 的辖域是$((P(x)\land Q(x))\rightarrow \exists y$

$yR(x,y)$)，$\exists y$ 的辖域为 $R(x,y)$。

(3) $\forall x\exists y\forall z(P(x,y)\rightarrow Q(x,y,z))\wedge R(t)$的辖域如图 12-1 所示。

【定义 12-2】 如果客体变元 x 在 $\forall x$ 或者 $\exists x$ 的辖域内，则称 x 在此辖域内约束出现，并称 x 在此辖域内是**约束变元**。否则 x 是自由出现，并称 x 是**自由变元**。自由变元是不受约束的变元，故可以把自由变元看作公式中的参数。

【例 12-2】 $\forall xP(y)$中，约束变元和自由变元如图 12-2 所示。

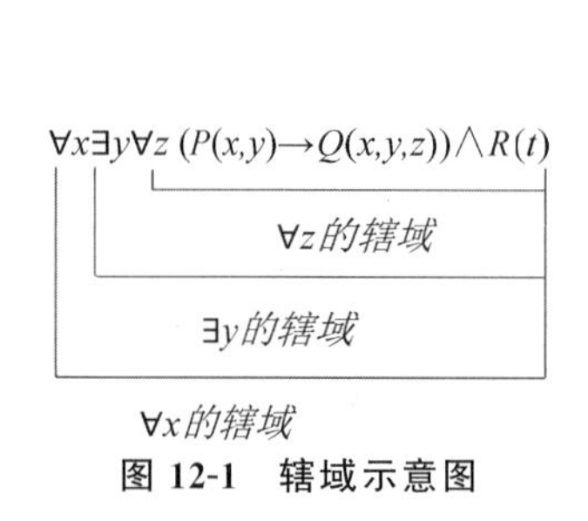

图 12-1 辖域示意图

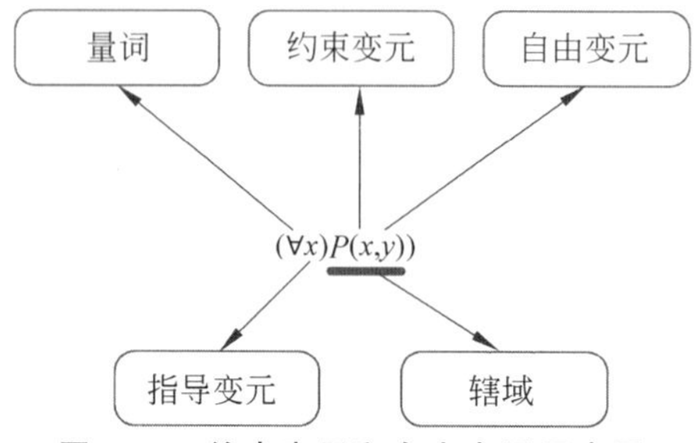

图 12-2 约束变元和自由变元示意图

【例 12-3】 指出 $\forall x(F(x,y)\rightarrow\exists yP(y))\wedge Q(z)$中的约束变元和自由变元。

$F(x,y)$中的 x 和 $P(y)$中的 y 是约束变元。

$F(x,y)$中的 y 和 $Q(z)$中的 z 是自由变元。

判定给定公式中个体变元是约束变元还是自由变元，关键是要看它在公式中是约束出现还是自由出现。

注意：量词对变元的约束，往往与量词的次序有关，量词的次序不能颠倒。

对命题中的多个量词，约定按照从左到右的次序读出。

【例 12-4】 指出下列谓词公式中的自由变元和约束变元，并指明量词的辖域。

(1) $\forall x(P(x)\rightarrow\exists y(Q(y)\wedge R(x,y)))$

(2) $\forall x(P(x)\rightarrow Q(y))\wedge\exists yR(x,y)$

解：(1) 量词$\forall x$ 的辖域是 $P(x)\rightarrow\exists y(Q(y)\wedge R(x,y))$，$\exists y$ 的辖域是 $Q(y)\wedge R(x,y)$；x 和 y 的所有出现都是约束出现。

(2) 量词 $\forall x$ 的辖域是 $P(x)\rightarrow Q(y)$，这里的 x 是约束变元，y 是自由变元；$\exists y$ 的辖域是 $R(x,y)$，这里的 x 是自由变元，y 是约束变元。

通常，一个量词的辖域是公式的子公式。一般地：

- 如果量词后边只是一个原子谓词公式，则该量词的辖域就是此原子谓词公式；
- 如果量词后边是括号，则此括号所表示的区域就是该量词的辖域；
- 如果多个量词紧挨着出现，则后边的量词及其辖域就是前边量词的辖域。

对约束变元和自由变元有如下几点说明。

(1) 约束变元用什么符号表示无关紧要。

就是说$\forall xA(x)$与$\forall yA(y)$是一样的。这类似于数学函数，即函数 $f(x)=x+1$ 与 $f(y)=y+1$ 相同。

(2) 一个谓词公式如果无自由变元，它就表示一个命题。

例如 $A(x)$表示 x 是一个大学生，$\exists xA(x)$或者$\forall xA(x)$就是一个命题了，因为它们分别表示命题“有些人是大学生”和“所有人都是大学生”。

(3) 一个 n 元谓词 $P(x_1,x_2,\cdots,x_n)$，若在前边添加 k 个量词，使其中的 k 个客体变元变成约束变元，则此 n 元谓词就变成了 $n-k$ 元谓词。

例如 $P(x,y)$表示 x 和 y 是朋友，假设论域是计算机科学与技术专业的同学，$\forall xP(x,y)$表示“所有计算机科学与技术专业的同学和 y 是朋友”。

如果令 $z=$某个特定同学(例如张三)，则$\forall xP(x,z)$就变成了命题“所有计算机科学与技术专业的同学和张三是朋友”。

可见，每当给 y 指定一个同学之后，$\forall xP(x,y)$就变成了一个命题，所以谓词公式$\forall xP(x,y)$就相当于只含有客体变元 y 的一元谓词了。

思考：$(\forall x)(\exists y)P(x,y)$是几元谓词？

12.2 约束变元的改名

在一个谓词公式中，如果某个客体变元既以约束变元形式出现，又以自由变元形式出现，就容易产生混淆。为了避免此现象发生，可以对客体变元更改名称。如

$$\forall x(F(x,y)\rightarrow \exists yP(y))\land Q(z)$$

改名的规则如下：

(1) 改名只对约束变元进行，不对自由变元进行；

(2) 改名必须处处进行，即对某量词约束的变元改名时，必须对原式中该变元的一切受该量词约束的约束出现改名；

(3) 对受某量词约束的变元改名时，新名决不能与该量词的辖域中的其他自由变元同名；

(4) 改名前与改名后的约束关系保持不变。

总之，正确的改名结果是每个变元只以一种形式出现，最多只受一个量词约束。

【例 12-5】 对公式$\forall x(P(x,y)\land \exists yQ(y)\land M(x,y))\land(\forall xR(x)\rightarrow Q(x))$中的约束变元进行改名，使每个变元在公式中只以一种形式出现(约束出现或自由出现)。

解：在该公式中，将 $P(x,y)$和 $M(x,y)$中的约束变元 x 改名为 z，$R(x)$中的 x 改名为 S，$Q(y)$中的 y 改名为 t，改名后为

$$\forall z(P(z,y)\land \exists tQ(t)\land M(z,y))\land(\forall SR(S)\rightarrow Q(x))。$$

【例 12-6】 $\forall x(P(x)\rightarrow Q(x,y))\lor(R(x)\land A(x))$。

解：此式中的 x 就是以两种形式出现的。可以将 x 改名成

$$\forall z(P(z)\rightarrow Q(z,y))\lor(R(x)\land A(x))$$

12.3 自由变元的代入

自由变元也可以换名字，叫作**代入**。

代入的规则如下：

(1) 代入只对自由变元进行；

(2) 代入必须处处进行，即对某自由变元施行代入时，必须对该自由变元的一切自由出

现施行代入；

(3) 代入前后的约束关系保持不变；

(4) 代入前先对原式改名，使原式中所有约束变元名与代入式中所有变元名互不相同，然后施行代入；

(5) 对命题变元和谓词变元也可施行代入，但必须保持代入前后的约束关系不变。

【例 12-7】 对公式$(\exists yA(x,y)\rightarrow(\forall xB(x,z)\wedge C(x,y,z)))\wedge\exists x\forall zC(x,y,z)$中的自由变元进行代入，使每个变元在公式中只以一种形式出现(约束出现或自由出现)。

解：将该公式中的自由变元 x 用 t 代入，y 用 u 代入，z 用 v 代入，代入后为

$$(\exists yA(t,y)\rightarrow(\forall xB(x,v)\wedge C(t,u,v)))\wedge\exists x\forall zC(x,u,z)$$

换名规则与代入规则的共同点是不能改变约束关系，不同点如下。

- 施行的对象不同：换名是对约束变元施行，代入是对自由变元施行。
- 施行的范围不同：换名可以只对公式中一个量词及其辖域施行，即只对公式的一个子公式施行；而代入必须对整个公式中同一个自由变元的所有自由出现同时施行，即必须对整个公式施行。
- 施行后的结果不同：换名后公式含义不变，因为约束变元只改名为另一个体变元，约束关系不改变。约束变元不能改名为个体常元；代入不仅可用另一个体变元代入，并且可用个体常元代入，从而使公式由具有普遍意义变为仅对该个体常元有意义，即公式的含义改变了。

12.4 前束范式

以下代码在 C 语言中输出的结果是什么?

```
#include<stdio.h>
int main(){
  int a,b,c;
  a=b=c=0;
  a++&&b++||c++;   //&& 表示 and 与∧相似,||表示 or 与∨相似
  printf("%d,%d,%d",a,b,c);
return 0;
}
```

输出结果为 1,0,1

在 C 语言程序中，定义(局部)变量在函数代码的最上面。实际上，可以理解为前束范式的应用之一。

【定义 12-3】 任何一个谓词公式 A，如果具有如下形式：$(\square x_1)(\square x_2)\cdots(\square x_n)B$，其中$\square$可能是量词，$x_i(i=1,\cdots,n)$是客体变元，$B$ 是不含量词的范式，则称 A 是**前束范式**(Prenex Normal Form)。

注意：前束范式的量词均在全式的开头，它们的作用域延伸到整个公式的末尾。

【例 12-8】 判断下列式子是否为前束范式。

(1) $\exists x\exists y((F(x)\wedge G(y))\wedge\neg H(x,y))$ (√)

(2) $\exists x \exists y(F(x,y) \land G(y,z)) \lor \exists x H(x,y,z)$ (×)

前束范式的求法。

(1) 否定深入：利用量词转换公式，把否定联结词深入命题变元和谓词填式的前面。

(2) 换名/代入：利用换名规则、代入规则更换一些变元的名称，以便消除混乱。

(3) 量词前移：利用量词辖域的收缩与扩张把量词移到前面。

这样便可求出与公式等价的前束范式。

【例 12-9】 把公式$(\forall x)P(x) \to \exists(x)Q(x)$转换为前束范式。

解：

$$(\forall x)P(x) \to \exists(x)Q(x)$$
$$\Leftrightarrow (\exists x)\neg P(x) \lor \exists(x)Q(x)$$
$$\Leftrightarrow (\exists x)(\neg P(x) \lor Q(x))$$

【例 12-10】 把$(\forall x)F(x) \to \exists(x)G(x)$转换为前束范式。

解：

$$(\forall x)F(x) \to \exists(x)G(x)$$
$$\Leftrightarrow (\exists y)F(y) \to \exists(x)G(x)$$
$$\Leftrightarrow (\exists y)(\forall x)(F(y) \to \exists(x)$$
$$(\forall x)F(x) \to \exists(x)G(x)$$
$$\Leftrightarrow (\exists x)\neg F(x) \lor \exists(x)G(x)$$
$$\Leftrightarrow (\exists x)(\neg F(x) \lor G(x))$$

在前束范式的合式公式中，有的个体变元既是约束出现，又是自由出现，这就容易产生混淆。为了避免混淆，需要对约束变元换名或对自由变元代入。

(1) 约束变元换名。将量词辖域中某个约束出现的个体变元及相应指导变元，改成本辖域中未曾出现过的个体变元，其余不变。

(2) 自由变元代入。对某自由出现的个体变元可用个体常元或与原子公式中所有个体变元不同的个体变元去代入，且处处代入。

12.5 前束析(合)取范式

在前束范式的基础上，可以定义前束析(合)取范式。

【定义 12-4】 任何一个谓词公式 A，如果具有如下形式，则称之为**前束析取范式**(Prenex Disjunctive Normal Form)。

$$(\land x_1)(\land x_2)\cdots(\land x_n)[(A_{11} \land A_{12} \land \cdots \land A_{1k1}) \lor (A_{21} \land A_{22} \land \cdots \land A_{2k2}) \lor \cdots \lor (A_{m1} \land A_{m2} \land \cdots \land A_{mkm})]$$

其中，n 大于或等于 1，$\land(1 \leqslant i \leqslant k)$为量词$\forall$或$\exists$，$x_i(i=1,\cdots,n)$为客体变元，$A_{ij}(j=1,\cdots,k_i,i=1,2,3,\cdots,m)$为原子公式或其否定。

【定义 12-5】 任何一个谓词公式 A，如果具有如下形式，则称之为**前束合取范式**(Prenex Conjunctive Normal Form)。

$$(\land x_1)(\land x_2)\cdots(\land x_n)[(A_{11} \lor A_{12} \lor \cdots \lor A_{1k1}) \land (A_{21} \lor A_{22} \lor \cdots \lor A_{2k2}) \land \cdots \land (A_{m1} \lor A_{m2} \lor \cdots \lor A_{mkm})]$$

其中，n 大于或等于 1，$\land(1 \leqslant i \leqslant k)$为量词$\forall$或$\exists$，$x_i(i=1,\cdots,n)$为客体变元，$A_{ij}(j=1,\cdots,k_i,i=1,2,3,\cdots,m)$为原子公式或其否定。

【例 12-11】 判断下列式子是否为前束合取范式。

(1) $(\exists x)(\exists u)(\exists z)((P(x)\vee P(u))\wedge((P(x)\vee Q(y,z))\wedge(\neg Q(x,y)\vee P(u))\wedge(\neg Q(x,y)\vee Q(y,z)))$

(2) $(\forall x)(\exists z)(\forall y)((\neg P\vee(x\neq a)\vee(z=b))\wedge(Q(y)\vee(a=b)))$

解：根据定义，式(1)(2)均为前束合取范式。

【例 12-12】 将 WFF D：$(\forall x)[(\forall y)P(x)\vee(\forall z)Q(z,y)\rightarrow\neg(\forall y)R(x,y)]$转换为与其等价的前束合取范式。

解：(1) 取消多余量词。

$$\text{WFF } D\Leftrightarrow(\forall x)[P(x)\vee(\forall x)Q(z,y)\rightarrow\neg(\forall y)R(x,y)]$$

(2) 换名。

$$\text{WFF } D\Leftrightarrow(\forall x)[P(x)\vee(\forall z)Q(z,y)\rightarrow\neg(\forall w)R(x,w)]$$

(3) 消去条件联结词。

$$\text{WFF } D\Leftrightarrow(\forall x)[\neg(P(x)\vee(\forall z)Q(z,y)\vee\neg(\forall w)R(x,w)]$$

(4) 将否定深入。

$$\text{WFF } D\Leftrightarrow(\forall x)[\neg(P(x)\vee(\exists z)]-Q(z,y)\vee[(\exists w)\neg R(x,w)]$$

(5) 将量词推到左边。

$$\text{WFF } D\Leftrightarrow(\forall x)(\exists x)(\exists v)[(-P(x)\wedge -Q(z,v))\vee\neg R(x,w)]$$
$$\Leftrightarrow(\forall x)(\exists z)(\exists w)[(\neg P(x)\vee\neg R(x,w))\wedge(\neg Q(z,y)\vee\neg R(x,w))]$$

习　题

1. 说明以下各式的作用域与变元约束的情况。

(1) $(\forall x)(P(x)\rightarrow Q(x))$

(2) $(\forall x)(P(x)\rightarrow(\exists y)R(x,y))$

(3) $(\forall x)(\forall y)(P(x,y)\wedge Q(y,z))\wedge(\exists x)P(x,y)$

(4) $(\forall x)(P(x)\wedge(\exists x)Q(x,z)\rightarrow(\exists y)R(x,y))\vee Q(x,y)$

2. 求下列式子的前束范式。

(1) $(\forall x)P(x)\wedge\neg(\exists x)Q(x)$

(2) $(\forall x)P(x)\vee\neg(\exists x)Q(x)$

(3) $(\forall x)P(x)\rightarrow\neg(\exists x)Q(x)$

(4) $(\exists x)P(x)\rightarrow\neg(\forall x)Q(x)$

(5) $((\forall x)P(x,y)\rightarrow(\exists y)Q(y))\rightarrow(\forall x)R(x,y)$

(6) $\neg(\forall x)\{(\exists y)P(x,y)\rightarrow(\exists x)(\forall y)[Q(x,y)\wedge(\forall y)(P(y,x)\rightarrow Q(x,y))]\}$

3. 用前束范式来表示判断一个年份是否为闰年。

提示：判断一个给定年份是否为闰年的方法如下。

(1) 如果年份能被 4 整除但不能被 100 整除，则它是闰年；

(2) 如果年份能被 400 整除，则它也是闰年；

拓展[*]：任意输入一个年份，用程序实现闰年的判断。

第 13 章 谓词推理

本章思维导图

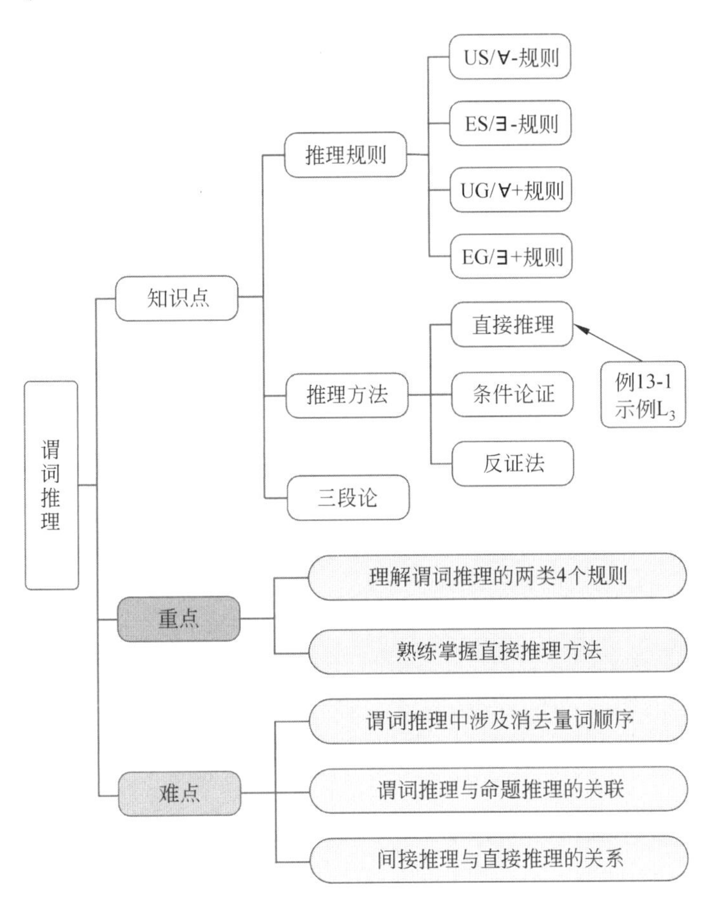

谓词逻辑作为命题逻辑的深化与拓展,其推理方法本质上是对命题演算推理框架的丰富与延伸。在谓词逻辑的框架下,命题逻辑的推理理论依然适用,但具体操作的层面则跃升至更为复杂的谓词公式层面。这种深化不仅体现在表达式的结构复杂性上,更在于对现实世界关系与属性的精准刻画上。

在谓词逻辑的推理过程中,量词(全称量词、存在量词)扮演着至关重要的角色,它们对前提与结论中的谓词及个体进行约束,构建了逻辑推理的骨架。为确保推理的严密性与准确性,必须精通量词的使用规则,包括量词的引入、消去及转换等,这些操作是连接前提与结论、揭示内部逻辑关系的桥梁。

因此，在逻辑的语境下，对量词规则的深刻理解和灵活运用，不仅是掌握谓词逻辑推理理论的关键，也是将理论应用于解决实际问题的重要体现。

13.1 推理规则

在谓词推理过程中，有两类4个规则。

1. 特指规则

(1) **全称特指规则 US**(Universal Specialization)**或** $\forall^-$。

形式：$\forall xA(x)\Rightarrow A(c)$ （其中 c 是论域内指定客体）。

含义：如果 $\forall xA(x)$ 为真，则论域内任何指定客体 c，都使得 $A(c)$ 为真。

作用：去掉全称量词。

要求：c 不是 $A(x)$ 中的符号。

注意：消去量词时，该量词必须是公式最左边的量词，且此量词的前边无任何符号，它的辖域作用到公式末尾。

错误做法	正确做法
(1) $\neg\forall xP(x)$ P (2) $\neg P(c)$ US (1)	(1) $\neg\forall xP(x)$ P (2) $\exists x\neg P(x)$ T (1) (3) $\neg P(c)$ ES (2) 实际上(1)中不是 $\forall x$ 而是 $\exists x$

(2) **存在特指规则 ES**(Existential Specialization)**或** $\exists^-$。

形式：$\exists xA(x)\Rightarrow A(c)$ （其中 c 是论域内指定客体）。

含义：如果 $\exists xA(x)$ 为真，则论域内指定客体 c，使得 $A(c)$ 为真。

作用：去掉存在量词。

要求：

① c 不是 $A(x)$ 中的符号；

② 用ES指定的客体 c 不应该是在此之前用US规则或者用ES规则所指定的客体 c（本次用ES特指的客体 c 不应该是以前特指的客体）。

2. 推广规则

(1) **全称推广规则 UG**(Universal Generalization)**或** $\forall^+$。

形式：$A(c)\Rightarrow\forall xA(x)$ （其中 c 是论域内任何指定客体）。

含义：如果在论域内任何指定客体 c 都使得 $A(c)$ 为真，则 $\forall xA(x)$ 为真。

作用：添加全称量词。

要求：

① x 不是 $A(c)$ 中的符号；

② c 一定是任意的客体，否则不可全称推广。

(2) **存在推广规则 EG**(Existential Generalization)**或** $\exists^+$。

形式：$A(c)\Rightarrow\exists xA(x)$ （其中 c 是论域内指定客体）。

含义：如果在论域内指定客体 c 使得 $A(c)$ 为真，则 $\exists xA(x)$ 为真。

作用：添加存在量词。

要求：x 不是 $A(c)$中的符号。

包括命题逻辑和谓词逻辑，推理规则共 **7** 种，分别是：

P 规则、T 规则、CP 规则、**US 规则**、**ES 规则**、**UG 规则**、**EG 规则**。

13.2 直接推理

【例 13-1】 论证 L_3 亚里士多德三段论的论证。

① 所有的人都是要死的。

② 亚里士多德是人。

③ 所以亚里士多德是要死的。

证明：设 $H(x)$：x 是一个人。

$M(x)$：x 是要死的。

a：亚里士多德。

可符号化为

$$(\forall x)(H(x)\rightarrow M(x))\wedge H(a)\Rightarrow M(a)$$

证明：

序　号	前提或结论	所用规则	从哪几步得到	所用公式
(1)	$(\forall x)(H(x)\rightarrow M(x))$	P		
(2)	$H(a)\rightarrow M(a)$	US	(1)	E
(3)	$H(a)$	P		
(4)	$M(a)$	T	(2)(3)	I

用程序实现的 L_3 推理。

亚里士多德三段论——C 语言代码

```
#include <stdio.h>
#include <stdbool.h>

int main() {
    //定义逻辑变量
    bool allMenAreMortal = true;                //所有的人都是要死的
    bool aristotleIsMan = true;                 //亚里士多德是人
    bool aristotleIsMortal;                     //亚里士多德是要死的

    //根据前提得出结论
    aristotleIsMortal = allMenAreMortal && aristotleIsMan;

    //打印结论
    if (aristotleIsMortal) {
```

```
        printf("亚里士多德是要死的。\n");
    } else {
        printf("亚里士多德不是要死的。\n");
    }

    return 0;
}
```

【例 13-2】 证明$(\forall x)(C(x)\rightarrow W(x)\wedge R(x))\wedge(\exists x)(C(x)\wedge Q(x))\Rightarrow(\exists x)(Q(x)\wedge R(x))$。

证明：

序　号	前提或结论	所用规则	从哪几步得到	所用公式
(1)	$(\forall x)(C(x)\rightarrow W(x)\wedge R(x)$	P		
(2)	$(\exists x)(C(x)\wedge Q(x))$	P		
(3)	$C(a)\wedge Q(a)$	ES	(2)	
(4)	$C(a)\rightarrow W(a)\wedge R(a)$	US	(1)	
(5)	$C(a)$	T	(3)	I
(6)	$W(a)\wedge R(a)$	T	(4)(5)	I
(7)	$Q(a)$	T	(3)	I
(8)	$R(a)$	T	(6)	I
(9)	$Q(a)\wedge R(a)$	T	(7)(8)	I
(10)	$(\exists x)(Q(x)\wedge R(x))$	EG	(9)	

注意：(3)、(4)两条语句的次序不能颠倒。

如果去掉量词的过程中包含存在量词和全称量词，要先去掉题中的存在量词，再去掉全称量词。

13.3 条件论证

与命题逻辑条件论证类似，谓词逻辑的条件论证方法如下。

要证明 $S\Rightarrow R\rightarrow C$，即要证明 $S\rightarrow(R\rightarrow C)\Leftrightarrow T$，即

$\neg S\vee(\neg R\vee C)\Leftrightarrow T$，

等价于 $\neg(S\wedge R)\vee C\Leftrightarrow T$，

等价于 $(S\wedge R)\rightarrow C\Leftrightarrow T$，

也就是证明$(S\wedge R)\Rightarrow C$。

【例 13-3】 证明：$(\forall x)(P(x)\vee Q(x))\Rightarrow\neg(\forall x)P(x)\rightarrow(\exists x)Q(x)$。

证明：

序　　号	前提或结论	所用规则	从哪几步得到	所用公式
(1)	$\neg(\forall x)P(x)$	P(附加前提)		
(2)	$(\exists x)\neg P(x)$	T	(1)	E
(3)	$\neg P(c)$	ES	(2)	
(4)	$(\forall x)(P(x)\vee Q(x))$	P		
(5)	$P(c)\vee Q(c)$	US	(3)	
(6)	$Q(c)$	T	(3) (5)	I
(7)	$(\exists x)Q(x)$	EG	(6)	
(8)	$\neg(\forall x)P(x)\to(\exists x)Q(x)$	CP		

13.4 反　证　法

与命题逻辑反证法证明类似，谓词逻辑的反证法证明推理过程如下。

要证明 $S\Rightarrow C$，即要证明 $S\to C\Rightarrow \mathrm{T}$，而 $S\to C\Leftrightarrow \neg S\vee C$，所以 $S\to C\Leftrightarrow \mathrm{T}$，即 $\neg S\vee C\Leftrightarrow \mathrm{T}$，亦就是 $\neg(\neg S\vee C)\Leftrightarrow \mathrm{F}$，等价于 $S\wedge\neg C\Leftrightarrow \mathrm{F}$。

假定 $\neg C$ 为 T，推出矛盾。

【例 13-4】 证明：$(\forall x)(P(x)\vee Q(x))\Rightarrow(\forall x)P(x)\vee(\exists x)Q(x)$。

证明：

序　　号	前提或结论	所用规则	从哪几步得到	所用公式
(1)	$\neg((\forall x)P(x)\vee(\exists x)Q(x))$	P		
(2)	$(\exists x)\neg P(x)\wedge(\forall x)\neg Q(x)$	T	(1)	E
(3)	$(\exists x)\neg P(x)$	T	(2)	I
(4)	$(\forall x)\neg Q(x)$	T	(2)	I
(5)	$\neg P(c)$	ES	(3)	
(6)	$\neg Q(c)$	US	(4)	
(7)	$\neg P(c)\wedge\neg Q(c)$	T	(5)(6)	I
(8)	$\neg(P(c)\vee Q(c))$	T	(7)	E
(9)	$(\forall x)(P(x)\vee Q(x))$	P		
(10)	$P(c)\vee Q(c)$	US	(9)	
(11)	$\neg(P(c)\vee Q(c))\wedge(P(c)\vee Q(c))$(矛盾)	T	(8)(10)	I

13.5 三段论

13.5.1 基本概念

三段论是由两个含有一个共同项的性质判断作前提,得出一个新的性质判断为结论的演绎推理。

【例 13-5】 L_3 亚里士多德三段论的论证。

① 所有的人都是要死的。

② 亚里士多德是人。

③ 所以亚里士多德是要死的。

其中,结论中的主语叫作小项,用 S 表示,如本例中的“亚里士多德”。

结论中的谓词叫作大项,用 P 表示,如本例中的“是要死的”。

两个前提中共有的项叫作中项,用 M 表示,如本例中的“人”。

在三段论中,含有大项的前提叫作大前提,如本例中的“所有的人都是要死的”;含有小项的前提叫作小前提,如本例中的“亚里士多德是人”。

三段论推理是根据两个前提所表明的中项 M 与大项 P 和小项 S 之间的关系,通过中项 M 的媒介作用,从而推导出确定小项 S 与大项 P 之间的关系的结论。

13.5.2 三段论规则

(1) 四概念错误。

在一个三段论中,必须有且只能有三个不同的概念。为此,就必须使三段论中的三个概念,在其分别重复出现的两次中,所指的是同一个对象,具有同一的**外延**。违反这条规则就会犯**四概念的错误**。

所谓**四概念的错误**,就是指在一个三段论中出现了四个不同的概念。四概念的错误又往往是由于作为中项的概念未保持统一而引起的。

例如:

我国的大学是分布于全国各地的;

清华大学是我国的大学;

所以,清华大学是分布于全国各地的。

这个三段论的结论显然是错误的,但其两个前提都是真的。为什么会由两个真的前提推出一个假的结论呢?原因就在中项(“我国的大学”)未保持统一,出现了四概念的错误。即“我国的大学”这个词在两个前提中所表示的概念是不同的。在大前提中,它是表示我国的大学总体,表示的是一个集合概念。而在小前提中,它可以分别指我国大学中的某一所大学,表示的不是集合概念,而是一个一般的普遍概念。因此,它在两次重复出现时实际上表示着两个不同的概念。这样,以其作为中项,也就无法将大项和小项必然地联系起来,从而推出正确的结论了。

【例 13-6】 人的认识能力是无限的。张三是人,因此,张三的认识能力是无限的。

以下哪项的逻辑错误与上述推理的错误最为相似?

① 人是宇宙间最宝贵的,我是人,因此,我是宇宙间最宝贵的。

② 人贵有自知之明,你没有自知之明,因此你不是人。

③ 干部应起带头作用,我不是干部,所以我不应起带头作用。

④ 干部应为人民服务,我是干部,所以,我应为人民服务。

解:题干犯了四概念的错误,也是三段论中最常见的错误。三段论中的三个概念,在其分别重复出现的两次中必须指同一个对象,具有同一的外延。违反这条规则就会犯四概念的错误。本题题干推理的错误是由于作为中项的概念“人”未保持同一而引起的,大前提中的“人”泛指人类,而小前提中的“人”指具体的生物意义上的某个人。选项①的错因与题干相同。

故正确答案为①。

(2) 中项在前提中必须至少周延一次。

如果中项在前提中一次也没有被断定过它的全部外延(周延),就意味着在前提中大项与小项都分别只与中项的一部分外延发生联系,这样就不能通过中项的媒介作用,使大项与小项发生必然的、确定的联系,因此也就无法在推理时得出确定的结论。

例如,有这样的一个三段论:

一切金属都是可塑的。

塑料是可塑的。

所以,塑料是金属。

在这个三段论中,中项的“可塑的”在两个前提中一次也没有周延(在两个前提中,都只断定了“金属”“塑料”是“可塑的”的一部分对象),因此“塑料”和“金属”究竟处于何种关系就无法确定,也就无法得出必然的确定结论,所以这个推理是错误的。

如果违反这条规则,就要犯“中项不周延”的错误,这样的推理就是不合逻辑的。

(3) 大项或小项如果在前提中不周延,那么在结论中也不得周延。

例如:运动员需要努力锻炼身体。

我不是运动员。

所以,我不需要努力锻炼身体。

这个推理的结论显然是错误的。这个推理从逻辑上说错在哪里呢?主要错在“需要努力锻炼身体”这个大项在大前提中是不周延的(“运动员”只是“需要努力锻炼身体”中的一部分人,而不是其全部),而在结论中却周延了(成了否定命题的谓词)。这就是说,它的结论所断定的对象范围超出了前提所断定的对象范围,因此在这一推理中,结论就不是由其前提所能推出的。其前提的真也就不能保证结论的真。这种错误逻辑上称为“大项不当扩大”的错误(如果小项扩大,则称为“小项不当扩大”的错误)。

(4) 两个否定前提不能推出结论;前提之一是否定的,结论也应当是否定的;结论是否定的,前提之一必须是否定的。

如果在前提中两个前提都是否定命题,就表明大、小项在前提中都分别与中项互相排斥,在这种情况下,大项与小项通过中项就不能形成确定的关系,因此也就不能通过中项的媒介作用而确定地联系起来,当然也就无法得出必然确定的结论,即不能推出结论了。

那么,为什么前提之一是否定的,结论必然是否定的呢?这是因为,如果前提中有一个是否定命题,另一个则必然是肯定命题(否则,两个否定命题不能得出必然结论),这样,中项在前提中就必然与一个项呈否定关系，与另一个项呈肯定关系。这样，大项和小项通过中项联系起来的关系自然也就只能是一种否定关系，因此结论必然是否定的了。

【例 13-7】 一切将大量时间投入学术研究的学生都不是将大量时间投入手游的学生；
某位大学生将大量时间投入学术研究；
因此，这位大学生不是将大量时间投入手游的学生。

为什么结论是否定的，前提之一必定是否定的呢？因为如果结论是否定的，则一定是由于前提中的大、小项有一个和中项结合，而另一个和中项排斥。这样，大项或小项同中项相排斥的那个前提就是否定的，所以结论是否定的则前提之一必定是否定的。

(5) 两个特性量词的前提不能得出结论；前提之一是特性量词的，结论必然是特性量词的。

【例 13-8】 有的同学是运动员；
有的运动员是影星；
所以，有的同学是影星。

由这两个特性量词前提，无法必然推出确定的结论。这是因为，这个推理中的中项（“运动员”）一次也未能周延。

【例 13-9】 有的同学不是运动员；
有的运动员是影星；
所以，有的同学是影星。

这里虽然中项有一次周延，但仍无法得出必然结论。这是因为，在这两个前提中有一个是否定命题，按前面的规则，如果推出结论，则只能是否定命题；而如果是否定命题，则大项“影星”在结论中必然周延，但它在前提中是不周延的，所以必然又犯大项扩大的错误。

因此两个特性量词前提是无法得出必然结论的。

那么，为什么前提之一是特性量词的，结论必然是特性量词的呢？

【例 13-10】 所有大学生都是青年；
有的运动员是大学生；
所以，有的运动员是青年。

这个例子说明，当前提中有一个判断是特性量词命题时，其结论必然是特性量词命题；否则，如果结论是全称量词，就必然会违反三段论的另外几条规则（如出现大、小项不当扩大的错误等）。

在计算机科学的殿堂中，数理逻辑不仅是基石，更是技术进步的驱动力。其两大核心应用——知识表示与形式推理，深刻影响着人工智能、大数据、机器人及深度学习。数理逻辑构建了无歧义的符号体系，精准转化现实问题为逻辑结构，强化计算机存储、检索与推理能力，支撑人工智能知识库、语义网及深度学习。在大数据分析下，数理逻辑揭示数据间的逻辑，助力模式识别与智能决策。同时，它为自动推理奠定基础，优化定理证明算法，增强智能体自主决策力，结合深度学习，推动人工智能向认知智能发展。在机器人领域，数理逻辑提升了机器人指令理解与动态环境适应性。此外，数理逻辑在数字电路设计与通信协议分析中确保了系统的可靠性与网络安全。总之，掌握数理逻辑是理解技术内核、推动创新、迈向学术与技术高峰的关键。

习　题

1. 人的认识能力是无限的，张某是人，因此，张某的认识能力是无限的。

以下哪项的逻辑错误与上述推理的错误最相似？

(1) 人是宇宙间最宝贵的，我是人，因此，我是宇宙间最宝贵的。

(2) 人贵有自知之明，你没有自知之明，因此你不是人。

(3) 班长应起带头作用，我不是班长，所以我不应起带头作用。

(4) 班长应为同学服务，我是班长，所以，我应为同学服务。

2. 大学生在大学里要学习很多知识，李四是一名大学生，所以他学习了很多知识。以下哪项论证展示的推理错误与上述论证中的最相似？

(1) 水果中含有各种丰富的维生素，苹果是一种水果，所以苹果中含有丰富的维生素。

(2) 所有的老员工都是优秀的，王五是新来的员工，所以王五不是优秀员工。

(3) 某高校学报的编辑不但要组织和编辑稿件，自己也写了许多学术方面的文章，张三是该学报的一名编辑，所以张三也写过许多学术方面的文章。

(4) 这所大学中有些学生学习成绩很好，赵六是这所大学的一名学生，所以赵六的学习成绩很好。

3. 证明下列推理的正确性。

(1) $\exists x(P(x)\rightarrow Q(x))\Rightarrow \forall xP(x)\rightarrow \exists xQ(x)$

(2) $(\forall x)(P(x)\vee Q(x))\Rightarrow(\forall x)(P(x)\vee(\exists x)Q(x)$

(3) $(\forall x)(B(x)\rightarrow \neg C(x)),(\exists x)(A(x)\vee B(x)),(\forall x)C(x)\Rightarrow(\exists x)A(x)$

4. 在自然推理系统中，构造下列论述的正确性。

(1) 所有公务员都做管理工作。某些公务员是行政管理专业的。因此，某些行政管理专业的人做管理工作。

(2) 每个博士研究生都是刻苦钻研的，每个刻苦钻研而又聪明的人在事业中都将获得成功。张三是博士研究生，并且是聪明的。所以张三在他的学业中将获得成功(个体域为人类集合)。

(3) 偶数都能被 2 整除。6 是偶数，所以 6 能被 2 整除。

(4) 凡大学生都是勤奋的。张三不勤奋，所以张三不是大学生。

(5) 每个有理数都是实数。有的有理数是整数，因此，有的实数是整数。

(6) 有理数和无理数都是实数。虚数不是实数，因此，虚数既不是有理数，也不是无理数。

(7) 所有的舞蹈者都很有风度，张三是个学生且是一个舞蹈者。因此，有些学生很有风度。

5. 有些人给出下述推理的证明如下。

前提：$\forall x(F(x)\rightarrow \neg G(x)),\forall x(H(x)\rightarrow G(x))$。

结论：$\forall x(H(x)\rightarrow \neg F(x))$。

证明：

序　　号	前提或结论	所用规则	从哪几步得到
(1)	$\forall xH(x)$	P(附加前提)	
(2)	$H(x)$	$\forall^-$	(1)
(3)	$\forall x(H(x)\to G(x))$	P	
(4)	$H(x)\to G(x)$	$\forall^-$	(3)
(5)	$G(x)$	T	(2)(4)
(6)	$\forall x(F(x)\to\neg G(x))$	P	
(7)	$F(x)\to\neg G(x)$	$\forall^-$	(6)
(8)	$\neg F(x)$	T	(5)(7)
(9)	$\forall x\neg F(x)$	$\forall^+$	(8)

(1) 试指出上述证明的错误。

(2) 分别用直接推理和反证法进行论证。

6. 用间接推理及反证法证明：

$$(\exists x)(P(x)\to Q(x))\Rightarrow(\forall x)P(x)\to(\exists x)Q(x))$$

7. 张三、李四和王五为高山俱乐部成员，该俱乐部的每个成员都是滑雪者或登山者。没有一个登山者喜欢雨。而所有滑雪者都喜欢雪。凡是张三喜欢的，李四就不喜欢。张三喜欢雨和雪。试证明该俱乐部是否有是登山者而不是滑雪者的成员。如果有，他是谁？

请给出详细的推理过程。

第14章 综合应用——动物识别

运用所学知识，设计并编程实现一个小型动物识别系统，能识别虎、金钱豹、斑马、长颈鹿、鸵鸟、企鹅、信天翁这七种动物。

规则库：

r_1：IF 该动物有毛发 THEN 该动物是哺乳动物

r_2：IF 该动物有奶 THEN 该动物是哺乳动物

r_3：IF 该动物有羽毛 THEN 该动物是鸟

r_4：IF 该动物会飞 AND 会下蛋 THEN 该动物是鸟

r_5：IF 该动物吃肉 THEN 该动物是食肉动物

r_6：IF 该动物有犬齿 AND 有爪 AND 眼盯前方 THEN 该动物是食肉动物

r_7：IF 该动物是哺乳动物 AND 有蹄 THEN 该动物是有蹄类动物

r_8：IF 该动物是哺乳动物 AND 是反刍动物 THEN 该动物是有蹄类动物

r_9：IF 该动物是哺乳动物 AND 是肉食动物 AND 是黄褐色 AND 身上有暗斑点 THEN 该动物是金钱豹

r_{10}：IF 该动物是哺乳动物 AND 是肉食动物 AND 是黄褐色 AND 身上有黑色条纹 THEN 该动物是虎

r_{11}：IF 该动物是有蹄类动物 AND 有长脖子 AND 有长腿 AND 身上有暗斑点 THEN 该动物是长颈鹿

r_{12}：IF 该动物是有蹄类动物 AND 身上有黑色条纹 THEN 该动物是斑马

r_{13}：IF 该动物是鸟 AND 有长脖子 AND 有长腿 AND 不会飞 AND 有黑白二色 THEN 该动物是鸵鸟

r_{14}：IF 该动物是鸟 AND 会游泳 AND 不会飞 AND 有黑白二色 THEN 该动物是企鹅

r_{15}：IF 该动物是鸟 AND 善飞 THEN 该动物是信天翁

要求给定初始条件，能识别出是哪种动物。

例如：已知初始事实存放在综合数据库中：

暗斑点，长脖子，长腿，蹄。

运行后显示该动物是：长颈鹿。

第2部分　集　合　论

集合论简介

集合论作为现代数学的基础，其发展历程不仅揭示了数学内部的深刻逻辑，还推动了整个数学体系的进步。从朴素集合论到公理化集合论，集合论的发展伴随着一系列重要的理论突破和数学危机。

本部分将从集合论的发展、集合与二元关系、康托尔集合论的发展、罗素悖论的缘由，以及 ZFC 公理系统等方面进行详细阐述。

1. 集合论的发展概述

集合论是关于集合的数学理论，它研究的是集合、集合之间的关系以及集合的运算等基本概念。集合论的思想可以追溯到古代，但真正形成系统的理论则是在 19 世纪后期。随着数学研究的深入，特别是实数理论、极限理论和级数理论等的发展，数学家开始意识到需要一个更加严谨和系统的理论框架来支撑这些研究。于是，集合论应运而生，并逐渐成为数学的基础。

集合论的发展经历了从朴素集合论到公理化集合论的转变。朴素集合论最初是基于直觉和朴素的理解来研究集合的，但由于其不加限制地允许对集合进行任意操作，导致了诸如罗素悖论等问题的出现。为了解决这些问题，数学家开始尝试将集合论建立在严格的公理基础之上，从而形成了公理化集合论。公理化集合论的建立不仅解决了集合论中的悖论问题，还为整个数学体系提供了更加坚实的基础。

2. 集合与二元关系

在数学中，二元关系用于描述两个数学对象之间的联系。例如，算术中的“大于”和“等于”，几何学中的“相似”，以及集合论中的“为……之元素”或“为……之子集”等都是二元关系的例子。二元关系在集合论中扮演着重要的角色，它描述了集合之间以及集合内部元素之间的各种关系。

3. 康托尔集合论的发展

德国数学家康托尔(Cantor)是集合论的创立者，在 19 世纪后期系统地发展了一般集合的理论，为集合论奠定了坚实的基础。康托尔的主要贡献包括明确给出了集合的定义以及集合的并、交等运算；提出了无穷集的势等概念，并通过一一对应关系建立了集合大小的比较原则；建立了基数和序数的理论；证明了超越数的存在等。

康托尔的集合论不仅回答了“什么是数”和“什么是无限”这两个哲学家和数学家都迫切需要解决的问题，还为数学奠定了坚实的基础。他的无穷集理论特别引人注目，**首次将哲学中的无穷概念变为精确数学研究的对象**，把数学从潜无穷的观点转到实无穷的观点上来，树立了一种全新的数学传统。

4. 罗素悖论

罗素悖论是集合论发展过程中遇到的一个重大危机，它由英国数学家罗素在 1903 年提出，其基本思想是：对于任意一个集合 A，A 要么是自身的元素($A \in A$)，要么不是自身的元素($A \notin A$)。根据康托尔集合论的概括原则，可将所有不是自身元素的集合构成一个集合 S_1，即 $S_1=\{x: x \notin x\}$。然而，这个集合 S_1 是否属于自身却产生了悖论：如果 S_1 属于自身，那么根据定义它就不应该属于自身；如果 S_1 不属于自身，那么根据定义它又应该属于自身。

罗素悖论的发现引起了数学界的震动，因为它涉及集合论中最基本的概念和原则。这个悖论不仅揭示了朴素集合论的漏洞，还迫使数学家重新审视数学基础问题。为了解决罗素悖论及其引发的数学危机，数学家开始尝试将集合论建立在严格的公理基础之上，从而形成了公理化集合论。

5. ZFC 公理系统

ZFC 公理系统是一种公理化集合论。其中"Z"代表策梅洛(Ernst **Z**ermelo)，"F"代表弗兰克尔(Abraham **F**raenkel)，"C"代表选择公理(Axiom of **C**hoice)。它是在 20 世纪初，为了给数学建立一个严格的基础，在集合论的基础上发展起来的。

在集合论早期，康托尔(Georg Cantor)提出了朴素集合论，但是出现了一些悖论，比如罗素悖论。为了解决这些悖论，数学家们开始构建更严谨的集合论公理系统，ZFC 公理系统就是其中非常成功的一种。公理化集合论的核心是建立一套无矛盾的集合论公理系统，成为现代数学中广泛接受的集合论基础。

ZFC 公理系统包括多个基本公理和选择公理。其中，外延公理指出一个集合完全由它的元素所决定；空集合存在公理指出存在一个没有元素的集合；无序对公理、并集公理、幂集公理等则规定了集合的基本运算和性质；无穷公理指出存在一个包含所有自然数的无穷集合；正则公理则保证了集合的良基性，即不允许出现 x 属于 x 的情况。此外，选择公理是 ZFC 公理系统中唯一的一个不是直接从集合论内部推导出来的公理。

ZFC 公理系统几乎能够为现代数学的各个分支提供基础。从分析学中的实数的构造，到代数学中群、环、域等结构的定义，再到拓扑学中空间的定义等诸多方面，都依赖于 ZFC 公理系统所定义的集合概念和性质。它使得数学能够在一个相对严谨的框架下进行推理和研究。

集合论部分包含集合基础知识(第 15 章)、关系(第 16～23 章)、综合应用(第 24 章)和函数(第 25～26 章)。

本部分从几个现象、例子谈起并最终试图解决下列问题。

(1) 集合中的元素真的无序吗?

(2) 在朴素集合论，即康托尔集合论中：

• 部分能否等于整体(正整数集合中元素的个数是否与其奇数/偶数的个数相等)；

• 无穷集合能比较大小吗?

(3) 第三次数学危机：

• 罗素悖论与朴素集合论的关系；

• 在朴素集合论中如何解决罗素悖论；

• 拓展：第三次数学危机。

(4) 应用：

• 家族族谱管理系统。

格奥尔格·康托尔，数学家，集合论的创始人。

两千多年来，科学家接触到无穷，却又无力把握和认识它，这的确是向人类提出的尖锐挑战。康托尔以其思维之独特、想象力之丰富、方法之新颖绘制了一幅人类智慧的精品——集合论和超穷数理论，令 19、20 世纪之交的整个数学界，甚至哲学界感到震惊。可以毫不夸张地说，关于数学无穷的革命几乎是由他一个人独立完成的。

康托尔创立了现代集合论，为实数系乃至整个微积分理论体系奠定了基础，并提出了势和良（偏）序的概念。他明确了集合之间一对一关系（双射）的重要性，指出如果两个集合之间存在一一对应关系，则它们具有相同的基数（大小），即使它们是无限集合。康托尔定义了无限集合，并区分了可数无限集合和不可数无限集合。他通过著名的对角线论证法证明了实数集合的基数大于自然数集合的基数，表明即使两个集合都是无限的，它们的大小也可以不同。

康托尔（Cantor，1845—1918）

第15章 集合

本章思维导图

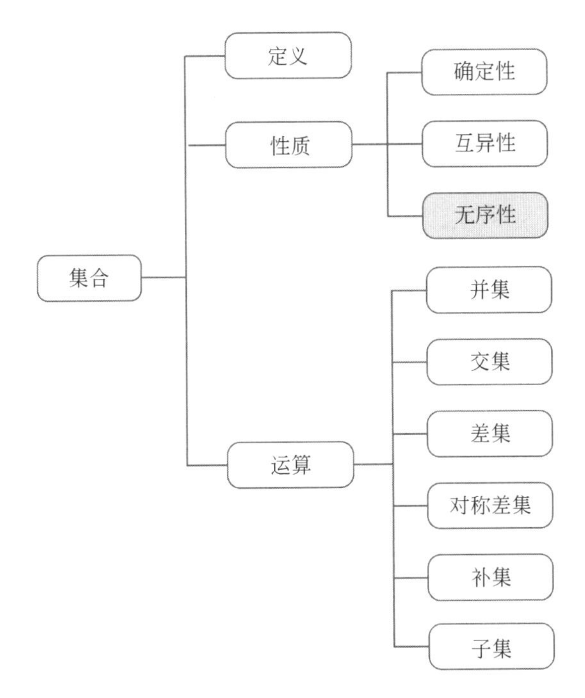

本章介绍集合的基本概念、性质及主要运算。集合作为数学中的基础概念。通过并集、交集、差集、对称差集、补集等运算，可以深入理解和分析集合之间的关系。此外，还介绍子集与真子集的概念，进一步丰富集合理论的内容。这些概念和运算为后续内容的学习提供了理论基础。

15.1 基本概念

【定义 15-1】 **集合**是一个无序的、不重复的元素集。

在数学中，集合用于表示一组对象，这些对象可以是数字、符号、图形或其他任何东西，只要它们是明确区分且彼此独立的。集合中的元素通常用花括号“{}”包围，元素之间用逗号“,”分隔。

例如，集合 A 可以定义为 $A=\{1,2,3,4\}$，表示集合 A 包含四个元素：1，2，3，4。

15.2 集合的性质

集合具有以下基本性质。

- **确定性**：集合中的元素必须是明确的，即任何一个对象要么属于集合，要么不属于集合。
- **互异性**：集合中的元素是互不相同的，即集合中不允许有重复元素。
- **无序性**：集合中的元素是没有顺序的，即集合$\{a,b,c\}$和$\{c,b,a\}$表示的是同一个集合。

15.3 集合的运算

【定义 15-2】 **并集**(Union)：两个集合 A 和 B 的并集记作 $A\cup B$，是由所有属于 A 或属于 B 的元素所组成的集合，即

$$A\cup B=\{x\mid x\in A\vee x\in B\}。$$

例如：$A=\{1,2,3\}$，$B=\{3,4,5\}$，则 $A\cup B=\{1,2,3,4,5\}$。

【定义 15-3】 **交集**(Intersection)：两个集合 A 和 B 的交集记作 $A\cap B$，是由所有既属于 A 又属于 B 的元素所组成的集合，即

$$A\cap B=\{x\mid x\in A\wedge x\in B\}。$$

例如：$A=\{1,2,3\}$，$B=\{3,4,5\}$，则 $A\cap B=\{3\}$。

【定义 15-4】 **差集**(Difference)：集合 A 与集合 B 的差集记作 $A-B$(或 $A\backslash B$)，是由所有属于 A 但不属于 B 的元素所组成的集合，即

$$A-B=\{x\mid x\in A\wedge x\notin B\}。$$

例如：$A=\{1,2,3\}$，$B=\{3,4,5\}$，则 $A-B=\{1,2\}$。

【定义 15-5】 **对称差集**(Symmetric Difference)：集合 A 与集合 B 的对称差集记作 $A\oplus B$ 或 $A\triangle B$，是由所有属于 A 或属于 B，但不同时属于 A 和 B 的元素所组成的集合，即

$$A\oplus B=(A-B)\cup(B-A)。$$

例如：$A=\{1,2,3\}$，$B=\{3,4,5\}$，则 $A\oplus B=\{1,2,4,5\}$。

【定义 15-6】 **补集**(Complement)：集合 A 在全集 U 中的补集记作 A'，是由全集 U 中所有不属于 A 的元素所组成的集合，即

$$\sim A=U-A=\{x\mid x\in U\wedge x\notin A\}。$$

例如：全集 $U=\{1,2,3,4,5\}$，$A=\{1,2,3\}$，则 $A'=\{4,5\}$。

【定义 15-7】 **子集**(Subset)：如果集合 A 的每个元素都是集合 B 的元素，则称 A 是 B 的子集，记作 $A\subseteq B$，即

$$A\subseteq B\Leftrightarrow\forall x\{x\in A\rightarrow x\in B\}。$$

特别地，如果 A 是 B 的子集，但 A 不等于 B，则称 A 是 B 的真子集，记作 $A\subset B$，即

$$A\subset B\Leftrightarrow A\subseteq B\wedge A\neq B。$$

【定义 15-8】 A 是一个集合，存在一个集合，它是由 A 的所有子集为元素构成的集合，称为**幂集**(Power Set)，也称它为集合 A 的**幂运算**。记为 $\rho(A)$，也记为 2^A。

对于一个给定的集合 A，其幂集 $\rho(A)$ 包含 A 的所有子集。幂集的元素个数是原集合元素个数的 2 的幂次方，即如果集合 A 有 n 个元素，那么 $\rho(A)$ 中将有 2^n 个元素(包括空集和集合 A 本身)。

【例 15-1】 如果 $A=\varnothing$(空集)，那么 $\rho(A)=\{\varnothing\}$，只有一个元素(即空集本身)。

如果 $A=\{1\}$，那么 $\rho(A)=\{\varnothing,\{1\}\}$，有两个元素：空集和集合 $\{1\}$。

如果 $A=\{1,2\}$，那么 $\rho(A)=\{\varnothing,\{1\},\{2\},\{1,2\}\}$，有四个元素：空集、集合 $\{1\}$、集合 $\{2\}$ 和集合 $\{1,2\}$。

设 $B=\{a,b,c\}$，则 $\rho(B)=\{\varnothing,\{a\},\{b\},\{c\},\{a,b\},\{a,c\},\{b,c\},\{a,b,c\}\}$。

幂集的概念在集合论、逻辑学、计算机科学等领域中都有广泛的应用。在计算机科学中，幂集经常与位运算、集合操作和数据结构的设计相关联。

习　题

1. 定义集合 R，包含元素“苹果”“香蕉”“橙子”。请写出集合 R 的正式表示。

2. 判断以下是否为一个集合：$\{1,2,2,3\}$。为什么?

3. 根据集合的确定性，判断“所有学‘离散数学’课程的人”是否构成一个集合，并说明理由。

4. 集合 $R=\{1,3,5,7,9\}$，请指出该集合的一个性质(除了互异性和无序性)。

5. 已知集合 $R=\{1,2,4\}$，集合 $S=\{2,4,6\}$，求 $R\cup S$ 和 $R\cap S$。

6. 设集合 $A=\{x\mid x$ 是小于 8 的正偶数$\}$，$B=\{x\mid x$ 是 24 的因数$\}$，求 $A\cap B$ 和 $A\cup B$。

7. 设集合 $A=\{x\mid x$ 是 4 与 10 的公倍数且 $x<50\}$，$B=\{x\mid x=5n-1,n\in N^*$ 且 $x<50\}$，求 $A\cup B$ 和 $B-A$。

8. 全集 $G=\{1,2,3,4,5,6\}$，集合 $R=\{1,3,5\}$，求 R 在 G 中的补集 R'。

9. 已知集合 $R=\{a,b,c\}$，集合 $S=\{c,d,e\}$，求 $R\oplus S$。

10. 设全集 $R=\{x\mid x$ 是小于 6 的正整数$\}$，集合 $S=\{1,3\}$，集合 $M=\{2,4,5\}$。

(1) 求 S 和 M 的并集 $S\cup M$。

(2) 求 S 在 R 中的补集 S'。

(3) 判断 S 是否是 M 的子集，并说明理由。

11. 图书馆有两个书架 S_1(小说)和 S_2(科学书籍)。定义运算⊙为在过去一个月内至少从一个书架借过书但没有同时从两个书架借过书的读者集合。给出 S_1 和 S_2 的读者借阅记录，求⊙运算的结果，并讨论其管理意义。

12. 假设有两个社交网络的用户集合 A 和 B，其中 A 包含喜欢户外活动的用户，B 包含喜欢室内活动的用户。定义运算⊕为两个用户集合中至少在一个集合中但不在两个集合交集中的用户集合。现在给出 $A=\{u_1,u_2,u_3,u_4\}$，$B=\{u_3,u_4,u_5,u_6\}$，求 $A\oplus B$，并解释这个运算在社交网络分析中的实际意义。

关　　系

集合中的二元关系是一种重要的数学概念，它描述了集合中元素之间的一种特定联系或对应规律。简单来说，二元关系就是定义在两个集合上的一种规则，这个规则决定了这两个集合中的元素对是否满足某种性质或条件。

具体来说，设 A 和 B 是两个集合，那么从 A 到 B 的二元关系 R 就是 $A\times B$（A 与 B 的笛卡儿积）的一个子集。这里的 $A\times B$ 包含了 A 中每个元素与 B 中每个元素的所有可能组合（有序对）。二元关系 R 则从这些组合中挑选出了满足特定条件的那些有序对（序偶）。

二元关系在数学、计算机科学、逻辑学等多个领域有着广泛的应用。它不仅用于描述元素之间的基本关系，还构成了更复杂的数据结构和算法的基础，如图论中的边集、数据库中的表关系等。此外，通过研究二元关系的性质，如传递性、对称性、反射性等，可以深入理解集合及其元素间的相互作用规律，进而揭示更广泛的数学结构和规律。

关系思维导图

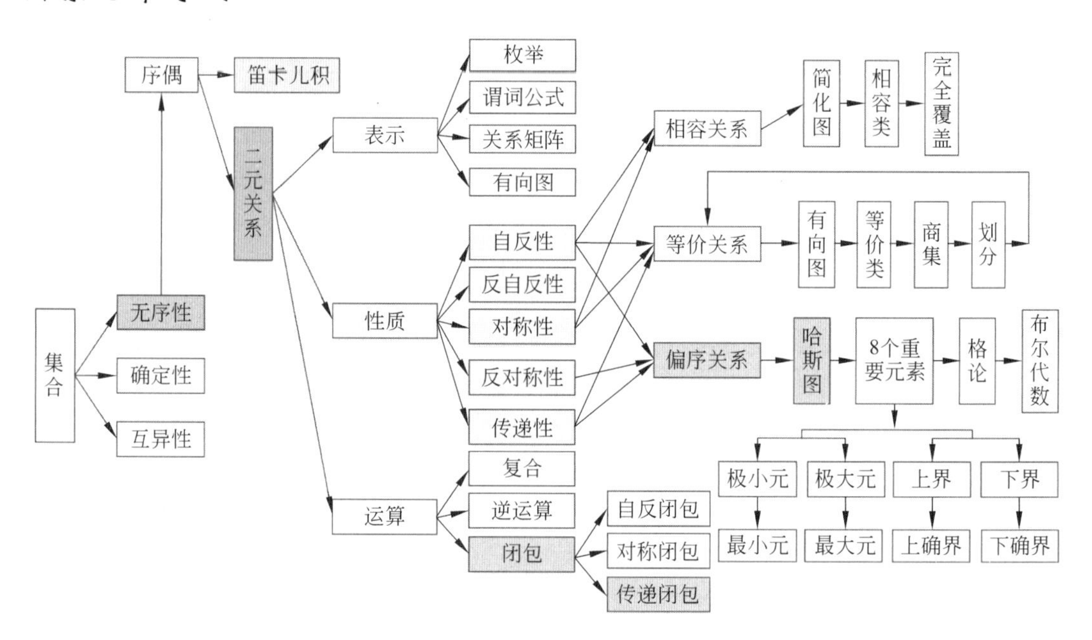

第16章 序偶与笛卡儿积

本章思维导图

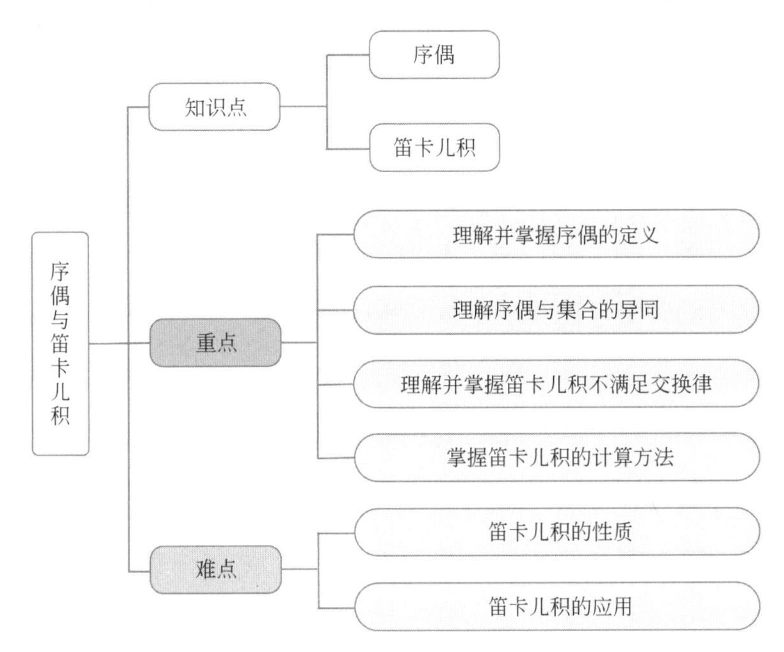

集合中的无序真的是无序吗？例如集合 $A=\{$父亲，儿子$\}$，如果从时间的角度来说，先有父亲，然后才有儿子。那么，如果集合中的元素在某些条件下是有序的，怎么来表示这种关系呢？

本章要求掌握例16-2的计算方法。

16.1 序 偶

序偶(Ordered Pairs)是**有序元素对**的集合，用来表示一些集合中元素的先后顺序。

【定义16-1】 由两个对象 x、y 组成的序列称为有序二元组，也称为**序偶**，记作 $<x,y>$；称 x、y 分别为序偶 $<x,y>$ 的第一元素、第二元素。

序偶 $<x,y>$ 与集合 $\{x,y\}$ 的异同如下。

(1) 序偶 $<x,y>$：元素 x 和 y 有次序。

(2) 集合 $\{x,y\}$：元素 x 和 y 的次序是无关紧要的。

(3) 序偶与集合的关系是属于与不属于的关系。

关于序偶的性质如下。

(1) 序偶相等，需要对应位置元素相等：设$<x,y>$，$<u,v>$是两个序偶，如果$x=u$和$y=v$，则称$<x,y>$和$<u,v>$相等，记作$<x,y>=<u,v>$。

(2) 有序三元组是一个序偶，其第一个元素也是一个序偶。有序三元组$<<a,b>,c>$可以简记成$<a,b,c>$。但$<a,<b,c>>$不是有序三元组。

(3) 有序n元组是一个序偶，其第一个元素本身是个有序$n-1$元组，记作$<<x_1,x_2,1/4,x_{n-1}>,x_n>$。且可以简记成$<x_1,x_2,\cdots,x_{n-1},x_n>$。

$$<x_1,x_2,\cdots,x_n>=<y_1,y_2,\cdots,y_n>\Leftrightarrow(x_1=y_1)\wedge(x_2=y_2)\wedge\cdots\wedge(x_n=y_n)$$

16.2 笛卡儿积

16.2.1 笛卡儿积的定义

【例 16-1】 当张三早晨决定穿什么衣服去上学时，如果张三有三件上衣选项(衬衫、T恤、毛衣)和两条裤子选项(牛仔裤、休闲裤)，那么张三总共有$3\times2=6$种不同的搭配方式。

搭配方式可看成由三件上衣的集合A和两条裤子的集合B组成的。

$$A=\{衬衫,T恤,毛衣\}$$

$$B=\{牛仔裤,休闲裤\}$$

每种搭配可以看成一个序偶，穿衣组合可记成集合$A\times B$：

$$A\times B=\{<衬衫,牛仔裤>,<衬衫,休闲裤>,<T恤,牛仔裤>,<T恤,休闲裤>,<毛衣,牛仔裤>,<毛衣,休闲裤>\}$$

实际上，上衣集合和裤子集合是笛卡儿积的一种应用。

【定义 16-2】 设A、B是集合，由A的元素为第一元素、B的元素为第二元素组成序偶的集合，称为A和B的**笛卡儿积**(Cartesian Product)，又称直积，记作$A\times B$，即

$$A\times B=\{<x,y>|x\in A\wedge y\in B\}$$

【例 16-2】 设$A=\{0,1\}$，$B=\{a,b\}$，求$A\times B$，$B\times A$，$A\times A$。

解： $A\times B=\{<0,a>,<0,b>,<1,a>,<1,b>\}$

$B\times A=\{<a,0>,<b,0>,<a,1>,<b,1>\}$

$A\times A=\{<0,0>,<0,1>,<1,0>,<1,1>\}=A^2$

可见$A\times B\neq B\times A$，所以，集合的**笛卡儿积运算不满足交换律**。

另外，

$$(A\times B)\times C=\{<<a,b>,c>|<a,b>\in A\times B\wedge c\in C\}$$

$$A\times(B\times C)=\{<a,<b,c>>|a\in A\wedge <b,c>\in B\times C\}$$

因$<a,<b,c>>$不是有序三元组，所以$(A\times B)\times C\neq A\times(B\times C)$。

故集合的**笛卡儿积**也**不满足**结合律。

用程序实现例 16-2 中的笛卡儿积的运算。

$A \times B$ 笛卡儿积——C 语言代码

```
#include <stdio.h>
#include <stdlib.h>

//定义一个结构体来表示有序对
typedef struct {
    int first;
    char second;
} Pair;

//打印有序对集合
void printPairs(Pair* pairs, int size) {
    for (int i = 0; i < size; i++) {
        printf("(<%d,%c>)\n", pairs[i].first, pairs[i].second);
    }
}

//计算并返回两个集合的笛卡儿积
Pair* cartesianProduct(int* setA, int sizeA, char* setB, int sizeB, int*
resultSize) {
    *resultSize = sizeA * sizeB;
    Pair* result = (Pair*)malloc((*resultSize) * sizeof(Pair));

    int index = 0;
    for (int i = 0; i < sizeA; i++) {
        for (int j = 0; j < sizeB; j++) {
            result[index].first = setA[i];
            result[index].second = setB[j];
            index++;
        }
    }

    return result;
}

int main() {
    int A[] = {0, 1};
    char B[] = {'a', 'b'};
    int sizeA = sizeof(A) / sizeof(A[0]);
    int sizeB = sizeof(B) / sizeof(B[0]);
    int resultSize;

    Pair* A×B = cartesianProduct(A, sizeA, B, sizeB, &resultSize);
    printf("A×B:\n");
    printPairs(A×B, resultSize);



    //释放分配的内存
    free(A×B);

    return 0;
}
```

16.2.2 笛卡儿积的性质

(1) 如果 A、B 都是有限集,且 $|A|=m$,$|B|=n$,则 $|AB|=m\cdot n$。

证明:由笛卡儿积的定义及排列组合中的乘法原理,直接推得此性质。

(2) $A\times\varnothing=\varnothing\times B=\varnothing$。

(3) $\times$ 对 $\cup$ 和 $\cap$ 满足分配律。

设 A,B,C 是任意集合,则

① $A\times(B\cup C)=(A\times B)\cup(A\times C)$

② $A\times(B\cap C)=(A\times B)\cap(A\times C)$

③ $(A\cup B)\times C=(A\times C)\cup(B\times C)$

④ $(A\cap B)\times C=(A\times C)\cap(B\times C)$

证明:① 任取 $<x,y>\in A\times(B\cup C)$

$\Leftrightarrow x\in A\wedge y\in B\cup C$

$\Leftrightarrow x\in A\wedge(y\in B\vee y\in C)$

$\Leftrightarrow(x\in A\wedge y\in B)\vee(x\in A\wedge y\in C)$

$\Leftrightarrow<x,y>\in A\times B\vee<x,y>\in A\times C$

$\Leftrightarrow<x,y>\in(A\times B)\cup(A\times C)$

所以①成立。

其余可以类似证明。

(4) 若 $C\neq\varnothing$,则 $A\subseteq B\Leftrightarrow(A\times C\subseteq B\times C)\Leftrightarrow(C\times A\subseteq C\times B)$。

证明:

必要性

设 $A\subseteq B$,求证 $A\times C\subseteq B\times C$。

任取 $<x,y>\in A\times C\Leftrightarrow x\in A\wedge y\in C$

$\Rightarrow xByC$　　(因 $A\subseteq B$)

$\Leftrightarrow<x,y>\in B\times C$

所以,$A\times C\subseteq B\times C$。

充分性

若 $C\neq\varnothing$,由 $A\times C\subseteq B\times C$ 求证 $A\subseteq B$。

取 C 中元素 y,任取 $x\in A\Rightarrow x\in A\wedge y\in C$

$\Leftrightarrow<x,y>A\times C$

$\Rightarrow<x,y>B\times C$　　(由 $A\times C\subseteq B\times C$)

$\Leftrightarrow x\in B\wedge y\in C$

$\Rightarrow x\in B$

所以,$A\subseteq B$。

所以 $A\subseteq B\Leftrightarrow(A\times C\subseteq B\times C)$。

类似可以证明 $A\subseteq B\Leftrightarrow(C\times A\subseteq C\times B)$。

(5) 设 A、B、C、D 为非空集合,则 $A\times B\subseteq C\times D\Leftrightarrow A\subseteq C\wedge B\subseteq D$。

证明:首先,由 $A\times B\subseteq C\times D$ 证明 $A\subseteq C\wedge B\subseteq D$。

任取 $x\in A$，任取 $y\in B$，所以

$$x\in A\wedge y\in B$$
$$\Leftrightarrow <x,y>\in A\times B$$
$$\Rightarrow <x,y>\in C\times D \qquad (由 A\times B\subseteq C\times D)$$
$$\Leftrightarrow x\in C\wedge y\in D$$

所以，$A\subseteq C\wedge B\subseteq D$。

其次，由 $A\subseteq C$，$B\subseteq D$，证明 $A\times B\subseteq C\times D$。

任取 $<x,y>A\times B$，有

$$<x,y>A\times B$$
$$\Leftrightarrow x\in A\wedge y\in B \qquad (由 A\subseteq C, B\subseteq D)$$
$$\Rightarrow x\in C\wedge y\in D$$
$$\Leftrightarrow <x,y>\in C\times D$$

所以，$A\times B\subseteq C\times D$。

(6) 约定 $(\cdots(A_1\times A_2)\cdots A_{n-1})\times A_n)=A_1\times A_2\times\cdots\times A_n$

特别 $A\times A\times\cdots\times A=A^n$

设 $\mathbf{R}$ 是实数集合，则 $\mathbf{R}^2$ 表示笛卡儿坐标平面，$\mathbf{R}^3$ 表示三维空间，$\mathbf{R}^n$ 表示 n 维空间。

【例 16-3】 设 A、B、C、D 是任意集合，判断下列等式是否成立，为什么？

(1) $(A\cap B)\times(C\cap D)=(A\times C)\cap(B\times D)$

(2) $(A\cup B)\times(C\cap D)=(A\times C)\cup(B\times D)$

解：(1) 成立，事实上，对 $\forall <x,y>$，有

$$<x,y>\in(A\cap B)\times(C\cap D)$$
$$\Leftrightarrow(x\in A\cap B)\wedge(y\in C\cap D)$$
$$\Leftrightarrow(x\in A)\wedge(x\in B)\wedge(y\in C)\wedge(y\in D)$$
$$\Leftrightarrow(x\in A)\wedge(y\in C)\wedge(x\in B)\wedge(y\in D)$$
$$\Leftrightarrow(<x,y>\in A\times C)\wedge(<x,y>\in B\times D)$$
$$\Leftrightarrow(<x,y>\in A\times C)\cap(B\times D)$$

(2) 不成立。

反例如下：设 $A=D=\varnothing$，$B=C=\{1\}$，则

$$(A\cup B)\times(C\cup D)=B\times C=\{<1,1>\}$$
$$(A\times C)\cup(B\times D)=\varnothing\cup\varnothing=\varnothing$$

16.2.3 笛卡儿积的应用

1. 数据库中生成记录

令 $A_1=\{x\mid x$ 是学号$\}$　　$A_2=\{x\mid x$ 是姓名$\}$　　$A_3=\{$男，女$\}$

$A_4=\{x\mid x$ 是出生日期$\}$　　$A_5=\{x\mid x$ 是班级$\}$　　$A_6=\{x\mid x$ 是籍贯$\}$

则 $A_1\times A_2\times A_3\times A_4\times A_5\times A_6$ 中的一个元素(元素)

$$<001,张三,男,2010:07:02,计 2401\text{-}1,河南>$$

就是学生档案数据库的一条信息，所以学生的档案就是 $A_1A_2A_3A_4A_5A_6$ 的一个子集。

2. 数据库查询

在关系数据库中,当需要从多个表中组合数据时,可能会涉及笛卡儿积操作。

假设有一个电商平台,有多种商品类别(如电子产品、服装、家居用品等)和不同的用户群体(如学生、上班族、老年人等)。通过笛卡儿积就可以分析出每个商品类别与每个用户群体的组合情况,从而更好地制定营销策略。

3. 旅行规划

计划一次旅行时,如果你有两个目的地(北京、上海)和两个出发日期(下周三、下周五),那么你的旅行计划就有 $2\times2=4$ 种可能的组合,这可以看作目的地集合和日期集合的笛卡儿积。

4. 密码组合

在设置密码时,如果你决定密码由一个大写字母(A～Z,共 26 种)、一个小写字母(a～z,共 26 种)和一个数字(0～9,共 10 种)组成,那么理论上你可以创建的密码组合数量就是 $26\times26\times10=6760$ 种,这实际上也是这三个字符集合的笛卡儿积。

总之,笛卡儿积在数学和实际应用中都有着广泛的应用,对于计算和数据处理等方面有着重要的作用。

拓展阅读

勒内·笛卡儿(René Descartes, 1596—1650),法国哲学家、数学家、物理学家。他对现代数学的发展做出了重要的贡献,他由于几何坐标系的公式化而被誉为解析几何之父。

笛卡儿最为世人熟知的是其作为数学家的成就。他于 1637 年发明了现代数学的基础工具之一——**坐标系**,将几何和代数相结合,创立了解析几何学。同时,他也推导出了笛卡儿定理等几何学公式。

习　题

1. 设 $A=\{1,2,3,4\}$,$B=\{a,b,c\}$,求

(1) $A\times B$　　(2) $B\times A$　　(3) $A\times A$

2. 设集合 $A=\{0,1\}$,$B=\{1,2\}$,$C=\{0,1,2\}$,求 A,B 和 C 的笛卡儿积 $A\times B\times C$。

3. 给定集合 $X=\{x,y\}$ 和 $Y=\{1,2,3,4\}$,求 $X\times Y$ 的笛卡儿积,并判断 $<x,3>$ 是否属于该笛卡儿积。

4. 设 $A=\{$苹果,香蕉$\}$,$B=\{$红色,黄色,绿色$\}$,求 $A\times B$ 的笛卡儿积,并解释每个元素代表的含义(例如,一个可能的水果颜色组合)。

5. 已知 $C=\{1,2\}$,$D=\varnothing$(空集),求 $C\times D$ 的笛卡儿积,并解释结果。

6. 设 $E=\{$星期一,星期二,星期三$\}$,$F=\{$上午,下午$\}$,求 $E\times F$ 的笛卡儿积,并列举出所有可能的"星期-时间段"组合。

7. 对于任意集合 A,B,C,证明:$(B\cup C)\times A=(B\times A)\cup(C\times A)$。

8. 对于任意集合 A,B,C,证明:$A\times(B\cap C)=(A\times B)\cap(A\times C)$。

9. 对于任意集合 A,B,C,证明:$(B\cap C)\times A=(B\times A)\cap(C\times A)$。

10. 对于任意集合 A,B,证明:$A\cup(A\cap B)=A$。

第17章 二元关系及其表示

本章思维导图

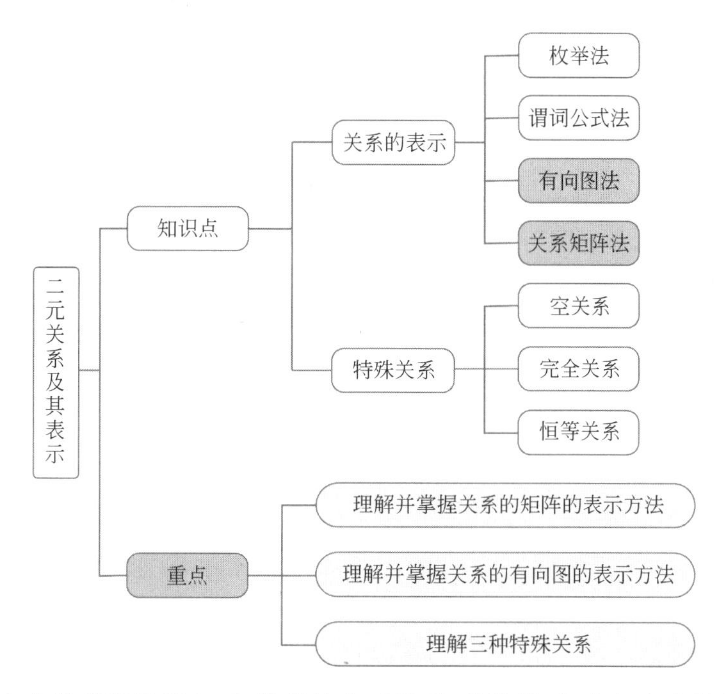

关系是一个非常普遍的概念，如数值的大于关系、整除关系，人与人之间的父子关系、师生关系、同学关系等。

本章将讨论如何从中抽象出关系的定义和如何表示关系。

【定义 17-1】 设 A、B 是集合，如果 $R \subseteq A \times B$，则称 R 是一个从 A 到 B 的二元关系。如果 $R \subseteq A \times A$，则称 R 是 A 上的二元关系。**二元关系简称为关系**(Relation)。

【定义 17-2】 任何序偶的集合，都称为一个**二元关系**。

例如：$R_1=\{<1,a>,<$书，车$>,<$人，树$>\}$。

关系的表示方法主要有枚举法、谓词公式法、有向图法和关系矩阵法，尤其后两种表示方法的应用更广泛。

R 是实数集合，**R** 上的几个熟知的二元关系如图 17-1 所示。

从图 17-1 可以看出，关系是序偶(点)的集合(构成线、面)。

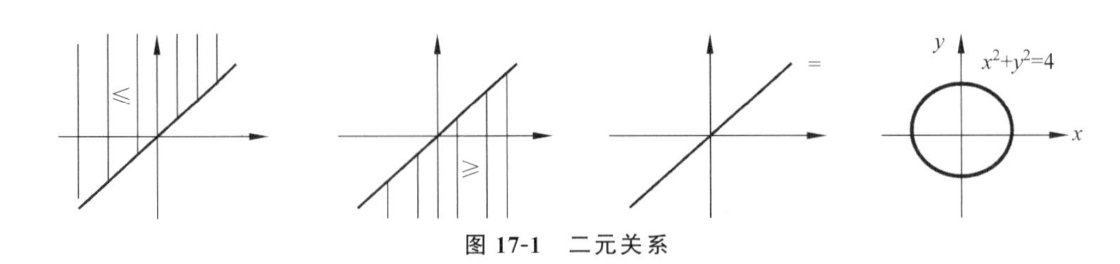

图 17-1　二元关系

17.1　关系的表示

1. 枚举法

枚举法即将关系中的所有序列一一列举出，写在花括号内。例如：

$R_1=\{<1,a>,<1,c>,<2,b>,<3,a>,<4,c>\}$

$R_2=\{<1,1>,<1,4>,<2,3>,<3,1>,<3,4>,<4,1>,<4,2>\}$

2. 谓词公式法

谓词公式法即用谓词公式表示序偶的第一元素与第二元素间的关系。

例如：$R=\{<x,y>|x<y\}$表示 x,y 两个元素组成的序列满足小于关系。

3. 有向图法

设 $R\subseteq A\times B$，用两组小圆圈(称为结点)分别表示 A 和 B 的元素，当$<x,y>\in R$ 时，从 x 到 y 引一条有向弧(边)，这样得到的图形称为 R 的关系图。

【例 17-1】 设 $A=\{1,2,3,4\}$，$B=\{a,b,c\}$，$R_1\subseteq A\times B$，$R_1=\{<1,a>,<1,c>,<2,b>,<3,a>,<4,c>\}$，则 R_1 的关系图如图 17-2 所示。

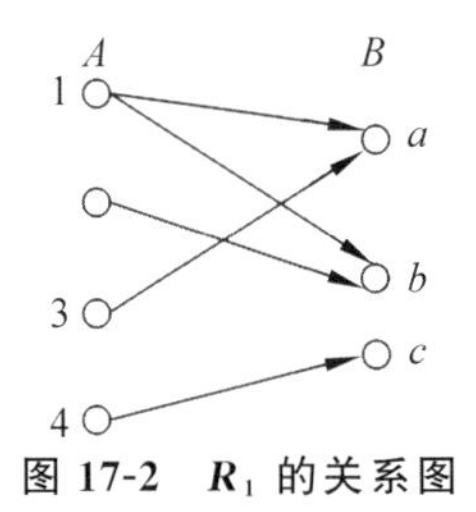

图 17-2　R_1 的关系图

【例 17-2】 设 $R_2\subseteq A\times A$，即 R_2 是集合 A 中的关系时，可能有$<x,x>\in R_2$，则从 x 到 x 画一条有向环(自回路)，则 R_2 的关系图如图 17-3 所示。

【例 17-3】 设 $A=\{1,2,3,4\}$，$R_3\subseteq A\times A$，$R_3=\{<1,1>,<1,4>,<2,3>,<3,1>,<3,4>,<4,1>,<4,2>\}$，则 R_3 的关系图如图 17-4 所示。

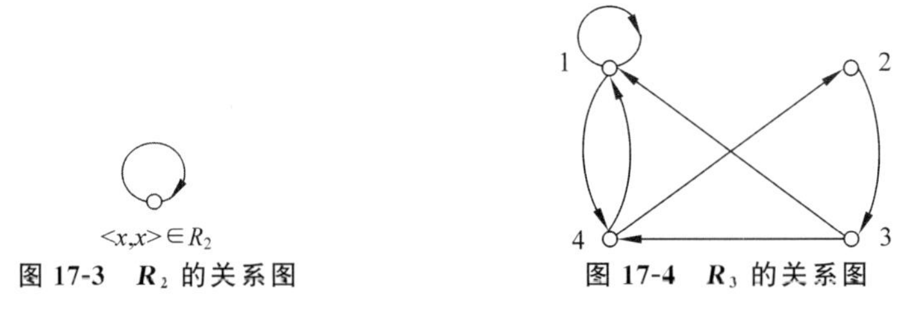

图 17-3　R_2 的关系图　　图 17-4　R_3 的关系图

小提示：按照数字顺序(字典顺序)的顺时针或者逆时针来画图。

4. 关系矩阵法

有限集合之间的关系也可以用矩阵来表示，这种表示法便于用计算机来处理关系。

设 $A=\{a_1,a_2,\cdots,a_m\}$，$B=\{b_1,b_2,\cdots,b_n\}$均是有限集，$R\subseteq A\times B$，定义了 R 的 $m\times n$ 阶矩阵 $\boldsymbol{M}_R=(r_{ij})_{m\times n}$，其中

$$r_{ij}=\begin{cases}1 & \text{if}<a_i,b_j>\in R\\0 & \text{if}<a_i,b_j>\notin R\end{cases}$$

则例 17-1 和例 17-3 的矩阵分别可表示为 $\boldsymbol{M}_{R_1}$ 和 $\boldsymbol{M}_{R_2}$。

$$\boldsymbol{M}_{R_1}=\begin{bmatrix}1&0&1\\0&1&0\\1&0&0\\0&0&1\end{bmatrix}\quad \boldsymbol{M}_{R_2}=\begin{bmatrix}1&0&0&1\\0&0&1&0\\1&0&0&1\\1&1&0&0\end{bmatrix}$$

对于任何集合 A 都有 3 种特殊的关系：空关系(就是空集$\varnothing$)、完全关系 E_A 和恒等关系 I_A。

17.2 特殊关系

1. 空关系$\varnothing$

因为$\varnothing\subseteq A\times B$(或$\varnothing\subseteq A\times A$)，所以$\varnothing$也是一个从 A 到 B(或 A 上)的关系，称为**空关系**，即无任何元素的关系，它的关系图中只有结点，无任何边；它的矩阵元素全是 0。

2. 完全关系(全域关系)

$A\times B$(或 $A\times A$)本身也是一个从 A 到 B(或 A 上) 的关系，称为**完全关系** E_A，即含有全部序列的关系，它的矩阵元素全是 1。

$$\mathrm{E}_A=\{<x,y>\mid x\in A\wedge y\in A\}=A\times A$$

3. 恒等关系

$\mathrm{I}_A\subseteq A\times A$，且 $\mathrm{I}_A=\{<x,x>\mid x\in A\}$称为 A 上的**恒等关系** I_A。

$$\mathrm{I}_A=\{<x,x>\mid x\in A\}$$

【例 17-4】 设 $A=\{1,2,3\}$，则 $\mathrm{I}_A=\{<1,1>,<2,2>,<3,3>\}$，$A$ 上的$\varnothing$、完全关系及恒等关系图及矩阵如图 17-5 所示。

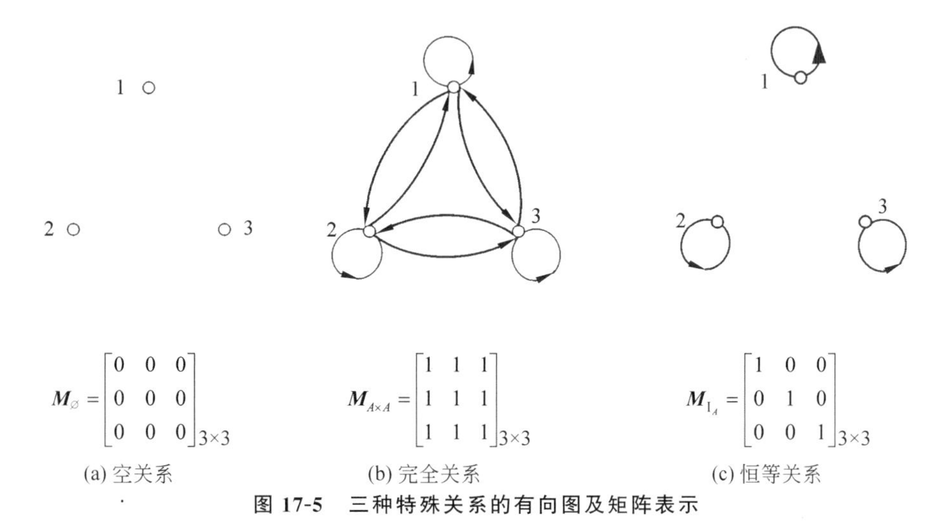

$$\boldsymbol{M}_{\varnothing}=\begin{bmatrix}0&0&0\\0&0&0\\0&0&0\end{bmatrix}_{3\times 3}\quad \boldsymbol{M}_{A\times A}=\begin{bmatrix}1&1&1\\1&1&1\\1&1&1\end{bmatrix}_{3\times 3}\quad \boldsymbol{M}_{\mathrm{I}_A}=\begin{bmatrix}1&0&0\\0&1&0\\0&0&1\end{bmatrix}_{3\times 3}$$

(a) 空关系　(b) 完全关系　(c) 恒等关系

图 17-5　三种特殊关系的有向图及矩阵表示

除了以上 3 种特殊的二元关系外，还有一些常用的关系。

4. 小于或等于关系

设 A 为实数集 $\mathbf{R}$ 的某个子集，则 A 上的小于或等于关系定义为

$$L_A=\{<x,y>|x,y\in A\wedge x\leqslant y\}$$

【例 17-5】 集合 $A=\{4,0.5,-1\}$,则集合 A 中的小于或等于关系 L_A 可表示为

$L_A=\{<-1,-1>,<-1,0.5>,<-1,4>,<0.5,0.5>,<0.5,4>,<4,4>\}$

5. 整除关系

设 B 为正整数集 $\mathbf{I}^+$ 的某个子集,则 B 上的整除关系定义为

$$D_B=\{<x,y>|x,y\in B\wedge x|y\}$$

【例 17-6】 设集合 $B=\{1,2,3,6\}$,则集合 B 中的整除关系 D_B 可表示为

$D_B=\{<1,1>,<1,2>,<1,3>,<1,6>,<2,2>,<2,6>,<3,3>,<3,6>,<6,6>\}$

习 题

1. 若集合 A 有 4 个元素,求集合 A 上的二元关系个数。

2. 若集合 $A=\{1,2,3,4\}$,求恒等关系 I_A 和全域关系 E_A。

3. 若集合 $A=\{1,2,4,8\}$,求集合 A 上的整除关系 D_A。

4. 若集合 $A=\{0,1,2\}$,求集合 A 上的 E_A 和 I_A。

5. 已知集合 $A=\{1,2,3,4\}$,集合 A 上的关系 $R=\{<1,2>,<1,3>,<2,1>,<2,2>,<3,3>,<4,3>\}$。

(1) 画出 R 的关系图。

(2) 写出 R 的关系矩阵。

6. 设集合 $A=\{u,v,w\}$和集合 $B=\{a,b,c,d\}$,定义二元关系 R 如下:

$$R=\{<u,a>,<u,b>,<v,c>,<w,d>,<v,d>\}$$

(1) 画出 R 的有向图。

(2) 给出 R 的关系矩阵(以 A 为行,B 为列)。

7. 设集合 $A=\{2,3,4,9\}$,集合 $B=\{2,4,7,10,12\}$,从集合 A 到集合 B 的关系 $R=\{<a,b>|a\in A,b\in B,a$ 整除 $b\}$,请给出 R 的关系有向图和关系矩阵。

8. 设集合 $C=\{1,2,3,6,12,24,36\}$,“|”表示 C 上整除关系:$<C,|>$,请画出$<C,|>$的关系有向图。

第18章 关系的性质

本章思维导图

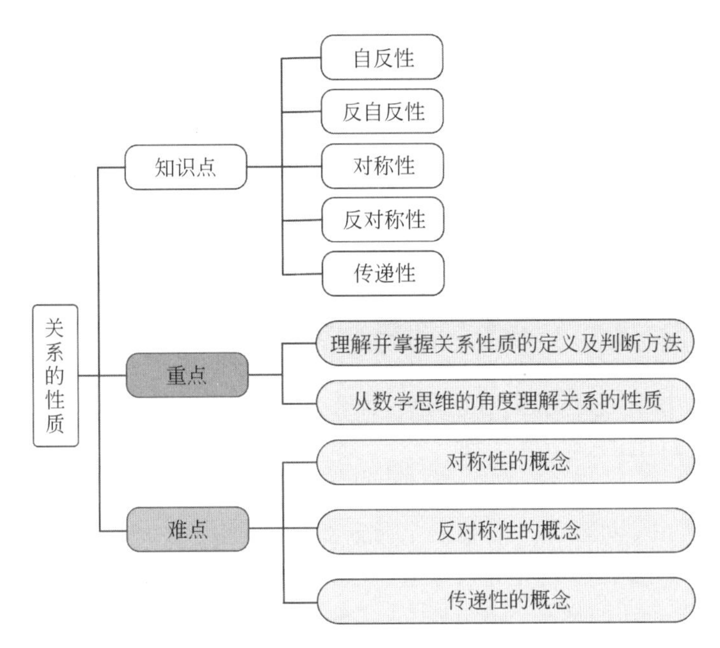

集合中的元素之间到底有多少种关系，以人与人之间的关系为例，有师生关系、同学关系、父母关系等，可以说是不胜枚举，到底如何获取元素之间的关系呢？换个角度，可以通过元素以及元素之间的性质来判断关系，如一张桌子有什么功能，可能一时无法一一列举，但可以从桌子的性质，如长、宽、高、颜色等性质来分析。

一般情况下，集合是由元素组成的，元素之间关系存在什么性质呢？

本章将讨论集合中元素之间的性质。将从一个元素、两个元素、三个及以上元素之间的性质谈起，主要通过关系图、关系矩阵判别关系的性质。

本章讨论的关系都是集合 A 中元素之间关系的性质。

关系的性质主要有9种。

(1) 一个元素间的关系：**自反性**、**反自反性**、非自反性。

(2) 两个元素间的关系：**对称性**、**反对称性**、非对称性。

(3) 三个及以上元素间的关系：**传递性**、反传递性和非传递性。

本章重点介绍自反性、反自反性、对称性、反对称性和传递性这五种性质。

本章要求能够运用所学的关系的五种性质判断图18-1具有哪些性质(习题2)。

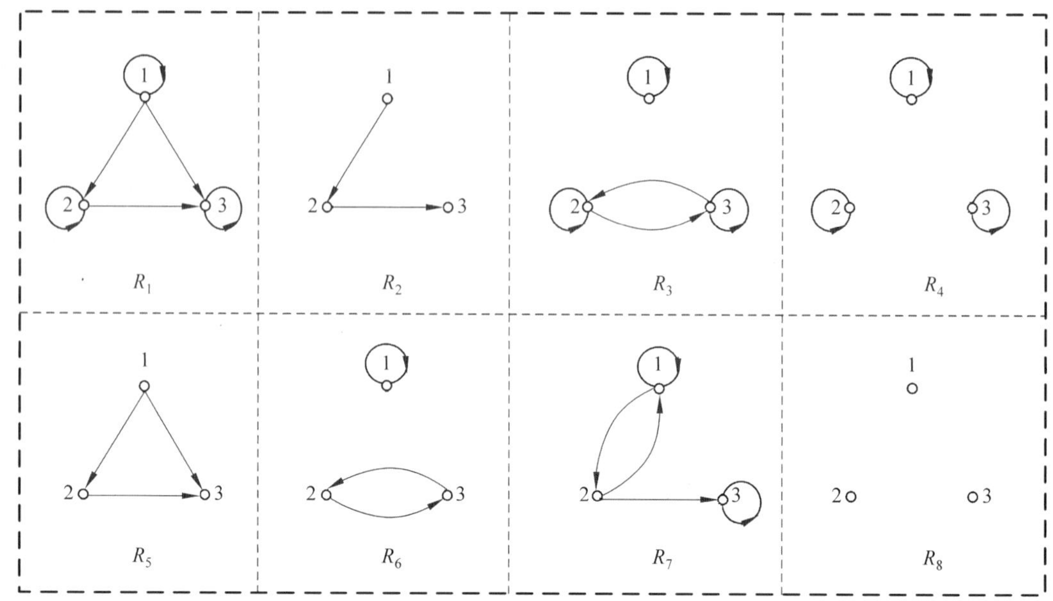

图 18-1 关系的性质有向图

18.1 自反性

【定义 18-1】 设 R 是集合 A 中的关系，如果对于任意 $x \in A$ 都有 $<x,x> \in R(xRx)$，则称 R 是 A 中的**自反**(Reflexive)关系，即

$$R\text{ 是 }A\text{ 中自反的} \Leftrightarrow \forall x(x \in A \rightarrow xRx)$$

该定义的重点在于集合 A 中**任意一个元素都要满足** $<x,x> \in R$，缺一不可。

例如：在实数集合中，"$\leqslant$"是自反关系。因为对任意实数 x，都有 $x \leqslant x$。

相似地，还有平面上三角形的全等关系，实数集中实数的小于或等于关系，幂集上的集合的相等、包含关系，命题集合上的命题的等价、蕴含关系。

R 是自反的 $\Leftrightarrow I_A \subseteq R$

$\Leftrightarrow$ M_R 主对角线上的元素全为 1(矩阵)

$\Leftrightarrow$ G_R 的每个顶点处均有自环(有向图)

即，通过有向图来看，集合中每个元素都有自环；通过矩阵来看，主对角线上元素的值均为 1。

【例 18-1】 令 $A=\{1,2,3\}$，给定 A 上的 8 个关系如图 18-1 所示，回答哪些具有自反性。

解：根据自反性的性质，可知这 8 个关系中 R_1、R_3、R_4 是自反的。

18.2 反自反性

【定义 18-2】 设 R 是集合 A 中的关系，如果对于任意的 $x \in A$ 都有 $<x,x> \notin R$，则称 R 为 A 中的**反自反**(Anti-reflexive)关系，即

$$R\text{ 是 }A\text{ 中反自反的} \Leftrightarrow \forall x(x \in A \rightarrow <x,x> \notin R)$$

R 是反自反的

$\Leftrightarrow M_R$ 主对角线上的元素全为0(矩阵)

$\Leftrightarrow G_R$ 的每个顶点处均有无自回路(无环)

【例 18-2】 在图18-1中,R_2、R_5、R_8 均是反自反关系。

注意:一个不是自反的关系,不一定就是反自反的,如前边 R_6、R_7 非自反,也非反自反。

例如,数的大于关系、幂集上的集合之间的真包含关系都具有反自反性。

拓展:非自反关系。

即存在关系既不是自反的也不是反自反的。

注意:非自反的不一定是反自反的。

18.3 对称性

【定义 18-3】 R 是集合 A 中的关系,若对任何 $x, y\in A$,如果有 xRy,必有 yRx,则称 R 为 A 中的**对称**(Symmetric)关系,即

$$R\text{ 是 }A\text{ 上对称的}\Leftrightarrow \forall x\forall y((x\in A\wedge y\in A\wedge xRy)\rightarrow yRx)$$

R 是对称的$\Leftrightarrow M_R$ 是对称的

$\Leftrightarrow$以主对角线为对称的矩阵(关系矩阵)

$\Leftrightarrow G_R$ 的任何两个不同结点之间若有边,则必有两条方向相反的有向边(关系有向图)

【例 18-3】 在图18-1中,R_3、R_4、R_6、R_8 均是对称关系。

其他类似的还有平面上三角形的相似关系;人群中人与人之间的同学、同事、邻居关系;幂集中集合相等的关系;命题集合上的命题的等价关系都具有对称性。

18.4 反对称性

【定义 18-4】 设 R 为集合 A 中的关系,若对任何 $x, y\in A$,如果有 xRy 和 yRx,就有 $x=y$,则称 R 为 A 中的**反对称**(Anti-symmetric)关系。

R 是 A 上反对称的

$\Leftrightarrow \forall x\forall y((x\in A\wedge y\in A\wedge xRy\wedge yRx)\rightarrow x=y)$

$\Leftrightarrow \forall x\forall y((x\in A\wedge y\in A\wedge x\neq y\wedge xRy)\rightarrow y\not{R}x)$

R 是反对称的

$\Leftrightarrow$在 M_R 中,$\forall x_i\forall x_j(i\neq j\wedge r_{ij}=1\rightarrow r_{ji}=0)$

$\Leftrightarrow$在 G_R 中,$\forall x_i\forall x_j(i\neq j)$,若有向边$\langle x_i,x_j\rangle$,则必没有$\langle x_j,x_i\rangle$

即由 R 的关系图看反对称性:两个不同的结点之间最多有一条边。从关系矩阵看反对称性:以主对角线为对称的两个元素中最多有一个1。

【例 18-4】 在图18-1中,R_1、R_2、R_4、R_5、R_8 均是反对称关系。R_4、R_8 既是对称的也是反对称的。

另外,对称与反对称不是完全对立的,有些关系既是对称的也是反对称的,如空关系和恒等关系。

注意：非对称不一定反对称；可能有某种关系既是对称的又是反对称的。

【例 18-5】 集合 $A=\{1,2,3\}$，$S=\{<1,1>,<2,2>,<3,3>\}$，S 在 A 上既是对称的又是反对称的。

$N=\{<1,2>,<1,3>,<3,1>\}$，N 在 A 上既不是对称的又不是反对称的。

常见的反对称关系还有：小于、大于、之上、之下以及实数集中的小于或等于关系、整数的整除关系、集合的包含关系、命题的蕴含关系。

自反与反自反、对称与反对称关系的比较如图 18-2 所示。

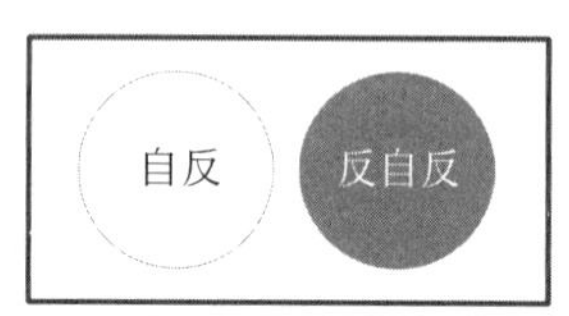

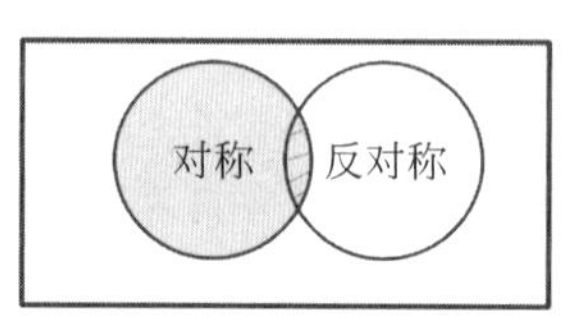

图 18-2　自反与反自反、对称与反对称关系的对比图

从图 18-2 可以看出，自反与反自反两者只能成立一个，对称与反对称可以同时成立。

在甲和乙之间，如果甲对乙有某种关系，而乙对甲也有同样的关系，那么甲和乙之间的这种关系就是对称关系。

例如：张三和李四是同乡。

　　　1 米等于 3 尺。

在甲和乙之间，如果甲对乙有某种关系，而乙对甲一定没有同样的关系，那么甲和乙之间的这种关系就是**反对称关系**。

例如：张三比李四大两岁。

　　　绵阳在成都之北。

拓展：非对称关系

在甲和乙之间，如果甲对乙有某种关系，而乙对甲可能有同样的关系，也可能没有同样的关系，那么甲和乙之间的这种关系就是**非对称关系**。

例如：张三认识李四。

　　　小张喜欢小李。

常见的非对称关系还有：佩服、相信、帮助、支援、爱恋。

18.5　传　递　性

【定义 18-5】 R 是 A 中的关系，对任何 $x,y,z\in A$，如果有 xRy 和 yRz，就有 xRz，则称 R 为 A 中的**传递**(Transitive)关系，即

$$R\text{ 在 }A\text{ 上传递}\Leftrightarrow\forall x\forall y\forall z((x\in A\land y\in A\land z\in A\land xRy\land yRz)\rightarrow xRz)$$

【例 18-6】 在图 18-1 中，R_1、R_3、R_4、R_5、R_8 均是传递关系。

实际上，传递关系是一种确认关系。

R 是传递的

$\Leftrightarrow$在 G_R 中，$\forall x_i\forall x_j\forall x_k(i\neq j\neq k)$，若有向边$<x_i,x_j>$和$<x_j,x_k>$，则必有$<x_i,x_k>$

实数集中的实数之间的小于或等于、小于、等于关系；幂集上的集合之间的包含、真包含

关系；命题集合上的命题的等价、蕴含关系；人群中人与人之间的同姓关系等均具有传递性。

在对象甲、对象乙和对象丙之间，如果甲对乙有某种关系，则乙对丙是否也有这种关系可以根据甲对丙是否也有这种关系分为三类：传递关系、反传递关系和非传递关系。

在对象甲、对象乙和对象丙之间，如果甲对乙有某种关系，乙对丙也有这种关系，并且甲对丙也有这种关系，那么这种关系就是**传递关系**。

例如：在行政区划上，省大于市，市大于县。

今天上课，张三比李四早到，而李四又比王五早到。

除了“大于”和“早到”，在日常生活中接触到的“小于”“在前”“在后”“晚于”“早于”“相等”“平行”等都属于传递关系。

拓展：反传递关系

在对象甲、对象乙和对象丙之间，如果甲对乙有某种关系，乙对丙也有这种关系，但是甲对丙肯定没有这种关系，那么这种关系就是**反传递关系**。

例如：甲是乙的父亲，乙是丙的父亲。

张三比李四大两岁，李四比王五大两岁。

拓展：非传递关系

在对象甲、对象乙和对象丙之间，如果甲对乙有某种关系，乙对丙也有这种关系，但是甲对丙可能有这种关系，也可能没有这种关系，那么这种关系就是**非传递关系**。

例如：

张三认识李四，李四认识王五。

张三喜欢李四，李四喜欢王五。

河南省与陕西省相邻，陕西省与甘肃省相邻。

从关系有向图和关系矩阵来看，关系性质之间的总结如表18-1所示。

表18-1　关系有向图和关系矩阵总结

性　质	关系有向图	关系矩阵
自反性	每个结点都有环	主对角线全是1
反自反性	每个结点都无环	主对角线全是0
对称性	不同结点间如果有边，则有方向相反的两条边	以对角线为对称的矩阵
反对称性	不同结点间最多有一条边	以主对角线为对称的位置不会同时为1
传递性	结点之间确认	

【例18-7】　令$\mathbf{I}$是整数集合，$\mathbf{I}$上关系R定义为

$R=\{<x,y>|x-y$ 可被3整除$\}$，求证R是自反、对称和传递的。

证明：

(1) **证自反性。**

任取$x\in\mathbf{I}$(要证$<x,x>\in R$)。

因$x-x=0$，0可被3整除，所以$<x,x>\in R$，故R具有自反性。

(2) **证对称性。**

任取$x,y\in\mathbf{I}$，设$<x,y>\in R$(要证$<y,x>\in R$)。

由 R 定义的 $x-y$ 可被 3 整除，即

$x-y=3n(n\in\mathbf{I})$，$y-x=-(x-y)=-3n=3(-n)$，

因 $-n\in\mathbf{I}$，所以 $\langle y,x\rangle\in R$，所以 R 具有对称性。

(3) **证传递性。**

任取 $x,y,z\in\mathbf{I}$，设 xRy，yRz（要证 xRz）。

由 R 定义得 $x-y=3m$，$y-z=3n(m,n\in\mathbf{I})$。

$x-z=(x-y)+(y-z)=3m+3n=3(m+n)$，因 $m+n\in\mathbf{I}$，可得 xRz，所以 R 具有传递性。

习　题

1. 设 $A=\{a,b,c\}$，试判断图 18-3 所示的关系 $R_1\sim R_8$ 分别具有关系性质中的哪几种。

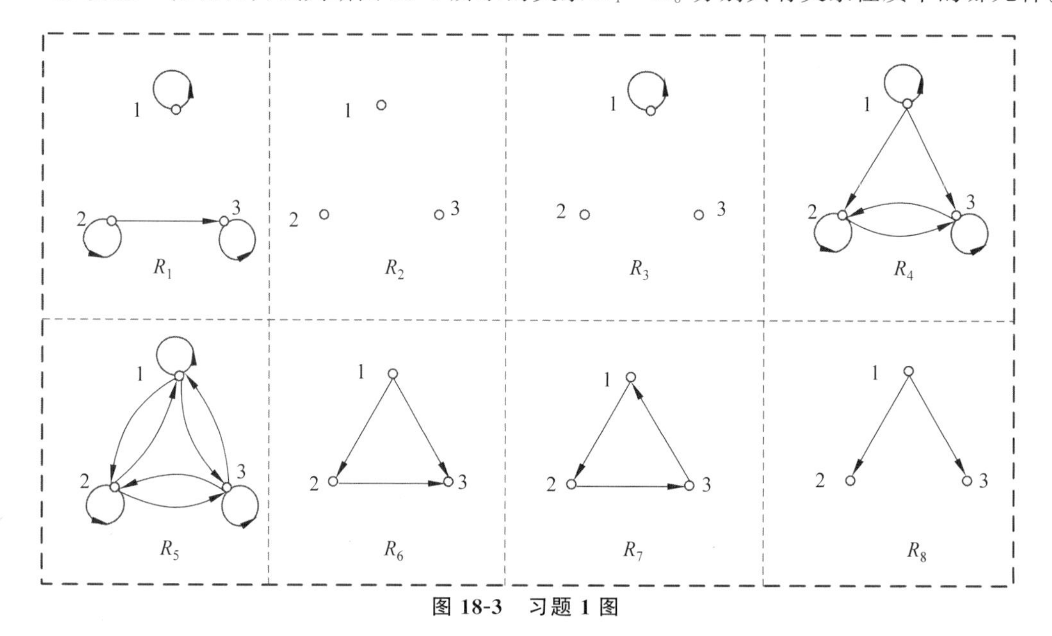

图 18-3　习题 1 图

2. 根据表 18-2 上部所表示的关系，填写表 18-2 所示的关系具有的性质（提示：Y-有，N-无）。

表 18-2　习题 2 表

R_1	R_2	R_3	R_4

	自反性	反自反性	对称性	反对称性	传递性
R_1					
R_2					
R_3					
R_4					

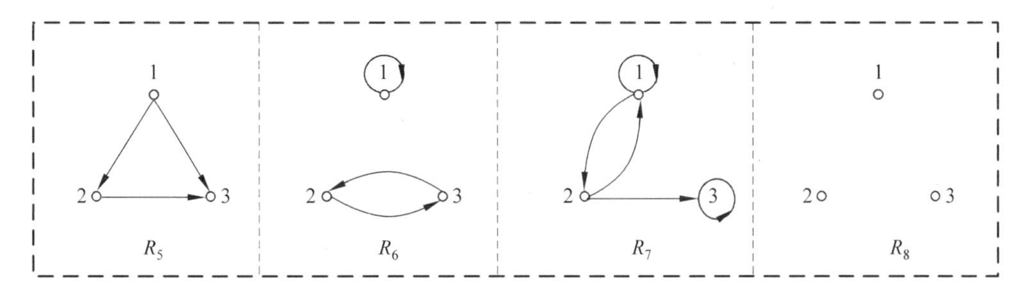

	自反性	反自反性	对称性	反对称性	传递性
R_5					
R_6					
R_7					
R_8					

3. 设集合 $A=\{a,b,c,d\}$。

(1) 判断下列关系是否为自反关系或反自反关系。

$R_1=\{<a,b>,<b,c>\}$ (　　)

$R_2=\{<a,a>,<b,b>,<c,c>,<d,a>\}$ (　　)

$R_3=\{<a,a>,<a,b>,<d,d>,<c,c>,<b,b>\}$ (　　)

$R_4=\{<a,a>,<b,b>,<c,c>,<d,d>\}$

(2) 判断下列关系是否为对称关系或反对称关系。

$R_5=\{<a,a>,<a,b>,<b,a>,<b,c>,<c,b>\}$ (　　)

$R_6=\{<a,a>,<a,b>,<b,c>,<d,c>\}$ (　　)

$R_7=\{<a,a>,<c,b>,<c,d>,<d,c>\}$ (　　)

$R_8=\{<b,b>,<d,d>\}$ (　　)

(3) 判断下列关系是否为传递关系。

$R_9=\{<b,c>,<c,c>,<c,d>,<b,d>\}$ (　　)

$R_{10}=\{<b,c>,<c,b>,<b,b>,<a,d>\}$ (　　)

$R_{11}=\{<b,c>,<d,a>,<d,c>\}$ (　　)

4. 设集合 $A=\{1, 2, 3, 4, 5, 6, 7, 8\}$上的关系 $R=\{<x,y>|x+y=10$ 且 $x, y\in A\}$,说明 R 具有哪些性质并说明理由。

5. 设集合 $A=\{1,2,3\}$,关系 $R_1=\{<1,1>,<2,2>\}$、关系 $R_2=\{<1,1>,<2,2>,<3,3>,<1,2>\}$和关系 $R_3=\{<1,2>\}$都是 A 上的关系,说明关系 R_1、关系 R_2 和关系

R_3 是否为 A 上的自反关系和反自反关系。

6. 设集合 $A=\{1,2,3\}$，关系 $R_1=\{<1,1>,<2,2>\}$、关系 $R_2=\{<1,1>,<1,2>,<2,1>\}$、关系 $R_3=\{<1,2>,<1,3>\}$ 和关系 $R_4=\{<1,2>,<2,1>,<1,3>\}$ 都是集合 A 上的关系，说明关系 R_1、关系 R_2、关系 R_3 和关系 R_4 是否为 A 上的对称关系和反对称关系。

7. 设集合 $A=\{1,2,3\}$，关系 $R_1=\{<1,2>,<2,2>\}$、关系 $R_2=\{<1,2>,<2,3>\}$ 和关系 $R_3=\{<1,2>\}$ 都是 A 上的关系，说明关系 R_1、关系 R_2 和关系 R_3 是否为集合 A 上的传递关系。

8. 给定集合 $A=\{1,2,3,4\}$，A 上的关系 $R=\{<1,3>,<1,4>,<2,3>,<2,4>,<3,4>\}$。

(1) 画出关系 R 的有向图。

(2) 说明关系 R 的性质。

9. 设关系 R_1 和关系 R_2 为集合 A 上的关系，证明：

(1) $(R_1 \cup R_2)^{-1}=R_1^{-1} \cup R_2^{-1}$。

(2) $(R_1 \cap R_2)^{-1}=R_1^{-1} \cap R_2^{-1}$。

10. 设集合 $A=\{1,2,3,4\}$，集合 A 上的关系 $R=\{<1,1>,<3,1>,<1,3>,<3,3>,<3,2>,<4,3>,<4,1>,<4,2>,<1,2>\}$。

(1) 画出关系 R 的有向图。

(2) 写出关系 R 的关系矩阵。

(3) 说明关系 R 是否是自反、反自反、对称或者传递的。

11. R 是非空集合 A 上的二元关系，若 R 是对称的，则 $r(R)$ 和 $t(R)$ 也是对称的。

第 19 章 关系的运算

本章思维导图

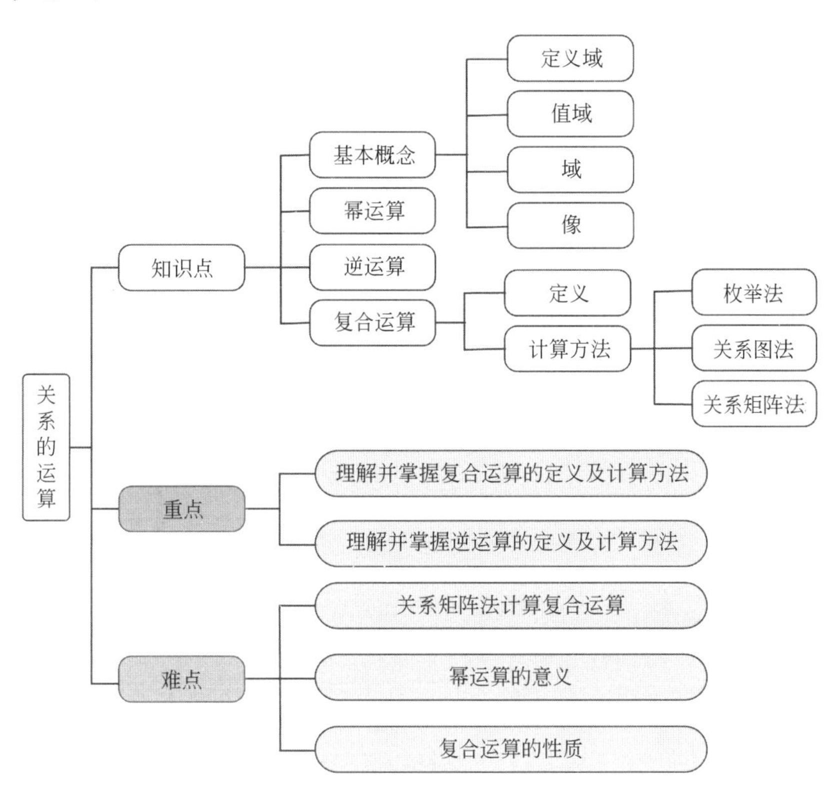

集合运算在数学和计算机科学中占据重要地位，其中关系运算（复合运算、逆运算及幂运算）是其核心部分。这些运算不仅深化了集合论的理解，也为解决复杂问题提供了有力工具。

19.1 基本概念

【定义 19-1】 设关系 $R\subseteq A\times B$，由所有 $<x,y>\in R$ 的第一个元素组成的集合称为关系 R 的**定义域**（Domain），记作 dom R，即

$$\text{dom } R=\{x \mid \exists y(<x,y>\in R)\}$$

将 R 关系中所有的有序对的第一个元素取出，就构成一个定义域。

【定义 19-2】 设关系 $R \subseteq A \times B$，由所有 $<x,y> \in R$ 的第二个元素组成的集合称为关系 R 的**值域**(Range)，记作 $\text{ran}\, R$，即

$$\text{ran}\, R = \{y \mid \exists x(<x,y> \in R)\}$$

将关系 R 中所有的有序对的第二个元素取出，构成一个值域。

【定义 19-3】 域(Field)：$\text{fld}R = \text{dom}R \cup \text{ran}R$。

域是定义域和值域的并集。

【例 19-1】 在关系 $R = \{<1,1>,<1,2>,<1,3>,<1,4>,<2,2>,<2,3>,<2,4>,<3,3>,<3,4>,<4,4>\}$ 中，

$$\text{dom}\, R = \{1,2,3,4\}$$

$$\text{ran}\, R = \{1,2,3,4\}$$

$$\text{fld}\, R = \{1,2,3,4\}$$

【定义 19-4】 设 R 为二元关系，A 是集合 R 在 A 上的限制，记作 $R \upharpoonright A$，其中，

$$R \upharpoonright A = \{<x,y> \mid xRy \wedge x \in A\}$$

A 在 R 下的**像**记作 $R[A]$，其中 $R[A] = \text{ran}(R \upharpoonright A)$。

说明：

- R 在 A 上的限制 $R \upharpoonright A$ 是 R 的子关系，即 $R \upharpoonright A \subseteq R$。
- A 在 R 下的像 $R[A]$ 是 $\text{ran}R$ 的子集，即 $R[A] \subseteq \text{ran}R$。

【例 19-2】 设关系 $R = \{<1,2>,<1,3>,<2,2>,<2,4>,<3,2>\}$，则

$R \upharpoonright \{1\} = \{<1,2>,<1,3>\}$

$R \upharpoonright \varnothing = \varnothing$

$R \upharpoonright \{2,3\} = \{<2,2>,<2,4>,<3,2>\}$

$R[\{1\}] = \{2,3\}$

$R[\varnothing] = \varnothing$

$R[\{3\}] = \{2\}$

注：

- 限制指的是结果中同时有集合 A 及包含 x,y 序偶的集合。
- 像指的是在集合 R 中包含集合 A 的 x,y 序偶中第二元素 y 所组成的集合。

19.2 复合运算

二元关系除了可进行集合并、交、补等运算外，还可以进行一些新的运算，下面介绍由两个关系生成一种新的关系的运算，即关系的复合运算。

【定义 19-5】 设是 R 从 X 到 Y 的关系，S 是从 Y 到 Z 的关系，则 R 和 S 的复合运算记作 $R \circ S$，定义为

$$R \circ S = \{<x,z> \mid x \in X \wedge z \in Z \wedge \exists y(y \in Y \wedge <x,y> \in R \wedge <y,z> \in S)\}$$

显然，$R \circ S$ 是从 X 到 Z 的关系。

注意：函数复合的符号是一个小圆圈“∘”，它不是实心圆点，“•”的意思是相乘。

例如，有 3 个人 a,b,c，$A = \{a,b,c\}$。R 是 A 上的兄妹关系，S 是 A 上的母子关系，$<a,b> \in R \wedge <b,c> \in S$，即 a 是 b 的哥哥，b 是 a 的妹妹，b 是 c 的母亲，c 是 b 的儿子，

则 a 和 c 间就是舅舅和外甥的关系，记作 $R\circ S$，称它是 R 和 S 的复合关系。

【例 19-3】 设二元关系 $R=\{<1,2>,<2,2>,<2,3>,<3,4>\}$，$S=\{<1,3>,<2,5>,<3,1>,<3,5>,<4,2>\}$，求复合关系 $R\circ S$，$S\circ R$，$R\circ R$，$R\circ R\circ R$。

解：$R\circ S=\{<1,5>,<2,5>,<2,1>,<3,2>\}$

$S\circ R=\{<1,4>,<3,2>,<4,2>,<4,3>\}$

$R\circ R=\{<1,2>,<1,3>,<2,2>,<2,3>,<2,4>\}$

$R\circ R\circ R=(R\circ R)\circ R=\{<1,2>,<1,3>,<1,4>,<2,2>,<2,3>,<2,4>\}$

复合运算**不满足**交换律。

19.2.1 计算方法

1. 枚举法

(1) 分别将关系 R 和关系 S 枚举出来。

(2) 在 $R\circ S$ 的复合关系中依次找出关系 R 中的每个序偶中第二元素和关系 S 中每个序偶第一元素相等的序偶。

(3) 如果存在关系 R 中序偶的第二元素和关系 S 中序偶的第一元素相等的序偶，则将关系 R 序偶中第一元素和关系 S 序偶中第二元素组合成一个新的序偶。

【例 19-4】 设 $R=\{<1,2>,<2,3>,<2,4>,<3,1>\}$

$S=\{<1,2>,<2,3>,<2,4>,<4,1>\}$

则

$$R\circ S=\{<1,3>,<1,4>,<2,1>,<3,2>\}$$

2. 关系图法(媒介法)

从集合 A 元素开始，找出集合 B 中与集合 A 元素有关联的边，然后找出集合 C 与集合 B 有关联的边，将集合 A 中的元素经过集合 B 中的元素可到达集合 C 中的元素依次找出来(图 19-1)。

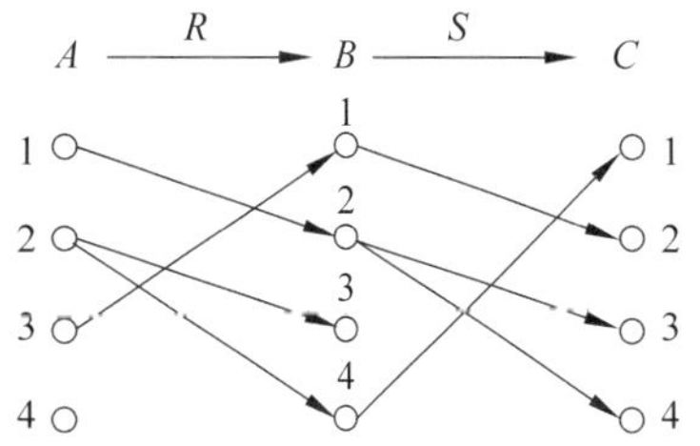

图 19-1 关系图法

3. 关系矩阵法

这里需要将普通矩阵中的乘法换成布尔乘法。将普通矩阵中的加法换成布尔加法。

布尔运算的加法和乘法运算定义如下：

$0+0=0$　　$0+1=1+0=1+1=1$

$1\cdot 1=1$　　$0\cdot 1=1\cdot 0=0\cdot 0=0$

例如：$(1\cdot 0\cdot 0)+(0\cdot 1)+(1\cdot 1\cdot 1)+(0\cdot 0\cdot 0)+(1\cdot 1)=1$

令 $A=\{a_1,a_2,\cdots,a_m\}$，$B=\{b_1,b_2,\cdots,b_n\}$，$C=\{c_1,c_2,\cdots,c_n\}$，其中 $R\subseteq A\times B$，$S\subseteq B\times C$。求 $C=A\circ B$。

解：

$$\begin{bmatrix} <a_1,b_1> & <a_1,b_2> & <a_1,b_n> \\ <a_2,b_1> & <a_2,b_2> & <a_2,b_n> \\ & a_{ij} & \\ <a_m,b_1> & <a_m,b_2> & <a_m,b_n> \end{bmatrix} \begin{bmatrix} <b_1,c_1> & <b_1,c_2> & <b_1,c_n> \\ <b_2,c_1> & <b_2,c_2> & <b_2,c_n> \\ & b_{ij} & \\ <b_n,c_1> & <b_n,c_2> & <b_n,c_n> \end{bmatrix}$$

$$=\begin{bmatrix} <a_1,c_1> & <a_1,c_2> & <a_1,c_t> \\ <a_2,c_1> & <a_2,c_2> & <a_2,c_t> \\ & c_{ij} & \\ <a_m,c_1> & <a_m,c_2> & <a_m,c_t> \end{bmatrix}$$

$$c_{11}=(a_{11}\wedge b_{11})\vee(a_{12}\wedge b_{21})\vee\cdots\vee(a_{1n}\wedge b_{n1})=\bigvee_{k=1}^{n}(a_{1k}\wedge b_{k1})$$

$$c_{ij}=(a_{i1}\wedge b_{1j})\vee(a_{i2}\wedge b_{2j})\vee\cdots\vee(a_{in}\wedge b_{nj})=\bigvee_{k=1}^{n}(a_{ik}\wedge b_{kj})\ (1\leqslant i\leqslant m,1\leqslant j\leqslant t)$$

【例 19-5】 求矩阵 $\boldsymbol{M}_R$ 和 $\boldsymbol{M}_S$ 的复合运算结果。

$$\boldsymbol{M}_R=\begin{bmatrix}0&1&0&0\\0&0&1&1\\1&0&0&0\end{bmatrix}_{3\times 4}\quad \boldsymbol{M}_S=\begin{bmatrix}1&0&0&0&0\\1&0&1&0&0\\0&0&0&1&0\\0&1&0&0&1\end{bmatrix}_{4\times 5}$$

解：

$$\boldsymbol{M}_R\circ\boldsymbol{M}_S=\begin{bmatrix}0&1&0&0\\0&0&1&1\\1&0&0&0\end{bmatrix}_{3\times 4}\begin{bmatrix}1&0&0&0&0\\1&0&1&0&0\\0&0&0&1&0\\0&1&0&0&1\end{bmatrix}_{4\times 5}=\begin{bmatrix}1&0&1&0&0\\0&1&0&1&1\\1&0&0&0&0\end{bmatrix}_{3\times 5}$$

19.2.2 性质

关系复合运算不满足交换律，但是有下列性质。

(1) 满足结合律：$R\subseteq A\times B,S\subseteq B\times C,T\subseteq C\times D$，则 $R\circ(S\circ T)=(R\circ S)\circ T$。

证明： 任取 $<a,d>\in R\ \ (ST)$

$\Leftrightarrow\exists b(b\in B\wedge<a,b>\in R\wedge<b,d>\in S\circ T)$

$\Leftrightarrow\exists b(b\in B\wedge<a,b>\in R\wedge c(c\in C\wedge<b,c>\in S\wedge<c,d>\in T))$

$\Leftrightarrow\exists b\exists c(b\in B\wedge<a,b>\in R\wedge(c\in C\wedge<b,c>\in S\wedge<c,d>\in T))$

$\Leftrightarrow\exists c\exists b(c\in C\wedge(b\in B\wedge<a,b>\in R\wedge<b,c>\in S\wedge<c,d>\in T))$

$\Leftrightarrow\exists c(c\in C\wedge b(b\in B\wedge<a,b>\in R\wedge<b,c>\in S)\wedge<c,d>\in T)$

$\Leftrightarrow\exists c(c\in C\wedge<a,c>\in RS)\wedge<c,d>\in T)$

$\Leftrightarrow<a,d>\in(R\circ S)\circ T$

所以

$R\circ(S\circ T)=(R\circ S)\circ T$

(2) $R\subseteq A\times B,S\subseteq B\times C,T\subseteq B\times C$。

① $R\circ(S\cup T)=(R\circ S)\cup(R\circ T)$

② $R\circ(S\cap T)\subseteq(R\circ S)\cap(R\circ T)$

证明： ① 任取 $<a,c>\in R\ (S\cup T)$

$\Leftrightarrow\exists b(b\in B\wedge<a,b>\in R\wedge<b,c>\in S\cup T)$

$\Leftrightarrow\exists b(b\in B\wedge<a,b>\in R\wedge(<b,c>\in S\vee<b,c>\in T))$

$\Leftrightarrow \exists b((b\in B \wedge <a,b>\in R \wedge <b,c>\in S) \vee (b\in B \wedge <a,b>\in R \wedge <b,c>\in T))$

$\Leftrightarrow \exists b(b\in B \wedge <a,b>\in R \wedge <b,c>\in S) \vee \exists b(b\in B \wedge <a,b>\in R \wedge <b,c>\in T)$

$\Leftrightarrow <a,c>\in RS \vee <a,c>\in R\circ T$

$\Leftrightarrow <a,c>\in (R\circ S)\cup(R\circ T)$

所以

$R\circ(S\cup T)=(R\circ S)\cup(R\circ T)$

② 任取$<a,c>\in R\ (S\cap T)$

$\Leftrightarrow \exists b(b\in B \wedge <a,b>\in R \wedge <b,c>\in S\cap T)$

$\Leftrightarrow \exists b(b\in B \wedge <a,b>\in R \wedge (<b,c>\in S \wedge <b,c>\in T))$

$\Leftrightarrow \exists b((b\in B \wedge <a,b>\in R \wedge <b,c>\in S) \wedge (b\in B \wedge <a,b>\in R \wedge <b,c>\in T))$

$\Leftrightarrow \exists b(b\in B \wedge <a,b>\in R \wedge <b,c>\in S) \vee \exists b(b\in B \wedge <a,b>\in R \wedge <b,c>\in T)$

$\Leftrightarrow <a,c>\in R\circ S \wedge <a,c>\in R\circ T$

$\Leftrightarrow <a,c>\in (R\circ S)\cap(R\circ T)$

所以

$R\circ(S\cap T) \subseteq (R\circ S)\cap(R\circ T)$

(3) R 是从 A 到 B 的关系,则

$$R\circ I_B = I_A\circ R = R$$

证明略。

【例 19-6】 令集合 $A=\{1,2,3\}$和集合 $B=\{a,b,c,d\}$,其上关系均为 R,有从集合 B 到集合 C 的恒等关系 I_B 和从集合 A 到集合 B 的恒等关系 I_A,分别求 A 到 C 的复合关系。

解:用关系图法来求解,如图 19-2 所示。

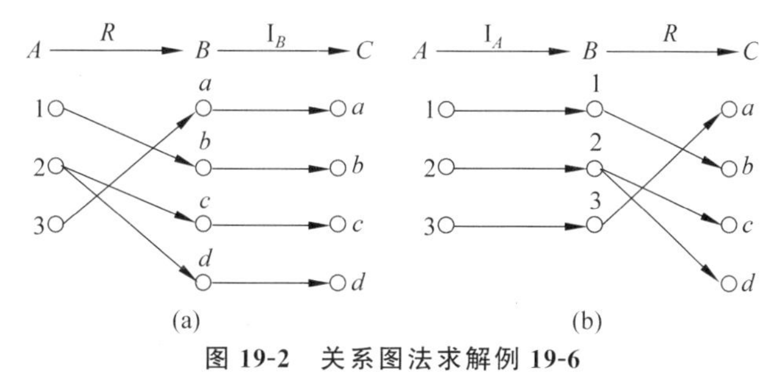

图 19-2 关系图法求解例 19-6

从图中可以看出它们的复合都等于 R。

19.3 逆 运 算

逆运算也是经常遇到的概念,例如"≤"与"≥"就互为逆运算。

【定义 19-6】 有关系的逆运算(Inverse Relations)R^{-1}或 R^C,即

$$R^{-1}=\{<y,x> \mid <x,y>\in R\}$$

也可写作

$$<y,x>\in R^C \Leftrightarrow <x,y>\in R$$

关系 R 是从 A 到 B 的关系,如果将关系 R 中的所有序偶的两个元素的位置互换,得到

一个从 B 到 A 的关系，则称为关系 R 的逆关系，也就是说，**序偶中第一元素与第二元素互换位置**。

计算方法如下。

(1) **根据定义**。

【例 19-7】 关系 $R=\{\langle 1,2\rangle,\langle 2,3\rangle,\langle 1,4\rangle,\langle 2,2\rangle\}$，求关系 R^{-1}。

解：$R^{-1}=\{\langle 2,1\rangle,\langle 3,2\rangle,\langle 4,1\rangle,\langle 2,2\rangle\}$。

(2) **R^{-1}的有向图**：将关系 R 的有向图的所有边的方向颠倒即可。

(3) R^{-1}的矩阵 $\boldsymbol{M}=(\boldsymbol{M}_R)^{\mathrm{T}}$ 即为 **R 矩阵的转置**。

【例 19-8】 求矩阵 $\boldsymbol{R}$ 的逆关系 $\boldsymbol{R}^{-1}$。

解：

$$\boldsymbol{R}=\begin{bmatrix}1&0&1&0\\0&0&0&1\\1&0&1&1\end{bmatrix}_{3\times 4}\qquad \boldsymbol{R}^{-1}=\begin{bmatrix}1&0&1\\0&0&0\\1&0&1\\0&1&1\end{bmatrix}_{4\times 3}$$

19.4 幂运算

令关系 R 是 A 上的关系，由于复合运算可结合，所以关系的复合可以写成乘幂形式，即

$$R\circ R=R^2,R^2\circ R=R\circ R^2=R^3,\cdots$$

一般地，

$$R^0=\mathrm{I}_A,$$
$$R^m\circ R^n=R^{m+n}$$
$$(R^m)^n=R^{mn}\qquad (m,n\text{ 为非负整数})$$

【例 19-9】 设 R 是 A 上的关系，如图 19-3 所示，可见$\langle a,c\rangle\in R^2$，表明在 R 图上有从 a 到 c 有两条边的路径：

$$a\to b\to c$$

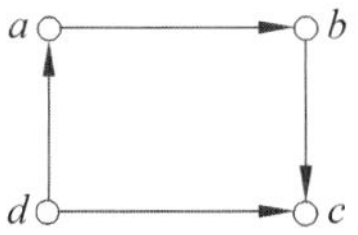

$\langle a,d\rangle\in R^3$，表明在 R 图上有从 a 到 d 有三条边的路径：$a\to b\to c\to d$。同理，$\langle x,y\rangle\in R^k$ 表明在 R 图上从 x 到 y 存在至少一条由 k 条边(长为 k)组成的路径($x,y\in A$)。

图 19-3　例 19-9 图

习　　题

1. 设 $A=\{\langle 1,2\rangle,\langle 1,3\rangle,\langle 2,4\rangle,\langle 2,2\rangle\}$，$B=\{\langle 1,1\rangle,\langle 2,3\rangle,\langle 4,3\rangle,\langle 3,2\rangle\}$。

求 dom$A$，dom$B$，ran$A$，ran$B$，fld$A$，fld$B$。

2. 设集合 $X=\{x,y,z\}$，集合 $Y=\{1,2,3,4,5\}$，二元关系 R 定义为

$R=\{\langle x,1\rangle,\ \langle x,2\rangle,\ \langle y,3\rangle,\ \langle y,4),\ \langle z,5\rangle,\ \langle z,1\rangle\}$。

(1) 写出 $S\upharpoonright\{x,z\}$的关系表达式。

(2) 画出 $S\upharpoonright\{x,z\}$的关系有向图。

(3) 假设 $Z=\{2,3,4\}$，求 $(S\upharpoonright\{x,z\})[Z]$。

3. 设 $R=\{<1,2>,<2,3>,<3,4>\}$ 和 $S=\{<2,4>,<3,1>,<4,3>\}$ 分别是集合 $A=\{1,2,3,4\}$ 上的关系，求 $R\circ S$ 的关系矩阵。

4. 设 $A=\{a,b,c,d\}$，$R=\{<a,b>,<b,a>,<b,c>,<c,d>\}$，求 R 的各(1～4)次幂，分别用矩阵和关系图表示。

5. 设 $A=\{a,b,c,d\}$，R_1，R_2 为 A 上的关系，其中：

$$R_1=\{<a,a>,<a,b>,<b,d>\}$$

$$R_2=\{<a,d>,<b,c>,<b,d>,<c,b>\}$$

求 $R_1\circ R_2$，$R_1\circ R_1$，$R_2\circ R_1$，$R_2\circ R_2$，$R_2\circ R_2\circ R_2$。

6. 设 R 和 S 是集合 $A=\{a,b,c,d\}$ 上的关系，其中 $R=\{<a,a>,<a,c>,<b,c>,<c,d>\}$，$R=\{<a,b>,<b,c>,<b,d>,<d,d>\}$。

(1) 写出 R 和 S 的关系矩阵；

(2) 计算 $R\oplus S$，$R\cup S$，R^{-1}，$S^{-1}\circ R^{-1}$。

7. R 和 S 是集合 A 上的运算，请填写下表空白处的内容。

	自反性	反自反性	对称性	反对称性	传递性
$R\cap S$					
$R\cup S$					
$R-S$					
$R\oplus S$					
$R\circ S$					

8. 设 R 和 S 是集合 A 上的两个等价关系，证明 $R\circ S$ 和 $S\circ R$ 也是等价关系当且仅当 $R=S$。

9. 设 R 是从城市集合 X 到交通枢纽集合 Y 的直达路线关系，S 是从交通枢纽集合 Y 到城市集合 Z 的直达路线关系。求 $R\circ S$，并解释其在规划跨城市旅行路线时的应用。

10. 设 R 是从大一课程集合 C_1 到大二课程集合 C_2 的先修关系，S 是从大二课程集合 C_2 到大三课程集合 C_3 的先修关系。求 $R\circ S$，并解释其在学生选课规划中的应用。

11. 设 R 是从用户集合 U_1 到用户集合 U_2 的关注关系(U_1 中的用户可以查看 U_2 中的用户的帖子)，S 是从用户集合 U_2 到用户集合 U_3 的关注关系。求 $R\circ S$，并解释其在信息传播中的应用。

第 20 章 关系闭包

本章思维导图

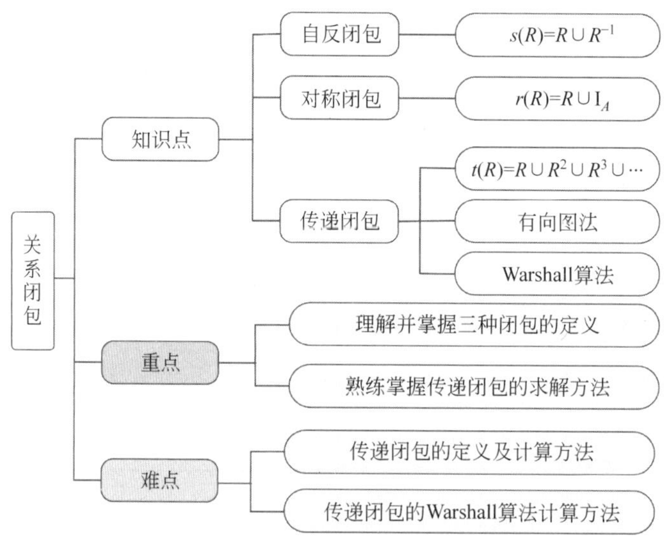

关系的闭包是通过关系的复合和求逆构成的一个新的关系。本章重点介绍关系的自反闭包、对称闭包和传递闭包(拓展*:用程序实现关系闭包的运算)。

图 20-1 集合 A 中的关系 R

给定集合 A 中的关系 R,如图 20-1 所示,分别求集合 A 上的另一个关系 R',使得它是包含 R 的"最小的"(序偶尽量少)具有自反(对称、传递)性的关系。这个 R' 就是 R 的自反(对称、传递)闭包。

该 R 的自反闭包、对称闭包、传递闭包如图 20-2 所示。

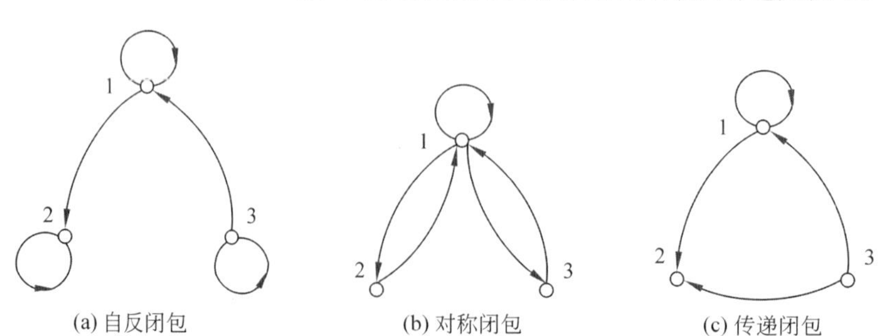

图 20-2 关系 R 的自反闭包、对称闭包和传递闭包

20.1 定 义

【定义 20-1】 给定 A 中的关系 R，若 A 上的另一个关系 R' 满足：

(1) $R \subseteq R'$；

(2) R'是自反的(对称的、传递的)；

(3) R'是“最小的”，即对于任何 A 上自反(对称、传递)的关系 R''，如果 $R \subseteq R''$，就有 $R' \subseteq R''$；则称 R'是 R 的自反(对称、传递)闭包。

记作：自反闭包 $r(R)$(reflexive)，对称闭包 $s(R)$(symmetric)，传递闭包 $t(R)$(transitive)。

实际上，$r(R)$、$s(R)$、$t(R)$就是包含 R 的“最小”的自反(对称、传递)关系。

20.2 自反闭包

【定理 20-1】 给定 A 中的关系 R，则 $r(R)=R \cup I_A$。

证明：令 $R'=R \cup I_A$，显然 R'是自反的且 $R \subseteq R'$。

下面证明 R'是“最小的”。

如果有 A 上的自反关系 R''且 $R \subseteq R''$，又 $I_A \subseteq R''$，所以 $R \cup I_A \subseteq R''$，即 $R' \subseteq R''$。

所以 R'就是 R 的自反闭包，即 $r(R)=R \cup I_A$。

【例 20-1】 $A=\{a,b,c\}$，$R=\{<a,b>,<b,c>,<c,a>\}$，求 $r(R)$。

解：$r(R)=R \cup I_A$

$=\{<a,b>,<b,c>,<c,a>\} \cup \{<a,a>,<b,b>,<c,c>\}$

$=\{<a,b>,<b,c>,<c,a>,<a,a>,<b,b>,<c,c>\}$

20.3 对称闭包

【定理 20-2】 给定 A 中的关系 R，则 $s(R)=R \cup R^{-1}$。

证明方法与定理 20-1 的证明方法类似。

【例 20-2】 $A=\{1,2,3\}$，$R=\{<1,2>,<2,3>,<3,3>\}$，求 $s(R)$。

解：$s(R)=R \cup R^{-1}$

$=\{<1,2>,<2,3>,<3,3>\} \cup \{<2,1>,<3,2>,<3,3>\}$

$=\{<1,2>,<2,1>,<2,3>,<3,2>,<3,3>\}$

20.4 传递闭包

【定理 20-3】 给定 A 中的关系 R，如果 A 是有限集合，$|A|=n$，则 $t(R)=R \cup R^2 \cup R^3 \cup \cdots$。

证明略。

用上述公式计算 $t(R)$要计算 R 的无穷大次幂，好像无法实现，其实则不然。

【例 20-3】 $A=\{1,2,3\}$，A 中的关系 R_1,R_2,R_3 如下。

(1) $R_1=\{<1,2>,<1,3>,<3,2>\}$

(2) $R_2=\{<1,2>,<2,3>,<3,1>\}$

(3) $R_3=\{<1,2>,<2,3>,<3,3>\}$

分别求 $t(R_1)$、$t(R_2)$ 和 $t(R_3)$。

解：(1) $R_1^2=\{<1,2>\}$，$R_1^3=R_1^4=\varnothing$，$t(R_1)=R_1\cup R_1^2\cup R_1^3=R_1$

(2) $R_2^2=\{<1,3>,<2,1>,<3,2>\}$，$R_2^3=\{<1,1>,<2,2>,<3,3>\}$

$R_2^3=\mathrm{I}_A$，$R_2^4=R_2$，…

$t(R_2)=R_2\cup R_2^2\cup R_2^3$

(3) $R_3^2=\{<1,3>,<2,3>,<3,3>\}$，$R_3^3=R_3^2$

$t(R_3)=R_3\cup R_3^2$

【定理 20-4】 R 是 X 上的关系，则有：

(1) $rs(R)=sr(R)$

(2) $rt(R)=tr(R)$

(3) $ts(R)\supseteq st(R)$

证明略。

20.5 传递闭包的求法

20.5.1 定义法

根据定理 20-3 来求传递闭包。

20.5.2 有向图法

设关系 R，$r(R)$，$s(R)$，$t(R)$ 的关系图分别记为 G,G_r,G_s,G_t，则 G_r,G_s,G_t 的顶点集与 G 的顶点集相同。除了 G 的边外，依下述方法添加新边：

(1) 对 G 的每个顶点，如果无环，则添加一条环，由此得到 G_r；

(2) 对 G 的每条边，如果它是单向边，则添加一条反方向的边，由此得到 G_s；

(3) 对 G 的每个顶点 x_i，找出从 x_i 出发的所有 2 步、3 步，…，n 步长的有向路（n 为 G 的顶点数）。设路的终点分别为 x_{j1}，x_{j2}，…，x_{jk}，如果从 x_i 到 $x_{jl}(l=1,2,\cdots,k)$ 无边，则添加上这条边。处理完所有顶点后即可得到 G_t。

【例 20-4】 根据关系的有向图，如图 20-3 所示，画出其 $r(R)$、$s(R)$ 和 $t(R)$。

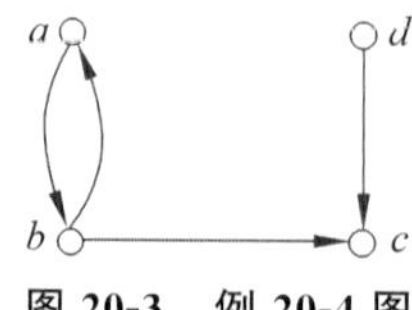

图 20-3 例 20-4 图

解：如图 20-4 所示。

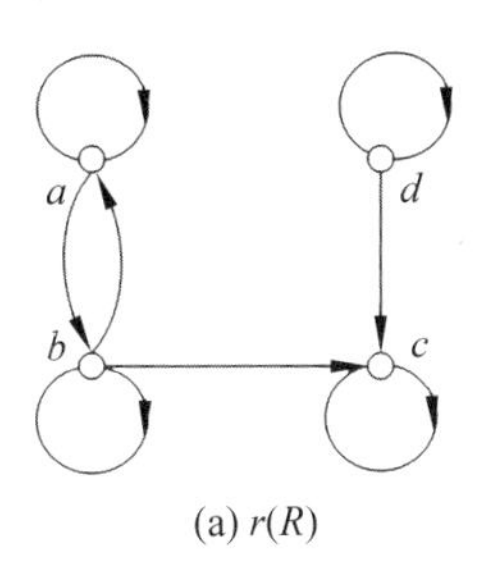

(a) $r(R)$

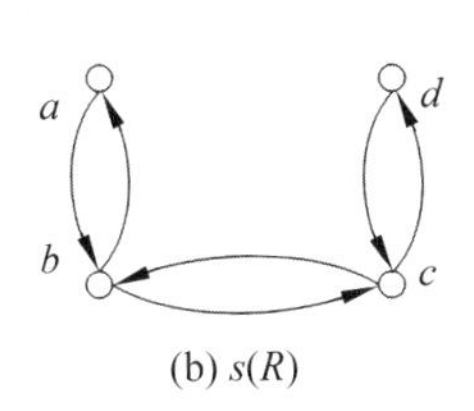

(b) $s(R)$

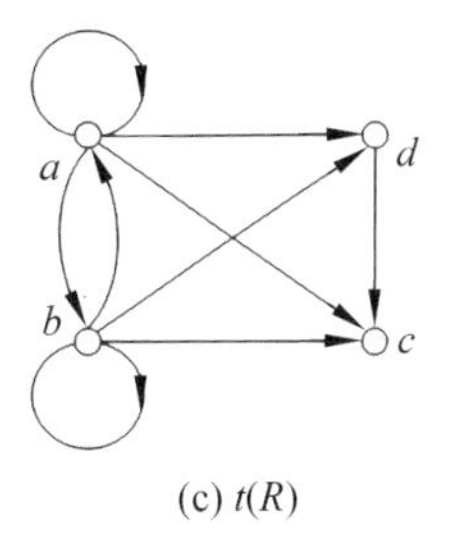

(c) $t(R)$

图 20-4　例 20-4 解题图

20.5.3　Warshall 算法

当元素较多时，上述求传递闭包的方法比较麻烦。下面介绍求传递闭包的一种有效算法——Warshall 算法。

Warshall 算法求传递闭包

序号	语句
初始	$\lvert X\rvert=n, R\subseteq X\times X$
	令 $M_R=A$　R^2 的矩阵为 $A^2, \cdots,$ R^k 的矩阵为 A^k。于是
	$t(R)$ 的矩阵记作 $M_{R+}=A+A^2+\cdots+A^k+\cdots$ (+是逻辑加)
(1)	置新矩阵　$A\leftarrow M_R$;
(2)	置　$i\leftarrow 1$;
(3)	对所有 j，如果 A[j,i]=1，则对 k=1,2,…,n
(4)	A[j,k]:=A[j,k]+A[i,k];　　　/* 该行公式的功能是什么 */
(5)	$i\leftarrow i+1$;
(6)	如果 $i\leqslant n$，则转到步骤(3)，否则停止

用程序实现 Warshall 算法。

Warshall 算法——C 语言代码

```
#include <stdio.h>
#include <stdbool.h>

#define MAX 4 // 关系中的最大元素个数为 4,即数组大小为 4(索引从 0 到 3)

void warshall(bool R[MAX][MAX], bool R_star[MAX][MAX]) {
    // 初始化 R_star 为 R 的副本
    for (int i =0; i <MAX; i++) {
        for (int j =0; j <MAX; j++) {
            R_star[i][j] =R[i][j];
        }
    }

    // Warshall 算法
    for (int k =0; k <MAX; k++) {
        for (int i =0; i <MAX; i++) {
            for (int j =0; j <MAX; j++) {
```

```
                R_star[i][j] =R_star[i][j] || (R_star[i][k] && R_star[k][j]);
            }
        }
    }
}

int main() {
    // 关系集 R 的矩阵表示
    bool R[MAX][MAX] ={
        {false, true, false, true},      // 1 的关系
        {false, true, true, false},      // 2 的关系(注意(2,2)是自反关系,这里用 true 表示)
        {false, false, false, false},    // 3 没有直接的关系
        {true, false, true, true}        // 4 的关系
    };

    // 用于存储传递闭包的矩阵
    bool R_star[MAX][MAX];

    // 执行 Warshall 算法
    warshall(R, R_star);

    // 打印传递闭包
    printf("传递闭包 R* :\n");
    for (int i =0; i <MAX; i++) {
        for (int j =0; j <MAX; j++) {
            printf("%d ", R_star[i][j] ? 1 : 0);
        }
        printf("\n");
    }

    return 0;
}
```

【例 20-5】 令 $A=\{1,2,3,4\}$，A 中的关系 R 如图 20-5 所示，用 Warshall 算法求 $r(R)$。

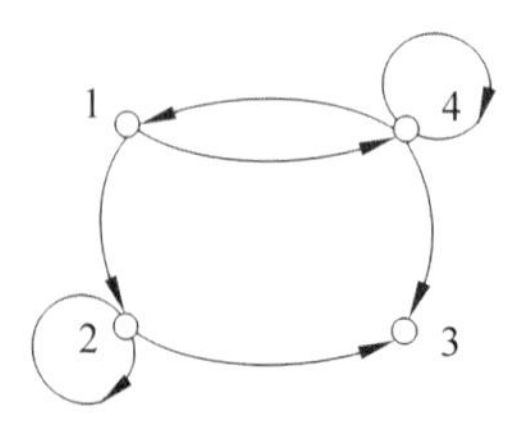

图 20-5 例 20-5 图

解：通过上述关系图枚举出其关系的表示为

$R=\{<1,2>,<1,4>,<2,2>,<2,3>,<4,1>,<4,3>,<4,4>\}$

用矩阵表示出关系 $\boldsymbol{M}_R$：

$$\boldsymbol{M}_R=\begin{bmatrix}0&1&0&1\\0&1&1&0\\0&0&0&0\\1&0&1&1\end{bmatrix}$$

$$\boldsymbol{A}=\boldsymbol{M}_R=\begin{bmatrix}0&1&0&1\\0&1&1&0\\0&0&0&0\\1&0&1&1\end{bmatrix}$$

(1) 置 $i=1$

$j=1,\boldsymbol{A}[1,1]=0$；不满足条件，不执行第(4)步。

$j=2,\boldsymbol{A}[2,1]=0$；不满足条件，不执行第(4)步。

$j=3,\boldsymbol{A}[3,1]=0$；不满足条件，不执行第(4)步。

$j=4,\boldsymbol{A}[4,1]=1$；满足条件，执行 $\boldsymbol{A}[j,k]:=\boldsymbol{A}[j,k]+\boldsymbol{A}[i,k]$；。

$k=1,\boldsymbol{A}[4,1]:=\boldsymbol{A}[4,1]+\boldsymbol{A}[1,1]=1$；

$k=2,\boldsymbol{A}[4,2]:=\boldsymbol{A}[4,2]+\boldsymbol{A}[1,2]=1$；

$k=3,\boldsymbol{A}[4,3]:=\boldsymbol{A}[4,3]+\boldsymbol{A}[1,3]=1$；

$k=4,\boldsymbol{A}[4,4]:=\boldsymbol{A}[4,4]+\boldsymbol{A}[1,4]=1$；

此时，得 $\boldsymbol{A}=\begin{bmatrix}0&1&0&1\\0&1&1&0\\0&0&0&0\\1&1&1&1\end{bmatrix}$

(2) 置 $i\leftarrow 2$。

//执行第(5)步，$i=i+1=2$。

//继续执行第(2)步。

$j=1,\boldsymbol{A}[1,2]=1$；

$k=1,\boldsymbol{A}[1,1]:=\boldsymbol{A}[1,1]+\boldsymbol{A}[2,1]=0$；

$k=2,\boldsymbol{A}[1,2]:=\boldsymbol{A}[1,2]+\boldsymbol{A}[2,2]=1$；

$k=3,\boldsymbol{A}[1,3]:=\boldsymbol{A}[1,3]+\boldsymbol{A}[2,3]=1$；

$k=4,\boldsymbol{A}[1,4]:=\boldsymbol{A}[1,4]+\boldsymbol{A}[2,4]=1$；

$$\boldsymbol{A}=\begin{bmatrix}0&1&1&1\\0&1&1&0\\0&0&0&0\\1&1&1&1\end{bmatrix}$$

$j=2,\boldsymbol{A}[2,2]=1$；

$k=1, A[2,1]:=A[2,1]+A[2,1]=0;$

$k=2, A[2,2]:=A[2,2]+A[2,2]=1;$

$k=3, A[2,3]:=A[2,3]+A[2,3]=1;$

$k=4, A[2,4]:=A[2,4]+A[2,4]=0;$

$$A=\begin{bmatrix}0&1&1&1\\0&1&1&0\\0&0&0&0\\1&1&1&1\end{bmatrix}$$

$j=3, A[3,2]=0;$

$j=4, A[4,2]=1;$

$k=1, A[4,1]:=A[4,1]+A[2,1]=1;$

$k=2, A[4,2]:=A[4,2]+A[2,2]=1;$

$k=3, A[4,3]:=A[4,3]+A[2,3]=1;$

$k=4, A[4,4]:=A[4,4]+A[2,4]=1;$

$$A=\begin{bmatrix}0&1&1&1\\0&1&1&0\\0&0&0&0\\1&1&1&1\end{bmatrix}$$

(3) 置 $i \leftarrow 3$。

//执行第(5)步, $i=i+1=3$。

//继续执行第(2)步。

$j=1, A[1,3]=1;$

$k=1, A[1,1]:=A[1,1]+A[3,1]=0;$

$k=2, A[1,2]:=A[1,2]+A[3,2]=1;$

$k=3, A[1,3]:=A[1,3]+A[3,3]=1;$

$k=4, A[1,4]:=A[1,4]+A[3,4]=1;$

$$A=\begin{bmatrix}0&1&1&1\\0&1&1&0\\0&0&0&0\\1&1&1&1\end{bmatrix}$$

$j=2, A[2,3]=1;$

$k=1, A[2,1]:=A[2,1]+A[3,1]=0;$

$k=2, A[2,2]:=A[2,2]+A[3,2]=1;$

$k=3, A[2,3]:=A[2,3]+A[3,3]=1;$

$k=4, A[2,4]:=A[2,4]+A[3,4]=0;$

$$A=\begin{bmatrix}0&1&1&1\\0&1&1&0\\0&0&0&0\\1&1&1&1\end{bmatrix}$$

$j=3, \boldsymbol{A}[3,3]=0$；

$j=4, \boldsymbol{A}[4,3]=1$；

$k=1, \boldsymbol{A}[4,1]:=\boldsymbol{A}[4,1]+\boldsymbol{A}[3,1]=1$；

$k=2, \boldsymbol{A}[4,2]:=\boldsymbol{A}[4,2]+\boldsymbol{A}[3,2]=1$；

$k=3, \boldsymbol{A}[4,3]:=\boldsymbol{A}[4,3]+\boldsymbol{A}[3,3]=1$；

$k=4, \boldsymbol{A}[4,4]:=\boldsymbol{A}[4,4]+\boldsymbol{A}[3,4]=1$；

$$\boldsymbol{A}=\begin{bmatrix}0&1&1&1\\0&1&1&0\\0&0&0&0\\1&1&1&1\end{bmatrix}$$

(4) 置 $i \leftarrow 4$。

//执行第(5)步，$i=i+1=4$。

//继续执行第(2)步。

$j=1, \boldsymbol{A}[1,4]=1$；

$k=1, \boldsymbol{A}[1,1]:=\boldsymbol{A}[1,1]+\boldsymbol{A}[4,1]=1$；

$k=2, \boldsymbol{A}[1,2]:=\boldsymbol{A}[1,2]+\boldsymbol{A}[4,2]=1$；

$k=3, \boldsymbol{A}[1,3]:=\boldsymbol{A}[1,3]+\boldsymbol{A}[4,3]=1$；

$k=4, \boldsymbol{A}[1,4]:=\boldsymbol{A}[1,4]+\boldsymbol{A}[4,4]=1$；

$$\boldsymbol{A}=\begin{bmatrix}1&1&1&1\\0&1&1&0\\0&0&0&0\\1&1&1&1\end{bmatrix}$$

$j=2, \boldsymbol{A}[2,4]=0$；

$j=3, \boldsymbol{A}[3,4]=0$；

$j=4, \boldsymbol{A}[4,4]=1$；

$k=1, \boldsymbol{A}[4,1]:=\boldsymbol{A}[4,1]+\boldsymbol{A}[4,1]=1$；

$k=2, \boldsymbol{A}[4,2]:=\boldsymbol{A}[4,2]+\boldsymbol{A}[4,2]=1$；

$k=3, \boldsymbol{A}[4,3]:=\boldsymbol{A}[4,3]+\boldsymbol{A}[4,3]=1$；

$k=4, \boldsymbol{A}[4,4]:=\boldsymbol{A}[4,4]+\boldsymbol{A}[4,4]=1$；

$$\boldsymbol{A}=\begin{bmatrix}1&1&1&1\\0&1&1&0\\0&0&0&0\\1&1&1&1\end{bmatrix}$$

(5) $i=5$，退出循环。

最终得到传递闭包。

$$\boldsymbol{t}(R)=\begin{bmatrix}1&1&1&1\\0&1&1&0\\0&0&0&0\\1&1&1&1\end{bmatrix}$$

从该示例可以看出，**Warshall 算法**第(4)条语句的功能是

第 j 行+第 i 行送回到第 j 行

可进一步简化该示例的执行过程：

$i=1$（i--- 列，j--- 行）

$\mathbf{A}[4,1]=1$

1 行 + 4 行 → 4 行

$i=2$　$\mathbf{A}[1,2]=1$，1 行 + 2 行 → 1 行

$\mathbf{A}[2,2]=1$，2 行 + 2 行 → 2 行　　**A** 不变

$\mathbf{A}[4,2]=1$，4 行 + 2 行 → 4 行，4 行全 1　　**A** 不变

$i=3$　$\mathbf{A}[1,3]=1$，1 行 + 3 行 → 1 行，3 行全 0　　**A** 不变

$\mathbf{A}[2,3]=1$，2 行 + 3 行 → 2 行，3 行全 0　　**A** 不变

$\mathbf{A}[4,3]=1$，4 行 + 3 行 → 4 行，3 行全 0　　**A** 不变

$i=4$　$\mathbf{A}[1,4]=1$，1 行 + 4 行 → 1 行

$\mathbf{A}[4,4]=1$，4 行 + 4 行 → 4 行　　**A** 不变

最后　$\mathbf{A}=M_{t(R)}$。

在图论中，传递闭包可以用于解决图的可达性问题。具体来说，通过计算有向图的传递闭包，可以判断图中任意两个结点之间是否存在一条路径，这对于分析图的连通性、增强连通分量等问题具有重要意义。通过将图的邻接矩阵转换为传递闭包的关系矩阵，可以轻松地判断任意两个结点之间是否存在可达性。

习　题

1. 设集合 $A=\{0,1,2,3\}$，A 上的关系 $R=\{<0,0>, <0,2>, <1,1>, <1,3>, <2,2>, <2,0>, <3,1>\}$，则关系 R 是(　　)。

A. 自反的　　B. 对称的　　C. 反对称的　　D. 传递的

2. 设 R 是整数集 $\mathbf{I}$ 上的关系，定义为当且仅当 $|i_1-i_2|\leqslant 10$ 时有 i_1Ri_2，则关系 R 是(　　)。

A. 自反的　　B. 对称的　　C. 反对称的　　D. 传递的

3. 设集合 $A=\{a,b,c,d\}$，集合 A 上的关系 $R=\{<a,b>,<b,d>,<c,b>\}$，对下列求出的闭包判断正确与否。

(1) $r(R)=\{<a,b>,<b,d>,<a,a>,<b,b>,<c,c>,<d,d>\}$　(　　)

(2) $s(R)=\{<a,b>,<b,d>,<c,b>,<b,a>,<d,b>,<b,c>\}$　(　　)

(3) $t(R)=\{<a,b>,<b,d>,<c,b>,<a,d>,<c,d>,<a,c>\}$　(　　)

4. 设集合 $A=\{a,b,c\}$，R 是集合 A 上的二元关系，且 $R=\{<a,b>,<b,c>,<c,a>\}$，求 $r(R)$、$s(R)$ 和 $t(R)$。

5. 设集合 $A=\{1,2,3,4,5\}$，R 是集合 A 上的二元关系，且 $R=\{<2,1>,<2,5>,<2,4>,<3,4>,<4,4>,<5,2>\}$，求 $r(R)$、$s(R)$ 和 $t(R)$。

6. 给定集合 A 中的关系 R 如图 20-6 所示。分别画出 $r(R)$、$s(R)$、$t(R)$、$sr(R)$、$rs(R)$、$tr(R)$、$rt(R)$、$st(R)$、$ts(R)$的图。

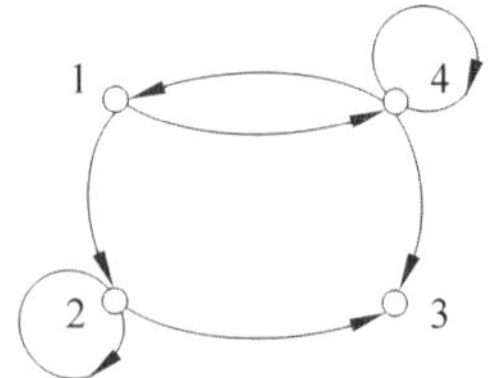

图 20-6　习题 6 图

7. 设集合 $A=\{1,2,3,4,5\}$，R 是集合 A 上的二元关系，$R=\{<1,2>,<1,3>,<1,4>,<1,5>,<2,3>,<2,4>,<2,5>,<3,4>,<3,5>,<4,5>\}\cup I_A$，试判定 R 的反对称性。

8. 在一个社交网络中，用户之间可以相互关注（存在一种"关注"关系）。现给定一个用户集合 $U=\{A,B,C,D,E\}$ 和这些用户之间的直接关注关系 R 如下：

$$R=\{<A,B>,<B,C>,<C,D>,<D,E>,<E,A>\}$$

求该社交网络中的信息传递闭包（如果 A 能直接或间接地关注到 B，则 A 能传递信息给 B）。

9. 某大学提供了一系列课程，课程之间存在先修关系（学习某门课程前必须先学习另一门课程）。给定课程集合 $C=\{C_1,C_2,C_3,C_4,C_5\}$ 和先修关系 R 如下：

$$R=\{<C_1,C_2>,<C_2,C_4>,<C_3,C_5>,<C_4,C_5>\}$$

求这些课程的完整学习顺序（传递闭包中的最长路径或所有可能的路径）。

10. 给定一个城市集合 $V=\{V_1,V_2,V_3,V_4,V_5\}$ 和这些城市之间的直接交通路线（如铁路、公路）R 如下：

$$R=\{<V_1,V_2>,<V_2,V_3>,<V_3,V_4>,<V_4,V_5>,<V_5,V_2>\}$$

求每个城市到其他所有城市的交通可达性（传递闭包）。

第21章 等价关系

本章思维导图

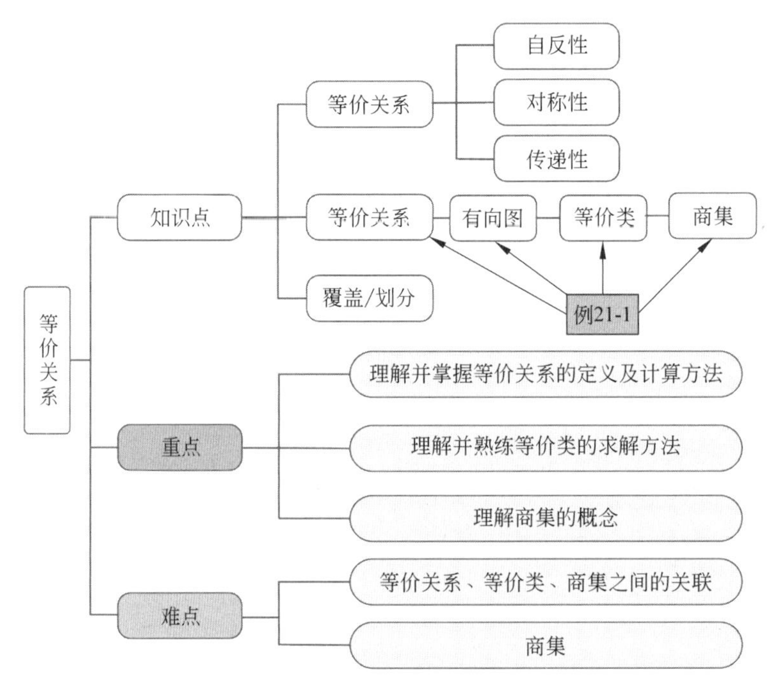

集合论中的等价关系是一种重要的二元关系，它将集合划分为多个不相交的子集，这些子集称为等价类，每个类中的元素相互等价。例如，数值相等关系“=”、命题间的等价关系“⇔”、三角形相似关系“∽”和全等关系“≌”。通过识别元素间的等价性，可以简化问题，帮助构建高效算法，以及在分类学中划分不同的类别。

本章主要通过例 21-1 进行相关知识点的讲解。

21.1 等价关系

【定义 21-1】 设 R 是 A 上的关系，若 R 是自反的、对称的和传递的，则称 R 是 A 中的**等价关系**(Equivalence Relation)。若 $a,b\in A$，且 aRb，则称 a 与 b 等价。

【例 21-1】 集合 $A=\{1,2,3,4,5,6,7\}$，R 是 A 上的模 3 同余关系，即

$$R=\{<x,y>|x-y \text{ 可被 3 整除(或 } x/3 \text{ 与 } y/3 \text{ 的}\textbf{余数相同}\text{)}\}$$

即

$<x,y>\in R \Leftrightarrow x(\bmod 3)=y(\bmod 3)$

解：

(1) 枚举出关系

$$4(\bmod 3)=7(\bmod 3) \qquad 3(\bmod 3)=6(\bmod 3)$$

将其关系进行枚举，表示为

$R=\{<1,1>,<1,4>,<1,7>,<2,2>,<2,5>,<3,3>,<3,6>,$
$<4,1>,<4,4>,<4,7>,<5,2>,<6,3>,<6,6>,<7,1>,$
$<7,4>,<7,7>\}$

(2) 画出关系有向图，如图 21-1 所示。

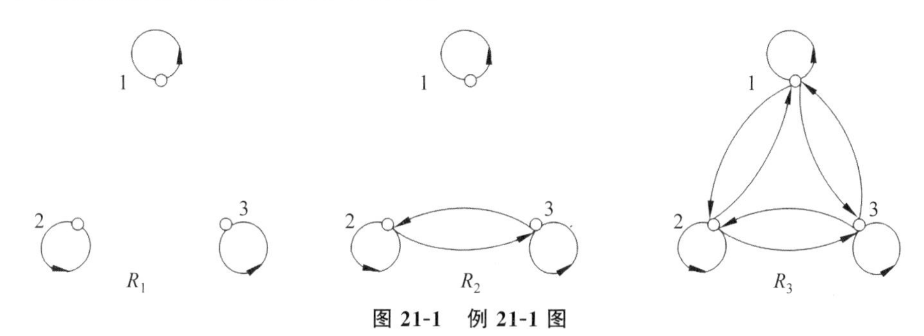

图 21-1 例 21-1 图

拓展：同余的概念

设 m 为大于或等于 3 的正整数，整数集 **Z** 上的同余关系为

$$R=\{<a,b>\mid a-b=km, a,b,k\in \mathbf{Z}\}$$

则 R 是集合 **Z** 上的等价关系，称为 **Z** 上的模 m 同余关系。

有时写成

$$R=\{<a,b>\mid a,b\in \mathbf{Z}, a\equiv b(\bmod m)\}$$

或

$$R=\{<a,b>\mid a,b\in \mathbf{Z}, a \text{ 和 } b \text{ 被 } m \text{ 整除余数相同}\}$$

【例 21-2】 设 $A=\{1,2,\cdots,7\}$，定义 A 上的关系 R 如下：

$$R=\{<x,y>\mid x,y\in A \land x=y(\bmod 3)\}$$

验证 R 是 A 上的等价关系。

解：$\forall x\in A$，有 $x=x(\bmod 3)$，故 R 是自反的。

$\forall x, \forall y\in A$，若 $x\equiv y(\bmod 3)$，则 $y\equiv x(\bmod 3)$，故 R 是对称的。

$\forall x, \forall y, \forall z\in A$，若 $x\equiv y(\bmod 3) y\equiv z(\bmod 3)$，则 $x\equiv z(\bmod 3)$，故 R 是传递的。

因此 R 是 A 上的等价关系。

21.2 等 价 类

【定义 21-2】 R 是 A 上的等价关系，且 $a\in A$，由 a 确定的集合 $[a]_R$ 为

$$[a]_R=\{x\mid x\in A \land <a,x>\in R\}$$

称集合 $[a]_R$ 为由 a 形成的 R 等价类，简称 a 等价类。

可见 $x \in [a]_R \Leftrightarrow \langle a, x \rangle \in R$。

R 图中每个独立子图上的结点构成一个等价类。

不同的等价类个数＝独立子图个数。

在例 21-1 中，$A=\{1,2,3,4,5,6,7\}$，R 是 A 上的模 3 同余关系，

$[1]_R = \{1,4,7\} = [4]_R = [7]_R$ 余数为 1 的等价类

$[2]_R = \{2,5\} = [5]_R$ 余数为 2 的等价类

$[3]_R = \{3,6\} = [6]_R$ 余数为 0 的等价类

由等价关系图求等价类：R 图中每个独立子图上的结点，构成一个等价值。不同的等价类个数＝独立子图个数。

21.3 商　集

商(Quotient)在数学中指的是除法算术的答案。除法是指将被除数被均分的操作，而商展示了被除数能够被均分为多少份。

例如把一块蛋糕平均分成四份，下面从两种不同的角度分析。

从算术角度看：1 用 4 除，每份 1/4，这就是“商”，于是

$$1=\frac{1}{4}+\frac{1}{4}+\frac{1}{4}+\frac{1}{4}$$

从集合角度看，如图 21-2 所示。

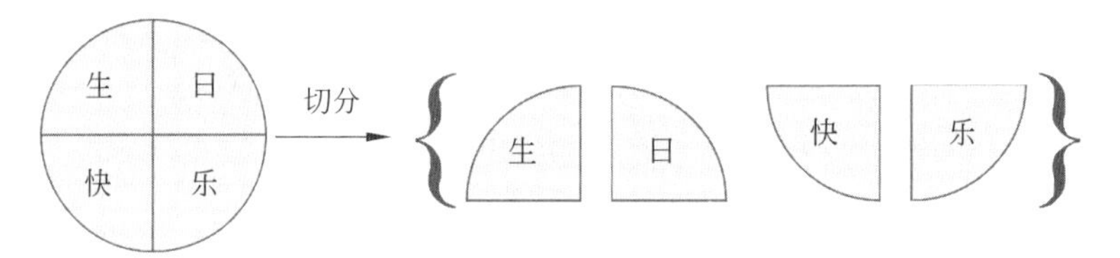

图 21-2　从集合角度分析商

【定义 21-3】 R 是 A 上的等价关系，由 R 的所有等价类构成的集合称为 A 关于 R 的商集，记作 A/R，即

$$A/R = \{[a]_R \mid a \in A\}$$

从定义可知：等价类组成的集合就是商集。

例 21-1 中的商集为

$$A/R = \{\{1,4,7\},\{2,5\},\{3,6\}\} = \{[1]_R,[2]_R,[3]_R\}$$

习　题

1. 集合 $A=\{1, 2, 3, 4, 5\}$上的关系 R，定义为 aRb 当且仅当 a 和 b 的模 3 余数相同，判断是否为等价关系。

2. 判断有限集合上的空关系是否为等价关系，并简述理由。

3. 设集合 $A=\{1,2,3\}$，问可构造多少个集合 A 中不同的等价关系？

如果等价关系 R 中有：

(1) 三个独立子图的情形,则有(　　)个等价关系;

(2) 二个独立子图的情形,则有(　　)个等价关系;

(3) 一个独立子图的情形,则有(　　)个等价关系。

4. 在整数集 **Z** 上定义关系 R,aRb 当且仅当 a 和 b 的差是 4 的倍数。找出 -10 到 10 之间所有整数的等价类。

5. 设集合 $A=\{1,2,3\}$,R 是 A 上的等价关系,且 R 在 A 上所构成的等价类是$\{1\}$,$\{2,3,4\}$。

(1) 求 R。

(2) 求 $R\circ R^{-1}$。

(3) 求 R 的传递闭包。

6. 设集合 $A=\{a,b,c,d\}$,A 上的等价关系 $R=\{\langle a,b\rangle,\langle b,a\rangle,\langle c,d\rangle,\langle d,c\rangle\}\cup I_A$,画出 R 的关系图,并求出 A 中各元素的等价类。

7. 设集合 $A=\{a,b,c,d,e,f\}$,R 是 A 上的关系,且 $R=\{\langle a,b\rangle,\langle a,c\rangle,\langle e,f\rangle\}$,设 $R^*=\mathrm{tsr}(R)$,则 R^* 是 A 上的等价关系。

(1) 给出 R^* 的关系矩阵。

(2) 写出商集 A/R^*。

8. 集合 $A=\{a,b,c,d,e,f\}=\{$某大学宿舍的大学生$\}$;R 是 A 上的同乡关系,若 a,b 是地球人,c 是火星人,d,e,f 是金星人,则

$$\begin{aligned}R=\{&\langle a,a\rangle,\langle a,b\rangle,\langle b,a\rangle,\langle b,b\rangle,\langle c,c\rangle,\\&\langle d,d\rangle,\langle d,e\rangle,\langle d,f\rangle,\langle e,d\rangle,\langle e,e\rangle,\\&\langle e,f\rangle,\langle f,d\rangle,\langle f,e\rangle,\langle f,f\rangle\}\end{aligned}$$

(1) A 中各元素关于 R 的等价类分别是什么?

(2) A 关于 R 的商集是什么?

9. 集合 $A=\{1,2,3\}$,给出 8 个关系,如图 21-3 所示,根据等价关系有向图的特点,分别判断 $R_1\sim R_8$ 哪些是等价关系。

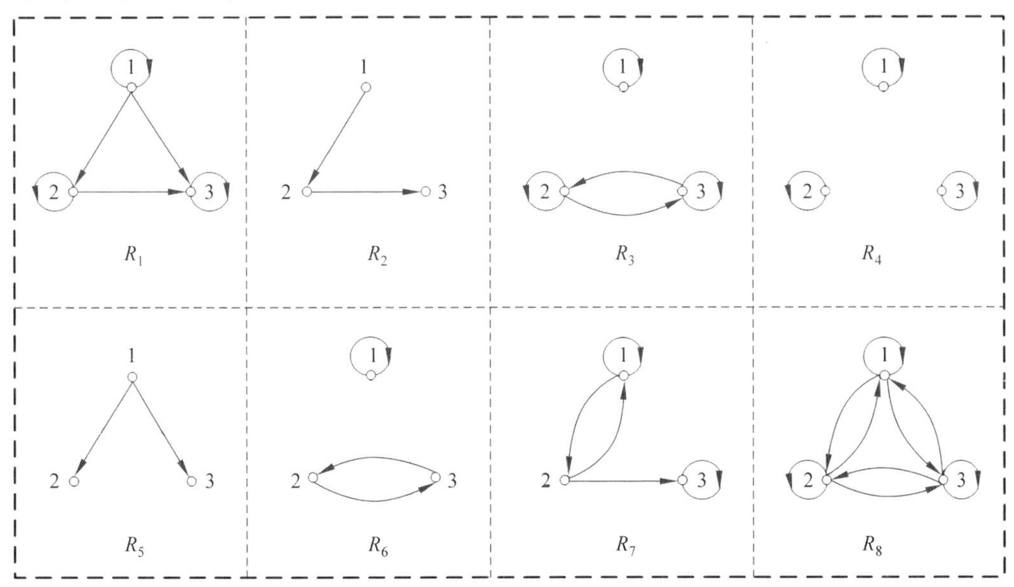

图 21-3　习题 9 图

10. 设集合 $A=\{1, 2, 3, 4, 5, 6\}$，在 A 上定义关系 R，aRb 当且仅当 a 和 b 的奇偶性相同。求 A 关于 R 的商集。

11. 设集合 $T=\{a,b,c,d\}$，集合 T 上的关系 $R=\{<a,a>, <a,d>, <d,a>, <d,d>, <b,b>, <b,c>, <c,b>, <c,c>\}$，分别画出 R 的关系图和关系矩阵，并验证 R 是 T 上的等价关系，求出等价类。

12. 某班级有 30 名学生，需要按照“生日月份相同”的关系将学生分成若干组，使得同一组内的学生具有某种共同特征，而不同组的学生则不具有该共同特征。

(1) 请设计一种等价关系，并说明如何根据这种关系将学生分组。

(2) 证明所设计的等价关系满足等价关系的三个性质：自反性、对称性和传递性。

13. 在实数集 $\mathbf{R}$ 上，定义一种等价关系，其中 a,b 当且仅当 $a-b$ 是整数。

(1) 证明这是一个等价关系。

(2) 找出所有与 π(圆周率)等价的实数，并描述这个等价类。

(3) 描述实数集 $\mathbf{R}$ 在这个等价关系下被划分成的所有等价类的集合。

14. 设计一个算法，使用等价关系和商集的概念来压缩一个包含重复元素的集合。

第22章 相容关系

本章思维导图

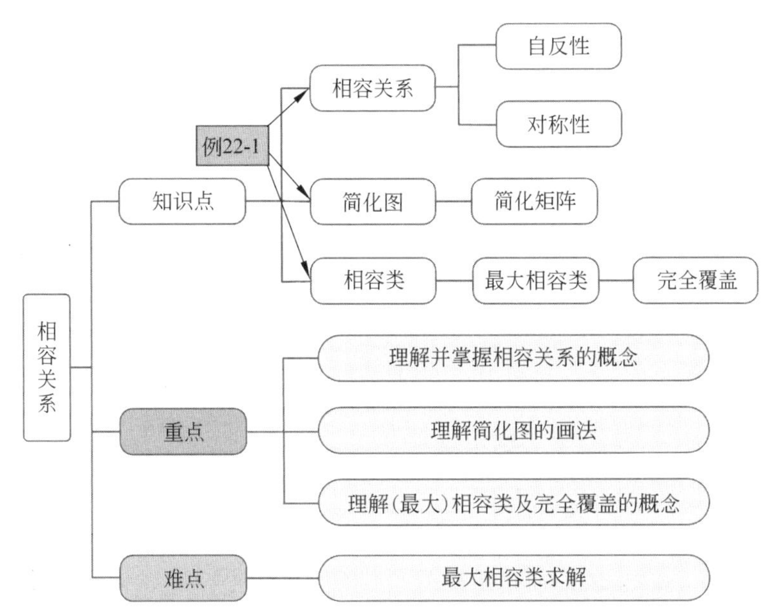

在集合论中,相容关系是一种重要的二元关系。相容关系在理解和分析集合中元素之间的相互关系时非常有用。它提供了一种方法,通过构建相容类(集合 A 中所有互相相容的元素子集)和最大相容类(不能再被其他相容类包含的相容类)来洞察元素间基于共同特征或属性的深层联系。

在人际关系中,朋友关系可以被视为一种相容关系,因为它满足自反性和对称性,但不满足传递性。通过对相容关系的分析,可以更好地理解集合中元素的相互关系和结构特征。

本章主要通过例 22-1 进行相关知识点的讲解。

22.1 相容关系

【定义 22-1】 给定集合 X 上的关系 R,若 R 是自反的、对称的,则 R 是 A 上的**相容关系**(Compatibility Relation)。

【例 22-1】 X 是由一些英文单词构成的集合。$X=\{$fly, any, able, key, book, pump, fit$\}$, X 上的关系 R: $R=\{<\alpha,\beta>|\alpha\in X,\beta\in X$ 且 α 与 β 含有相同字母$\}$。

解：从图 22-1 可以看出，R 的有向图具有自反性、对称性，但不具有传递性。

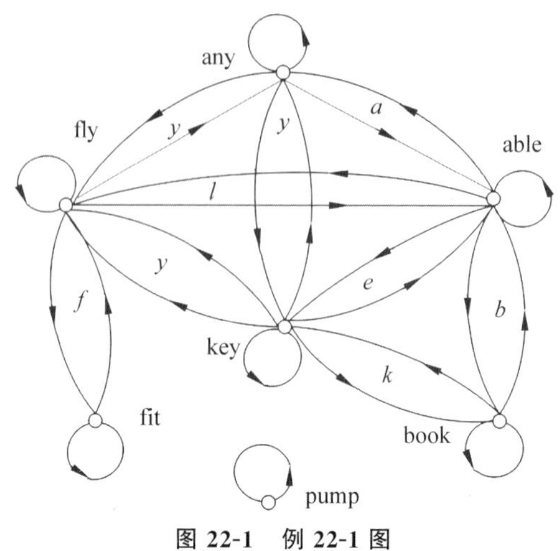

图 22-1　例 22-1 图

22.2　简化图和简化矩阵

具有相容关系的有向图比较复杂，为了更直观地观察元素之间的关系，可以对其进行简化。

图的简化步骤：

（1）不画环；

（2）两条对称边用一条无向直线代替。

【例 22-2】　画出图 22-1 的简化图。

解：令 x_1=fly，x_2=any，x_3=able，x_4=key，x_5=book，x_6=pump，x_7=fit，$X=\{x_1, x_2, x_3, x_4, x_5, x_6, x_7\}$，$R$ 的简化图如图 22-2(a)所示。

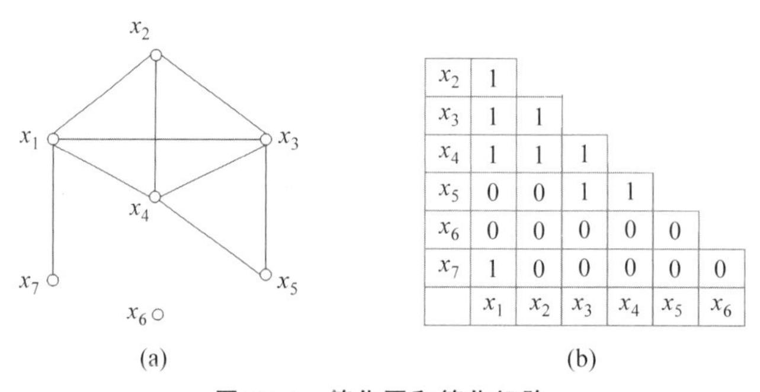

x_2	1					
x_3	1	1				
x_4	1	1	1			
x_5	0	0	1	1		
x_6	0	0	0	0	0	
x_7	1	0	0	0	0	0
	x_1	x_2	x_3	x_4	x_5	x_6

(b)

图 22-2　简化图和简化矩阵

矩阵的简化：因为 R 的矩阵是对称阵且主对角线元素全是 1，可以用下三角矩阵(不含主对角线)代替 R 的矩阵，如图 22-2(b)所示。

22.3 相容类及最大相容类

【定义 22-2】 设 R 是集合 X 上的相容关系，$C\subseteq X$，如果对于 C 中任意两个元素 x,y，有 $<x,y>\in R$，则称 C 是 R 的一个相容类。

在**例 22-1** 中，$\{x_1,x_2\}$、$\{x_3,x_4\}$、$\{x_1,x_2,x_3\}$、$\{x_2,x_3,x_4\}$、$\{x_1,x_2,x_4\}$、$\{x_3,x_4,x_5\}$、$\{x_1,x_3,x_4\}$、$\{x_1,x_2,x_3,x_4\}$、$\{x_1,x_7\}$、$\{x_6\}$ 都是**相容类**。

【定义 22-3】 设 R 是集合 X 上的相容关系，C 是 R 的一个相容类，如果 C 不能被其他相容类所包含，则称 C 是一个**最大相容类**。

也可以说，C 是一个相容类，如果 C 中加入任意一个新元素就不再是相容类了，则 C 就是一个最大相容类。

在例 22-1 中，$\{x_1,x_2,x_3,x_4\}$、$\{x_3, x_4, x_5\}$、$\{x_1,x_7\}$、$\{x_6\}$都是最大相容类。

可以从简化图中找出最大相容类：找最大完全多边形。

最大完全多边形：含有结点最多的多边形中，每个结点都与其他结点相连接，如图 22-3 所示。

一个孤立顶点	完全 0 边形
两个结点间有连线(非三角形中的一边)	完全 1 边形
三角形	完全 3 边形
四边形	完全 4 边形

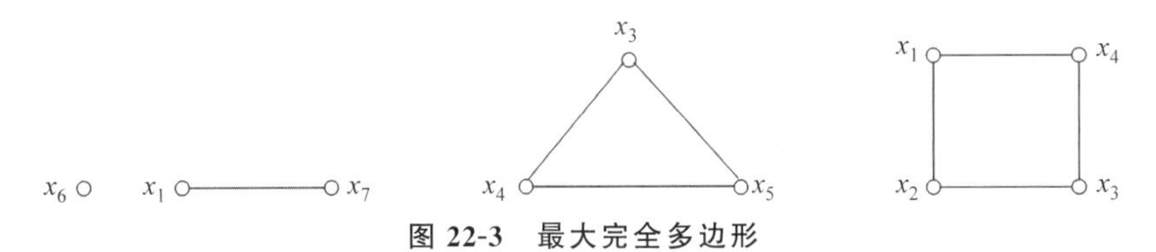

图 22-3 最大完全多边形

在相容关系简化图中，每个最大完全多边形的结点集合构成一个**最大相容类**。

在**例 22-1** 中，最大相容类$\{x_1,x_2,x_3,x_4\}$、$\{x_3, x_4, x_5\}$、$\{x_1,x_7\}$、$\{x_6\}$分别对应最大完全 4、3、1、0 边形。

22.4 覆盖与划分

【定义 22-4】 设 X 是一个非空集合，$A=\{A_1,A_2,\cdots,A_i\}$，$A_i\neq\varnothing$，$A_i\subseteq X$ $(i=1,2,\cdots,n)$，如果满足 $A_1\cup A_2\cup\cdots\cup A_i=X$ $(i=1,2,\cdots,n)$，则称 A 为集合 X 的**覆盖**。

设 $A=\{A_1, A_2,\cdots, A_i\}$是 X 的一个覆盖，且 $A_i\cap A_j=\varnothing$ $(i\neq j, 1\leqslant i, j\leqslant n)$，则称 A 是 X 的**划分**。每个 A_i 均称为这个划分的一个划分(类)。

【例 22-3】 $X=\{1,2,3\}$，　$A_1=\{\{1,2,3\}\}$，　$A_2=\{\{1\},\{2\},\{3\}\}$，

$A_3=\{\{1,2\},\{3\}\}$，　$A_4=\{\{1,2\},\{2,3\}\}$，　$A_5=\{\{1\},\{3\}\}$

A_1,A_2,A_3,A_4 是覆盖，A_1,A_2,A_3 也是划分。

划分一定是覆盖；但覆盖不一定是划分。

22.5 完全覆盖

【定义 22-5】 R 是集合 X 中的相容关系，由 R 的所有最大相容类为元素构成的集合称为 X 的**完全覆盖**，记作 $\mathrm{Cr}(X)$。

在**例 22-1** 中，$\mathrm{Cr}(X)=\{\{x_1,x_2,x_3,x_4\},\{x_3,x_4,x_5\},\{x_1,x_7\},\{x_6\}\}$。

习　　题

1. 给定 X 上的相容关系 r'，如图 22-4 所示，求 r'的最大相容类。

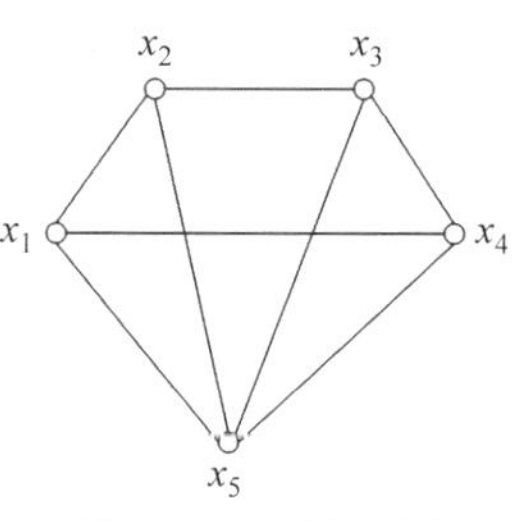

图 22-4　习题 1 图

2. 定义一个集合 Y 上的关系 S，其中 $Y=\{a,b,c,d\}$，且 $S=\{<a,b>,<b,a>,<b,c>,<c,b>\}$。判断 S 是否是 Y 上的相容关系，并解释原因。

3. 设集合 $Z=\{\text{red},\text{blue},\text{green},\text{yellow},\text{purple}\}$，定义 Z 上的关系 T 为：如果有两个颜色相同的字母(不区分大小写)，则它们之间有关系。绘制 T 的有向图，并判断其是否具有自反性和对称性。

4. 假设有一个新的单词“sea”被添加到集合 X 中，并定义它与所有包含相同字母的单词有关系。请找出包含“sea”的所有可能最大相容类。

5. 解释为什么完全覆盖 $\mathrm{Cr}(X)$对于理解集合 X 上的相容关系是有用的。

6. 扩展例 22-1 中的关系 R，使其包括“单词长度相同”也作为有关系的一个条件。重新绘制有向图、简化图，并找出所有最大相容类。

7. 假设有一个集合 W 包含学生的姓名，关系 P 定义为“两名学生至少选修了一门相同的课程”。请：

(1) 绘制 P 的有向图(如果可能，简化它)；

(2) 识别并列出至少两个相容类；

(3) 列出所有最大相容类；

(4) 解释完全覆盖 $\mathrm{Cr}(W)$在实际应用(如课程分组、学习小组分配)中的意义。

8. 设集合 $A=\{1,2,3,4,5\}$，找出集合 A 的所有可能覆盖，其中一个覆盖为$\{\{1,2\},\{3\},\{4,5\}\}$。

9. 给定集合 $C=\{1,2,3,\cdots,10\}$，构造 C 的一个划分，使得每个子集中的元素个数相等(若无法等分，则尽量接近)。

10. 设集合 $D=\{1,2,3,4,5\}$有两种划分，分别为 $P=\{\{1,2\},\{3,4\},\{5\}\}$和 $Q=\{\{1,3\},\{2,4\},\{5\}\}$，求 P 和 Q 的交叉划分。

11. 验证集合 $E=\{a,b,c,d\}$的子集族$\{\{a,b\},\{c\},\{d\},\{a,c\}\}$是否构成 E 的一个覆盖。

12. 对于集合 $F=\{x,y,z\}$，分别找出 F 的最小划分和最大划分。

第 23 章 偏序关系

本章思维导图

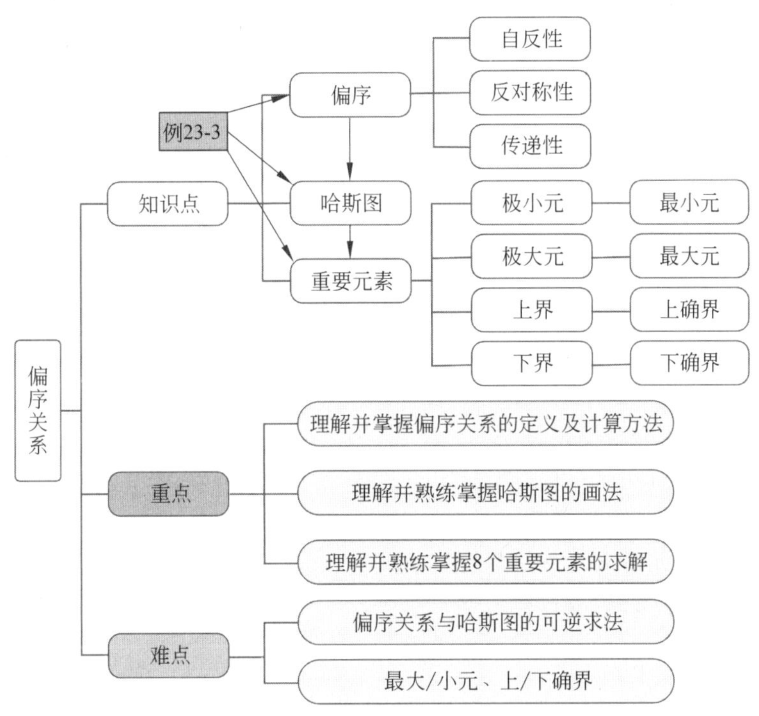

集合论中的偏序关系是一种重要的数学工具，它定义了集合元素之间的一种不完全可比的偏序关系。偏序关系在多个领域发挥着关键作用，例如它可以帮助理解和分析具有层次结构的数据集合，如家族谱系、文件的目录结构等。在算法设计中，偏序关系可以指导排序和搜索过程，提高效率。此外，偏序集的概念还促进了数学中对格、半格等抽象结构的研究，这些结构在理论计算机科学、代数学等领域具有深远影响。

本章主要通过例 23-3 进行相关知识点的讲解。

23.1 偏　　序

【定义 23-1】 设 R 是 A 上自反、反对称和传递的关系，则称 R 是 A 上的**偏序关系**(Posets/Partial Order Relation)，并称 $\langle A,R\rangle$ 是偏序集。

例如数值的"$\leqslant$""$\geqslant$"关系和集合就是偏序关系。因为数值的"$\leqslant$"关系是熟知的偏序关系，所以用符号“$\leqslant$”表示任意偏序关系，但要**注意**：“$\leqslant$”不一定是“小于或等于”的含义。

【例 23-1】 设 $A=\{1,2,4,6\}$，$\leqslant$是 A 中的整除关系，其关系如图 23-1 所示，显然$\leqslant$是自反、反对称和传递的，因此该关系是一个偏序关系。

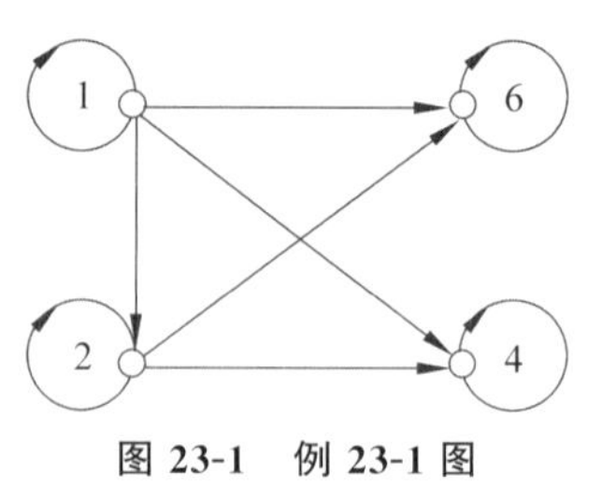

图 23-1　例 23-1 图

【定义 23-2】(可比较)　x 与 y 是可比较的：$<A,\leqslant>$是偏序集，$x,y\in A$，如果要么 $x\leqslant y$，要么 $y\leqslant x$，则称 x 与 y 是可比较的。

在例 23-1 中，1,2,4 或 1,2,6 是可比较的，而 4 与 6 是不可比较的。

23.2 哈　斯　图

具有偏序关系的有向图不能直观地反映出元素之间的次序。通过哈斯(Hasse)图，就能够清晰地反映出元素间的层次。

【定义 23-3】(盖住)　$<A,\leqslant>$是偏序集，$x,y\in A$，元素 y 盖住元素 x：如果 $x\leqslant y$ 且 $x\neq y$，且不存在 $z\in A$，使得 $z\neq x\land z\neq y\land x\leqslant z\land z\leqslant y$，则称元素 y 盖住元素 x。

元素 y 盖住元素 x：

$$x\leqslant y\land x\neq y\land \urcorner\exists z(z\in A\land z\neq x\land z\neq y\land x\leqslant z\land z\leqslant y)$$

即元素 y 盖住元素 x，不存在 $z\in A$，使得 z 介于 x 与 y 之间；也可以理解为序偶$<x,y>$之间不存在第三者 z。

实际上，盖住也是一种关系。

求哈斯图的步骤如下。

➢ 步骤 1：**枚举出所有的关系**。

小技巧：每行只列举出第一元素的关系。

➢ 步骤 2：**求盖住关系(剔除第三者)**。

剔除自身关系和存在的所有第三者关系。

➢ 步骤 3：**画哈斯图**。

(1) 用小圆圈“∘”表示 A 中的元素。

(2) 根据得到的盖住关系，第一元素在下，第二元素在上。

(3) 一般先从最下层结点(全是射出的边与之相连(不考虑环))逐层向上画，直到最上层结点(全是射入的边与之相连)(采用抓两头、带中间的方法)。

【例 23-2】 画出例 23-1 的哈斯图。

解：(步骤 1) 枚举出关系。

$$\begin{aligned}R=\{&<1,1>,<1,2>,<1,4>,<1,6>,\\&<2,2>,<2,4>,<2,6>,\\&<4,4>,\\&<6,6>\}\end{aligned}$$

(步骤 2) 求盖住关系。

$$\mathrm{Cov}(R)=\{<1,2>,<2,4>,<2,6>\}$$

（步骤3）画出哈斯图，如图23-2所示。

【例23-3】 集合 $C=\{1,2,3,6,12,24,36\}$，“$|$”是 C 上的整除关系：$<C,|>$。请求出 $<C,|>$ 的哈斯图。

解：（步骤1）枚举出关系。

$$
\begin{aligned}
R=\{&<1,1>,<1,2>,<1,3>,<1,6>,<1,12>,<1,24>,<1,36>,\\
&<2,2>,<2,6>,<2,12>,<2,24>,<2,36>,\\
&<3,3>,<3,6>,<3,12>,<3,24>,<3,36>,\\
&<6,6>,<6,12>,<6,24>,<6,36>,\\
&<12,12>,<12,24>,<12,36>,\\
&<24,24>,\\
&<36,36>\}
\end{aligned}
$$

（步骤2）求盖住关系。

$$
\begin{aligned}
\mathrm{Cov}(R)=\{&<1,2>,<1,3>,<2,6>,<3,6>,<6,12>,\\
&<12,24>,<12,36>\}
\end{aligned}
$$

（步骤3）画出哈斯图，如图23-3所示。

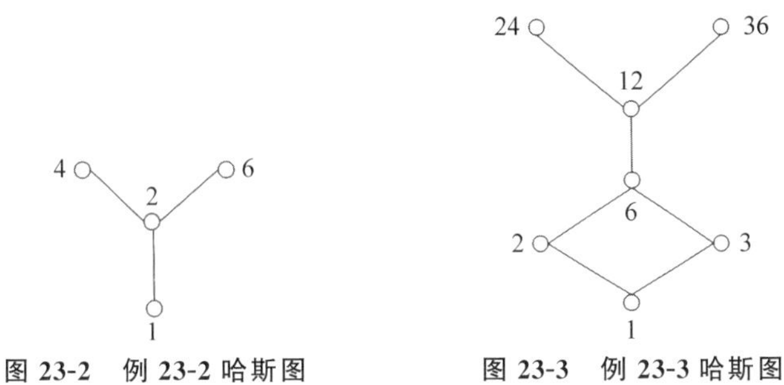

图23-2　例23-2哈斯图　　图23-3　例23-3哈斯图

【例23-4】 画出 $<\rho(A),R_{\subseteq}>$ 的哈斯图，其中 $A=\{a,b\}$。

解：　因为

$$\rho(A)=\{\{\varnothing\},\{a\},\{b\},\{a,b\}\}$$

故哈斯图如图23-4所示。

【定义23-4】 $<A,\preccurlyeq>$ 是偏序集，任何 $x,y\in A$，如果 x 与 y 都是可比较的，则称“$\preccurlyeq$”是全序关系（线序、链）。

【例23-5】 画出图23-5的哈斯图。

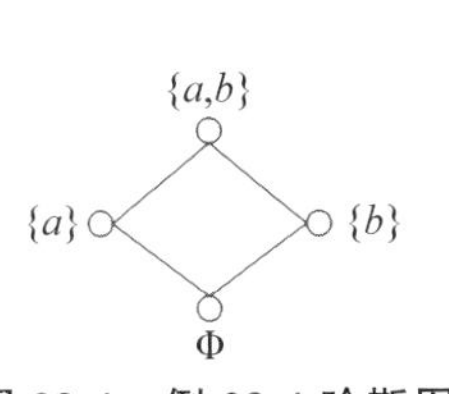

图23-4　例23-4哈斯图

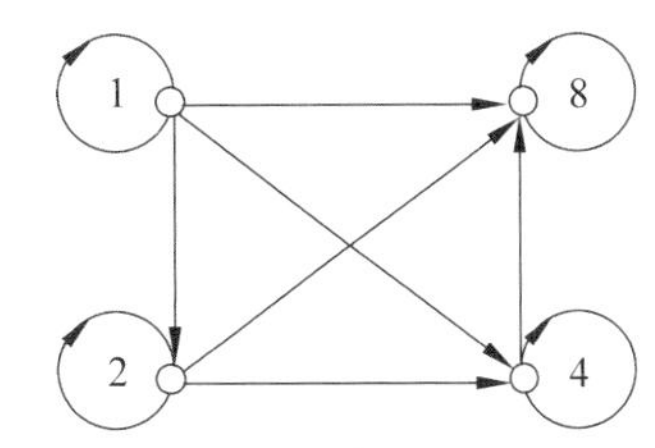

图23-5　例23-5图

解：（步骤1）枚举出关系。

$$R=\{<1,1>,<1,2>,<1,4>,<1,8>,$$

$$<2,2>, <2,4>, <2,8>,$$
$$<4,4>, <4,8>,$$
$$<8,8>\}$$

（步骤 2）求盖住关系。

$$\mathrm{Cov}(R)=\{<1,2>, <2,4>, <2,6>\}$$

（步骤 3）画哈斯图，如图 23-6 所示。

例 23-5 即为一种全序关系，如图 23-6 所示，是全序的，它的哈斯图是一条直线，所以全序也叫作线序或链。

【例 23-6】 已知偏序集$<A, \preccurlyeq>$的哈斯图（图 23-7），试求集合 A 的偏序关系的表达式。

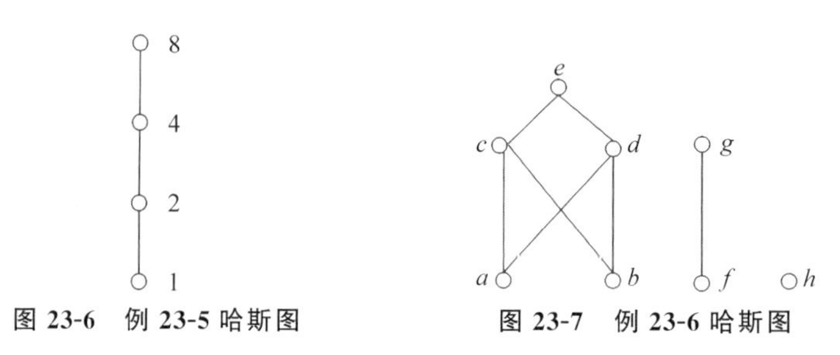

图 23-6　例 23-5 哈斯图　　**图 23-7　例 23-6 哈斯图**

解：

（1）**哈斯图中总共包含** a,b,c,d,e,f,g,h 这 8 个元素，因此，集合 $A=\{a,b,c,d,e,f,g,h\}$。

（2）从哈斯图到偏序关系图的步骤：

① 每个结点都要有自环，即 I_A；

② 哈斯图由下往上、从左到右来画，写出直接相连以及通过中间结点相关联的偏序关系。

以结点 a 为例：

① 直接相关联的偏序关系为$<a,c>$,$<a,d>$。

② 通过中间结点关联的偏序关系，无论是通过结点 c 还是结点 d，都可到达结点 e，因此有偏序关系$<a,e>$。

所以

$$R_{\preccurlyeq}=\{<a,c>, <a,d>, <a,e>, <b,c>, <b,d>,$$
$$<b,e>, <c,e>, <d,e>, <f,g>\}\cup \mathrm{I}_A$$

23.3 重要元素

23.3.1 极小元与极大元

设$<A, \preccurlyeq>$是偏序集，B 是 A 的非空子集。

【定义 23-5】 y 是 B 的极小元 $y(y\in B\wedge x(x\in B\wedge x\neq y\wedge x\preccurlyeq y))$（在 B 中没有比 y 更小的元素了，y 就是极小元）。

y 是 B 的极大元 $y(y \in B \wedge x(x \in B \wedge x \neq y \wedge y \leqslant x))$（在 B 中没有比 y 更大的元素了，y 就是极大元）。

根据例 23-3 的哈斯图（图 23-3），求出表 23-1 中的极小元和极大元。

表 23-1　图 23-1 的极小元和极大元

子集 B	极　小　元	极　大　元
{2,3}	2,3	2,3
{1,2,3}	1	2,3
{6,12,24}	6	24
C(全集)	1	24,36

从哈斯图中找出极小(大)元：子集中处在最下(上)层的元素是极小(大)元。

23.3.2　最小元与最大元

【定义 23-6】　y 是 B 的最小元 $y(y \in B \wedge x(x \in B \ y \leqslant x))$（最小元 y 是 B 中元素，该元素比 B 中所有元素都小）。

y 是 B 的最大元 $y(y \in B \wedge x(x \in B \ x \leqslant y))$（最大元 y 是 B 中元素，该元素比 B 中所有元素都大）。

例如，给定 $<A, \leqslant>$ 的哈斯图如图 23-3 所示。

根据例 23-3 的哈斯图（图 23-3），求出表 23-2 中的最小元和最大元。

表 23-2　图 23-1 的最小元和最大元

子集 B	极　小　元	最　小　元	极　大　元	最　大　元
{2,3}	2,3	无	2,3	无
{1,2,3}	1	1	2,3	无
{6,12,24}	6	6	24	24
C(全集)	1	1	24,36	无

从哈斯图中找出最小(大)元：子集中如果只有唯一的极小(大)元，则这个极小(大)元就是最小(大)元，否则就没有最小(大)元。

23.3.3　上界与下界

【定义 23-7】　y 是 B 的上界 $y(y \in A \wedge x(x \in B \ x \leqslant y))$（上界 y 是 A 中元素，该元素比 B 中所有元素都大）。

y 是 B 的下界 $y(y \in A \wedge x(x \in B \ y \leqslant x))$（下界 y 是 A 中元素，该元素比 B 中所有元素都小）。

根据例 23-3 的哈斯图（图 23-3），求出表 23-3 中的上界和下界。

表 23-3　图 23-1 的上界和下界

子　集 B	上　界	下　界
{2,3}	6,12,24,36	1
{1,2,3}	6,12,24,36	1
{6,12,24}	24	6,2,3,1
C(全集)	无	1

从哈斯图中找出上(下)界：注意是在 A 中找。

23.3.4　上确界与下确界

【定义 23-8】　y 是 B 的上界，并且对 B 的所有上界 x 都有 $y \leqslant x$，则称 y 是 B 的最小上界(上确界)，记作 LUB $B=y$(y 是上界中最小的。如果 B 有上确界，则是唯一的)。

y 是 B 的下界，并且对 B 的所有下界 x 都有 $x \leqslant y$，则称 y 是 B 的最大下界(下确界)，记作 GLB $B=y$(y 是下界中最大的。如果 B 有下确界，则是唯一的)。

根据例 23-3 的哈斯图(图 23-3)，求出表 23-4 中的上确界和下确界。

表 23-4　图 23-1 的上确界和下确界

子集 B	上　界	上　确　界	下　界	下　确　界
{2,3}	6,12,24,36	6	1	1
{1,2,3}	6,12,24,36	6	1	1
{6,12,24}	24	24	6,2,3,1	6
C(全集)	无	无	1	1

通过以上例子可以看出界有以下性质：

(1) 一个集合可能没有上界或下界，若有，则不一定唯一，并且它们可能在 B 中，也可能在 B 外；

(2) 一个集合若有上(下)确界，则必定是唯一的，并且若是 B 的最大(小)元素，则它必是 B 的上(下)确界。

拓展阅读

赫尔穆特·哈斯(Helmut Hasse,1898—1979)，德国数学家，他并非哈斯图的最初发明者，但因其对哈斯图的有效利用和发扬光大而得名。哈斯图最早可能出现在 1895 年，但直到哈斯的研究和应用后，这种图表才在数学界得到了广泛的认可和应用。

除了哈斯图之外，哈斯在数学领域还有其他重要的贡献，包括数论、代数等领域的研究。他的工作对后世的数学家产生了深远的影响。

习　题

1. 简述等价关系和偏序关系的异同点。
2. 判断有限集合上的恒等关系和整除关系是不是偏序。

3. 现有集合 $A=\{1,2,3,4,6,9,12,18,36\}$，$B=\{1,2,3,5,6,10,15,30\}$，“$\leqslant$”是 A、B 上的整除关系：$\langle A,\leqslant\rangle$，$\langle B,\leqslant\rangle$。请求出其相应的哈斯图。

4. 集合 $A=\{a,b\}$，集合 A 上的关系 $\rho(A)=\{\{\varnothing\},\{a\},\{b\},\{c\},\{a,b\},\{b,c\},\{a,c\},\{a,b,c\}\}$，请画出关系 $\rho(A)$ 的哈斯图。

5. 画出偏序关系图 23-8 所对应的哈斯图。

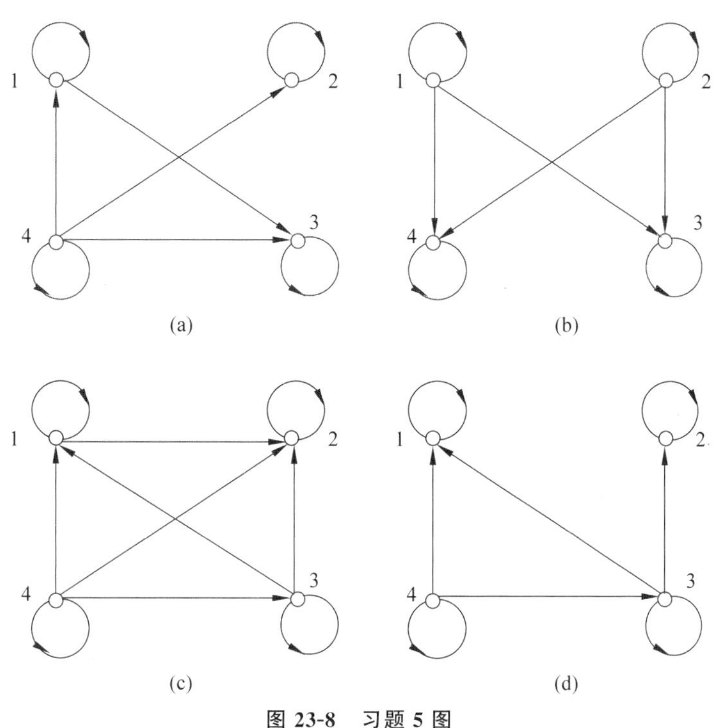

图 23-8　习题 5 图

6. 集合 $A=\{1,2,\cdots,12\}$，“$\leqslant$”为整除关系，$B=\{x\mid x\in A\wedge 2\leqslant x\leqslant 4\}$ 在偏序集 $\langle A,\leqslant\rangle$ 中，求 B 的上界、下界、上确界和下确界。

7. 针对图 23-9 中的每个哈斯图，写出相应集合以及偏序关系的表达式。

8. 针对图 23-10 中的每个哈斯图，写出集合以及偏序关系的表达式。

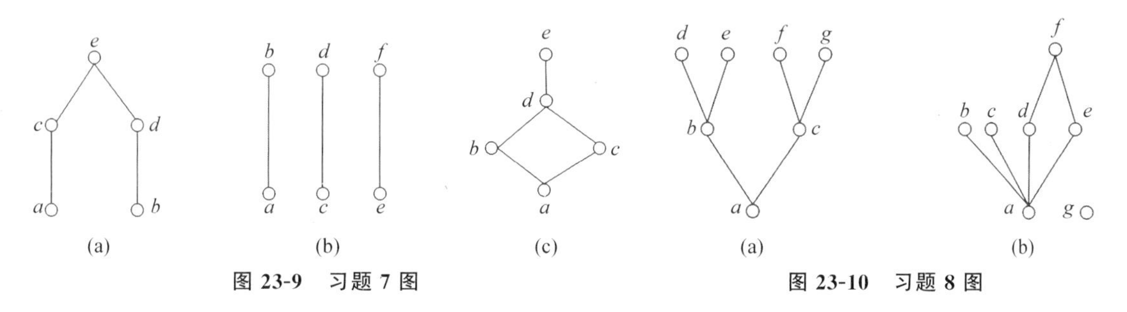

图 23-9　习题 7 图　　**图 23-10　习题 8 图**

9. 分别画出下列各偏序集 $\langle A,R_{\leqslant}\rangle$ 的哈斯图，并找出集合 A 的极大元、极小元、最大元和最小元。

(1) $A=\{a,b,c,d,e,f\}$

$$R_{\leqslant}=\{\langle a,d\rangle,\langle a,c\rangle,\langle a,b\rangle,\langle a,e\rangle,\langle b,e\rangle,\langle c,e\rangle,\langle d,e\rangle\}\cup \mathrm{I}_A$$

（2）$A=\{a,b,c,d,e\}$

$R_{\leqslant}=\{<c,d>\}\cup I_A$

10. 设$<A,R>$为偏序集，其中集合$A=\{1,2,3,4,6,9,24,54\}$，R是A上的整除关系。

（1）画出$<A,R>$的哈斯图。

（2）求A中的极大元。

（3）令$B=\{4,6,9\}$，求B的上确界和下确界。

11. 给定以下集合，完成下面的要求。

集合$A=\{1,2,3,4,6,8,12,24\}$，集合$B=\{1,2,3,4,5,6,7,8,9\}$。

（1）画出集合A、B关于整除关系的哈斯图。

（2）指出A、B集合中的极小元、最小元、极大元、最大元、上界、上确界、下界、下确界。

（3）指出集合$C=\{4,6,8\}$分别在A、B中的极小元、最小元、极大元、最大元、上界、上确界、下界、下确界。

第24章 综合应用——家族族谱管理系统

本章讲解如何与离散数学中的自反性、对称性、传递性、反自反性、反对称性、等价关系、相容关系和偏序关系相结合来设计家族族谱管理系统，并从家族关系的视角来分析这些概念在家族族谱管理系统中的应用。以下是对这些概念与家族族谱管理系统结合的详细解释。

1. 自反性

在家族族谱管理系统中，自反性体现在每个家族成员的信息都是关于自身的，如姓名、性别、出生日期等。这些属性不需要通过与其他家族成员的比较来定义，而是直接描述该成员本身。

2. 对称性

家族中的某些关系具有对称性，如兄弟姐妹关系。如果 A 是 B 的兄弟，那么 B 也是 A 的兄弟。然而，不是所有家族关系都是对称的，例如父子关系就不是对称的。

3. 传递性

家族关系中的许多关系都是传递的，如祖孙关系。如果 A 是 B 的父亲，B 是 C 的父亲，那么 A 就是 C 的祖父。

4. 反自反性

虽然在家族族谱管理系统中，家族成员的信息是自反的（因为它们是关于自身的），但某些特定的关系可能是反自反的。例如，家族成员之间的婚姻关系通常是反自反的，因为一个人不能与自己结婚。

5. 反对称性

在家族族谱管理系统中，某些关系可能具有反对称性。例如，父子关系就是反对称的，因为一个人不能同时是另一个人的父亲和儿子（除非他们指的是同一个人）。

6. 等价关系

虽然直接的家族成员关系（如父子、兄弟姐妹）不完全构成等价关系，但可以定义某些更宽泛的家族关系为等价关系。例如，可以将具有相同姓氏的家族成员视为一个等价类，用于研究姓氏的起源和分布。

7. 相容关系

在家族族谱管理系统中，确保不同家族成员之间的信息（如出生日期、婚姻状况等）是相容的（不存在矛盾）是非常重要的。系统应该具有检查数据一致性和纠正潜在错误的功能。

8. 偏序关系

虽然直接的家族成员关系通常不构成偏序关系（因为它们不满足反对称性），但可以定义某些家族关系为偏序关系。例如，可以根据家族成员在家族树中的位置（如辈分）来定义一个偏序关系，用于研究家族结构的层次和复杂性。

综上所述，通过将离散数学中的这些概念与家族族谱管理系统相结合，并理解和分析家族关系的性质和结构，从而设计一个家族族谱管理系统。

家族族谱管理系统的主要功能如下。

（1）需要设置普通用户、超级管理员等不同角色，不同角色登录后的权限各不相同，普通用户可以进行查询；超级管理员有对所有成员进行增加、删除和修改的权限。

（2）家谱中成员的信息中均应包含姓名、出生日期、婚否、地址、健在否、死亡日期（若其已死亡）等，也可附加其他信息，并存储于文本文件中。

（3）查询功能。可按照姓名查询和输出成员信息（包括其本人、父亲、孩子的信息，所属辈分等）；按照出生日期查询成员名单；根据设置的成员属性，自行拟定其他统计功能。

（4）可以按出生日期对家谱中的所有人进行排序。

（5）打开家谱时，提示当天过生日的健在成员。

（6）以图形方式显示家谱。

（7）以文件方式对家谱进行数据输入/输出。

（8）界面美观，交互方便，要有交互界面。

函　数

函数是数学领域中极为基础且关键的概念之一，更是重要的数学工具。在传统的实数集合范畴内，函数被广泛讨论与研究。然而，在离散数学中，对函数概念进行了拓展与深化，将其视为一种特殊的关系——单值二元关系，以此为基础深入探讨函数的诸多性质，以及无穷数大小比较等复杂问题。

在初中数学阶段，函数被定义为“对自变量每一确定值都有一确定的值与之对应”的因变量，这一定义侧重于直观地描述变量之间的依赖关系。进入高中后，函数的定义进一步升级为两集合元素之间的映射，从集合论的角度为函数赋予了更严谨的内涵。

如今，为了更精准地刻画函数的本质，对高中阶段的函数定义进行再深化。用一个特殊关系来具体规定这一映射，将这个特殊关系称为函数。由于关系本质上是一个集合，因此又将函数作为集合来展开系统研究。这种基于集合视角的函数研究方法，为深入剖析函数的内在结构与性质开辟了新的路径。

与集合和关系的概念一样，函数的概念对于计算机科学而言至关重要，是计算机科学不可或缺的基石之一。在离散结构之间，函数关系扮演着极其关键的角色，其重要性在计算机科学研究的众多领域中都得到了充分彰显。例如，在计算机系统中，输入与输出之间的关系可以被看作是一种函数关系，这种函数关系确保了计算机能够按照既定的规则和逻辑对输入数据进行处理并生成相应的输出结果。在开关理论领域，函数用于描述开关状态的转换与逻辑运算，为数字电路的设计与分析提供了坚实的理论支撑；在自动机理论中，函数关系刻画了自动机状态的变迁以及输入符号与输出动作之间的对应关系，是构建复杂自动机模型和研究其行为模式的核心要素；在可计算性理论里，函数更适用于界定可计算问题的边界，通过分析函数的性质来判断某些问题是否能够被算法有效解决，从而为计算机科学的理论发展与实践应用提供了清晰的指导。

通过对函数概念的不断深化与拓展，以及对其在计算机科学中广泛应用的深入剖析，能够更全面地理解函数在离散数学与计算机科学领域的核心地位，为后续的学习与研究奠定坚实的理论基础。

函数部分思维导图

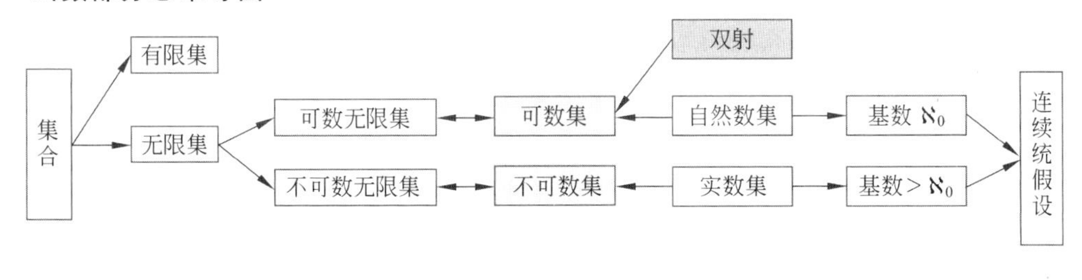

第 25 章 函 数

本章思维导图

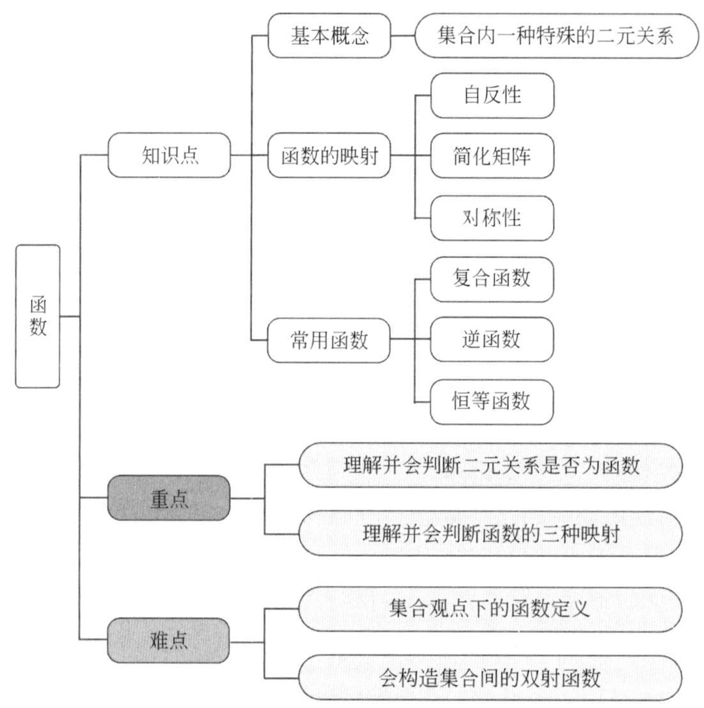

函数是一个基本的数学概念，在通常的函数定义中，$y=f(x)$是在实数集合上讨论的，这里把函数概念予以推广，把函数看作一种特殊的关系。

考虑图 25-1 所示的集合 A 到集合 B 的 6 种关系。

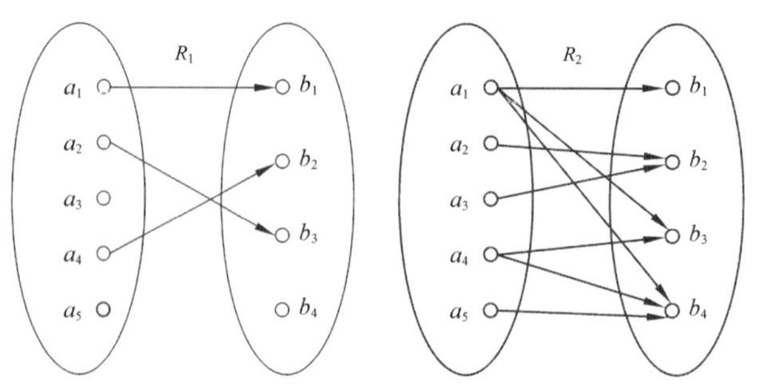

图 25-1　集合 A 到集合 B 的 6 种关系

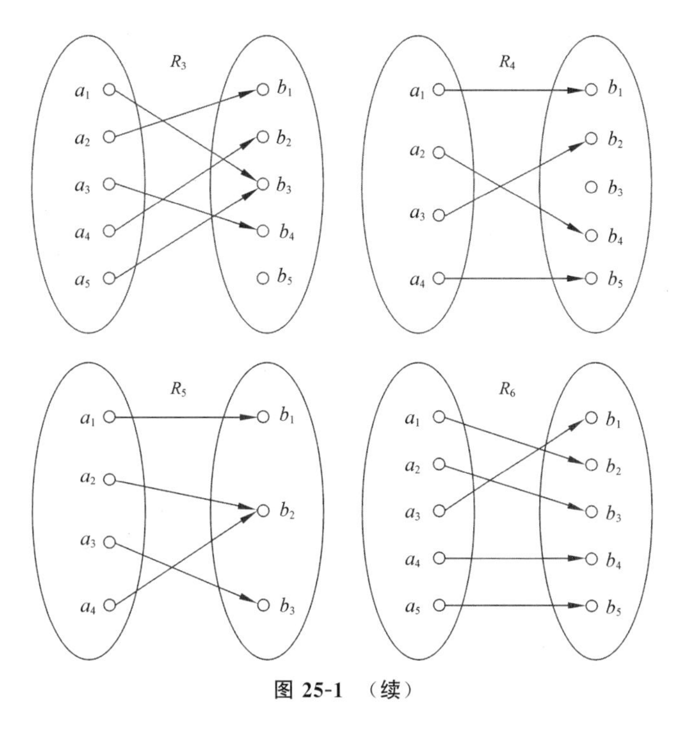

图 25-1 （续）

在这 6 种关系中，关系 R_3、R_4、R_5、R_6 与 R_1、R_2 不同，但它们都有下面两个特点：

(1) 定义域为 A；

(2) A 中任一元素 a 对应唯一一个 B 中的元素 b。

本章要求能够判断图 25-1 所示的 6 种关系中哪些是函数。

25.1 基本概念

【定义 25-1】 设 X、Y 为任意两个集合，f 是从集合 X 到 Y 的一个关系($f \subseteq X \times Y$)，如果对每个 $x \in X$ 有唯一的 $y \in Y$，使得 $<x, y> \in f$，则称关系 f 为从 X 到 Y 的**函数**(function)，记为 $f: X \to Y$。当 $X = X_1 \times \cdots \times X_n$ 时，称 f 为 n 元函数。

注意：函数的上述表示形式不适用于一般关系，因为对于关系 R，可能有 $<x, y_1> \in R$，$<x, y_2> \in R$，但 $y_1 \neq y_2$。若采用 $y_1 = R(x)$，$y_2 = R(x)$ 的表示方法，将产生 $y_1 = R(x) = y_2$ 的矛盾。

由于函数特性，常把 $<x, y> \in f$ 或 xfy 这两种关系表示形式，在 f 为函数时改为 $y = f(x)$。这时称 x 为自变量，y 为函数在 x 处的值；也称 y 为 x 在 f 作用下的像(Image of x under f)，x 为 y 的原像。一个自变量只能有唯一的像，但不同的自变量允许有共同的像。由所有像构成的集合称为函数的值域(range) $ran\ f$，即 $ran\ f = f(X) = \{f(x) \mid x \in X\} \subseteq Y$。

由函数的定义可知，从 X 到 Y 的函数 f 与一般从 X 到 Y 的二元关系有如下区别：

(1) 函数的定义域是 X，而不是 X 的真子集，即任意 $x \in X$ 都有**像** $y \in Y$ 存在(**像存在性**)；

(2) 一个 x 只能对应唯一的一个 y(**像唯一性**)。

换言之，函数是特殊的关系，它满足：

(1) 函数的定义域是 X，而不能是 X 的某个真子集($\mathrm{dom}(f)=X$)；

(2) 若$<x,y>\in f$，$<x,y'>\in f$，则 $y=y'$(单值性)。

注意：函数的上述表示形式不适用于一般关系(因为一般关系不具有单值性)。

【例 25-1】 设 $X=\{1,5,p,张三\}$，$Y=\{2,q,7,9,G\}$，$f=\{<1,2>,<5,q>,<p,7>,<张三,G>\}$，

即 $f(1)=2$，$f(5)=q$，$f(p)=7$，$f(张三)=G$，

故：$\mathrm{dom}\ f=X$，$R_f=\{2,q,7,G\}$。

【例 25-2】 设 $A=\{1,2,3,4,5\}$，$B=\{6,7,8,9,10\}$，分别确定下列各式中的 f 是否为由 A 到 B 的函数。

(1) $f=\{<1,8>,<3,9>,<4,10>,<2,6>,<5,9>\}$。

(2) $f=\{<1,9>,<3,10>,<2,6>,<4,9>\}$。

(3) $f=\{<1,7>,<2,6>,<4,5>,<1,9>,<5,10>,<3,9>\}$。

解：

(1) 能构成函数，因为符合函数的定义条件。

(2) 不能构成函数，因为 A 中的元素 5 没有像，不满足像的存在性。

(3) 不能构成函数，因为 A 中的元素 1 有两个像 7 和 9，不满足像的唯一性。

【定义 25-2】 所有从 A 到 B 的函数的集合记作 B^A，读作"B 上 A"，符号化表示为

$$B^A=\{f \mid f: A\to B\},$$

则

$$|B^A|=n^m。$$

【例 25-3】 $A=\{0,1,2\}$，$B=\{a,b\}$，$|A|=3$，$|B|=2$，则 $|B^A|=2^3=8$，即从 A 到 B 有以下 8 个函数：

$$f_0=\{<0,a>,<1,a>,<2,a>\}$$
$$f_1=\{<0,a>,<1,a>,<2,b>\}$$
$$f_2=\{<0,a>,<1,b>,<2,c>\}$$
$$f_3=\{<0,a>,<1,b>,<2,b>\}$$
$$f_4=\{<0,b>,<1,a>,<2,a>\}$$
$$f_5=\{<0,b>,<1,a>,<2,b>\}$$
$$f_6=\{<0,b>,<1,b>,<2,a>\}$$
$$f_7=\{<0,b>,<1,b>,<2,b>\}$$

【例 25-4】 $X\times Y=\{<a,0>,<b,0>,<c,0>,<a,1>,<b,1>,<c,1>\}$，$X\times Y$ 有 2^6 个可能的子集，但其中只有 2^3 个子集定义为从 X 到 Y 的函数：

$$f_0=\{<a,0>,<b,0>,<c,0>\}$$
$$f_1=\{<a,0>,<b,0>,<c,1>\}$$
$$f_2=\{<a,0>,<b,1>,<c,0>\}$$
$$f_3=\{<a,0>,<b,1>,<c,1>\}$$
$$f_4=\{<a,1>,<b,0>,<c,0>\}$$

$$f_5=\{<a,1>,<b,0>,<c,1>\}$$
$$f_6=\{<a,1>,<b,1>,<c,0>\}$$
$$f_7=\{<a,1>,<b,1>,<c,1>\}$$

设 X 和 Y 都为有限集，分别有 m 个和 n 个不同元素，由于从 X 到 Y 任意一个函数的定义域是 X，故在这些函数中每个恰有 m 个序列。另外，任何元素 $x\in X$，可以由 Y 的 n 个元素中的任何一个作为它的像，故共有 n^m 个不同的函数。在本例中，$n=2$，$m=3$，故应有 2^3 个不同的函数。

用符号 Y^X 表示从 X 到 Y 的所有函数的集合，当 X 和 Y 是无限集时，也用这个符号。

【定义 25-3】 设 $f:A\to B$，$g:C\to D$，若 $A=C$，$B=D$，且对每一 $x\in A$，有 $f(x)=g(x)$，则称函数 f 等于 g，记为 $f=g$。若 $A\subseteq C$，$B=D$，且对每一 $x\in A$，有 $f(x)=g(x)$，则称函数 f 包含于 g，记为 $f\subseteq g$。

【定义 25-4】 设 f 为从集合 X 到 Y 的函数，$A\subseteq X$，$B\subseteq Y$，令 $f(A)=\{y\mid 有\ x\in A\ 使\ y=f(x)\}$，$f^{-1}(B)=\{x\mid 有\ y\in B\ 使\ f(x)=y\}$，则称 $f(A)$ 为 A 在 f 下的像，$f^{-1}(B)$ 为 B 在 f 下的原像。

【例 25-5】 设 f：$\mathbf{N}\to\mathbf{N}$，且 $f(x)=x+1$，令 $A=\{0,1,2\}$，$B=\{3,4\}$，那么有：

$$f(A)=f(\{0,1,2\})=\{f(0),f(1),f(2)\}=\{1,2,3\}$$
$$f^{-1}(B)=f^{-1}(\{3,4\})=\{f^{-1}(3),f^{-1}(4)\}=\{2,3\}$$

通常函数有以下 3 种表示方法。

(1) 列表法：由于函数具有“单值性”，即对任一自变量有唯一确定的函数值，因此可将其序列排列成一个表，将自变量与函数值一一对应起来。列表法一般适用于定义域为有限集合的情况。

(2) 图标法：用**笛卡儿平面**上点的集合表示函数。图标法一般适用于定义域有限的情况。

(3) 解析法：用等式 $y=f(x)$ 表示函数或关系的集合表示法。

25.2 函数的映射

下面讨论函数的几类特殊情况。

【定义 25-5】 设 f：$X\to Y$，如果对任意 $y\in Y$，均有 $x\in X$，使 $y=f(x)$，即 $\operatorname{ran} f=Y$，即 Y 的每个元素是 X 中一个或多个元素的像，则称 f 为 X 到 Y 的**满射函数**(Surjection)。

从定义可以看出：**Y 中的每一元素都有原像**。

【例 25-6】 $A=\{a,b,c,d\}$，$B=\{1,2,3\}$，如果 f：$A\to B$ 为 $f(a)=1$，$f(b)=1$，$f(c)=3$，$f(d)=2$，则 f 是满射的。

【定义 25-6】 设 f：$X\to Y$，如果对任意 $x_1,x_2\in X$，$x_1\neq x_2$ 蕴含 $f(x_1)\neq f(x_2)$，则称 f 为 X 到 Y 的**单射函数**(Injection)。

从 X 到 Y 的映射中，X 中没有两个元素有相同的像，则称这个映射为**单射**(或一对一映射)。

从定义可以看出：**Y 中元素若有原像，则原像唯一**。

【例 25-7】 函数 f：$\{a,b\}\to\{2,4,6\}$ 为 $f(a)=2$，$f(b)=6$，则这个函数是单射，但不

是满射。

【定义 25-7】 如果 f 既是 X 到 Y 的单射，又是 X 到 Y 的满射，则称 f 为 X 到 Y 的**双射函数**(Bijection)。双射函数也称一一对应。

从定义可以看出：**Y 中的每一元素都有原像且原像唯一。**

【例 25-8】 令$[a,b]$表示实数的闭区间，即$[a,b]=\{x|a\leqslant x\leqslant b\}$，令 $f:[0,1]\to[a,b]$，这里 $f(x)=(b-a)x+a$，这个函数是双射函数。

【例 25-9】 在图 25-2 中，(a)、(c)是满射；(b)、(c)是单射；(c)是双射。

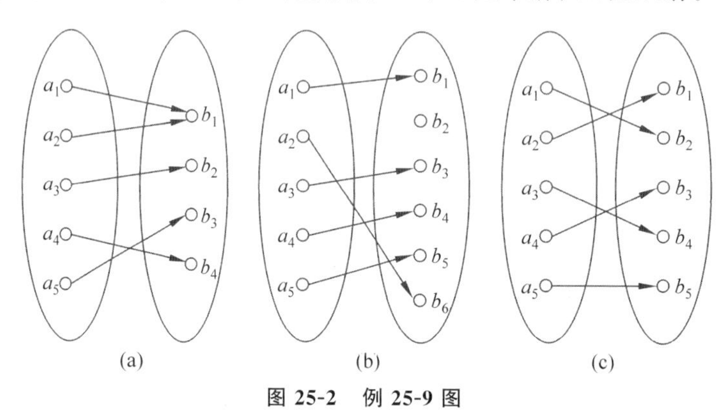

图 25-2 例 25-9 图

讨论：判断图 25-1 所示的关系中哪些是满射、单射、双射。

【例 25-10】 判断下列函数是满射、单射还是双射。

(1) $f_1:\mathbf{R}\to\mathbf{R}, f_1(x)=2^x(x\in\mathbf{R})$

解：对任意 $x_1,x_2\in\mathbf{R}$，若有 $x_1\neq x_2$，则 $2^{x_1}\neq 2^{x_2}$，即 $f_1(x_1)\neq f_1(x_2)$，所以 f_1 是单射。

对任意 $x\in\mathbf{R}$，有 $f_1(x)=2^x>0$，这就是说当 $y\leqslant 0$ 时，y 在 $\mathbf{R}$ 中无原像，因此 f_1 不是满射。由此可知，f_1 也不是双射。

(2) $f_2:\mathbf{N}^2\to\mathbf{N}, f_2(n,m)=n^m(n,m\in\mathbf{N})$

解：因为 $f_2(4,1)=f_2(2,2)=4$，所以 f_2 不是单射。

对任意的 $n\in\mathbf{N}$，有 $f_2(n,1)=n$，即对任意的 $n\in\mathbf{N}$，n 有原像$(n,1)$，所以 f_2 是满射，但 f_2 不是双射。

(3) $f_3:\mathbf{R}\to\mathbf{R}, f_3(x)=x^2(x\in\mathbf{R})$

解：因为 $f_3(1)=f_3(-1)=1$，所以 f_3 不是单射。

对任意 $x\in\mathbf{R}$，有 $f_3(x)=x^2\geqslant 0$，这就是说当 $y<0$ 时，y 在 R 中无原像，因此 f_3 不是满射。由此可知，f_3 也不是双射。

(4) $f_4:\mathbf{R}\to\mathbf{R}, f_4(x)=2x(x\in\mathbf{R})$

解：对任意 $x_1,x_2\in\mathbf{R}$，若有 $x_1\neq x_2$，则 $2x_1\neq 2x_2$，即 $f_4(x_1)\neq f_4(x_2)$，所以 f_4 是单射。

对任意 $x\in\mathbf{R}$，有 $f_4(x/2)=x$，即对任意 $x\in\mathbf{R}$，x 有原像 $x/2$，所以 f_4 是满射。显然，f_4 既是单射，又是满射，所以 f_4 是双射。

【例 25-11】 对于下列给定的集合 A 和 B 构造双射函数 $f:A\to B$。

(1) $A=[0,1]$, $B=\left[\frac{1}{4},\frac{1}{2}\right]$

(2) $A=\mathbf{Z}$, $B=\mathbf{N}$

(3) $A=\left[\frac{\pi}{2},\frac{3\pi}{2}\right]$, $B=[-1,1]$

解：(1) 令 $f:[0,1]\to\left[\frac{1}{4},\frac{1}{2}\right]$, $f(x)=\frac{x+1}{4}$。

(2) 将 **Z** 中的元素依下列顺序排序并与 **N** 中元素对应。

$$\begin{array}{lcccccccc} \mathbf{Z}: & 0 & -1 & 1 & -2 & 2 & -3 & 3 & \cdots \\ & \downarrow & \downarrow & \downarrow & \downarrow & \downarrow & \downarrow & \downarrow & \\ \mathbf{N}: & 0 & 1 & 2 & 3 & 4 & 5 & 6 & \cdots \end{array}$$

(3) 令 $f:\left[\frac{\pi}{2},\frac{3\pi}{2}\right]\to[-1,1]$, $f(x)=\sin(x)$。

25.3 复合函数

【定义 25-8】 设 f 是 X 到 Y 的函数，g 是 Y 到 Z 的函数，则复合关系

$$f\circ g=\{(x,z)\mid x\in X, z\in Z \text{ 且}\exists y\in Y\text{，使 } f(x)=y, g(y)=z\}$$

是由 X 到 Z 的函数。

【例 25-12】 设有函数 $f:\mathbf{R}\to\mathbf{R}$ 和 $g:\mathbf{R}\to\mathbf{R}$，且有 $f(x)=2x+1$，$g(x)=x^2+1$，试求复合函数 $f\circ g$，$g\circ f$，$f\circ f$，$g\circ g$。

解：$f\circ g(x)=f(g(x))=2(x^2+1)+1=2x^2+3$

$g\circ f(x)=g(f(x))=(2x+1)^2+1=4x^2+4x+2$

$f\circ f(x)=f(f(x))=2(2x+1)+1=4x+3$

$g\circ g(x)=g(g(x))=(x^2+1)^2+1=x^4+2x^2+2$

【例 25-13】 设 $X=\{1,2,3\}$，$Y=\{p,q\}$，$Z=\{a,b\}$，$f=\{<1,p>,<2,p>,<3,q>\}$，$g=\{<p,b>,<q,b>\}$，求 $g\circ f$。

解：$g\circ f=\{<1,b>,<2,b>,<3,b>\}$。

当 f，g 为函数时，它们的复合作用于自变量的顺序刚好与合成的原始记号的顺序相反，故约定把两个函数 f 和 g 的复合记为 $g\circ f$。

【例 25-14】 设 $f:\mathbf{R}\to\mathbf{R}$，$g:\mathbf{R}\to\mathbf{R}$，$h:\mathbf{R}\to\mathbf{R}$，满足：$f(x)=2x$，$g(x)=(x+1)^2$，$h(x)=\frac{x}{2}$。求：

(1) $(f\circ g)\circ h$，$f\circ(g\circ h)$；

(2) $f\circ h$，$g\circ f$。

解：(1) 计算如下。

$$((f\circ g)\circ h)(x)=h((f\circ g)(x))=h(g(f(x)))=h(g(2x))=h((2x+1)^2)=\frac{(2x+1)^2}{2}$$

$$(f\circ(g\circ h))(x)=(g\circ h)(f(x))=h(g(f(x)))=\frac{(2x+1)^2}{2}$$

(2) 按照复合函数定义有：

$$f \circ h(x) = h(f(x)) = h(2x) = x$$

$$h \circ f(x) = f(h(x)) = f\left(\frac{x}{2}\right) = x$$

说明：(1) 写复合函数运算时将复合函数从右至左写成含自变量的复合形式；

(2) 从例 25-14 可以看出，函数的复合运算满足结合律。函数也是一种特殊关系，所以关系复合运算的一切定理都可以推广到函数中来。

此外，还有下面的定理。

【定理 25-1】 设 $f: X \to Y, g: Y \to Z, h: Z \to D$，则 $h \circ (g \circ f) = (h \circ g) \circ f$。

【定理 25-2】 设 $f: X \to Y, g: Y \to Z$，

(1) 如果 f, g 是单射，则 $g \circ f: X \to Z$ 也是单射；

(2) 如果 f, g 是满射，则 $g \circ f: X \to Z$ 也是满射；

(3) 如果 f, g 是双射，则 $g \circ f: X \to Z$ 也是双射。

【定理 25-3】 设 $f: X \to Y, g: Y \to Z$，

(1) 若 $g \circ f$ 是单射，则 f 是单射；

(2) 若 $g \circ f$ 是满射，则 g 是满射；

(3) 若 $g \circ f$ 是双射，则 f 是单射，g 是满射。

25.4 逆 函 数

在一般关系 R 的求逆运算中，任意关系都可通过求逆运算而得到其逆关系。但是，对函数来说，并不是所有的函数都有逆函数。因为函数要求满足 $\text{dom } f = A$ 和 A 中的每个元素都有唯一的像，所以在求一个函数的逆运算时，有相应的特殊要求。

【定义 25-9】 设 $f: X \to Y$ 是双射函数，称 $f^{-1}: Y \to X$ 是 f 的逆函数，并称 f 是可逆的。

【例 25-15】 设 $A = \{1,2,3\}$，$B = \{a,b,c\}$，$f: A \to B$ 为 $f = \{<1,a>, <2,c>, <3,b>\}$，则 $f^{-1} = \{<a,1>, <c,2>, <b,3>\}$。

若 $f = \{<1,a>, <2,b>, <3,b>\}$，则 f 的逆关系 $f^{-1} = \{<a,1>, <b,2>, <b,3>\}$ 就不是一个函数。

【定理 25-4】 若 $f: X \to Y$ 是可逆的，那么

(1) $(f^{-1})^{-1} = f$；

(2) $f^{-1} \circ f = I_X, f \circ f^{-1} = I_Y$。

【定理 25-5】 设 X, Y, Z 是集合，如果 $f: X \to Y, g: Y \to Z$ 都是可逆的，那么 $g \circ f$ 也是可逆的，且 $(g \circ f)^{-1} = f^{-1} \circ g^{-1}$。

【定义 25-10】 设 $f: X \to Y, g: Y \to X$，

(1) 若 $g \circ f = I_X$，则称 f 为左可逆的，并称 g 为 f 的左逆函数，简称左逆；

(2) 若 $f \circ g = I_Y$，则称 f 为右可逆的，并称 g 为 f 的右逆函数，简称右逆。

【例 25-16】 设 $A = \{0,1,2,\cdots,m-1\}$，从 A 到 A 的函数 f, g, h 如下：

$$f = \{(0,1), (1,2), (2,3), \cdots, (m-2, m-1), (m-1, 0)\};$$

$$g = \{(1,0),(2,1),(3,2),\cdots,(m-1,m-2),(0,m-1)\};$$
$$h = \{(0,1),(1,2),(2,3),\cdots,(m-2,m-1),(m-1,1)\}。$$

则有 $f \circ g = g \circ f = \mathrm{I}_A$。

所以，g 既是 f 的左逆，又是 f 的右逆。而函数 h 既无左逆，也无右逆。

【例 25-17】 令 $f:\{a_1, a_2, a_3\} \to \{b_1, b_2, b_3\}$，其定义如图 25-3 所示，求 $f^{-1} \circ f$ 和 $f \circ f^{-1}$。

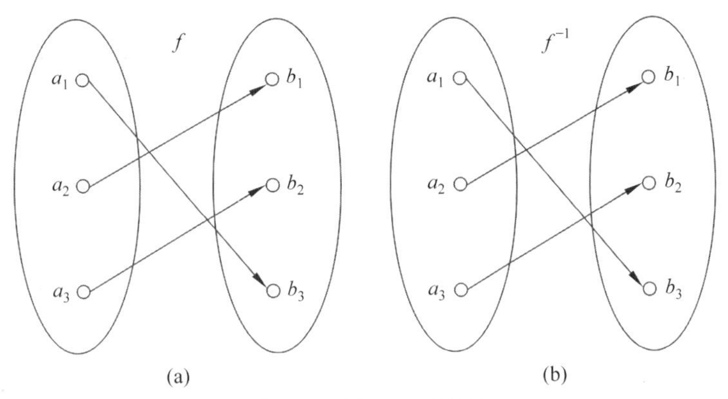

图 25-3　例 25-17 图(1)

解：结果如图 25-4 所示。

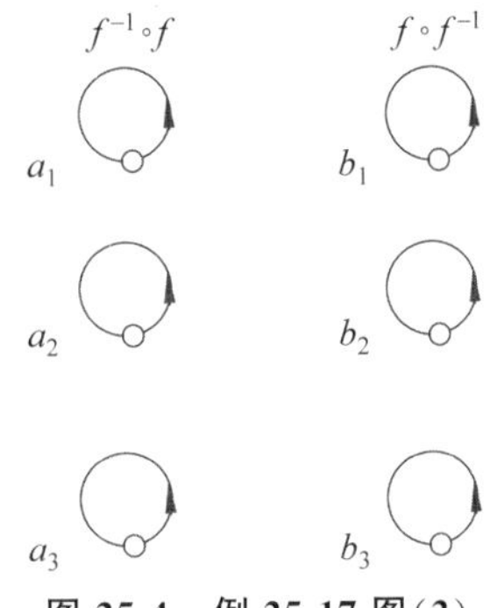

图 25-4　例 25-17 图(2)

【定理 25-6】 设 $f: X \to Y$，且 $X \neq \varnothing$，则有

(1) f 有左逆函数当且仅当 f 为单射；

(2) f 有右逆函数当且仅当 f 为满射。

【定理 25-7】 设 X, Y 是集合，且有 $f: X \to Y$，则下列命题是等价的：

(1) f 是双射；

(2) f 是可逆的；

(3) f 既是左可逆的，又是右可逆的。

【例 25-18】 下列函数是否存在逆函数？若有，则求出其逆函数。

(1) $f: \mathbf{R} \to \mathbf{R}, f(x) = 3x + 1$；

(2) $g: \mathbf{R} \to \mathbf{R}, g(x) = x^2$；

(3) $h: \mathbf{R} \to \mathbf{R}, h(x) = x^3$。

解：要判断函数是否存在逆函数，实际上就是要判断函数是否为双射。

(1) 因为 f 是双射，所以 f 存在逆函数，且 $f^{-1}(x)=(x-1)/3$。

(2) 因为 g 不是双射，所以 g 不存在逆函数。

(3) 因为 h 是双射，所以 h 存在逆函数，且 $h^{-1}(x)=x^{1/3}$。

【定理 25-8】 若 $f: X\to Y$ 是可逆的，则 $(f^{-1})^{-1}=f$。

证明：

(1) 因 $f: X\to Y$ 是一一对应的函数，故 $f^{-1}: X\to Y$ 也是一一对应的函数。因此 $(f^{-1})^{-1}$：$X\to Y$ 又是一一对应的函数。显然

$$\text{dom } f=\text{dom } (f^{-1})^{-1}=X$$

(2) 设 $x\in X \Rightarrow f: x\to f(x)$

$$\Rightarrow f^{-1}: f(x)\to x$$

$$\Rightarrow (f^{-1})^{-1}: x\to f(x)$$

由(1)和(2)得 $(f^{-1})^{-1}=f$。

【定理 25-9】 设 $f: X\to Y, g: Y\to Z$ 都是可逆的，那么 $g\circ f$ 也是可逆的，且 $(g\circ f)^{-1}=f^{-1}\circ g^{-1}$。

证明：

(1) 因 $f: X\to Y, g: Y\to Z$ 都是一一对应的函数，故 f^{-1} 和 g^{-1} 均存在，且 $f^{-1}: Y\to X, g^{-1}: Z\to Y$，所以 $f^{-1}\circ g^{-1}: Z\to X$。

根据定理 25-4，$g\circ f: X\to Z$ 是双射，故 $(g\circ f)^{-1}$ 存在且 $(g\circ f)^{-1}: Z\to X$。

$$\text{dom } (f^{-1}\circ g^{-1})=\text{dom } (g\circ f)^{-1}=Z$$

(2) 对任意 $z\in Z\Rightarrow$ 存在唯一 $y\in Y$，使得 $g(y)=z\Rightarrow$ 存在唯一 $x\in X$，使得 $f(x)=y$，故

$$(f^{-1}\circ g^{-1})(z)=f^{-1}(g^{-1}(z))=f^{-1}(y)=x$$

但

$$(g\circ f)(x)=g(f(x))=g(y)=z$$

故

$$(g\circ f)^{-1}(z)=x$$

因此对任意 $z\in Z$ 有

$$(g\circ f)^{-1}(z)=(f^{-1}\circ g^{-1})(z)$$

由(1)和(2)，可得

$$(f^{-1}\circ g^{-1})=(g\circ f)^{-1}$$

【定义 25-11】 设 A 是集合，令 $I_A=\{(x,x)\mid x\in A\}$，则称 I_A 为 A 上的**恒等函数**。

也就是说，集合 A 上的恒等关系 I_A 符合函数的定义条件，它使得 A 中的每个元素均以自身为像，因此又称 I_A 为集合 A 上的**恒等函数**。

25.5 函数运算的应用

双射函数是密码学中的重要工具，因为在密码体制中大都会同时涉及加密和解密。

【例 25-19】 假设 f 是由表 25-1 定义的。

表 25-1　英文字母密码表

A	B	C	D	E	F	G	H	I	J	K	L	M
D	E	S	T	I	N	Y	A	B	C	F	G	H
N	**O**	**P**	**Q**	**R**	**S**	**T**	**U**	**V**	**W**	**X**	**Y**	**Z**
J	K	L	M	O	P	Q	R	U	V	W	X	Z

即 $f(\mathrm{A})=\mathrm{D}, f(\mathrm{B})=\mathrm{E}, f(\mathrm{C})=\mathrm{S}$ 等。试找出给定密文“QAIQORSFDOOBUIPQKJBYAQ”对应的明文。

解：表 25-1 给出了一个双射函数 f，为求出给定密文的明文，只需要求出 f 的逆函数 f^{-1}，按照 f^{-1} 的对应关系依次还原出对应字母的原像。表 25-1 的逆 f^{-1} 如表 25-2 所示。

表 25-2　逆函数 f^{-1} 的对应关系

A	B	C	D	E	F	G	H	I	J	K	L	M
B	I	J	A	B	K	L	M	E	N	O	P	Q
N	**O**	**P**	**Q**	**R**	**S**	**T**	**U**	**V**	**W**	**X**	**Y**	**Z**
F	R	S	T	U	C	D	V	W	X	Y	G	Z

将密文“QAIQORSFDOOBUIPQKJBYAQ”中的每个字母在 f^{-1} 中找出其对应的像，得到对应的明文是“THETRUCKARRIVESTONIGHT”。

【例 25-20】 设有按顺序排列的 13 张红心纸牌：

A 2 3 4 5 6 7 8 9 10 J Q K

经过一次洗牌后的顺序变为

3 8 K A 4 10 Q J 5 7 6 2 9

问：再经过两次同样方式的洗牌后，牌的顺序是怎样的？

解：将洗牌的过程视为建立函数的过程，即 $f(\mathrm{A})=3, f(2)=8, f(3)=\mathrm{K}, f(4)=\mathrm{A}, f(5)=4, f(6)=10, f(7)=\mathrm{Q}, f(8)=\mathrm{J}, f(9)=5, f(10)=7, f(\mathrm{J})=6, f(\mathrm{Q})=2, f(\mathrm{K})=9$。

则经过两次同样方式的洗牌后，牌的顺序即为求 $f\circ f\circ f$ 值的过程，如表 25-3 所示。

表 25-3　$f\circ f\circ f$ 求解过程

	A	2	3	4	5	6	7	8	9	10	J	Q	K
f	3	8	K	A	4	10	Q	J	5	7	6	2	8
$f\circ f$	K	J	9	3	A	7	2	6	4	Q	10	8	5
$f\circ f\circ f$	9	6	5	K	3	Q	8	10	A	2	7	3	4

习　题

1. 下列关系中哪个能构成函数？

(1) $f=\{<x_1,x_2>|x_1,x_2\in\mathbf{N}, 且\ x_1+x_2<10\}$。

(2) $f=\{<x_1, x_2> \mid x_1, x_2 \in \mathbf{R}, 且\ x_2^2=x_1\}$。

(3) $f=\{<x_1, x_2> \mid x_1, x_2 \in \mathbf{N}, x_2$ 为小于 x_1 的素数个数$\}$。

2. 下列关系中哪些能构成函数?

(1) $\{<x, y> \mid x, y \in \mathbf{N}, x+y<10\}$

(2) $\{<x, y> \mid x, y \in \mathbf{N}, x+y=10\}$

(3) $\{<x, y> \mid x, y \in \mathbf{R}, |x|=y\}$

(4) $\{<x, y> \mid x, y \in \mathbf{R}, x=|y|\}$

(5) $\{<x, y> \mid x, y \in \mathbf{R}, |x|=|y|\}$

3. 下列函数是满射、单射还是双射?

(1) $f: A \rightarrow A/\rho$, ρ 是集合 A 上的等价关系, $f=\{(x, [x]_\rho) \mid x \in A\}$

(2) $f: \mathbf{N} \rightarrow \mathbf{N}, f(n)=2n (n \in \mathbf{N})$

(3) 设 A 为集合, $f: P(A) \rightarrow P(A), f(S)=S' (S \subseteq A)$

(4) $f: \{a, b\} \rightarrow \{2,4,6\}, f(a)=2, f(b)=6$

4. 设 $A=\{a, b, c\}, B=\{p, q\}$, 试问有多少个由 A 到 B 的函数? 有多少个由 A 到 B 的满射?

5. 设 $A=\{1,2,3,4\}, B=\{1,2,3,4,5\}, C=\{1,2,3\}$。

$f: A \rightarrow B, f=\{<1,2>, <2,1>, <3,3>, <4,5>\}$,

$g: B \rightarrow C, g=\{<1,1>, <2,2>, <3,3>, <4,3>, <5,2>\}$,

求 $g \circ f$。

6. 设 f, g 均为实函数, $f(x)=2x+1, g(x)=x^2+1$, 求 $f \circ g, g \circ f, f \circ f, g \circ g$。

7. 设 f, g 均为自然数集 $\mathbf{N}$ 上的函数, 且

$$f(x)=\begin{cases} x+1, & x=0,1,2,3 \\ 0, & x=4 \\ x, & x \geqslant 5 \end{cases} \qquad g(x)=\begin{cases} x/2, & x \text{ 为偶数} \\ 3, & x \text{ 为奇数} \end{cases}$$

(1) 求 $g \circ f$, 并讨论它的性质(是否为单射或满射)。

(2) 设 $A=\{0,1,2\}$, 求 $g \circ f(A)$。

8. 设 $f: \mathbf{R} \rightarrow \mathbf{R}, f(x)=x^2-2$; $g: \mathbf{R} \rightarrow \mathbf{R}, g(x)=x+4$。

(1) 求 $g \circ f, f \circ g$。

(2) 问 $g \circ f$ 和 $f \circ g$ 是否为单射、满射、双射?

(3) 求 f、g、$g \circ f$ 和 $f \circ g$ 中的可逆函数的逆函数。

9. 设 $f: \mathbf{N} \times \mathbf{N} \rightarrow \mathbf{N}, f(<x, y>)=x+y+1$。

(1) 说明 f 是否为单射、满射、双射。

(2) 令 $A=\{<x, y> \mid x, y \in \mathbf{N}, f(<x, y>)=3\}$, 求 A。

(3) 令 $B=\{f(<x, y>) \mid x, y \in \{1,2,3\} \wedge (x=y)\}$, 求 B。

10. 设 f 是从 $\mathbf{N}$ 到 $\mathbf{N}$ 的函数, 且

$$f(x)=\begin{cases} x+1, & x=0,1,2,3 \\ 0, & x=4 \\ x, & x \geqslant 5 \end{cases}$$

证明: f 是双射的, 并求 f 的逆函数。

第26章 康托尔定理

本章思维导图

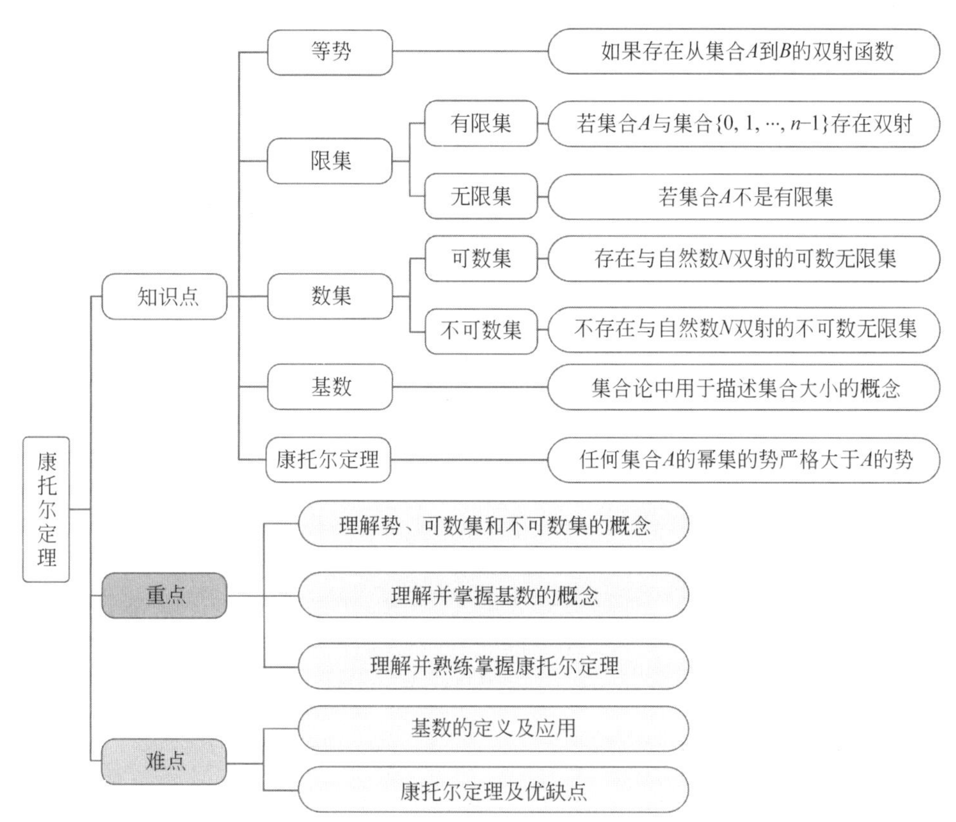

康托尔定理(Cantor's Theorem)是集合论中的一个重要定理,它指出任何集合 A 的幂集(A 的所有子集的集合)的势(集合中元素的数量)严格大于 A 的势。这一结论不仅适用于有限集合,同样适用于无限集合,特别是可数无限集合的幂集是不可数无限的。这一深刻发现对集合论的发展产生了极为深远影响。

26.1 基　　数

有限集内元素的个数是确定的。然而,当遇到的大量集合的元素都是无限的时,如常见的自然数集 **N**、整数集 **I**、实数集 **R** 等,对于这样的集合应如何表示集合内元素的个数呢?

这样的集合有没有个数呢？如果有，其个数是什么？它们之间有无大小的差别？有些什么规律？

对应是集合之间进行比较的一个非常重要的概念。

一一对应就是指两个集合之间存在双射，利用双射函数来讨论集合的势。

通俗地说，集合的势是度量集合所含元素多少的量。集合的势越大。所含的元素就越多，所以可以用**双射**的概念来刻画集合的个数。

26.1.1 集合的势

“所有整数的数量和一条直线上所有点的数量，这两个到底哪个大?”这个问题最初是由**康托尔**(Cantor)提出的。

在原始部落中，不存在比 3 大的数，若问他们当中的一个人有几个孩子，当孩子多于 3 个时，其回答是很多。在比较一堆珠子和一堆铜币哪个多时，人们将怎么完成呢？人们是通过把珠子和铜币逐个比较，最后看哪堆有剩余，若同时没有，则两者相同。

对于无穷大数的比较，也面临着类似于原始部落的问题。康托尔的解决办法与上述方法相同：

给两组元素无穷多的序列中的各个数一一配对，若最后这两组元素恰好配对完毕，则认为这两个无穷大数是相等的，若有一组还没匹配完，则该组就比另一组大。

正是基于这一基本设想，可给出对于两个集合比较其元素个数大小的方法。

【定义 26-1】 设 A，B 是集合，如果存在从 A 到 B 的双射函数，那么称 A 和 B 是等势的，记作 $A \approx B$，如果 A 不与 B 等势，则记作 $A \not\approx B$。

等势关系具有自反性、对称性和传递性。

【定理 26-1】 在集合族上，等势关系是等价关系。

下面给出一些等势集合的例子。

【例 26-1】 (1) $\mathbf{Z} \approx \mathbf{N}$，由**定义 22-7** 的双射函数可直接证明 $\mathbf{Z} \approx \mathbf{N}$。

(2) $\mathbf{N} \times \mathbf{N} \approx \mathbf{N}$。为建立从 $\mathbf{N} \times \mathbf{N}$ 到 $\mathbf{N}$ 的双射函数，只需要把 $\mathbf{N} \times \mathbf{N}$ 中的所有元素排成一个有序图形，如图 26-1 所示。$\mathbf{N} \times \mathbf{N}$ 中的元素恰好是坐标平面上第一象限(含坐标轴在内)中所有整数坐标的点。如果能找到“数遍”这些点的方法，那么这个计数过程就是建立从 $\mathbf{N} \times \mathbf{N}$ 到 $\mathbf{N}$ 的双射函数的过程。按照图 26-1 中箭头所标明的顺序，从 $<0,0>$ 开始数起，依次得到下面的序列：

$$
\begin{array}{ccccccc}
<0,0> & <0,1> & <1,0> & <0,2> & <1,1> & <2,0> & \cdots \\
\downarrow & \downarrow & \downarrow & \downarrow & \downarrow & \downarrow & \\
0 & 1 & 2 & 3 & 4 & 5 &
\end{array}
$$

设 $<m,n>$ 是图上的一个点，并且它所对应的自然数是 k。考察 m，n 与 k 之间的关系。首先计数 $<m,n>$ 点所在斜线下方的平面上所有点的个数，是

$$
1+2+\cdots+(m+n)=\frac{(m+n+1)(m+n)}{2}
$$

然后计数 $<m,n>$ 所在斜线上按照箭头标明的顺序伴于 $<m,n>$ 点之前的点数是 m。因此，$<m,n>$ 点是第 $\frac{(m+n+1)(m+n)}{2}+m+1$ 个点(自然数是 0 开始)。可得

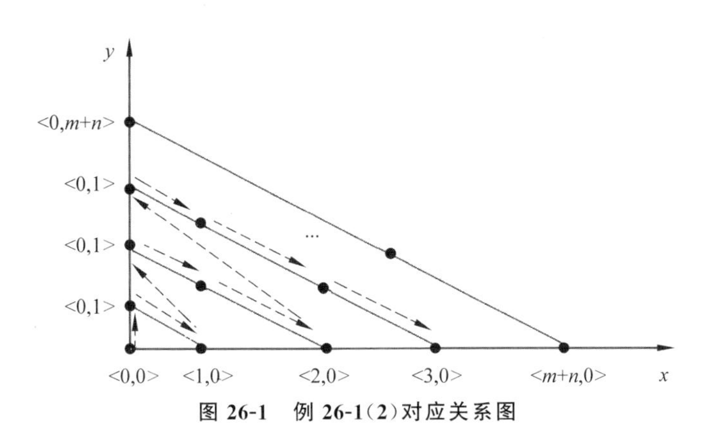

图 26-1　例 26-1(2)对应关系图

$$k=\frac{(m+n+1)(m+n)}{2}+m$$

根据上面的分析,不难给出从 $\mathbf{N}\times\mathbf{N}$ 到 $\mathbf{N}$ 的双射函数 f,即

$$f:\mathbf{N}\times\mathbf{N}\rightarrow\mathbf{N}$$

$$f(<m,n>)=\frac{(m+n+1)(m+n)}{2}+m$$

(3) $\mathbf{N}\approx\mathbf{Q}$: 为建立 $\mathbf{N}$ 到 $\mathbf{Q}$ 的双射函数,先把所有形式为 p/q(p,q 为整数且 $q>0$)的数排成一张表。显然,所有的有理数都在这张表内,如图 26-2 所示,以 0/1 作为第一个数,按照箭头规定的顺序可以“数遍”表中所有的数。但是这个计数过程没有建立从 $\mathbf{N}$ 到 $\mathbf{Q}$ 的双射,因为同一个有理数可能被多次数到。例如,1/1、2/2、3/3 等都是有理数 1。为此规定,在计数过程中必须跳过第二次以及以后各次所遇到的同一个有理数。如果 1/1 被计数,那么 2/2、3/3 等都要被跳过。表中数 p/q 上方的方括号内标明了这个有理数所对应的计数。这样就可以定义双射函数 $f:\mathbf{N}\rightarrow\mathbf{Q}$,其中 $f(n)$是$[n]$下方的有理数。

…	←	−3/1[18]		−2/1[5]	←	−1/1[4]		0/1[0]	→	1/1[1]		2/1[10]	→	3/1[11]	…
		↑		↓		↑				↓		↑		↓	
…		−3/2[17]		−2/2		−1/2[3]	←	0/2	←	1/2[3]		2/2		3/2[12]	…
		↑		↓								↑		↓	
…		−3/3		−2/3[6]	→	−1/3[7]	→	0/3	→	1/3[8]	→	2/3[9]		3/3	…
		↑												↓	
…		−3/4[16]	←	−2/4	←	−1/4[15]	←	0/4	←	1/4[14]	←	2/4	←	3/4[13]	…
		…													

图 26-2　例 26-1(3)对应关系图

所以 $\mathbf{N}\approx\mathbf{Q}$。

(4) $(0,1)\approx\mathbf{R}$,其中$(0,1)=\{x\mid x\in\mathbf{R}\wedge 0<x<1\}$。

令:

$$f:(0,1)\rightarrow\mathbf{R},\quad f(x)=\tan\pi\,\frac{2x-1}{2}$$

易见 f 是单调上升的,且 $\operatorname{ran}f=R$,所以 $(0,1)\approx R$。

(5) $[0,1]\approx(0,1)$。构造双射函数 $f:[0,1]\rightarrow(0,1)$,其中

$$f(x)=\begin{cases}\frac{1}{2}, & x=0\\ \frac{1}{2^2}, & x=1\\ \frac{1}{2^{n+2}}, & x=\frac{1}{2^n}\\ x, & \text{其他}\end{cases}$$

(6) 对任何 $a,b\in\mathbf{R},a<b,[0,1]\approx[a,b]$。只需找一个过点$(0, a)$和$(1, b)$的单调函数即可。显然,一次函数是最简单的。由解析几何的知识不难得到

$$f:[0,1]\to[a,b],f(x)=(b-a)x+a$$

所以$[0,1]\approx[a,b]$。

说明:类似于$[0,1]\approx[a,b]$的证明,对任何 $a,b\in\mathbf{R},a<b,[0,1]\approx[a,b]$。

以上已经给出了若干等势的集合。

一般来说,等势具有:**自反性**、**对称性**和**传递性**。

【定理 26-2】 设 A,B,C 是任意集合,

(1) $A\approx A$;

(2) 若 $A\approx B$,则 $B\approx A$;

(3) 若 $A\approx B,B\approx C$,则 $A\approx C$。

证明留做练习,由等势定义与双射函数关系可证。

以下给出集合大小的严格定义。

【定义 26-2】 设 A,B 是任意的集合,则

(1) 如果存在从 A 到 B 的单射函数,则称 B 优势于 A,记作 $A\leqslant\cdot B$。如果 B **不是优势于 A** 的,则记作 $A\nleqslant\cdot B$。

(2) 如果 $A\leqslant\cdot B$,且 $A\not\approx B$,则称 B 真优势于 A,记作 $A<\cdot B$。如果 B **不是真优势于 A** 的,则记作 $A\nless\cdot B$。

例如,$\mathbf{N}\leqslant\cdot\mathbf{N},\mathbf{N}\leqslant\cdot\mathbf{R},A\leqslant\cdot P(A)$,但 $\mathbf{R}\nleqslant\cdot\mathbf{N}$。又如 $\mathbf{N}<\cdot\mathbf{R},A<\cdot P(A)$,但 $\mathbf{N}\nless\cdot\mathbf{N}$。

优势具有下述的性质,下面不加证明地给出以下结论。

【定理 26-3】 设 A,B,C 是任意的集合,则

(1) $A\leqslant\cdot A$;

(2) 若 $A\leqslant\cdot B$ 且 $B\leqslant\cdot A$,则 $A\approx B$;

(3) 若 $A\leqslant\cdot B$ 且 $B\leqslant\cdot C$,则 $A\leqslant\cdot C$。

以上定理不仅为证明集合之间的优势提供了方法,也为证明集合之间的等势提供了一个有力工具,因为在某些情况下直接构造从 A 到 B 的双射是相当困难的。相比之下,构造两个单射函数 $f:A\to B$ 和 $f:B\to A$ 则可能要容易很多。

26.1.2 有限集与无限集

【定义 26-3】 设 A 为一个集合,若 A 为空集或与集合$\{0,1,2,\cdots,n-1\}$存在**双射**,则称 A 为**有限集**,且$|A|=n\in\mathbf{N}$。若集合 A 不是有限集,则称 A 为**无限集**。

【定理 26-4】 自然数集 $\mathbf{N}$ 是无限集。

证明思路：证明 **N** 不是有限集。

关键是要证明对任何 $n\in\mathbf{N}$，不存在从 $\{0,1,2,\cdots,n-1\}$ 到 **N** 的双射。

证明：设 n 是 **N** 中任一元素，f 是从 $\{0,1,2,\cdots,n-1\}$ 到 **N** 的任一函数，令 $K=1+\max\{f(0),f(1),\cdots,f(n-1)\}$，则 $K\in\mathbf{N}$，但对于 K，对任意 $a\in\{0,1,2,\cdots,n-1\}$，有 $f(a)\neq K$，所以 f 不是满射。由 n 和 f 的任意性可知 **N** 是无限集。

26.1.3 集合的基数

【定义 26-4】 所有与集合 A 等势的集合所组成的集合族的共同性质，称为集合 A 的**基数**(Cardinal Number)，记为 $K[A]$(或 A)。

从基数的定义可以看到，有限集合的基数就是其元素的个数。这里约定空集的基数为0。有限集合 A 的基数记为 $|A|$；A 和 B 的基数相同，记为 $|A|=|B|$。而对一般集合，如果两个集合能够建立双射函数，则两集合元素间必一一对应，称 A 和 B 的基数相同。自然数集 **N** 的基数表示的是可数无限集合，即**自然数集的基数** $K[\mathbf{N}]$，记作$\aleph_0$，读作阿列夫零，这是**最小的无限基数**。

【例 26-2】 设 **N** 与 **I** 之间有如下一一对应：

$$\mathbf{N}:0,1,\ 2,3,\ 4,5,\ 6,\cdots$$
$$\mathbf{I}:0,1,-1,2,-2,3,-3,\cdots$$

即存在双射 $f:\mathbf{N}\to\mathbf{I}$，使对 $n\in\mathbf{N}$，有

$$f(n)=\begin{cases}-\dfrac{1}{2}n & n\text{ 为偶数}\\[2mm] \dfrac{1}{2}(n+1) & n\text{ 为奇数}\end{cases}$$

所以，$K[\mathbf{I}]=\aleph_0$。

【例 26-3】 设 $E=\{0,2,4,\cdots\}$，因为存在 $f:\mathbf{N}\to E$，对任何 $n\in\mathbf{N}$ 有 $f(n)=2n$，显然 f 是 $\mathbf{N}\to E$ 的双射。这里 E 是 **N** 的真子集，然而 $K[E]=K[\mathbf{N}]=\aleph_0$。

这一事实揭示了无限集的一个重要特征：**无限集可以与它的一个真子集对等**。

【定理 26-5】 无限集必与它的一个真子集对等。

证明：设 A 是任意的无限集，从中取一个元素记为 a_1，则 $A-\{a_1\}$为非空无限集，再在 $A-\{a_1\}$中取任意一个元素记为 a_2，$A-\{a_1,a_2\}$还是非空无限集，取元素过程一直进行下去，从 A 中可取出一列元素 $a_1,a_2,\cdots$，将 $A-\{a_1,a_2,\cdots\}$记为 A'，则 $A=A'\cup\{a_1,a_2,\cdots\}$。在 A 中取真子集 $B=A'\cup\{a_2,a_4,\cdots\}$。

现构造函数 $f:A\to B$，即

$$f(x)=\begin{cases}a_{2i} & x=a_i\\ x & x\in A'\end{cases}$$

推论：凡不能与自身的任一真子集对等的集合为**有限集**。

凡能与自身的某一真子集对等的集合称为无限集，否则称为**有限集**。

【例 26-4】 求下列集合的基数。

(1) T＝单词“BASEBALL”中字母组成的集合。

(2) $B=\{x\mid x^2=9\wedge 2x=8\wedge x\in\mathbf{R}\}$。

(3) $C=P(A)$，$A=\{1,3,5,7\}$。

解：(1) 由 $T=\{B,A,S,E,L\}$，可知 $K[T]=5$。

(2) 由 $B=\varnothing$，可知 $K[B]=0$。

(3) 由 $|A|=4$，可知 $K[P(A)]=2^4=16$。

【例 26-5】 在正整数集合中，元素的个数是否与其奇数/偶数的个数相等？

解：设正整数集合为 $\mathbf{I}^+=\{1,2,3,\cdots,n\}$，相应的奇数集合为 $E=\{1,3,5,\cdots,2n-1\}$，则集合 $\mathbf{I}^+$ 与奇数集合 E 可以建立一一映射的关系。

因此，正整数集合中元素的个数与其奇数的个数相等。

同理，也可证明正整数集合中元素的个数与其偶数的个数相等。

前面的例子和定理说明了这样的事实：**在无穷大的世界里，部分可能等于全部**。

那么是否无穷大数都是相等的？

下面定义基数的相等和大小。

【定义 26-5】 设 A，B 为集合，则

(1) $K[A]=K[B] \Leftrightarrow A\approx B$；

(2) $K[A]\leqslant K[B] \Leftrightarrow A\leqslant\cdot B$；

(3) $K[A]<K[B] \Leftrightarrow K[A]\leqslant K[B] \wedge K[A]\neq K[B]$。

根据定义 26-1 关于势的讨论不难得到常见集合的基数具有以下关系：

$$K[\mathbf{Z}]=K[\mathbf{Q}]=K[\mathbf{N}\times\mathbf{N}]=K[A]=\aleph_0$$

$$K[P(\mathbf{N})]=K[2^N]=K[a,b]=K[c,d]=\aleph$$

$$\aleph_0<\aleph$$

其中，$2^N=\{0,1\}^N$。从这里可以看出，集合的基数就是集合的势。基数越大，势就越大。

由于对任何集合 A 都满足 $A<\cdot\ P(A)$，所以有

$$K[A]<K[P(A)]$$

这说明不存在最大的基数。将已知的基数按从小到大的顺序排列可得

$$0,1,2,\cdots,n,\cdots,\aleph_0,\aleph,\cdots$$

其中，$0,1,2,\cdots,n,\cdots$恰好是全体自然数，是有穷集的基数，也称作有穷基数，而$\aleph_0$，$\aleph$，$\cdots$是无穷集合的基数，也称作无穷基数，$\aleph_0$是最小的无穷基数，而$\aleph$后面还有更大的基数，如 $K[P(\mathbf{R})]$。

拓展阅读：基数的意义

基数在现代数学和其他科学领域中有广泛的应用。在计算机科学中，基数的概念用于理解数据结构和算法的性能。当处理大量数据时，了解数据集的基数有助于选择适当的排序、查找和存储算法。例如，对具有不同基数的数据集进行排序时，可能需要采用不同的排序算法，以便在不同情况下达到最佳性能。

在信息论中，基数扮演着重要角色，尤其是在处理离散信源和信道容量的问题时。理解信源或信道的基数有助于确定有效的编码和解码策略，从而实现高效的信息传输和存储。此外，基数在香农熵的计算中也起到了关键作用，香农熵可以用于量化信息的不确定性。

基数在概率论和统计学中的应用也非常广泛。计算概率空间中事件的可能性、分布函数的定义和参数估计等都与基数有关。理解基数有助于分析随机过程和统计模型的性质，以及为统计推断提供理论基础。

在量子信息科学中,基数的概念用于描述量子系统的状态空间。量子比特(Qubit)是量子信息科学的基本单元,其状态空间具有两个基本状态,因此具有基数 2。类似地,量子多比特系统具有更大的基数,这对于描述量子计算和量子通信等领域的问题具有重要意义。

26.2 可数集与不可数集

可数集与不可数集是数学中描述集合大小的重要概念,尤其针对无限集。

可数集又称可列集,是指能与自然数集建立一一对应关系的集合,即集合中的元素可以像自然数一样被逐一列出,如整数集、有理数集。

不可数集指无法与自然数集建立一一对应关系的无限集,其元素“太多”以至于不能用自然数来逐一标记,实数集就是一个典型的不可数集。

简言之,可数集是“可列举”的无限集,而不可数集则是“不可完全列举”的无限集,它们在集合论和数学分析中有着广泛的应用与深刻的理论意义。

【定义 26-6】 若存在从自然数集合 **N** 到 A 的双射,则称 A 为可数无限集,简称**可数集**或可列集,$K[A]=\aleph_0$。

【定理 26-6】

(1) 设 A 是无限可数集,若存在从 A 到 B 的双射,则 B 也是可数集。

(2) 集合 A 是可数集的充要条件是集合 A 中的元素可以排成一个无穷序列的形式:$a_0,a_1,a_2,a_3,a_4,\cdots$。

注意:定理中的“无限”两字不能去掉,这是因为可数集是指**可数无限集**。

【定理 26-7】 可数集中加入有限个元素(或删去有限个元素)后仍为可数集。

【定理 26-8】 两个可数集之并仍为可数集。

推论:有限个可数集之并仍为可数集。

【定理 26-9】 可数个两两不相交的可数集的并集仍为可数集。

【定理 26-10】 $[0,1]$是不可数集。

这样$[0,1]$的基数就不是$\aleph_0$,称$[0,1]$为**连续统**,基数记为$\aleph$或 C,有时也记为$\aleph_1$。

【定理 26-11】 设 A 是有限集或可数集,B 是任一无限集,则 $K[A\cup B]=K[B]$。

实数集 R 的基数:构造$(0,1)$到 **R** 的双射 f:$f(x)=\tan(\pi x-\pi/2)$。因此可知 $K[\mathbf{R}]=K[(0,1)]=\aleph$。

由此可以发现,线段上的点数和实数轴上的点数是一样的。

整数集、非负整数集、正整数集、有理数集的基数是$\aleph_0$。实数集的基数为$\aleph$。

设 **P** 表示无理数集,显然 **P** 是无限集,而 $\mathbf{R}=\mathbf{P}\cup\mathbf{Q}$,因为 $K[\mathbf{Q}]=\aleph_0$。

所以,$K[\mathbf{R}]=K[\mathbf{P}\cup\mathbf{Q}]=K[\mathbf{P}]$,所以 **P** 的基数是$\aleph$。

那么无理数集?

设 **P** 表示无理数集,显然 **P** 是无限集,而 $\mathbf{R}=\mathbf{P}\cup\mathbf{Q}$,因为 $K[\mathbf{Q}]=\aleph_0$。

所以,$K[\mathbf{R}]=K[\mathbf{P}\cup\mathbf{Q}]=K[\mathbf{P}]$,所以 **P** 的基数是$\aleph$。

例如,$\{a, b, c\}$, **N**, 整数集 **Z**,有理数集 **Q**,以及 $\mathbf{N}\times\mathbf{N}$ 等都是可数集,但实数集 **R** 不是可数集,与 **R** 等势的集合也不是可数集。对于任意可数集,这些元素都可以排列成一个有序图形。换句话说,都可以找到一个“数遍”集合中全体元素的顺序。回顾前面的可数集,特别是无穷可数集,都是用这种方法来证明的。

关于可数集,有下列命题:

(1) 可数集的任何子集都是可数集;

(2) 两个可数集的并是可数集;

(3) 两个可数集的笛卡儿积是可数集;

(4) 可数个可数集的并是可数集;

(5) 无穷集 A 的幂集 $P(A)$ 不是可数集。

26.3 康托尔定理

【定义 26-7】 设 A 和 B 是两个集合,若存在从 A 到 B 的入射,则称 A 的基数小于或等于 B 的基数,记为 $K[A]\leqslant K[B]$ 或 $K[B]\geqslant K[A]$。若 $K[A]\leqslant K[B]$ 且 $K[A]\neq K[B]$,则称 A 的基数小于 B 的基数,记为 $K[A]< K[B]$。

该定义是比较两个有限集的元素个数的推广。

【定理 26-12】 设 A,B,C 是任意集合,那么

(1) 若 $A\subseteq B$,则 $K[A]\leqslant K[B]$;

(2) 若 $K[A]\leqslant K[B]$, $K[B]\leqslant K[C]$,则 $K[A]\leqslant K[C]$。

【定理 26-13】(伯恩斯坦(F. Bernstein)定理) 设 A 和 B 是两个集合,若 $K[A]\leqslant K[B]$,又 $K[B]\leqslant K[A]$,则 $K[A]= K[B]$。

这个定理常用来证明两个集合有相同的基数。

作一单射 $f: A\to B$, 得到 $K[A]\leqslant K[B]$;

再作一单射 $g: B\to A$,得到 $K[B]\leqslant K[A]$;

从而得到 $K[A]= K[B]$。

从伯恩斯坦定理可知:在从 A 到 B 和从 B 到 A 的两个单射的基础上,可以得出存在从 A 到 B 的双射。

找出两个单射往往比直接证明从 A 到 B 存在双射要来得容易。

【例 26-6】 证明$(0,1)$与$[0,1]$有相同的基数。

证明:作单射 $g: [0,1]\to(0,1)$, $g(x)=0.25+x/2$,

故 $[0,1]$的基数小于或等于$(0,1)$的基数。

作单射 $f: (0,1)\to[0,1]$, $f(x)=x$,

故$(0,1)$的基数=$[0,1]$的基数。

由伯恩斯坦定理即可证得。

有限集基数、**可数集基数**和**连续统基数**之间有如下关系。

【定理 26-14】 设 A 是有限集,则 $|A|<\aleph_0<\aleph=\aleph_1$。

是否有一个无限集,它的基数$<\aleph_0$?

$\aleph_0$是最小的无限基数。是否有基数大于$\aleph_1=\aleph$的集合?是否有最大基数的集合?

【定理 26-15】(康托尔定理) 对于任何集合 A,必有 $K[A]< K[P(A)]$。

对于 $K[\mathbf{N}]=\aleph_0$,可以证明 $K[P(\mathbf{N})]=\aleph_1=C$。

康托尔定理是集合论中的一个重要定理，它揭示了**集合与其幂集(该集合所有子集的集合)之间的基本关系**。

康托尔定理可以表述为：对于任何集合 A，都存在一个从 A 到 $P(A)$ 的单射(每个 A 中的元素都映射到 $P(A)$ 中的一个唯一元素，但 $P(A)$ 中可能有元素没有被映射到)，但不存在从 $P(A)$ 到 A 的双射，这直接导致了 A 的势小于或等于 $P(A)$ 的势，但由于存在从 A 到某个真子集(如由 A 的所有单元素子集构成的集合)的单射且不是满射，故可以推断出 A 的势严格小于 $P(A)$ 的势。

简单来说，康托尔定理告诉人们，**任何集合 A 的幂集(A 的所有子集的集合)的势(集合中元素的数量)严格大于 A 的势(原集合更多的"信息"或"元素")**。这一结论不仅适用于有限集合，也适用于无限集合，尤其是可数无限集合的幂集是不可数无限的，这一发现对集合论的发展产生了深远影响。

【例 26-7】 现在对有限集的基数计数：0，1，2，3，…。对无限集的计数：$\aleph_0$，$\aleph_1$，$K[P(P(\mathbf{N}))]=\aleph_2$，…。

与现实生活能对应的如下。

$\aleph_0$：所有整数或分数的个数。

$\aleph_1$：线段上所有几何点的个数或实数的个数。

$K[P(P(\mathbf{N}))]=\aleph_2$：所有几何曲线的个数。

说自然数集基数为$\aleph_0$，曲线集基数为$\aleph_2$，就如同说一副牌有 54 张一样，它们都是计数形式。

到现在为止，对于比$\aleph_2$ 大的有实际意义的无限集还没有发现。

现在什么都可以计数，但没有那么多的内容供数。

前面已经有结论表明$\aleph_0<\aleph=C$，$\aleph_0$是最小的无限基数，现在要问：在$\aleph_0$和$\aleph=C$ 之间有没有其他基数呢?

康托尔早在一百年前就提出了一个猜想，如定理 26-16 所示。

【定理 26-16】 不存在一个集合，其基数大于自然数集合的基数(阿列夫零$\aleph_0$)且小于实数集合的基数(用 C 表示)。

用数学符号表示为：不存在一个集合 X，满足

$$\aleph_0<|X|<C$$

在$\aleph_0$与$\aleph=C$ 之间没有其他的基数，这就是著名的**连续统假设**。

换句话说，**连续统假设认为不存在一个集合，它的大小介于可数无限集合(如自然数、整数和有理数集合)和实数集合之间**。

1900 年，著名数学家希尔伯特(Hilbert)在巴黎数学大会上列举了 23 个未解决的数学问题，向数学家进行挑战，其中第一个就是"康托尔的连续统基数问题"。

值得注意的是，连续统假设既没有被证明为真，也没有被证明为假。哥德尔(Kurt Gödel)和科恩(Paul Cohen)分别在 20 世纪 30 年代和 60 年代证明了在标准的公理集合论(ZFC，Zermelo-Fraenkel 集合论，带选择公理)中，连续统假设既不可证也不可否证。这意味着连续统假设在目前公认的集合论框架中既可以被接受为真，也可以被接受为假，这取决于数学家选择的基本公理。

26.4 ZFC 公理

26.4.1 康托尔悖论

在康托尔的集合论中，序数(Ordinal)和基数(Cardinal)是两个重要的概念。

序数是用来描述集合之间的顺序关系的概念。具体地说，一个序数就是所有在它之前的序数构成的集合。例如，自然数集合{0,1,2,3,…}就是一个序数，因为每个自然数都比前面的自然数大 1。

基数则是用来描述集合大小的概念。一个集合的基数就是它所包含的元素的个数。例如，自然数集合的基数就是无穷，因为它包含了无穷多个元素。

在序数的情况中，这个矛盾通常称为布拉利·福尔蒂(Burali-Forti)悖论。

1. 最大序数悖论

在康托尔的集合论中，每一良序集必有一序数，序数是可以比较大小的。

而在基数情况中，则称之为**康托尔悖论**。与此类似，1899 年，康托尔又发现了"最大基数悖论"，现称为"康托尔悖论"。

2. 最大基数悖论

据康托尔集合理论(定理 26-15 康托尔定理)，任何性质都可以决定一个集合，这样所有的集合又可以组成一个集合，即"所有集合的集合(大全集)"。显然，此集合应该是最大的集合了，因此其基数也应是最大的，然而其子集的集合的基数按"康托尔定理"又必然是更大的，那么，**"所有集合的集合"就不称其为"所有集合的集合"**，这就是**康托尔悖论**。

根据康托尔的结果，所有序数形成一个集合这一假设将会导致存在一个序数小于其自身——对于基数，也有类似的结果。戴德金在听说这些悖论以后，开始怀疑人类的思想是否完全是理性的。1901 年 6 月，伯特兰·罗素在仔细考察这两个悖论并分析它们的结构后，提出了一个新的悖论，被称为**罗素悖论**。

26.4.2 罗素悖论

中学所学的集合的定义无非就是"一些元素所构成的整体"，并且还要定义一些性质：确定性(一个对象要么属于集合 A，要么不属于 A)、无序性(改变元素次序不改变集合)、互异性(集合中的任意两个元素不相同)。

这三个性质看似确定了集合的概念，然而，从现代数学的观点看来，它们只不过是朴素且漏洞百出的自然语言，它们没有说明集合是如何可能的，以及如何合法地定义新的集合等问题。

为了充分说明这一点以理解**罗素悖论**，定义一个这样的集合：

$$B=\{x \mid x \notin x\}$$

即 B 是全体"不属于自己的集合"所构成的集合。这个对象没有为朴素集合论所禁止，但却是灾难性的。

现在问一个简单的问题：B 属于自己吗？如果 B 属于自己，那么按照 B 的定义，B 就不属于自己，如果 B 不属于自己，那么根据定义，B 就属于自己。于是得到了"p 当且仅当

非 p”，这违反了排中律。这就是罗素悖论(此处的悖论特指逻辑学意义上的悖论，即“p 当且仅当非 p”)。

这样的对象应当被禁止，可是朴素集合论却没有禁止它。换言之，朴素集合论是“不一致的”。不一致的系统是没有用的，因为可以从“p 当且仅当非 p”证明任意命题。

证明：

$$p \to p \vee q$$
$$(p \vee q) \wedge (\neg p) \to q$$

所以

$$(p \wedge \neg p) \to q$$

证明从略。

能推出一切命题的理论显然是无用的，所以人们要重新建立集合论。

之所以介绍罗素悖论，是为了让人们感受到自然语言被取代的必要性，也就是说需要解决罗素悖论，从而让人们体会到符号语言代替自然语言的重大意义，这也是为计算机进行自然语言处理奠定基础。

26.4.3 ZFC 公理体系

ZFC 公理体系简称 ZFC，是用于推导集合论命题的基础。这个体系使用了一阶逻辑来描述集合论中的对象和它们之间的关系，包括无限公理、空集公理、外延公理、对并集公理、幂集公理、正则公理等多个公理，以确保集合论中的命题能够推导出来。

ZFC 公理体系是完备的公理系统，包含 ZFC 集合论的所有公理。使用一阶逻辑，可以描述集合论中的所有对象以及它们之间的关系和性质。一阶逻辑是一种描述数学常识的语言，它可以定义对象的基本属性、对象之间的关系等概念。

ZFC 构成一个单一的基本本体论概念集合和一个单一的本体论假定，就是在论域中所有的个体(就是所有数学对象)都是集合。有一个单一的基本二元关系集合成员关系，集合 a 是集合 b 的成员写为 ab(通常读作“a 是 b 的元素”)。ZFC 是一阶理论，所以 ZFC 包括后台逻辑是一阶逻辑的公理。这些公理支配了集合的行为和交互。ZFC 是标准形式的公理化集合论。

1908 年，Ernst Zermelo 提议了第一个公理化集合论——Zermelo 集合论。这个公理化理论不允许构造序数；而多数“普通数学”不使用序数就不能被开发，序数在多数集合论研究中是根本工具。此外，Zermelo 的一个公理涉及“明确性”性质的概念，它的操作性意义是有歧义的。1922 年，Abraham Fraenkel 和 Thoralf Skolem 独立地提议了定义“明确性”性质为可以在一阶逻辑中公式化的任何性质，促成了替代公理。Zermelo 集合论接受替代公理和正规公理，产生了被称为 ZF 的集合论。

向 ZF 增加选择公理产生了 ZFC。在数学成果要求选择公理时，有时明显地这么声明。单独提出 AC 的原因是 AC 天生是非构造性的，它确立一个集合(选择集合)的存在，而不规定如何构造这个集合。所以使用 AC 证明的结果涉及尽管可以证明其存在(如果不忠于构造主义本体论)，但可能永远都不能构造出这个集合。

ZFC 有无穷多个公理，因为替代公理实际上是公理模式。已知 ZFC 和 ZF 集合论都不能用有限数目公理来公式化；这最先由 Richard Montague 证实。另一方面，冯·诺依曼-博内斯-哥德尔集合论(von Neumann-Bernays-Gödel Set Theory,NBG)可以有限地公理化。NBG的本体论同集合一样包括类;类是有成员但不是其他类的成员的实体。NBG和ZFC是等价的集合论,只要在关于集合(就是说不以任何方式提及类)的任何定理中可以证明,就可以在另一个理论中证明。

依据哥德尔第二不完备定理,ZFC的相容性不能在ZFC自身之内证明。ZFC的广延等同于普通数学,所以ZFC的相容性不能在普通数学中证明。ZFC的相容性可从弱不可及基数的存在而得出,它是不能在ZFC中证明的某种东西。但是几乎没有人怀疑ZFC有什么未被发觉的矛盾;如果ZFC是不自洽的,早就该被发掘出来。

这是确定无疑的:**ZFC免除了朴素集合论的三大悖论:罗素悖论、布拉利-福尔蒂悖论和康托尔悖论**。

26.4.4 三次数学危机

1. 第一次数学危机——无理数的发现

第一次数学危机表明,几何学的某些真理与算术无关,几何量不能完全由整数及其比来表示。反之,数却可以由几何量表示出来。整数的尊崇地位受到挑战,古希腊的数学观点受到极大的冲击。于是,几何学开始在希腊数学中占有非凡地位。同时也反映出,直觉和经验不一定靠得住,而推理证实才是可靠的。从此,希腊人开始从“自明的”公理出发,经过演绎推理,并由此建立几何学体系。

2. 第二次数学危机——无穷小是零吗

直到19世纪,柯西具体而有系统地发展了极限理论。柯西认为把无穷小量作为确定的量,即使是零,都说不过去,它会与极限的定义发生矛盾。无穷小量应该是要怎样小就怎样小的量,因此本质上它是变量,而且是以零为极限的量,至此柯西澄清了前人对无穷小的概念,另外,Weistrass创立了极限理论,加上实数理论和集合论的建立,从而把无穷小量从形而上学的束缚中解放出来,第二次数学危机基本解决,第二次数学危机的解决也使微积分更完善。

3. 第三次数学危机——罗素悖论的产生

在集合发展过程中,罗素悖论的产生引发了关于数学逻辑基础可靠性的问题,导致无矛盾的集合论公理系统(所谓ZF公理系统)的产生。在这场危机中,集合论得到了较快的发展,数学基础的进步更快,数理逻辑也更加成熟。

习　题

1. 设[1,2]和都是[0,1]实数区间,由定义证明$[1,2]\approx[0,1]$。
2. 设$A=\{a,b,c\}$,$B=2^A$,由定义证明$P(A)\approx B$。
3. 设$A=\{2x\mid x\in\mathbf{N}\}$,由定义证明$A\approx\mathbf{N}$。
4. 找出3个不同的**N**的真子集,使得它们都与**N**等势。
5. 找出3个不同的**N**的真子集A、B、C,使得$A\prec\cdot\,\mathbf{N}$、$B\prec\cdot\,\mathbf{N}$、$C\prec\cdot\,\mathbf{N}$。
6. 计算下列集合的基数。

(1) $A=\{2x\mid x\in\mathbf{N}\}$

(2) $B=\{x^2 \mid x \in \mathbf{R}\}$

(3) $C=\{\tan x \mid x>-\pi/2 \land x<\pi/2 \land x \in \mathbf{R}\}$

(4) $D=\{\arctan x \mid x \in \mathbf{R}\}$

7. 计算下列集合的基数。

(1) $A=\{x, y, z\}$

(2) $B=\{x \mid x=n^2 \land n \in \mathbf{N}\}$

(3) $C=\{x \mid x=n^{109} \land n \in \mathbf{N}\}$

(4) $B \cap C$

(5) $B \cup C$

8. 证明下列集合是可数集合。

(1) $A=\{x \mid x=2k+1, k \in \mathbf{N}\}$

(2) $B=\left\{x \mid x=\dfrac{k+1}{k+2}, k \in \mathbf{N}\right\}$

9. 证明所有有限长度的二进制序列组成的集合都是可数集。

10. 证明正实数集 $\mathbf{R}^+=\{x \mid x \in \mathbf{R} \land x>0\}$是不可数集。

第3部分　代数系统

代数系统简介

代数系统，亦称代数结构，是近世代数或抽象代数学的核心研究对象。它专注于探究数字、符号以及更广泛元素的运算规律，以及基于这些运算所定义的各类数学结构的性质与特征。

代数系统的发展历程可追溯至19世纪初，并在20世纪30年代趋于成熟。挪威数学家阿贝尔（Niels Henrik Abel，1802—1829）、法国数学家伽罗瓦（Évariste Galois，1811—1832）、英国数学家德·摩根（De Morgan，1806—1871）和乔治·布尔（George Boole，1815—1864）等众多杰出数学家为这一领域的发展奠定了坚实基础。荷兰数学家范德瓦尔登（B. L. van der Waerden，1903—1996）依据德国数学家艾米·诺特（Emmy Noether，1882—1935）和奥地利数学家阿廷（Emil Artin，1898—1962）的讲稿，于1930年和1931年分别出版了《近世代数学》第一、二卷，这一标志性事件宣告了抽象代数的正式成熟。

代数系统以其鲜明的抽象性、严谨的结构性和公理化特征，为现代数学的诸多分支，如拓扑学、泛函分析等，以及计算机科学、编码理论等其他科学领域提供了极具价值的数学工具和方法论。它不仅深刻揭示了不同数学结构之间的内在联系与共同特征，更有力地推动了这些领域的深入研究与持续发展，成为现代科学研究中不可或缺的重要基石。

本部分主要对代数系统基本知识（第27～28章）、群论（第29～31章）、格与布尔代数（第32～35章）等内容进行介绍。

第27章 代数系统

代数系统是现代数学的重要分支，它通过建立在集合上的运算系统来研究数学结构。代数系统的目的和意义在于通过抽象和统一的方法，描述、研究和推理各种代数系统，从而揭示它们之间的共性和本质规律。

27.1 基本概念

【定义 27-1】 设 A、B 是集合，函数 $f: A^n \to B$ 称为集合 A 上的 n 元运算（n-ary operation），整数 n 称为运算的阶（Order）。若 $B=A$ 或 $B\subseteq A$，则称该 n 元运算是封闭的，封闭的 n 元运算又称为 n 元代数运算。

当 $n=1$ 时，$f: A\to A$ 称为集合 A 中的一元代数运算。

当 $n=2$ 时，$f: A\times A\to A$ 称为集合 A 中的二元代数运算。

【例 27-1】 下面给出一些一元代数运算的例子。

(1) 实数集合 $\mathbf{R}$ 上定义的相反数运算是一元代数运算。

(2) 非零实数集合 $\mathbf{R}^*$ 上的定义的倒数运算是一元代数运算。

(3) n 阶（$n\geqslant 2$）实矩阵的集合 $\boldsymbol{M}_n(\mathbf{R})$ 上定义的转置运算是一元代数运算。

(4) 集合 A 的幂集 $P(A)$ 上定义的补集运算是一元代数运算，其中 A 为全集。

(5) 命题公式集合上定义的否定联结运算是一元代数运算。

【例 27-2】 下面给出一些二元运算的例子。

(1) 自然数集合 $\mathbf{N}$ 上定义的普通加法和乘法运算都是二元运算。

(2) 实数集合 $\mathbf{R}$ 上定义的减法运算是二元运算。

(3) 非零实数集合 $\mathbf{R}^*$ 上的定义的除法运算是二元运算。

(4) n 阶（$n\geqslant 2$）实矩阵的集合 $\boldsymbol{M}_n(\mathbf{R})$ 上定义的矩阵加法和矩阵乘法都是二元运算。

(5) 集合 A 的幂集 $P(A)$ 上定义的并和交运算都是二元代数运算。

(6) 命题集合上定义的合取和析取运算都是二元代数运算。

【例 27-3】 下面是两个三元运算的例子。

(1) 在空间直角坐标系中求某一点 (x,y,z) 的坐标在 x 轴上的投影可以看作实数集 $\mathbf{R}$ 上的三元运算。

(2) 算法语言中,实数集合 **R** 上定义条件算术表达式:if $x=0$ then y else z 可以看作实数集 **R** 上的三元运算。

事实上,代数运算不仅局限于普通的数学计算,而是具有更广泛的意义。例如,在计算机中"字符串"的拼接、分解等均为运算;"图形"中的放大、缩小及旋转、移位等均属运算。在扩展性质的运算的定义下,客观世界(包括计算机世界)中多种"处理手段"都可抽象为运算,都可以纳入代数系统的讨论范围。因此,代数运算是对客观世界对象的一种加工手段与工具。

【定义 27-2】 一个非空集合 A 连同若干个定义在该集合上的运算 $f_1, f_2, \cdots, f_k$ 所组成的系统称为一个代数系统,记作$<A, f_1, f_2, \cdots, f_k>$。

【例 27-4】 正整数集合 $\mathbf{Z}^+$ 以及在该集合上的普通加法运算"+"组成一个代数系统$<\mathbf{Z}^+, +>$;有限集 S 的幂集 $P(S)$以及在该集合上的$\cup$、$\cap$、~等集合运算,组成一个代数系统$<P(S), \cup, \cap, \sim>$。

【定义 27-3】 设$<A, f_1, f_2, \cdots, f_k>$是代数系统,如果 $B \subseteq A$、$B \neq A$ 且运算 $f_1, f_2, \cdots, f_k$ 都在 B 上封闭,则称$<B, f_1, f_2, \cdots, f_k>$是$<A, f_1, f_2, \cdots, f_k>$的子代数系统,简称子代数。若 $B \subset A$,则称$<B, f_1, f_2, \cdots, f_k>$是$<A, f_1, f_2, \cdots, f_k>$的真子代数。

【例 27-5】 在代数系统$<\mathbf{Z}, +>$,令 $M = \{5z \mid z \in \mathbf{Z}\}$,证明:$<M, +>$是$<\mathbf{Z}, +>$的子代数。

证明:可以看出 M 是 **Z** 的非空子集。

对$\forall 5z_1, 5z_2 \in M$,有 $5z_1 + 5z_2 = 5(z_1 + z_2) \in M$,其中 $5z_1, 5z_2 \in \mathbf{Z}$,显然,运算+对集合 M 封闭。因此,$<M, +>$是$<\mathbf{Z}, +>$的子代数。

27.2 运算符与运算表

为了和普通函数运算进行区分,通常使用 $*$、$\circ$、★、$\otimes$、$\oplus$等运算符表示代数运算函数,简称**算符**。而算符的具体含义需要根据上下文环境来确定。

【例 27-6】 在实数集 $\mathbf{R}^* = \{\mathbf{R} - 0\}$上定义一个函数 $g: \mathbf{R}^* \to \mathbf{R}^*$,对于任意的 $x \in \mathbf{R}^*$,有 $g(x) = ★x = 1/x$,则★5=1/5,★2=1/2。

【例 27-7】 在实数集 **R** 上定义一个函数 f: $\mathbf{R} \times \mathbf{R} \to \mathbf{R}$,对于任意 $x, y \in \mathbf{R}$,有 $f(<x, y>) = x \circ y = \max(x, y)$,则 $3 \circ 4 = 4$,$(-3.5) \circ (-2.4) = -2.4$。

以上两个例子可以看出,★x 为一元运算的通用算符,实际结果是得到 x 的倒数;$x \circ y$ 为二元运算的通用算符,实际结果是得到任意两个实数的最大值。

【定义 27-4】(运算表) 对代数系统 $V = <A, \circ>$,如果$|A| = n$,则绘制一个 $n \times n$ 的表格,如表 27-1 所示,表格的上方和左侧列出 A 中的元素,第 i 行第 j 列的空格填上 A 中第 i 个元素和第 j 个元素的运算结果。

表 27-1 运算表

∘	a_1	a_2	…	a_n	∘	a_i
a_1	$a_1 \circ a_1$	$a_1 \circ a_2$	…	$a_1 \circ a_n$	a_1	$\circ\ a_1$
a_2	$a_2 \circ a_1$	$a_2 \circ a_2$	…	$a_2 \circ a_n$	a_2	$\circ\ a_2$
…	…	…	…	…	…	…
a_n	$a_n \circ a_1$	$a_n \circ a_2$	…	$a_n \circ a_n$	a_n	$\circ\ a_n$

【例 27-8】 设集合 $\mathbf{Z}_5 = \{0, 1, 2, 3, 4\}$，$\oplus_5$与$\otimes_5$分别为模 5 加法与模 5 乘法，其运算表如表 27-2 所示。

表 27-2 $\oplus_5$与$\otimes_5$运算表

$\oplus_5$的运算表　　$\otimes_5$的运算表

$\oplus_5$	0	1	2	3	4	$\otimes_5$	0	1	2	3	4
0	0	1	2	3	4	0	0	0	0	0	0
1	1	2	3	4	0	1	0	1	2	3	4
2	2	3	4	0	1	2	0	2	4	1	3
3	3	4	0	1	2	3	0	3	2	4	2
4	4	0	1	2	3	4	0	4	3	2	1

27.3 特殊运算

27.3.1 模 k 加法

令 $N_k = \{0, 1, 2, \cdots, k-1\}$，$N_k$上的模 k 加法记为$\oplus_k$。对 N_k 中任意元素 a 和 b，有

$$a \oplus_k b = \begin{cases} a+b & a+b<k \\ a+b-k & a+b \geqslant k \end{cases}$$
$$\Leftrightarrow a \oplus_k b = a \oplus_k b (\bmod\ k)$$

【例 27-9】 代数系统 $A(N_8, \oplus_8)$中，$N_7 = \{0,1,2,\cdots,7\}$。

$$3 \oplus 2 = 5;\quad 2 \oplus 3 = 5;\quad 0 \oplus 6 = 6;\quad 2 \oplus 7 = 1$$

27.3.2 模 k 乘法

令 $N_k = \{0, 1, 2, \cdots, k-1\}$，$N_k$上的模 k 乘法记为$\otimes_k$。对 N_k 中任意元素 a 和 b，有

$$a \otimes_k b = \begin{cases} a \times b & a \times b < k \\ (a \times b) \text{ 除以 } k \text{ 的余数} k & a \times b \geqslant k \end{cases}$$
$$= a \otimes_k b (\bmod\ k)$$

【例 27-10】 在代数系统 $A<N_6, \otimes_6>$中，$N_6 = \{0,1,2,\cdots,5\}$。

$$3 \otimes_6 2 = 0;\quad 2 \otimes_6 3 = 0;\quad 2 \otimes_6 5 = 4;\quad 0 \otimes_6 5 = 0$$

习　题

1. 设集合 $A = \{1,2,3,\cdots,10\}$，下面定义的二元运算 $*$ 关于集合 A 是否封闭？如果封闭则只需回答封闭，否则需举例说明为什么不封闭。

(1) $x * y = (x+y) \bmod 10$

(2) $x * y =$ 质数 p 个数，其中 $x \leqslant p \leqslant y$

(3) $x * y = | x-y |$

(4) $x * y =$ 偶数个数，其中 $x \leqslant p \leqslant y$

2. 判断以下各题是否正确。

(1) 实数集 $\mathbf{R}$ 中的普通除法不是代数运算。

(2) 自然数集 $\mathbf{N}$ 中的普通减法不是代数运算。

(3) 正整数集 $\mathbf{Z}^+$ 中的普通加法是代数运算。

3. 下面各集合都是自然数 $\mathbf{N}$ 的子集，它们能否构成代数系统 $< \mathbf{N} , + >$ 的子代数？

(1) $\{x | x \in \mathbf{N} \wedge x$ 的某次幂可以被 16 整除$\}$

(2) $\{x | x \in \mathbf{N} \wedge x$ 与 5 互质$\}$

(3) $\{x | x \in \mathbf{N} \wedge x$ 是 30 的因子$\}$

(4) $\{x | x \in \mathbf{N} \wedge x$ 是 30 的倍数$\}$

群　论

群论(Group Theory)是代数学的一个重要分支，专注于研究抽象代数系统——群的性质与结构，其核心在于探索对称性。群论的发展历程源远流长，其思想雏形可追溯至古代。

早在公元前 1800 年，古巴比伦人便掌握了求解一元二次方程的方法，而对称的基因在一元二次方程的韦达定理中已初露端倪。1770 年代，法国数学家拉格朗日(Joseph-Louis Lagrange)深入研究了置换在解多项式方程过程中的关键作用，为群论的诞生奠定了坚实基础。

1800 年代初，意大利数学家鲁菲尼(Paolo Ruffini)于 1799 年在其论文中率先提出五次方程无法用根式求解的思想，即鲁菲尼定理。他通过巧妙地对方程进行变形以及构造辅助方程，得出了五次方程不可解的初步结论，但其“证明”因缺乏数域概念而存在明显缺陷，不够完整。1824 年，挪威数学家尼尔斯・亨利克・阿贝尔(Niels Henrik Abel)成功证明了一般一元五次及五次以上的代数方程不可能有根式解(部分特殊方程除外)，这一重大成果被命名为“鲁菲尼-阿贝尔定理”。阿贝尔撰写的《一般一元五次方程不可解性证明》的论文，不仅解答了长期困扰数学界约 300 年的难题，更有力地推动了代数学与群论的深度融合，使伽罗瓦的工作得以在坚实的理论基石上展开，进而奠定了群论的基础。

1830 年代，法国数学家伽罗瓦(Évariste Galois)创立了群论，并引入了具有划时代意义的伽罗瓦群概念。伽罗瓦群论的精髓在于深入研究多项式方程的根的对称性，以及巧妙地借助群的性质来精准判断多项式方程是否能够用根式求解。在伽罗瓦群论的框架下，通过引入群和域的先进概念，构建起伽罗瓦群理论。具体而言，伽罗瓦群的子群与域扩张的中间域之间存在着一一对应关系，这种精妙的对应关系精准地反映了多项式方程根之间的对称结构，从而一举攻克了一元五次及高于五次方程不存在根式解这一长期悬而未决的难题。

1850年代，英国数学家凯莱(Arthur Cayley)和德国数学家雅可比(Carl Gustav Jacob Jacobi)分别对置换群的性质展开深入研究，为群论的进一步发展注入了新的活力，推动了群论理论的不断完善与拓展。

1870年代至1880年代，德国数学家费尔班克斯(Ferdinand Frobenius)和挪威数学家李(Sophus Lie)分别对有限群和连续群进行了系统性的研究，他们的研究成果为群论的分类和结构理论的构建奠定了坚实基础，使群论的理论体系更加严谨、完善，为后续的深入研究提供了有力支撑。

20世纪初，德国数学家艾米·诺特(Emmy Noether)和瑞典数学家赫尔曼·外尔(Hermann Weyl)等人将群论巧妙地应用到抽象代数、数论和物理学等诸多领域，极大地拓展了群论的应用范围，使其在不同学科中发挥出独特而强大的作用，进一步彰显了群论的广泛价值与深远意义。

如今，群论已经深度融入几乎所有数学分支，并在量子力学、场论等物理学前沿领域扮演着不可或缺的重要角色，成为这些学科不可或缺的关键工具，深刻影响着人们对宇宙的认知与理解，持续推动着科学探索的边界不断拓展。

群论的两位创始人

尼尔斯·亨利克·阿贝尔(Niels Henrik Abel, 1802—1829)

尼尔斯·亨利克·阿贝尔，挪威数学家，群论的创始人之一。首次完整地给出了高于四次的一般代数方程没有一般形式的代数解的证明，这一成果解决了长期悬而未决的数学难题，悬疑达250多年。此外，阿贝尔还是椭圆函数论的开创者之一，他的工作为椭圆函数理论奠定了基础。阿贝尔在19世纪分析学严格化过程中也发挥了重要作用，他的研究成果包括一些判别准则以及关于幂级数求和的定理，推动了分析学的发展。

伽罗瓦，法国数学家，群论创始人之一。他利用群论彻底解决了根式求解代数方程的问题，并由此发展了一整套关于群和域的理论，人们称之为伽罗瓦理论。伽罗瓦理论通过域的自同构的群将群论和域论连接起来，构建了伽罗瓦群的概念。伽罗瓦群包含了有关域扩张的很多信息，现代数论甚至可以说是对伽罗瓦群的研究。

伽罗瓦理论不仅在代数方程的根式解问题上取得了重大突破，还在解决数学难题方面有着重要贡献。其中包括对古希腊三大作图问题(化圆为方、三等分任意角和倍立方)中的两个问题的探讨。伽罗瓦通过引入群和域等现代数学概念，对尺规作图的可能性进行了深

伽罗瓦(Galois，1811—1832)

入的探讨，并证明了三等分任意角和倍立方问题在尺规作图的限制下是无解的。这一成果不仅解决了长期困扰数学家们的难题，也为数学的发展开辟了新的道路。

群论是数学领域中一个极具影响力且广泛应用的分支，专注于研究代数结构中的群及其丰富多样的性质。群由一组特定的元素和一个二元运算构成，这些元素与运算需共同满足一系列关键公理，包括封闭性、结合律、单位元的存在性以及逆元的存在性。在数学的广阔天地中，群论扮演着至关重要的角色，它不仅用于深入探究对称性的本质、几何变换的规律，还为代数方程的求解提供了强有力的理论支撑。在物理学的宏伟殿堂里，群论更是大放异彩，它精准地描述了粒子与宇宙间错综复杂的对称关系，无论是晶体结构的精妙排列，还是量子力学的深奥原理，都离不开群论的深刻洞察。而在计算机科学的前沿阵地，群论的应用同样广泛而深远，从密码学的加密解密技术，到编码理论的高效信息传输，再到图论中复杂网络的结构分析，群论都发挥着不可或缺的关键作用。总而言之，群论为我们提供了一种极具穿透力和洞察力的强大工具，使我们能够深入理解代数结构的内在奥秘以及对称性的普遍规律，它在数学、物理、计算机科学等多个学科领域中都具有不可替代的重要价值，持续推动着科学探索的边界不断拓展。

群论思维导图

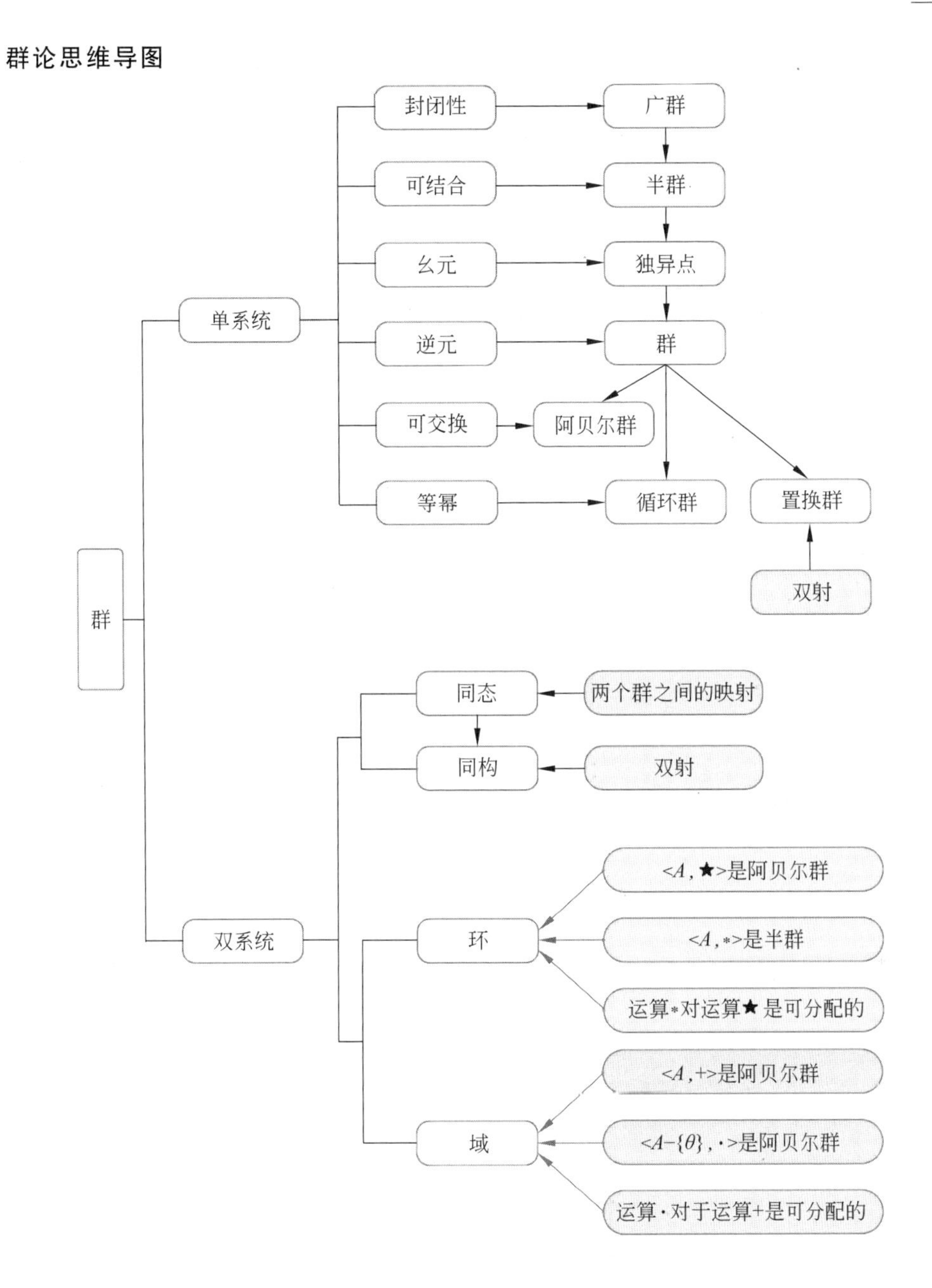
群
单系统
双系统
封闭性
可结合
幺元
逆元
可交换
等幂
广群
半群
独异点
群
阿贝尔群
循环群
置换群
双射
同态
同构
两个群之间的映射
双射
环
域
<A,★>是阿贝尔群
<A,*>是半群
运算*对运算★是可分配的
<A,+>是阿贝尔群
<A-{θ},·>是阿贝尔群
运算·对于运算+是可分配的

第 28 章 运算及性质

本章思维导图

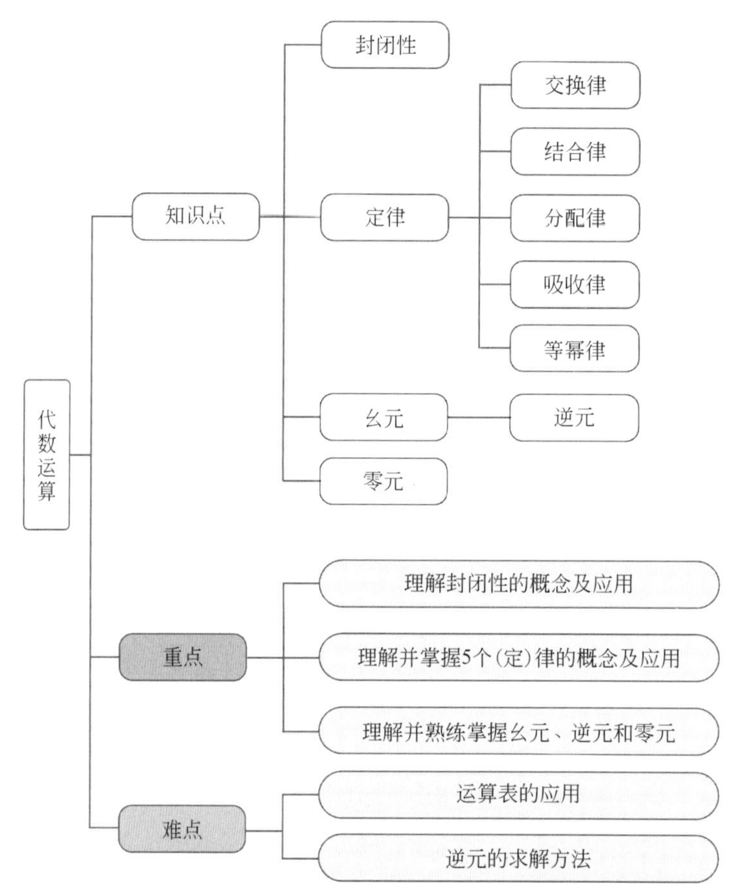

代数系统建立在非空集合上，包含一系列运算。这些运算需满足封闭性，即运算结果仍在原集合中。代数运算常具有交换律、结合律等性质，如加法满足交换律和结合律，乘法亦然。此外，代数系统中还可能存在单位元、零元、逆元等特殊元素，它们对运算有特定影响。代数系统的研究有助于揭示数学结构的本质和规律，是数学和多个学科领域的重要工具。虽然，有些代数系统具有不同的形式，但是，他们之间可能有一些共同的运算规律。

本章着重探讨二元运算的性质以及二元代数系统中的特殊元素。

28.1 运算性质

【定义 28-1】 设 $*$ 是定义在集合 A 上的二元运算，如果对于任意的 $x,y\in A$，都有 $x*y\in A$，则称二元运算 $*$ 在 A 上是**封闭**的。

【例 28-1】 设 $A=\{x\mid x=2^n,n\in\mathbf{N}\}$，问乘法运算是否封闭？对加法运算呢？

解：对于任意的 $2^r,2^s\in A$；$r,s\in\mathbf{N}$；

$$2^r\cdot 2^s=2^{r+s}\in A(\text{因为 } r+s\in\mathbf{N})$$

所以乘法运算是封闭的。而对于加法运算是不封闭的，因为至少有 $2+2^2=6\notin A$。

【定义 28-2】 设 $*$ 是定义在集合 A 上的二元运算，如果对于任意的 $x,y\in A$，都有 $x*y=y*x$，则称该二元运算 $*$ 是可交换的，或运算满足**交换律**。

【例 28-2】 设 $\mathbf{Q}$ 是有理数集合，Δ 是 $\mathbf{Q}$ 上的二元运算，对任意的 $a,b\in\mathbf{Q}$，有 $a\Delta b=a+b-a\cdot b$，问运算 Δ 是否可交换？

解：因为

$$a\Delta b=a+b-a\cdot b=b+a-b\cdot a=b\Delta a$$

所以运算 Δ 是可交换的。

【定义 28-3】 设 $*$ 是定义在集合 A 上的二元运算，如果对于任意的 $x,y,z\in A$ 都有 $(x*y)*z=x*(y*z)$，则称该二元运算 $*$ 是可结合的，或运算满足**结合律**。

【例 28-3】 设 A 是一个非空集合，★是 A 上的二元运算，对于任意 $a,b,c\in A$，有 $a★b=b$，证明★是可结合运算。

证明：因为对于任意的 $a,b,c\in A$，

$$(a★b)★c=b★c=c,$$

而 $a★(b★c)=a★c=c$，

所以 $(a★b)★c=a★(b★c)$。

【定义 28-4】 设 $*$、Δ 是定义在集合 A 上的两个二元运算，如果对于任意的 $x,y,z\in A$ 都有

$$x*(y\Delta z)=(x*y)\Delta(x*z)$$

$$(y\Delta z)*x=(y*x)\Delta(z*x)$$

则称运算 $*$ 对于运算 Δ 是可分配的，或运算满足**分配律**。

【例 28-4】 设集合 $A=\{\alpha,\beta\}$，在 A 上定义两个二元运算 $*$ 和 Δ，如表 28-1 所示。运算 Δ 对于运算 $*$ 可分配吗？运算 $*$ 对于运算 Δ 呢？

表 28-1 例 28-4 表

$*$	α	β	Δ	α	β
α	α	β	α	α	0
β	β	α	β	α	β

解：容易验证运算 Δ 对于运算 $*$ 是可分配的。

但是运算 $*$ 对于运算 Δ 是不可分配的。

因为 $\beta*(\alpha\Delta\beta)=\beta*\alpha=\beta$，

而 $(\beta*\alpha)\Delta(\beta*\beta)=\beta\Delta\alpha=\alpha$。

【定义 28-5】 设 $*$，Δ 是定义在集合 A 上的两个可交换二元运算，如果对于任意的 x，$y\in A$，都有

$$x*(x\Delta y)=x$$
$$x\Delta(x*y)=x$$

则称运算 $*$ 和运算 Δ 满足**吸收律**。

【例 28-5】 设集合 **N** 为自然数全体，在 **N** 上定义两个二元运算，如果对于任意的 a，$b\in\mathbf{N}$，有

$$a*b=\max(a,b);\ a\Delta y=\min(a,b)$$

验证 $*$ 和 Δ 的吸收律。

解：对于任意的 a，$b\in\mathbf{N}$，有

$$a*(a\Delta b)=\max(a,\min(a,b))=a$$
$$a\Delta(a*b)=\min(a,\max(a,b))=a$$

因此，$*$ 和 Δ 满足吸收律。

【定义 28-6】 设 $*$ 是定义在集合 A 上的一个二元运算，如果对于任意的 $x\in A$，都有 $x*x=x$，则称运算 $*$ 是等幂的，或称运算满足**等幂律**。

【例 28-6】 (1) 设有代数系统 $<\mathbf{R},+>$，**R** 是实数集合，$+$ 是普通加法，则 0 是等幂元。

(2) 设有代数系统 $<\mathbf{R},\times>$，**R** 是实数集合，$\times$ 是普通乘法，则 0 和 1 都是等幂元。

28.2 特殊元素

【定义 28-7】 设 $<A,*>$ 是代数系统，如果 A 中存在元素 e_l，使得对于 A 中任意元素 a，都有

$$e_l*a=a$$

则称 e_l 为 A 中关于运算 $*$ 的**左幺元**。

如果 A 中存在元素 e_r，使得对于 A 中任意元素 a，都有：

$$a*e_r=a$$

则称 e_r 为 A 中关于运算 $*$ 的**右幺元**。

若 e 既是 A 中关于运算 $*$ 的左幺元，又是 A 中关于运算 $*$ 的右幺元，则称 e 为 A 中关于运算 $*$ 的**幺元**。

幺元也称单位元，是集合里的一种特别的元，与该集合里的二元运算有关。当幺元和其他元素结合时，并不会改变那些元素。

对应于加法的单位元称为加法单位元(通常被标为 0)，而对应于乘法的单位元则称为乘法单位元(通常被标为 1)。这一区分大多被用在有两个二元运算的集合上，如环。

【例 28-7】 下面是一些常见代数系统的幺元。

(1) 整数集合 **Z**、自然数集合 **N**、实数集合 **R** 中，0 是普通加法的幺元，1 为普通乘法的幺元。

(2) n 阶($n\geqslant 2$)实矩阵的集合 $\boldsymbol{M}_n(\mathbf{R})$ 中，全 0 的 n 阶矩阵是矩阵加法的幺元，n 阶单

位矩阵是矩阵乘法的幺元。

(3) 集合 A 的幂集 $P(A)$ 中，$\varnothing$ 是集合并运算的幺元，集合 A 是交运算的幺元。

【例 28-8】 设集合 $A=\{a, b, c, d\}$，在 A 上定义两个二元运算 $*$ 和 Δ，如表 28-2 所示。试指出左幺元或右幺元。

表 28-2 例 28-8 表

*	a	b	c	d	Δ	a	b	c	d
a	d	a	b	c	**a**	a	b	d	c
b	a	b	c	d	**b**	b	a	c	d
c	a	b	c	c	**c**	c	d	a	b
d	a	b	c	d	**d**	d	d	b	c

解：在表 28-2 中

左表中：左幺元是 b 和 d，无右幺元。

右表中：无左幺元，右幺元是 a。

- 左幺元：所在行的元素排列与表头一致。
- 右幺元：所在列的元素排列与表头一致。

【定理 28-1】(幺元唯一性定理) 设 $*$ 是定义在集合 A 上的一个二元运算，且在 A 中具有关于运算 $*$ 的左幺元 e_l 和右幺元 e_r，则 $e_l=e_r=e$，且 e 是 A 中唯一的幺元。

证明：因为 e_l 和 e_r 分别是 A 中关于运算 $*$ 的左幺元和右幺元，有

$$e_l=e_l * e_r \quad (e_r \text{ 为右幺元})$$

$$e_l * e_r=e_r \quad (e_l \text{ 为左幺元})$$

因此，$e_l=e_r$，将这个幺元记作 e。

设另有一个幺元 $e' \in A$，则 $e'=e' * e=e$。

因此，A 中的幺元是唯一的。

【定义 28-8】 设 $<A, *>$ 是代数系统。

如果 A 中存在元素 θ_l，使得对于 A 中任意元素 a，都有

$$\theta_l * a=\theta_l$$

则称 θ_l 是 A 中关于运算 $*$ 的**左零元**。

如果 A 中存在元素 θ_l，使得对于 A 中任意元素 a，都有

$$a * \theta_r=\theta_r$$

则称 θ_r 为 A 中关于运算 $*$ 的**右零元**。

若 θ 既是 A 中关于运算 $*$ 的左零元，又是 A 中关于运算 $*$ 的右零元，则称 θ 为 A 中关于运算 $*$ 的**零元**。

【例 28-9】 几个常见代数系统的零元的例子。

(1) 整数集合 **Z**、自然数集合 **N**、实数集合 **R** 中，普通加法没有零元，普通乘法的零元为 0。

(2) n 阶($n \geqslant 2$)实矩阵的集合 $\boldsymbol{M}_n(\mathbf{R})$ 中，全 0 的 n 阶矩阵是矩阵乘法的零元。

(3) 集合 A 的幂集 $P(A)$ 中，集合 A 是集合并运算的零元，$\varnothing$ 是交运算的零元。

(4) 有理数(0 除外)乘法构成一个群，幺元就是数 1，有理数 x 的逆元就是 $1/x$，零元就是 0。

【例 28-10】 设集合 $S=\{$浅色,深色$\}$,定义在 S 上的一个二元运算 $*$ 如表 28-3 所示,试指出幺元和左零元、右零元和零元。

表 28-3 例 28-9 表

*	浅　色	深　色
浅色	浅色	深色
深色	深色	深色

解:浅色是 S 中关于运算 $*$ 的幺元。

深色是 S 中关于运算 $*$ 的左零元、右零元和零元。

从表 28-3 可以看出:

(1) 若某行的元素全为该行的表头元素,则该行的表头元素为左零元;

(2) 若某列的元素全为该列的表头元素,则该列的表头元素为右零元;

(3) 若第 i 行和第 i 列的元素全为第 i 行(列)的表头元素,则第 i 行(列)的表头元素为零元。

【定理 28-2】(零元唯一性定理) 设 $*$ 是定义在集合 A 上的一个二元运算,且在 A 中有关于运算 $*$ 的左零元 θ_l 和右零元 θ_r,那么,$\theta_l=\theta_r=\theta$,且 A 中的零元是唯一的。

证明:同幺元唯一性定理类似。

【定理 28-3】 设 $<A,*>$ 是一个代数系统,且集合 A 中元素的个数大于 1。如果该代数系统中存在幺元 e 和零元 θ,则 $\theta\neq e$。

【定义 28-9】 设代数系统 $<A,*>$,这里 $*$ 是定义在 A 上的一个二元运算,且 e 是 A 中关于运算 $*$ 的幺元。如果对于 A 中的一个元素 a 存在 A 中的某个元素 b,使得 $b*a=e$,那么称 b 为 a 的左逆元;如果 $a*b=e$ 成立,那么称 b 为 a 的右逆元;如果一个元素 b,它既是 a 的左逆元又是 a 的右逆元,那么就称 b 是 a 的一个**逆元**。

很明显,如果 b 是 a 的逆元,那么 a 也是 b 的逆元,简称 a 与 b 互为逆元,今后元素 x 的逆元记为 x^{-1}。

【例 28-11】 (1) 对于实数集合 $\mathbf{R}^*$ 中的普通乘法运算,其幺元是 1,所以集合中每个元素都有逆元;

(2) 对于自然数集合 **N** 中的普通加法运算,其幺元是 0,所以集合每个元素都没有逆元。

【例 28-12】 设集合 $S=\{\alpha,\beta,\gamma,\delta,\varepsilon\}$,定义在 S 上的一个二元运算 $*$ 如表 28-4 所示。试指出代数系统 $<S,*>$ 中各个元素的左、右逆元情况。

表 28-4 例 28-12 表

$*$	α	β	γ	δ	ε
α	α	β	γ	δ	ε
β	β	δ	α	γ	δ
γ	γ	α	β	α	β
δ	δ	α	γ		γ
ε	ε	δ	α	γ	ε

解:α 是幺元;β 的左逆元和右逆元都是 γ;β 和 γ 互为逆元;δ 的左逆元是 γ,右逆元是

β;β 有两个左逆元 γ 和 δ;ε 的右逆元是 γ,但没有左逆元。

【定理 28-4】(逆元唯一性定理) 设代数系统<A,$*$>,这里 $*$ 是定义在 A 上的一个二元运算,A 中存在幺元 e,且每个元素都有左逆元。如果 $*$ 是可结合的运算,那么这个代数系统中任何一个元素的左逆元必定也是该元素的右逆元,且每个元素的逆元是唯一的。

关于逆元的性质,一般地:

(1) 一个元素的左逆元不一定等于该元素的右逆元;

(2) 一个元素可以只有左逆元而没有右逆元,或者只有右逆元而没有左逆元;

(3) 一个元素的左(右)逆元可以不是唯一的,逆元也不一定唯一;

(4) 幺元的逆元就是其自身。

【例 28-13】 对于代数系统<**R**,·>,这里的 **R** 是实数的全体,·是普通的乘法运算,试指出是否每个元素都有逆元。

解:该代数系统中的幺元是 1,除了零元素 0 外,所有的元素都有逆元。

习　题

1. 设集合 $R=\{1,2,3,\cdots,10\}$,下面定义的哪种运算关于集合 A 是不封闭的?(　　)

(1) $x*y=\max\{x,y\}$

(2) $x*y=\min\{x,y\}$

(3) $x*y=\mathrm{GCD}(x,y)$,即 x、y 的最大公约数

(4) $x*y=\mathrm{LCM}(x,y)$,即 x、y 的最小公倍数

2. 在自然数集 **N** 上,下列哪种运算是可结合的?(　　)

(1) $a*b=a-b$

(2) $a*b=\max\{a,b\}$

(3) $a*b=a+2b$

(4) $a*b=|a-b|$

3. 对自然数集 **N**,下列哪种运算不是可结合的?(　　)

(1) $a*b=a+b+3$

(2) $a*b=\min\{a,b\}$

(3) $a*b=a+2b$

(4) $a*b=a\cdot b\pmod 3$

4. 设 $R=\{x|x=2^n,n\in\mathbf{N}\}$,请判断<$R$,$*$>运算是否封闭,<$R$,$+$>、<$A$,$/$>呢?

5. 设集合 $S=\{\alpha,\beta,\gamma,\delta\}$,在 S 上定义的两个二元运算 $*$ 和★,如表 28-5 所示。请求出左幺元或右幺元。

表 28-5　习题 5 表

$*$	α	β	γ	δ	★	α	β	γ	δ
α	δ	α	β	γ	α	α	β	δ	γ
β	α	β	γ	δ	β	β	α	γ	δ
γ	α	β	γ	δ	γ	γ	δ	α	β
δ	α	β	γ	δ	δ	δ	δ	β	γ

6. 设有代数系统(**Q**, ∘), ∘运算为**Q**上的二元运算,**Q**是有理数集合,×是普通乘法。

$$\forall x, \forall y \in \mathbf{Q},\quad x \circ y = x + y + 2xy,\quad 其中\ 2xy = 2 \times x \times y$$

(1) ∘运算是否满足交换律和结合律?请说明理由。

(2) 求∘运算的单位元、零元和所有元素的逆元。

7. 设集合 $S=\{x, y, z, p, q\}$,定义在 S 上的一个二元运算 $*$,如表 28-6 所示。请求出代数系统 $<S, *>$ 中各个元素的左、右逆元情况。

表 28-6 习题 7 表

*	**x**	**y**	**z**	**p**	**q**
x	x	y	z	p	q
y	y	p	x	z	p
z	z	x	y	x	y
p	p	x	z	p	z
q	q	p	x	z	q

8. 根据表 28-7 分别回答下列问题。

表 28-7 习题 8 表

*	**a**	**b**	**c**
a	c	a	b
b	a	b	c
c	b	c	a

(a)

Δ	**a**	**b**	**c**
a	a	a	a
b	b	b	b
c	c	c	c

(b)

★	**a**	**b**	**c**
a	a	b	c
b	b	c	c
c	c	c	c

(c)

(1) 说明哪些运算是交换的、可结合的、幂等的。

(2) 求出运算的幺元、零元、所有可逆元素的逆元。

9. 设 $*$ 是集合 **R** 上的可结合的二元运算。$\forall x, y \in \mathbf{R}$,若 $x * y = y * x$,则 $x = y$。证明:$*$ 满足幂等律(对一切 $x \in \mathbf{R}$ 有 $x * x = x$)。

10. 设 $*$ 和 $+$ 是集合 **R** 上的两个二元运算,$\forall x, y \in \mathbf{R}$,均有 $x + y = x$。证明:$*$ 对于 $+$ 是可分配的。

11. 令 $\mathbf{R} = \mathbf{Q} \times \mathbf{Q}$,在 **R** 定义运算,对任意的 $<a, b>, <z, y> \in A$,有

$$<a, b> * <x, y> = <ax, ay + b>$$

请问该运算是否满足可结合、可交换、幂等以及有没有单位元和零元?如果有单位元,请给出所有可逆元素的逆元。

第29章 群

本章思维导图

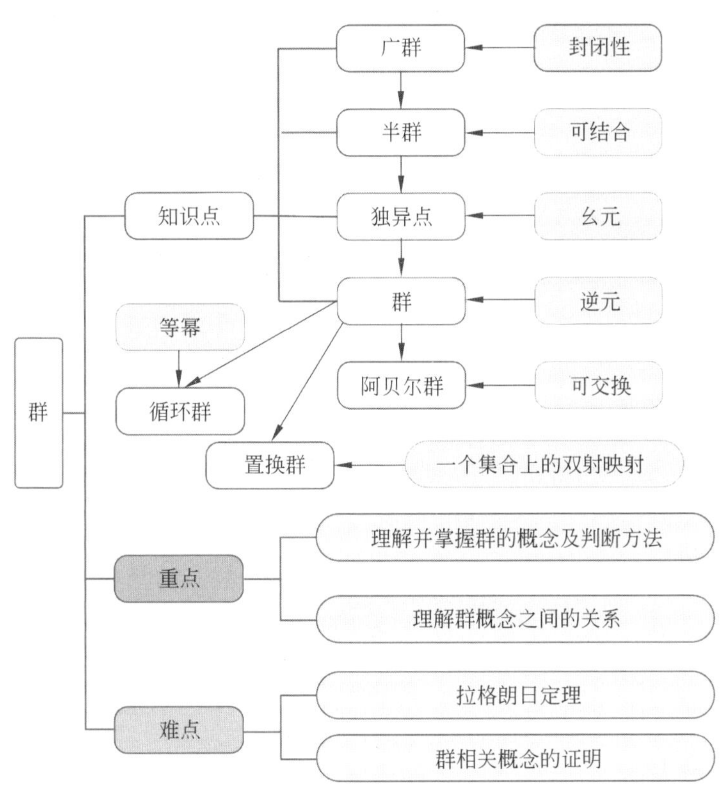

群论是数学领域中一个极具影响力且广泛应用的分支，专注于研究代数结构中的群及其丰富多样的性质。群由一组特定的元素和一个二元运算构成，这些元素与运算需共同满足一系列关键公理，包括封闭性、结合律、单位元的存在性以及逆元的存在性。在数学的广阔天地中，群论扮演着至关重要的角色，它不仅用于深入探究对称性的本质、几何变换的规律，还为代数方程的求解提供了强有力的理论支撑。在物理学的宏伟殿堂里，群论更是大放异彩，它精准地描述了粒子与宇宙间错综复杂的对称关系，无论是晶体结构的精妙排列，还是量子力学的深奥原理，都离不开群论的深刻洞察。而在计算机科学的前沿阵地，群论的应用同样广泛而深远，从密码学的加密解密技术，到编码理论的高效信息传输，再到图论中复杂网络的结构分析，群论都发挥着不可或缺的关键作用。总而言之，群论为我们提供了一种极具穿透力和洞察力的强大工具，使我们能够深入理解代数结构的内在奥秘以及对称性的普遍规律，它在数学、物理、计算机科学等多个学科领域中都具有不可替代的重要价值，持续推动着科学探索的边界不断拓展。

29.1 群的定义

【定义 29-1】 一个代数系统 $<S, *>$，其中 S 是非空集合，$*$ 是 S 上的一个二元运算，如果运算 $*$ 是封闭的，则称代数系统 $<S, *>$ 为**广群**。

【定义 29-2】 一个代数系统 $<S, *>$，其中 S 是非空集合，$*$ 是 S 上的一个二元运算，如果

（1）运算 $*$ 是封闭的；

（2）运算 $*$ 是可结合的，即对任意的 $x, y, z \in S$。满足

$$(x * y) * z = x * (y * z)$$

则称代数系统 $<S, *>$ 为**半群**。

【例 29-1】 设 $S=\{a, b, c\}$。在 S 上的一个二元运算 Δ 定义如表 29-1 所示。

表 29-1　例 29-1 表

Δ	**a**	**b**	**c**
a	a	b	c
b	a	b	c
c	a	b	c

验证 $<S, \Delta>$ 是一个半群。

证明：从表中可知运算 Δ 是封闭的，同时 a、b 和 c 都是左幺元。所以，对于任意的 $x, y, z \in S$，都有 $x\Delta(y\Delta z)=x\Delta z=z=y\Delta z=(x\Delta y)\Delta z$，因此 $<S, \Delta>$ 是半群。

【例 29-2】 $S=\{a, b, c\}$，$*$ 运算的定义如表 29-2 所示，验证 $<S, *>$ 是否为半群？

表 29-2　例 29-2 表

*	**a**	**b**	**c**
a	a	b	c
b	a	b	c
c	a	b	c

证明：（1）$*$ 是 S 上的二元代数运算，因为 $*$ 运算关于 S 集合封闭。

（2）从运算表中可看出 a、b、c 均为左幺元。

（3）$\forall a, b, c \in S$，有

$$a * (b * c) = a * c = c$$
$$(a * b) * c = b * c = c$$

故 $*$ 运算满足结合律，从而 $<S, *>$ 为半群。

【定义 29-3】 含有幺元的半群称为**独异点**。

【例 29-3】 证明代数系统$<\mathbf{R},+>$是一个独异点。

证明：因为$<\mathbf{R},+>$是一个半群，且 0 是 **R** 中关于运算＋的幺元，另外代数系统$<\mathbf{I},\cdot>$、$<\mathbf{I}^+,\cdot>$、$<\mathbf{R},\cdot>$ 都是具有幺元 1 的半群，因此它们都是独异点。

【定义 29-4】 设$<G,*>$是一个代数系统，其中 G 是非空集合，$*$ 是 G 上一个二元运算，如果

(1) 运算 $*$ 是封闭的；

(2) 运算 $*$ 是可结合的；

(3) 存在幺元 e；

(4) 对于每个元素 $x\in G$，存在它的逆元 x^{-1}；

则称$<G,*>$是一个**群**。

【例 29-4】 代数系统$<\mathbf{Z},*>$，其中 **Z** 为整数集合，$\forall a,b\in\mathbf{Z}$，$a,b=a+b-2$，判断代数系统$<\mathbf{Z},*>$是否是群。

证明：前面已经证明该系统存在幺元，而且每个系统都有逆元。这里只需证明系统满足结合律即可。

对于 $\forall a,b,c\in\mathbf{Z}$，有

$$(a*b)*c=(a+b-2)*c=(a+b+c)-4$$

$$a*(b*c)=a*(b+c-2)=(a+b+c)-4$$

显然$(a*b)*c=a*(b*c)$满足结合律。

因此，$<\mathbf{Z},*>$是群。

【例 29-5】 设 $R=\{0°,60°,120°,180°,240°,300°\}$表示在平面上几何图形绕形心顺时针旋转角度的六种可能情况，设★是 R 上的二元运算，对于 R 中任意两个元素 a 和 b，a★b 表示平面图形连续旋转 a 和 b 得到的总旋转角度。并规定旋转 360°等于原来的状态，就看作没有经过旋转。验证$<R,$★$>$是一个群。

解：由题意，R 上二元运算★的运算表如表 29-3 所示。

表 29-3 例 29-5 表

★	0°	60°	120°	180°	240°	300°
0°	0°	60°	120°	180°	240°	300°
60°	60°	120°	180°	240°	300°	0°
120°	120°	180°	240°	300°	0°	60°
180°	180°	240°	300°	0°	60°	120°
240°	240°	300°	0°	60°	120°	180°
300°	300°	0°	60°	120°	180°	240°

由表 29-3 可见，运算★在 R 上是封闭的。

对于 $\forall a,b,c\in\mathbf{R}$，表示将图形依次旋转 a、b 和 c，而$(a$★$b)$★c 则表示将图形依次旋转 b、c 和 a，而总旋转角度都等于 $a+b+c \pmod{360°}$，因此$(a$★$b)$★$c=a$★$b($★$c)$。

0°是幺元。60°、120°、180°的逆元分别是 300°、240°、180°。

因此，$<R,$★$>$是一个群。

【定义 29-5】 设$<G,*>$是一个群。如果G是有限集,那么称$<G,*>$为**有限群**,G中元素的个数通常称为该有限群的阶数,记为$|G|$。如果G是无限集,则称$<G,*>$为**无限群**。

【例 29-6】 验证代数系统$<\mathbf{I},+>$是一个群,这里$\mathbf{I}$是所有整数的集合,$+$是普通加法运算。

解:明显地,二元运算$+$在$\mathbf{I}$上是封闭的且是可结合的。幺元是0对于任意$a\in A$,它的逆元是$-a$,所以$<\mathbf{I},+>$是一个群,且是一个无限群。

显然,代数系统$<\mathbf{Z},+>$、$<\mathbf{N},+>$、$<\mathbf{R},+>$均为无限群。

至此,可以概括地说:广群仅仅是一个具有封闭二元运算的非空集合;半群是一个具有结合运算的广群;独异点是具有幺元的半群;群是每个元素都有逆元的独异点。即

$$\{群\}\subseteq\{独异点\}\subseteq\{半群\}\subseteq\{广群\}$$

它们之间的关系如图 29-1 所示。

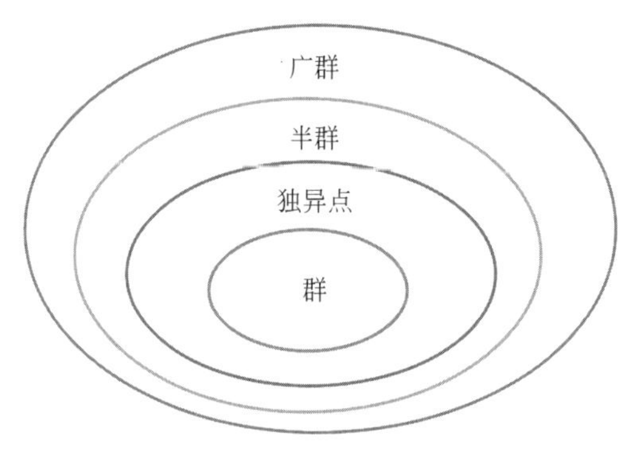

图 29-1 不同群之间关系的文氏图

29.2 子 群

子群是群论中的一个基本概念,群的全部内容都在不同程度上和子群有联系,特别是,可以根据子群的各种特征来对群进行分类,这也是群的重要研究方法之一。

【定义 29-6】 设$<G,*>$是一个群,S是G的非空子集,如果$<S,*>$也构成群,则称$<S,*>$是$<G,*>$的一个**子群**。

【定理 29-1】 设$<G,*>$是一个群,$<S,*>$是$<G,*>$的一个子群,那么,$<G,*>$中的幺元e必定也是$<S,*>$中的幺元。S中元素a在S中的逆元a^{-1}就是a在G中的逆元。

证明:设S中的幺元为e_1,对于任意$a\in S\subset G$,必有$e_1*a=a=e*a$

由消去律知:$e_1=e$。

设S中的元素a的逆元为a',对于任意$a\in S\subset G$,必有$a*a'=a*a^{-1}=e$

由消去律知:$a'=a^{-1}$。

【例 29-7】 设代数系统$<\mathbf{Z},+>$是一个群,设$I_E=\{x\mid x=2n,n\in\mathbf{Z}\}$,证明:代数系统$<I_E,+>$是$<\mathbf{Z},+>$的一个子群。

证明:

(1) 对于任意的 $x,y\in I_E$，不妨设 $x=2n_1,y=2n_2,n_1,n_2\in\mathbf{Z}$，则

$$x+y=2n_1+2n_2=2(n_1+n_2)，而\ n_1+n_2\in\mathbf{Z}$$

所以 $x+y\in I_E$，即+在 I_E 上封闭。

(2) 运算+在 I_E 上保持可结合性。

(3) $<\mathbf{Z},+>$中的幺元 0 也在 I_E 中。

(4) 对于任意的 $x\in I_E$，必有 n 使得 $x=2n$，而

$$(-x)=-2n=2(-n),\quad -n\in\mathbf{Z}$$

所以$(-x)\in I_E$，而 $x+(-x)=0$，因此，$<I_E,+>$是$<\mathbf{Z},+>$的一个子群。

【定理 29-2】 [子群判定定理一]

设$<G,*>$是一个群，S 是 G 的非空子集，则$<S,*>$是$<G,*>$的子群的充要条件是

(1) $\forall a,b\in S$ 有 $a*b\in S$；

(2) $\forall a\in S$ 有 $a^{-1}\in S$。

【定理 29-3】 [子群判定定理二]

设$<G,*>$是一个群，S 是 G 的非空子集，则$<S,*>$是$<G,*>$的子群的充要条件是 $\forall a,b\in S$ 有 $a*b^{-1}\in S$。

【定理 29-4】 [子群判定定理三]

设$<G,*>$是一个群，S 是 G 的非空子集，如果 S 是一个有限集，则$<S,*>$是$<G,*>$的子群的充分必要条件是 $\forall a,b\in S$ 有 $a*b\in S$。

29.3 阿贝尔群与循环群

【定义 29-7】 如果群$<G,*>$中的运算 $*$ 是可交换的，则称该群为**阿贝尔群**或交换群。

【例 29-8】 设 G 为所有 n 阶非奇(满秩)矩阵的集合，矩阵乘法运算 $*$ 为定义在集合 G 上的二元运算，证明$<G,*>$是一个不可交换群。

证明：任意两个 n 阶非奇矩阵相乘后仍是一个非奇矩阵，所以运算 $*$ 是封闭的。

矩阵乘法运算是可结合的。n 阶单位阵 $\mathbf{E}$ 是 G 中的幺元。任意一个非奇阵 $\mathbf{A}$ 存在唯一的逆阵，使 $\mathbf{A}*\mathbf{A}^{-1}=\mathbf{A}^{-1}*\mathbf{A}=\mathbf{E}$，但矩阵乘法是不可交换的。

因此，$<G,*>$是一个不可交换群。

【定理 29-5】 设$<G,*>$是一个群，$<G,*>$是阿贝尔群的充要条件是对 $\forall a,b\in G$，有$(a*b)*(a*b)=(a*a)*(b*b)$。

证明：

(1) 充分性。

设对 $\forall a,b\in G$，有

$$(a*b)*(a*b)=(a*a)*(b*b)$$

因为

$$a*(a*b)*b=(a*a)*(b*b)=(a*b)*(a*b)=a*(b*a)*b$$

所以

$$a^{-1} * (a * (a * b) * b) * b^{-1} = a^{-1} * (a * (b * a) * b) * b^{-1}$$

即得

$$a * b = b * a$$

因此，群$<G, *>$是阿贝尔群。

(2) 必要性。

设$<G, *>$是阿贝尔群，则对$\forall a, b \in G$，有$(a * b) = (b * a)$。

因此

$$(a * a) * (b * b) = a * (a * b) * b = a * (b * a) * b = (a * b) * (a * b)$$

【定义 29-8】 设$<G, *>$为群，若在G中存在一个元素a，使得G中的任意元素都由a的幂组成，则称该群为**循环群**，元素a称为循环群G的生成元。

在例 29-5 中，60°就是群$<\{0°, 60°, 120°, 180°, 240°, 300°\}, ★>$的生成元。

因此，该群是循环群。

【定理 29-6】 任何一个循环群必定是阿贝尔群。

【例 29-9】

(1) $<\mathbf{Z}, +>$为无限循环群，1 或-1为其生成元。

(2) 令$A = \{2^i \mid i \in \mathbf{Z}\}$，那么$<A, \cdot>$是无限循环群，2 或$2^{-1}$是生成元。

(3) $<\mathbf{Z}_8, +_8>$为有限循环群，1、3、5、7 都可以是生成元。

【例 29-10】 例 29-5 所示的代数系统$<\{0°, 60°, 120°, 180°, 240°, 300°\}, ★>$是有限循环群，其中 60°或 300°是该群的生成元。

可以看出，循环群的生成元可以不是唯一的。

【定理 29-7】 任何一个循环群必定是阿贝尔群。

证明：设$<G, *>$是一个循环群，它的生成元是a。

那么，对于$\forall x, y \in G$，必有$r, s \in \mathbf{Z}$ $r, s \in \mathbf{Z}$，使得

$$x = a^r \quad 和 \quad y = a^s$$

而且有

$$x * y = a^r * a^s = a^{r+s} = a^{s+r} = a^s * a^r = y * x$$

$$x * y = a^r * a^s = a^{r+s} = a^{s+r} = a^s * a^r = y * x$$

因此，$<G, *>$是一个阿贝尔群。

对于有限循环群，有下面的定理。

【定理 29-8】 设$<G, *>$是一个由元素$a \in G$生成的有限循环群。如果G的阶数是n，即$|G| = n$，则$a^n = e$且$G = \{a, a^2, , a^3, \cdots, a^{n-1}, a^n = e\}$，其中，$e$是$<G, *>$中的幺元，$n$是使$a^n = e$的最小正整数(称$n$为元素$a$的阶)。

证明：假设对于某个正数$m < n$，有$a^m = e$，那么，由于$<G, *>$是一个循环群，所以G中的任何元素都能写为$a^k (k \in G)$，而且$k = mq + r$。其中，q是某个整数，$0 \leqslant r < m$。这就有

$$a^k = a^{mq+r} = (a^m)^q * a^r = a^r$$

因此G中的每个元素都可表示成$a^r (0 \leqslant r < m)$，这样，G中最多有m个不同的元素，与$|G| = n$相矛盾。所以$a^m = e (m < n)$是不可能的。

进一步证明 $a, a^2, , a^3, \cdots, a^{n-1}, a^n$ 都不相同。用反证法假设 $a^i=a^j$，其中 $1\leqslant i<j\leqslant n$，就有 $a^i=a^i*a^{j-i}$，即 $a^{j-i}=e$，而且 $1\leqslant j-i\leqslant n$，这已经证明是不可能的。所以，$a, a^2, a^3, \cdots, a^{n-1}, a^n$ 都不相同，因此 $G=\{a, a^2, , a^3, \cdots, a^{n-1}, a^n=e\}$。

【例 29-11】 设 $G=\{a,b,c,d\}$，在 G 上定义二元运算 $*$ 如表 29-4 所示。

表 29-4　例 29-11 表

*	**a**	**b**	**c**	**d**
a	a	b	c	d
b	b	a	d	c
c	c	d	b	a
d	d	c	a	b

解：由运算表可知运算 $*$ 是封闭的，a 是幺元。b、c 和 d 的逆元分别是 b、d 和 c。

可以验证运算 $*$ 是可结合的，所以 $\langle G, *\rangle$ 是一个群。

由于

$$c*c=c^2=b,\quad c^3=d, c^4=a$$

$$d*d=d^2=b,\quad d^3=c, d^4=a$$

故群 $\langle G, *\rangle$ 是由 c 或 d 生成的，因此 $\langle G, *\rangle$ 是一个循环群。

29.4　拉格朗日定理

29.4.1　陪集

【定义 29-9】 设 $\langle G, *\rangle$ 是一个群，$A, B\in P(G)$ 且 $A=\varnothing, B=\varnothing$，记：

$AB=\{a*b \mid a\in A, b\in B\}$ 为 A, B 的积；

$A^{-1}=\{a=1 \mid a\in A\}$ 为 A 的逆。

【定义 29-10】 设 $\langle H, *\rangle$ 是群 $\langle G, *\rangle$ 的一个子群，$\forall a\in G$，则：

(1) 集合 $aH=\{ah \mid \forall h\in H, a*h\}$ 称为由 a 所确定的 H 在 G 中的**左陪集**，简称为 H 关于 a 的左陪集；

(2) 集合 $Ha=\{ha \mid h\in H, h*a\}$ 称为由 a 所确定的 H 在 G 中的**右陪集**，简称为 H 关于 a 的右陪集；

(3) 元素 a 称为陪集 aH 或 Ha 的代表元素。

显然，当 G 是可换群时，子群 H 的左、右陪集相等。

【例 29-12】 计算群 $\langle \mathbf{Z}_6, \oplus\rangle$ 的子群 $\langle\{0,2,4\}, \oplus\rangle$ 的一切左、右陪集。

解：根据左、右陪集的定义直接计算。

令 $H=\{0,2,4\}$，则所有的右陪集为

$$H0=\{0,2,4\}0=\{0,2,4\}\qquad H1=\{0,2,4\}1=\{1,3,5\}$$

$$H2=\{0,2,4\}2=\{2,4,0\}\qquad H3=\{0,2,4\}3=\{3,5,1\}$$

$$H4=\{0,2,4\}4=\{4,0,2\}\qquad H5=\{0,2,4\}5=\{5,1,3\}$$

即有

$$H0=H2=H4,\quad H1=H3=H5,\quad H0\cup H1=\mathbf{Z}_6$$

同理,所有的左陪集为

$$0H=0\{0,2,4\}=\{0,2,4\}\qquad 1H=1\{0,2,4\}=\{1,3,5\}$$
$$2H=2\{0,2,4\}=\{2,4,0\}\qquad 3H=3\{0,2,4\}=\{3,5,1\}$$
$$4H=4\{0,2,4\}=\{4,0,2\}\qquad 5H=5\{0,2,4\}=\{5,1,3\}$$

即有

$$0H=2H=4H,\quad 1H=3H=5H,\quad 0H\cup 1H=\mathbf{Z}_6$$

由于左(右)陪集是等价类,所以它们具有等价类的一切性质。

【定理 29-9】 设 $<H,*>$ 是群 $<G,*>$ 的子群,e 是单位元,$a,b\in G$,则:

(1) $eH=H=He$;

(2) $Ha=H=\Leftrightarrow a\in H(aH=H\Leftrightarrow a\in H)$;

(3) $a\in Hb\Leftrightarrow Ha=Hb\Leftrightarrow ab^{-1}\in H(a\in bH\Leftrightarrow aH=bH\Leftrightarrow a^{-1}b\in H)$;

(4) H 的所有左陪集(或右陪集)的集合构成 G 的一个划分。

【定理 29-10】 设 H 是 G 的子群,则对 $\forall a\in G$,有

$$|aH|=|Ha|=|H|$$

29.4.2 拉格朗日定理

拉格朗日定理揭示了有限群中子群阶与原群阶之间的关系,是群结构和性质的基石,它不仅为研究群的结构和性质提供了基本工具,还为其他群论定理的证明提供了重要的支持。同时,拉格朗日定理也在实际问题的群论应用中起到了关键的作用。

【定理 29-11】(拉格朗日定理) 设 $<H,*>$ 是群 $<G,*>$ 的一个子群,那么

(1) $R=\{<a,b>|a\in G,b\in G\wedge a^{-1}*b>\in H\}$ 是 G 中的一个等价关系;若记 $[a]_R=\{x|x\in G\wedge <a,x>\in R\}$,则 $[a]_R=aH$;

(2) 如果 G 是有限群,$|G|=n$,$|H|=m$,则 $m|n$。

证明:(1) 证明 R 满足自反性、对称性和传递性。

对于任意 $a\in G$,必有 $a^{-1}\in G$,使 $a^{-1}*a=e\in H$,所以 $<a,a>\in R$。

若 $<a,b>\in R$,则 $a^{-1}*b\in H$,因为 H 是 G 的子群,故 $(a^{-1}*b)^{-1}=b^{-1}*aH$,所以 $<b,a>\in R$。

若 $<a,b>\in R$,$<b,c>\in R$,则 $a^{-1}*b\in H$,$b^{-1}*c\in H$,故 $a^{-1}*b*b^{-1}*c=a^{-1}*c\in H$,所以 $<a,c>\in R$。

因此,R 是 G 中的一个等价关系。

对 $a\in G$,有 $b\in[a]_R$ 当且仅当 $<a,b>\in R$,即当且仅当 $a^{-1}*b\in H$,而 $a^{-1}*b\in H$ 就是 $b=aH$。因此,$[a]_R=aH$。

(2) 由于 R 是 G 中的一个等价关系,所以必定将 G 划分成不同的等价类 $[a_1]_R$,$[a_2]_R$,$\cdots$,$[a_k]_R$,使得 $G=\bigcup_{i=1}^{k}[a_i]_R=\bigcup_{i=1}^{k}a_iH$

又因,H 中任意两个不同的元素 $h_1,h_2,a\in G$,必有 $h_1,h_2.a*h_1\neq a*h_2$,所以 $|a_iH|=|H|=m$,$i=1,2,\cdots,k$。

因此

$$n = |G| = \left|\bigcup_{i=1}^{k} a_i H\right| = \sum_{i=1}^{k} |a_i H| = mk$$

【推论 29-1】 任何质数阶的群不可能有非平凡子群。

证明：如果有非平凡子群，那么该子群的阶必定是原来群的阶的一个因子，这就与原来群的阶是质数相矛盾。

【推论 29-2】 设$<G,*>$是 n 阶有限群，那么对于任意的 $a \in G$，a 的阶必是 n 的因子且必有 $a^n = e$。这里 e 是群$<G,*>$中的幺元。如果 n 为质数，则$<G,*>$必是循环群。

证明：由 G 中的任意元素 a 生成的循环群 $H=\{a^i \mid i \in \mathbf{I}, a \in G\}$一定是 G 的一个子群。如果 H 的阶是 m，那么由定理 29-4 可知 $a^m = e$，即 a 的阶等于 m。由拉格朗日定理必有 $n = mk, k \in \mathbf{I}$，因此，a 的阶 m 是 n 的因子，且有 $a^n = a^{mk} = (a^m)^k = e^k = e$。

因为质数阶群只有平凡子群，所以质数阶群必定是循环群。

必须注意群的阶与元素的阶这两个概念的不同。

【例 29-13】 设 $K=\{e,a,b,c\}$，在 K 上定义二元运算 $*$ 如表 29-5 所示。

表 29-5　例 29-13 表

*	**e**	**a**	**b**	**c**
e	e	a	b	c
a	a	e	c	b
b	b	c	e	a
c	c	b	a	e

证明：由表 29-5 可知，运算 $*$ 是封闭的和可结合的。幺元是 e，每个元素的逆元是自身，所以$<K,*>$是群。因为 a、b、c 都是二阶元，故$<K,*>$不是循环群，称$<K,*>$为 Klein 四元群。

小提示：Klein 四元群的特点如下。

(1) 群的阶数是 4；

(2) 除 e 以外的三个元素都是二阶元，且

$$a*b=b*a=c,\quad b*c=c*b=a,\quad a*c=c*a=b$$

【例 29-14】 任何一个四阶群只能是四阶循环群或者 Klein 四元群。

证明：设四阶群为$<\{e,a,b,c\},*>$，其中 e 是幺元。

当四阶群含有一个四阶元素时，这个群就是循环群。

当四阶群不含有四阶元素时，则由推论 29-2 可知，除幺元 e 外，a、b、c 的阶一定都是 2。$a*b$ 不可能等于 a、b 或 e，否则将导致 $b=e$、$a=c$ 或 $a=b$ 的矛盾，所以 $a*b=c$。

同样地，有 $b*a=c$ 以及 $a*c=c*a=b$、$b*c=c*b=a$。

因此，这个群是 Klein 四元群。

拉格朗日定理在群论中有广泛的应用。

拓展阅读

约瑟夫·拉格朗日(Joseph-Louis Lagrange，1736 年 1 月 25 日—1813 年 4 月 10 日)是

法国著名数学家、物理学家。他在数学、力学和天文学领域均有历史性贡献，尤以数学成就突出。拉格朗日的著作《分析力学》(Mécanique analytique)于 1788 年首次出版，这是自牛顿以来对经典力学最全面的处理，为 19 世纪数理物理学的发展奠定了基础。他的工作不仅在数学领域产生了深远影响，还在物理学和天文学中发挥了重要作用。拉格朗日的研究成果包括拉格朗日乘数法、拉格朗日点等，这些成果至今仍在科学领域中广泛应用。

29.5 置换群

置换群(Permutation Group)是一个关于集合上置换的群。置换是一个集合上的**双射映射**，将集合的元素重新排列。置换群是这些置换按照函数复合运算形成的群。在置换群中，群运算是函数复合，即两个置换按照顺序执行。

置换群满足群的所有性质。

下面先定义 n 元置换和置换的乘法。

【定义 29-11】 设 $S=\{1,2,\cdots,n\}$，S 上的任何双射函数 $\sigma: S\to S$ 称为 S 上的 n 元置换。记作

$$\sigma=\begin{pmatrix}1 & 2 & \cdots & n\\ \sigma(1) & \sigma(2) & \cdots & \sigma(n)\end{pmatrix}$$

【例 29-15】 对于集合 $S=\{a, b, c, d\}$，将 a 映射到 b，b 映射到 d，c 映射到 a，d 映射到 c，是一个从 S 到 S 上的一对一映射，这个置换可以表示为

$$\begin{pmatrix}a & b & c & d\\ b & d & a & c\end{pmatrix}$$

即上一行中按任何次序写出集合中的全部元素，而在下一行中写出每个对应元素的像。

【例 29-16】 设 $S=\{1,2,3,4,5\}$，则

$$\sigma=\begin{pmatrix}1 & 2 & 3 & 4 & 5\\ 2 & 3 & 4 & 1 & 5\end{pmatrix},\quad \tau=\begin{pmatrix}1 & 2 & 3 & 4 & 5\\ 3 & 2 & 1 & 4 & 5\end{pmatrix}$$

都是 5 元置换。

【定义 29-12】 设 σ、τ 是 n 元置换，σ 和 τ 的复合 $\sigma\circ\tau$ 也是 n 元置换，称作 σ 与 τ 的**乘积**，记作 $\sigma\tau$。

例如，例 29-16 的 5 元置换 σ 和 τ 有

$$\sigma\tau=\begin{pmatrix}1 & 2 & 3 & 4 & 5\\ 2 & 1 & 4 & 3 & 5\end{pmatrix},\quad \tau\sigma=\begin{pmatrix}1 & 2 & 3 & 4 & 5\\ 4 & 3 & 2 & 1 & 5\end{pmatrix}$$

【定义 29-13】 设 σ 是 $S=\{1,2,\cdots,n\}$ 上的 n 元置换。若

$$\sigma(i_1)=i_2,\quad \sigma(i_2)=i_3,\quad \sigma(i_{k-1})=i_k,\quad \cdots\quad \sigma(i_k)=i_1$$

且保持 S 中的其他元素不变，则称 σ 为 S 上的 k 阶轮换，记作 $(i_1,i_2,\cdots,i_k)$。若 $k=2$，称 σ 为 S 上的对换。

设 $S=\{1,2,\cdots,n\}$，对于任何 S 上的 n 元置换 σ 一定存在一个有限序列 $i_1,i_2,\cdots,i_k$，$k\geqslant 1$，使得

$$\sigma(i_1)=i_2,\sigma(i_2)=i_3,\sigma(i_{k-1})=i_k,\cdots,\sigma(i_k)=i_1$$

令 $\sigma_1=(i_1,i_2,\cdots,i_k)$，它是从 σ 中分解出来的第一个轮换。根据函数的复合定义，可

以将 σ 写作 $\sigma_1\sigma'$，其中 σ' 作用于 $S-\{i_1,i_2,\cdots,i_k\}$ 上的元素。继续对 σ' 进行类似的分解。由于 S 中只有 n 个元素，经过有限步以后，必得到 σ 的轮换分解式

$$\sigma=\sigma_1\sigma_2\cdots\sigma_t$$

不难看出，在上述分解式中任何两个轮换都作用于不同的元素上，称它们是不交的。因此，任何 n 元置换都可以表示成不交的轮换之积。

【定理 29-12】 任何 n 元置换都可以唯一地表示成不交的轮换之积，而任何轮换又可以进一步表示成对换之积，所以任何 n 元置换都可以表示成对换之积。

【例 29-17】 设 $S=\{1,2,\cdots,8\}$，有

$$\sigma=\begin{pmatrix}1 & 2 & 3 & 4 & 5 & 6 & 7 & 8\\ 5 & 3 & 6 & 4 & 2 & 1 & 8 & 7\end{pmatrix}$$

是 8 元置换。考虑 σ 的分解式。观察到

$$\sigma(1)=5,\quad \sigma(5)=2,\quad \sigma(2)=3,\quad \sigma(3)=6,\quad \sigma(6)=1$$

所以从 σ 中分解出来的第一个轮换是 $(1\ \ 5\ \ 2\ \ 3\ \ 6)$，S 中剩下的元素是 $(4,7,8)$。由 $\sigma(4)=4$ 得到 1 阶轮换 (4)，它是从 σ 中分解出来的第二个轮换。对于剩下的元素 7 和 8，有 $\sigma(7)=8$，$\sigma(8)=7$。这样就得到第三个轮换 $(7\ \ 8)$。至此，S 中的元素都被分解完毕。

因此，可以写出 σ 的轮换表达式为

$$\sigma=(1\ \ 5\ \ 2\ \ 3\ \ 6)(4)(7\ \ 8)$$

为了使得轮换表达式更为简洁，通常省略其中的 1 阶轮换。

例如，σ 可以写作 $(1\ \ 5\ \ 2\ \ 3\ \ 6)(7\ \ 8)$。

如果 n 元置换的轮换表达式中全是 1 阶轮换，如 8 元恒等置换 $(1)(2)\cdots(8)$，则只能省略其中的 7 个 1 阶轮换，而将它简记为 (1)。

【定义 29-14】 一个置换若分解成奇数个对换的乘积，则称为奇置换；否则称为偶置换。特别的，恒等置换是偶置换。

例如，上面的 4 元置换只能表示成偶数个对换之积，而 4 元置换 $\tau=(1\ \ 3\ \ 2\ \ 4)$ 只能表示成奇数个对换之积。如果 n 元置换 σ 可以表示成奇数个对换之积，则称 σ 为奇置换，否则称 σ 为偶置换，在偶置换和奇置换之间存在一一对应，因此奇置换和偶置换各有 $n!/2$ 个。

【定义 29-15】 S_n 关于置换的乘法构成一个群，称作 n 元对称群。

考虑所有的 n 元置换构成的集合 S_n。任何两个 n 元置换之积仍旧是 n 元置换，所以 S_n 关于置换的乘法是封闭的。置换的乘法满足结合律。恒等置换 (1) 是 S_n 中的单位元。对于任何 n 元置换 $\sigma\in S_n$，逆置换 $\sigma^{-1}\in S_n$ 是 σ 的逆元，所以，S_n 为 n 元对称群。

【定义 29-16】 n 元对称群 S_n 的任何子群，称作 n 元置换群，简称置换群。

【例 29-18】 设 $S=\{1,2,3\}$，则 3 元置换群 $S_3=\{(1),(12),(13),(23),(123),(132)\}$，其运算表如表 29-6 所示。

表 29-6 例 29-18 表

*	**(1)**	**(12)**	**(13)**	**(23)**	**(123)**	**(132)**
(1)	(1)	(12)	(13)	(23)	(123)	(132)
(12)	(12)	(1)	(123)	(132)	(13)	(23)

续表

*	(1)	(12)	(13)	(23)	(123)	(132)
(13)	(13)	(132)	(1)	(123)	(23)	(12)
(23)	(23)	(123)	(132)	(1)	(12)	(13)
(123)	(123)	(23)	(12)	(13)	(132)	(1)
(132)	(132)	(13)	(23)	(12)	(1)	(123)

从运算表可知：S_3 关于置换的乘法是封闭的。置换的乘法满足结合律。恒等置换(1)是 S_3 中的单位元。(1)、(12)、(13)和(23)的逆置换是其本身，置换(123)和(132)互为逆置换。显然，S_3 为 n 元对称群。

可以证明：3 元交错群 $A_3=\{(1),(123),(132)\}$ 是 S_3 的子群，同时也是置换群。

拓展阅读：置换群

置换群即由置换组成的群。n 元集合 $A=\{a_1,a_2,\cdots,a_n\}$ 到它自身的一个一一映射称为 A 上的一个置换或 n 元置换。$A=\{a_1,a_2,\cdots,a_n\}$ 有限群在其形成时期几乎完全在置换群的形式下进行研究，拉格朗日和鲁菲尼的工作更具代表性。

1770 年，拉格朗日在他的关于方程可解性的著作里引进了 n 个根的一些函数进行研究，开创了对置换群的子群的研究，得到"子群的阶整除群的阶"这一重要结果。

鲁菲尼在 1799 年的专著《方程的一般理论》中对置换群进行了详细的考察，引进了群的传递性和本原性等概念。

在拉格朗日和鲁菲尼工作的影响下，柯西在 1815 年发表了关于置换群的重要文章。他以方程论为背景，证明了不存在 n 个字母(n 次)的群，证明 n 个字母的整个对称群的指数小于不超过 n 的最大素数，除非这个指数是 2 或 1。伽罗瓦对置换群的理论做出了最重要的贡献，他引进了正规群、两个群同构、单群与合成群等概念，发展了置换群的理论。可惜他的工作没有及时为数学界所了解。柯西在 1844—1846 年间写了一大批文章全力研究置换群，他把许多已有的结果系统化，证明了伽罗瓦的断言：对于每个有限(置换)群，如果它的阶可被一个素数 p 除尽，就必定至少包含一个 P 阶子群。他还研究了 n 个字母的函数在字母交换下所能取的形式值(非数字值)，并找出一个函数，使其取给定数目的值。

置换群的理论(主要指伽罗瓦的工作)在 1870 年由若尔当整理在他的《置换与代数方程》之中，他本人还发展了置换群理论及其应用。

29.6 群与对称性

群论与对称性的关系紧密且深远，群论是研究对称性的数学理论。

从自然数这个集合出发，通过运算可以创造越来越大的集合(分别是自然数 **N**、整数 **I**、有理数 **Q**、实数 **R**、复数 **C**)，如图 29-2 所示。

运算不止有加、减、乘、除，还有很多抽象运算，如平移、旋转等变换。有一种特殊的"集合+运算"就是群。

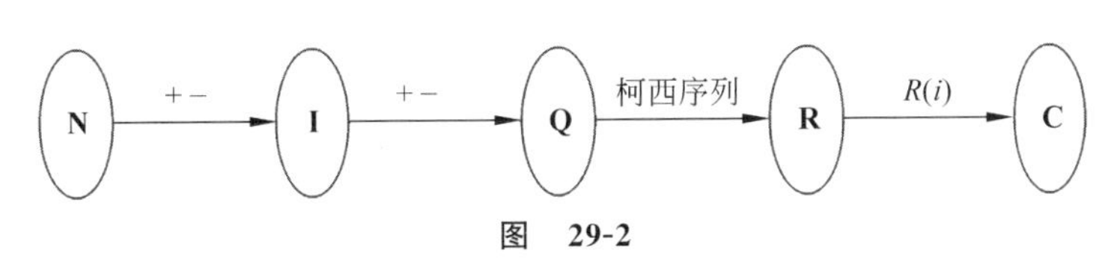

图 29-2

群论是关于**对称性**的数学理论，它研究的是一群对象（称为群元素）以及这些对象之间的运算（通常称为乘法或结合），这些运算满足一定的性质，如结合律、存在单位元、每个元素都有逆元等。

29.6.1 对称

- 正方形对称吗？
- 物理定律对称吗？
- 多项式的根对称吗？

上面的问题的答案都是：**对称！**

对称性是指某物在某种变换下保持不变的性质。这种变换可以是平移、旋转、反射等。关键字是“变换”和“不变性”。

（1）**正方形是否对称**？

一个正方形可以围绕其中心点进行旋转。正方形有四个对称轴，分别是两条对角线和连接正方形对边中点的两条线。这些对称轴定义了正方形可以旋转而不改变其外观的角度。

群的元素：在这个例子中，群的元素是正方形围绕其中心点进行的四种不同的旋转操作。具体来说，它们是：

（1）不旋转（0°）

（2）旋转 90°

（3）旋转 180°

（4）旋转 270°（或等价地旋转−90°，如果我们考虑逆时针旋转为正方向）。

群的运算：这里的运算就是旋转的复合。例如，如果先旋转 90°，然后再旋转 90°，结果就相当于旋转了 180°。

单位元素：不旋转（0°）是这个群的单位元素，因为任何旋转与单位元素复合都等于它本身。

逆元素：每个旋转操作都有一个逆操作，使得两者复合后等于单位元素。例如，旋转 90°的逆操作是旋转−90°（或 270°），旋转 180°的逆操作是它自己（因为旋转 180°后再旋转 180°等于不旋转）。

封闭性：任何两个旋转操作的复合结果仍然是这四个旋转操作中的一个，因此这个集合在旋转操作下是封闭的。

结合律：旋转操作的复合满足结合律，即$\langle a * b \rangle * c = a * \langle b * c \rangle$，其中 * 表示旋转的复合。

接下来放到数学的语境里进行分析，正方形围绕中心点顺时针旋转的变化过程如图 29-3 所示。

围绕中心点旋转这个变换，正方形所具有的不变性就是对称。

对于换一种变换，正方形围绕中垂线旋转的变化过程如图 29-4 所示。

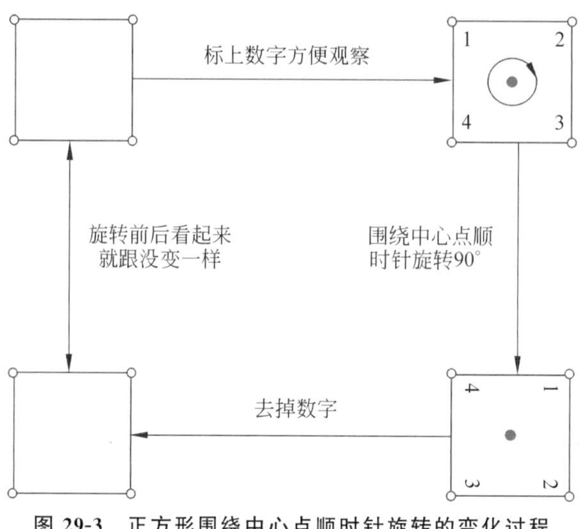

图 29-3　正方形围绕中心点顺时针旋转的变化过程

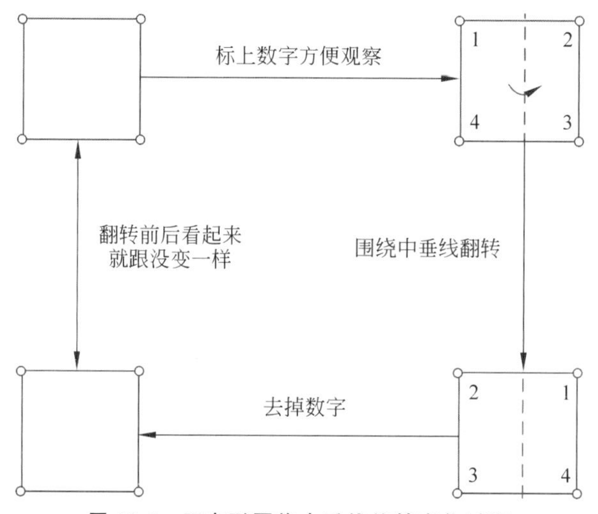

图 29-4　正方形围绕中垂线旋转变化过程

对于围绕中垂线这个变换,正方形也具有不变性,也是一种对称。

(2) **物理定律是否对称?**

从不变性的角度出发,相对于时间流逝这个变换,物理定律保持不变,可以说物理定律相对时间对称。相对于空间改变这个变换,物理定律保持不变,可以说物理定律相对空间对称。

在经典力学和量子力学中,如果物理系统不受外力作用(或所受外力合力为零),则系统具有空间平移对称性。这意味着,无论系统整体在空间中如何平移,其物理定律(如牛顿第二定律)的形式都不会改变。这种对称性对应的群是平移群(图 29-5 和图 29-6)。

(3) **多项式的根是否对称?**

在此,多项式方程指的是形如 $x^n+a_1x^{n-1}+\cdots+a_n=0$ 这样的方程。

群论就是从解多项式的根发展起来的,为什么多项式的根具有对称性?

首先要从简单的一元二次方程说起(图 29-7)。

从图 29-7 来看,相对于+×运算,多项式的根互换之后结果不变,针对这个运算,它们

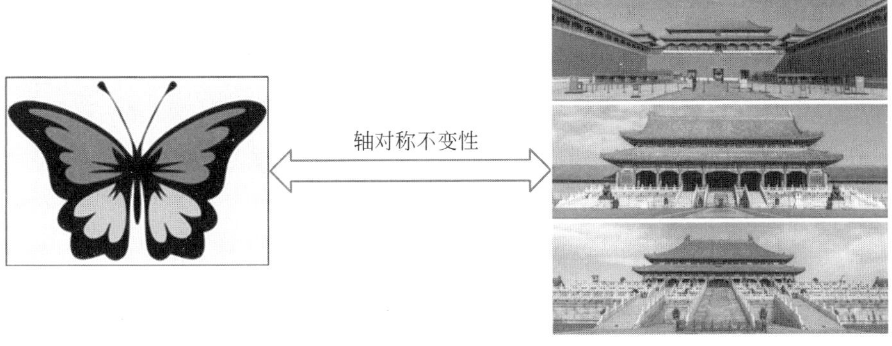

轴对称不变性

图 29-5　轴对称不变性

地球与火星物理定律的平移不变性

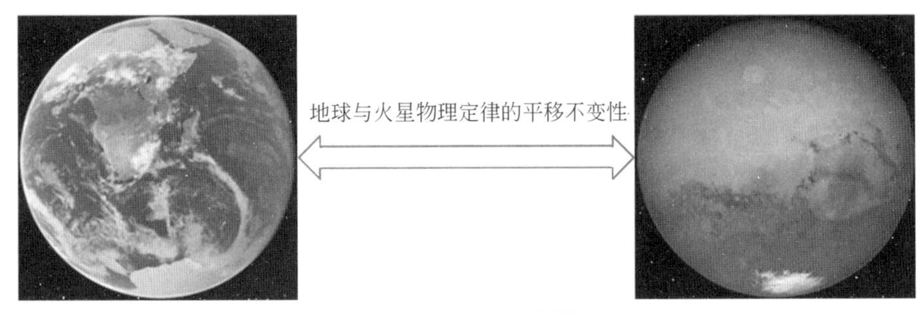

图 29-6　平移不变性

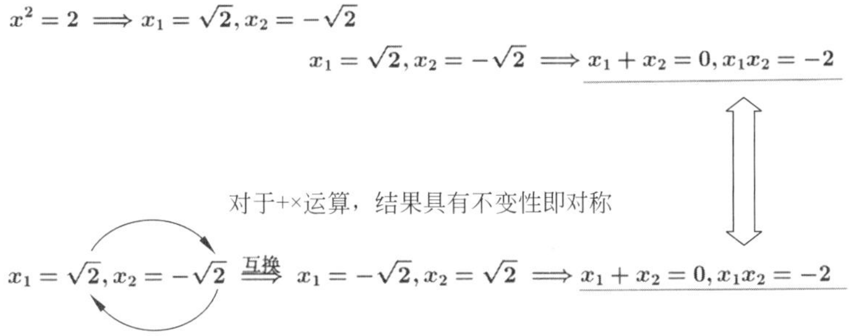

$x^2=2 \Longrightarrow x_1=\sqrt{2}, x_2=-\sqrt{2}$
$x_1=\sqrt{2}, x_2=-\sqrt{2} \Longrightarrow x_1+x_2=0, x_1x_2=-2$
对于+×运算，结果具有不变性即对称
$x_1=\sqrt{2}, x_2=-\sqrt{2}$ 互换 $x_1=-\sqrt{2}, x_2=\sqrt{2} \Longrightarrow x_1+x_2=0, x_1x_2=-2$

图 29-7　一元二次方程

是对称的，但对于－÷运算就没有对称性。

这个对称性有什么用？根据韦达定理，一元二次方程 $x^2+ax+b=0$，其中 $a=-\langle x_1+x_2\rangle$，$b=x_1x_2$，系数是已知的，实际上可以联立这样的二元方程组求得方程的根。

群论的发展过程如图 29-8 所示。

关于伽罗瓦与一元五次方程根式解（一元五次及以上方程没有根式解）的问题，与群紧密相关，可自行查找相关资料。

29.6.2　对称的数学表示

下面从正方形开始解读如何来表示对称。

对称最重要的是在“某种变换下的不变性”，所以先讨论正方形围绕中心点旋转的情况，如图 29-9 所示，总共有 4 种对称变换。

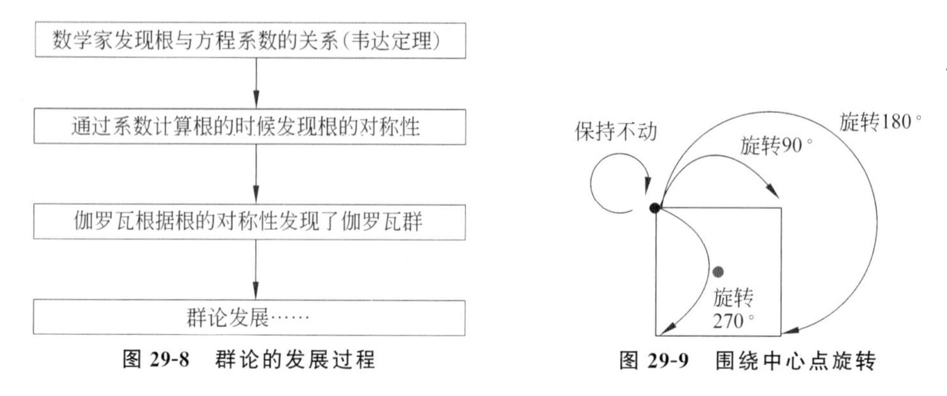

图 29-8　群论的发展过程　　图 29-9　围绕中心点旋转

或许应该不止 4 种变换，例如旋转两圈，这可以等价于“保持不动”，而旋转 45°会导致不对称。

起始点是完全不用关心的，变化过程如图 29-10 所示。

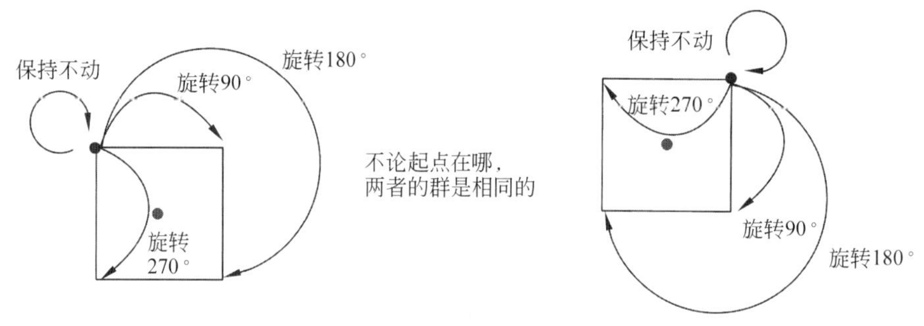

图 29-10　变化过程(1)

甚至是不是正方形也不重要，变化过程如图 29-11 所示。

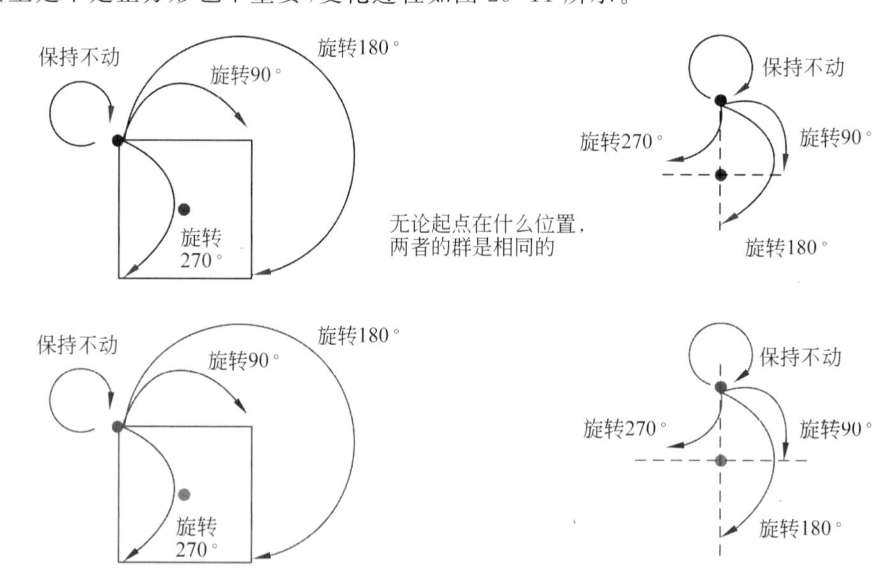

围绕中心点旋转的正方形和十字架的对称性是一样的

图 29-11　变化过程(2)

群只关心对称最本质、最抽象的性质。所以只关心变换，只需要把变换放到集合里。

要放进去，必须把变换数学化，也就是符号化，起码有两种符号化的选择，类比于加法或者乘法，如图 29-12 所示。

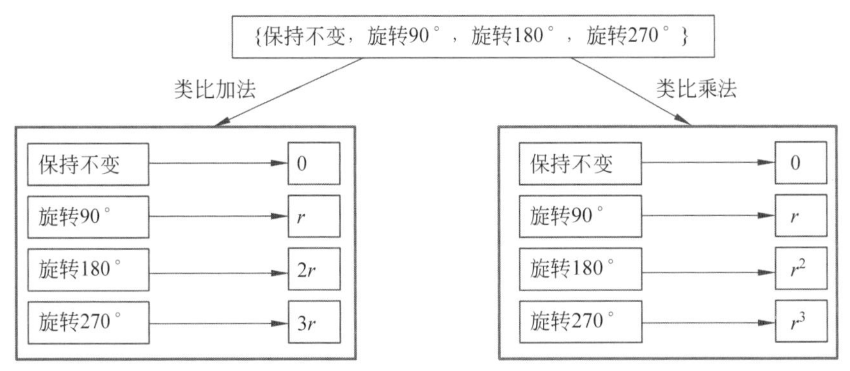

图 29-12　数学化过程

什么叫作类比于加法？例如通过类比于加法得到$\{0,r,2r,3r\}$，“保持不变”映射为 0，“旋转 90°”映射为 r，而两个操作依次进行映射为加法。所以“保持不变”+“旋转 90°”$\Leftrightarrow 0+r \Leftrightarrow r \Leftrightarrow$“旋转 90”是合理的。而“旋转 90°”+“旋转 90”$\Leftrightarrow r+r \Leftrightarrow 2r \Leftrightarrow$ “旋转 180°”也是合理的。

注意：运算不需要符合交换律。还要说明的一点是，这里的加法和乘法是模加法、模乘法，类似于钟表，按照 12 小时计算，$3+11=2$，$3\times6=6$。

这样就得到了两个群，一个是$\langle G,+\rangle=\langle\{0,r,2r,3r\},+\rangle$，另一个是$\langle G,\times\rangle=\langle\{1,r,r^2,r^3\},\times\rangle$。它们只是符号不一样、运算不一样，所以称之为同构（暂且理解为结构相同的意思）。

习　题

1. 下列运算中，哪种运算关于整数集不能构成半群？　　（　　）

(1) $a\circ b=\max\{a,b\}$

(2) $a\circ b=b$

(3) $a\circ b=2ab$

(4) $a\circ b=|a-b|$

2. * 运算如表 29-7 所示，哪个能使（$\{a,b\}$，*）成为独异点？　　（　　）

表 29-7　习题 2 表

*	a	b	*	a	b	*	a	b	*	a	b
a	a	a	a	a	a	a	a	a	a	a	b
b	b	b	b	b	b	b	a	a	b	b	a
(a)			(b)			(c)			(d)		

3. **Q** 为有理数，(**Q**，*)（其中 * 为普通乘法）不能构成（　　）。

(1) 群

(2) 独异点

(3) 半群

(4) 交换半群

4. $\mathbf{R}$ 为实数集，运算 $*$ 定义为 $a,b\in\mathbf{R}$，$a*b=a\cdot|b|$，则代数系统($\mathbf{R}$，$*$)是(　　)。

(1) 半群

(2) 独异点

(3) 群

(4) 阿贝尔群

5. 设 $S=\{a,b\}$ 上的二元运算如表 29-8 所示，验证$<S,*>$是否为半群？

表 29-8　习题 5 表

*	**a**	**b**
a	b	a
b	a	b

6. 在表 29-9 的空白处填入适当的元素，使$\langle\{a,b,c\},*\rangle$构成群。

表 29-9　习题 6 表

*	**a**	**b**	**c**
a			
b			
c			

7. 判断下列集合中关于指定的运算是否构成半群、独异点和群。

(1) 集合 $A=\{x|0<x<20$ 且 x 是素数$\}$，运算 $*$ 为 $\forall x,y\in A$，$x,y=\min\{x,y\}$。

(2) 集合 $B=\{a^n|n\in\mathbf{Z}\}$，运算 $*$ 为普通乘法运算。

(3) 自然数集合 $\mathbf{N}$ 上定义的运算为 $\forall x,y\in A$，$x*y=x-2y$。

8. 设 S 为任意非空集合，对任意 $a,b\in S$，规定 $a*b=a$，则$\langle S,*\rangle$为半群。

9. 设 $R=\{0°,60°,120°,180°,240°,300°\}$表示在平面上几何图形绕形心顺时针旋转的 6 种可能情况，设★是 R 上的二元运算，对于 R 中的任意两个元素 a 和 b，a★b 表示平面图形连续旋转 a 和 b 得到的总旋转角度，并规定旋转 360°等于原来的状态，看作没有经过旋转。验证$<R,$★$>$是一个群。

10. 验证代数系统$<\mathbf{I},+>$是一个群，这里 $\mathbf{I}$ 是所有整数的集合，+是普通加法运算。

11. $<\mathbf{I},+>$是一个群，设 $\mathbf{I}_E=\{x|x=2n,n\in\mathbf{I}\}$，证明$<\mathbf{I}_E,+>$是$<\mathbf{I},+>$的一个子群。

12. 设 G 为所有 n 阶非奇(满秩)矩阵的集合，矩阵乘法运算。作为定义在集合 G 上的二元运算，证明$<G,\circ>$是一个不可交换群。

13. 设 $S=\{e,a,b,c\}$，在 S 上定义二元运算 $*$ 如表 29-10 所示。证明$<S,*>$是一个群，但不是循环群。

表 29-10 习题 13 表

*	**e**	**a**	**b**	**c**
e	e	a	b	c
a	a	e	c	b
b	b	c	e	a
c	c	b	a	e

14. 若 G 为交换群,证明:$\forall a,b\in G,(ab)^n=a^nb^n$。
15. 循环群一定是阿贝尔群,但阿贝尔群是否是循环群?请说明原因。

第 30 章 同态与同构

本章思维导图

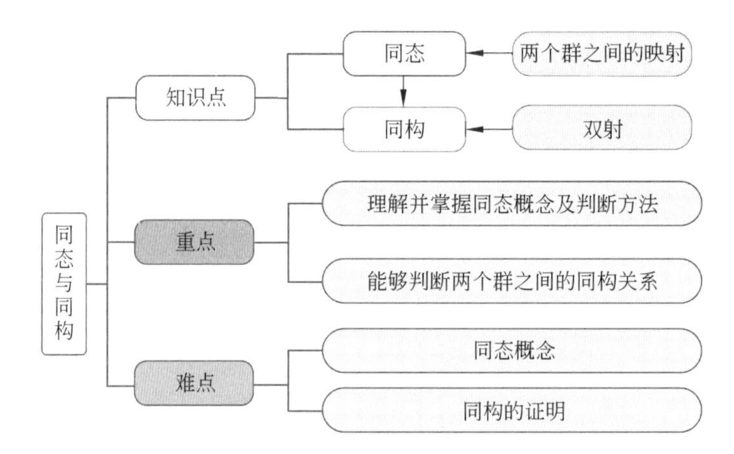

群论中，同态与同构是两个核心概念。同态是指从一个群到另一个群的映射，该映射保持原群中的运算性质。

同构则是同态的一种特殊形式，它要求映射不仅是保持运算的，而且是一一对应的，即满足双射条件。如果两个群之间存在同构映射，则称这两个群是同构的，这意味着它们在结构上完全相同，只是元素的标签不同。

同态与同构在群论中起着至关重要的作用，它们不仅可以帮助理解和分类群的结构，还提供了连接不同群的桥梁。通过同态和同构，可以揭示群之间的内在联系，进而应用于更广泛的数学和物理领域。

【定义 30-1】 设 $<A,\bigstar>$ 和 $<B,*>$ 是两个代数系统，★和 * 分别是 A 和 B 上的二元(n 元)运算，设 f 是从 A 到 B 的一个映射，使得对任意的 $a_1,a_2\in A$，有

$$f(a_1\bigstar a_2)=f(a_1)*f(a_2)$$

则称 f 为由 $<A,\bigstar>$ 到 $<B,*>$ 的一个**同态映射**(Homomorphism Mapping)，称 $<A,\bigstar>$ 同态于 $<B,*>$，记作：$A\sim B$。把 $<f(A),*>$ 称为 $<A,\bigstar>$ 的一个同态像(Image under Homomorphism)。其中，$f(A)=\{x\mid x=f(a),a\in A\}\subseteq B$。

【例 30-1】 考察代数系统 $<\mathbf{I},\cdot>$，这里 $\mathbf{I}$ 是整数集，· 是普通的乘法运算。如果对运算只关注正、负、零之间的特征区别，那么代数系统 $<\mathbf{I},\cdot>$ 中运算结果的特征就可以用另一个代数系统 $<B,\odot>$ 的运算结果来描述，其中 $B=\{正,负,零\}$ 是定义在 B 上的二元运算，如表 30-1 所示。

表 30-1　B 上的二元运算

⊙	正	负	零
正	正	负	零
负	负	正	零
零	零	零	零

作映射 $f: \mathbf{I} \to B$ 如下：

$$f(n)=\begin{cases}正, & n>0\\ 负, & n<0\\ 零, & n=0\end{cases}$$

很明显，对于任意 $a,b\in\mathbf{I}$，有

$$f(a\cdot b)=f(a)\odot f(b)$$

因此，映射 f 是由 $<\mathbf{I},\cdot>$ 到 $<B,\odot>$ 的一个同态。

由例 30-1 可知，在 $<\mathbf{I},\cdot>$ 中研究运算结果的正、负、零的特征就等于在 $<B,\odot>$ 中研究运算特征。可以说，代数系统 $<B,\odot>$ 描述了 $<\mathbf{I},\cdot>$ 中运算结果的这些基本特征。

而这正是研究两个代数系统之间是否存在同态的重要意义。

注意：由一个代数系统到另一个代数系统可能存在多于一个的同态。

【定义 30-2】　设 f 是由 $<A,\bigstar>$ 到 $<B,*>$ 的一个同态：

(1) 如果 f 是从 A 到 B 的一个满射，则 f 称为满同态；

(2) 如果 f 是从 A 到 B 的一个单射，则 f 称为单一同态；

(3) 如果 f 是从 A 到 B 的一个双射，则 f 称为**同构映射**，并称 $<A,\bigstar>$ 和 $<B,*>$ 是同构的(Isomorphism)，记作：$A\cong B$。

【例 30-2】　设 $f:\mathbf{R}\to\mathbf{R}$ 定义为对任意 $x\in\mathbf{R}$，有 $f(x)=5^x$，那么，f 是从 $<\mathbf{R},+>$ 到 $<\mathbf{R},\cdot>$ 的一个单一同态。

$$f(x+y)=5^{x+y}=5^x\cdot 5^y=f(x)\cdot f(y)$$

f 为单射。因为 $x_1\neq x_2$，则 $5^{x_1}\neq 5^{x_2}$，即 $f(x_1)\neq f(x_2)$。

又因为 $5^x>0$，所以 f 不是满射。

【例 30-3】　设 $f:\mathbf{N}\to\mathbf{N}_k$ 定义为对任意的 $x\in\mathbf{N}$，有 $f(x)=x \bmod k$，那么，f 是从 $<\mathbf{N},+>$ 到 $<\mathbf{N}_k,+_k>$ 的一个满同态。

$$\begin{aligned}f(x+y)&=(x+y)\bmod k\\&=(x \bmod k)+_k(y\bmod k)\\&=f(x)+_k f(y)\end{aligned}$$

又因 f 是满射，而 $f(1)=f(K+1)=1\in N_k$，故 f 不是单射。

【例 30-4】　设 $H=\{x\mid x=dn,d$ 是某一个正整数$,n\in\mathbf{I}\}$，定义映射 $f:\mathbf{I}\to H$ 为对任意 $n\in\mathbf{I}$，有 $f(n)=dn$，那么，f 是 $<\mathbf{I},+>$ 到 $<H,+>$ 的一个同构。所以 $\mathbf{I}\cong H$。

$$f(m+n)=d(m+n)=dm+dn=f(m)+f(n)$$

故 f 是双射。

识别和证明两个代数系统是否同构是十分重要的代数学基本技能。

【例 30-5】 设 $A=\{a,b,c,d\}$，在 A 上定义一个二元运算如表 30-2 所示。又设 $B=\{\alpha,\beta,\gamma,\delta\}$，在 B 上定义一个二元运算如表 30-3 所示。证明<A，★>和<B，$*$>是同构的。

表 30-2　A 上的二元运算

★	a	b	c	d
a	a	b	c	d
b	b	a	a	c
c	b	d	d	c
d	a	b	c	d

表 30-3　B 上的二元运算

$*$	α	β	γ	δ
α	α	β	γ	δ
β	β	α	α	γ
γ	β	δ	δ	γ
δ	α	β	γ	δ

证明：考察映射 f，使得 $f(a)=\alpha$，$f(b)=\beta$，$f(c)=\gamma$，$f(d)=\delta$。

显然，f 是一个从 A 到 B 的双射，由表 30-2 和表 30-3 容易验证 f 是由<A，★>到<B，$*$>的一个同态。因此，<A，★>和<B，$*$>是同构的。

如果考察映射 g，使得 $g(a)=\delta$，$g(b)=\gamma$，$g(c)=\beta$，$g(d)=\alpha$。那么，g 也是由<A，★>到<B，$*$>的一个同构。

由此例可知，如果两个代数系统是同构的，则它们之间的同构映射可以是不唯一的。

【定义 30-3】 设<A，★>是一个代数系统：

(1) 如果 f 是由<A，★>到<A，★>的同态，则称 f 为**自同态**。

(2) 如果 g 是由<A，★>到<A，★>的同构，则称 g 为**自同构**。

【定理 30-1】 设 G 是代数系统的集合，则 G 中代数系统之间的同构关系是等价关系。

习　题

1. 设 $A=\{a,b,c,d\}$，$B=\{0,1,2,3\}$，$*$，★定义如表 30-4 所示。证明：<A，$*$>和<B，$+_4$>是同构的。

表 30-4　习题 1 表

(a)

$*$	a	b	c	d
0	a	b	c	d
1	b	c	d	a
2	c	d	a	b
4	d	a	b	c

(b)

★	0	1	2	3
0	0	1	2	3
1	1	2	3	0
2	2	3	0	1
3	3	0	1	2

2. 代数系统<{0,1}, ∨>是否是代数系统<**N**, +>的同态像？（说明理由）

3. 设 f：**R**→**R** 为 $f(x)=e^x$（**R** 为实数集），证明：f 为<**R**, +>到<**R**, ·>的同态。

4. 若 f：**R**→$\mathbf{R}^+$ 为 $f(x)=e^x$（$\mathbf{R}^+$ 为正实数集），证明：f 为<**R**, +>到<**R**, ·>的同构。

5. 设 f：**R**→**R** 为 $h(x)=2x$，证明：f 为<**R**, +>到<**R**, +>的自同态。

第 31 章

环与域

本章思维导图

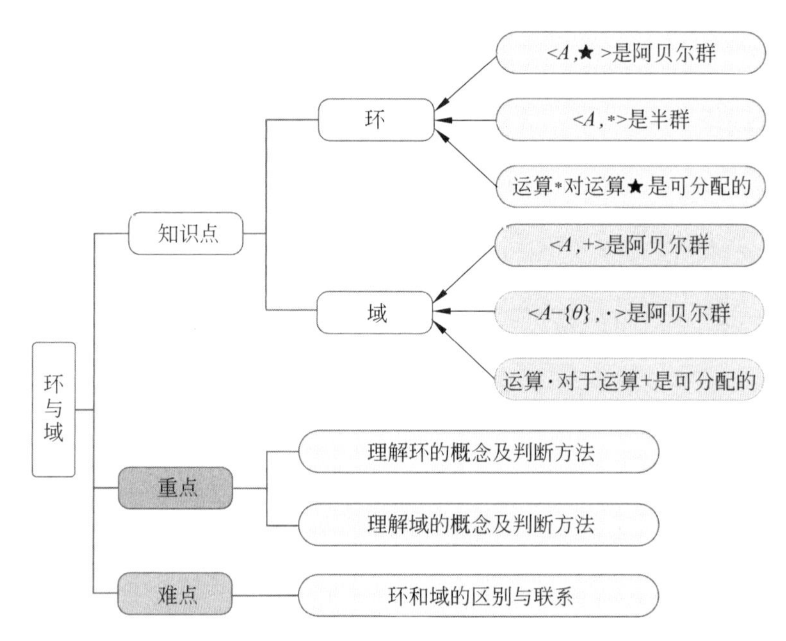

群论虽然主要关注群的结构，但环与域作为代数结构的重要组成部分，也与群论紧密相关，主要讨论**具有两个二元运算的代数系统**。环是一个包含两种运算(加法和乘法)的代数结构，其中加法满足群的所有性质，而乘法满足结合律，并与加法有分配律。环可以是交换的(乘法满足交换律)或非交换的。

域是环的一个特例，它要求非零元素在乘法下形成群，即域中每个非零元素都有乘法逆元。域是代数中非常基本且重要的对象，许多重要的数学理论都建立在其上，如线性代数、多项式理论和数论等。

31.1 基本概念

对于给定的两个代数系统＜A，★＞和＜A，∗＞，容易将它们组合成一个**具有两个二元运算的代数系统**＜A，★，∗＞。也就是说，将研究两个二元运算★和∗之间有联系的代数系统＜A，★，∗＞。

通常，把第一个二元运算★称为“加法”，把第二个运算∗称为“乘法”。例如，具有加法和乘法这两个二元运算的实数系统＜$\mathbf{R}$，+，＞和整数系统＜$\mathbf{I}$，+，＞都是我们很熟悉的代数系统，其运算之间的联系是乘法对加法满足分配律。

【定义 31-1】 设＜A，★，$*$＞是一个代数系统，如果满足：

（1）＜A，★＞是阿贝尔群；

（2）＜A，$*$＞是半群；

（3）运算 $*$ 对于运算★是可分配的；

则称＜A，★，$*$＞是**环**。

根据定义可以清楚地看到，整数集合、有理数集合、偶数集合、复数集合以及定义在这些集合上的普通加法和乘法运算都是可构成环的例子。

【例 31-1】 系数属于实数的所有 x 的多项式所组成的集合记作 $\mathbf{R}[x]$，那么，$\mathbf{R}[x]$关于多项式的加法和乘法构成一个环。

【例 31-2】 元素属于实数的所有 n 阶矩阵所组成的集合记作$(\mathbf{R})_n$，那么，$(\mathbf{R})_n$ 关于矩阵的加法和乘法构成一个环。

【定义 31-2】 设＜A，+，·＞是一个代数系统，如果满足：

（1）＜A，+＞是阿贝尔群；

（2）＜A，·＞是可交换独异点，且无零因子，即对任意的 $a,b\in A$，$a\neq\theta$，$b\neq\theta$，必有 $a\cdot b\neq\theta$；

（3）运算·对于运算+是可分配的；

则称＜A，+，·＞是**整环**。

【定义 31-3】 设＜A，+，·＞是一个代数系统，如果满足：

（1）＜A，+＞是阿贝尔群；

（2）＜$A-\{\theta\}$，＞是阿贝尔群；

（3）运算 · 对于运算+是可分配的；

则称＜A，+，·＞是**域**。

例如，＜$\mathbf{Q}$，+，·＞、＜$\mathbf{R}$，+，·＞、＜$\mathbf{C}$，+，·＞都是域，这里，$\mathbf{Q}$ 为有理数集合，$\mathbf{R}$ 是实数集合，$\mathbf{C}$ 是复数集合，而+，·分别是各数集上的加法和乘法运算。

必须指出，＜$\mathbf{I}$，+，·＞是整环，但不是域，因为＜$\mathbf{I}-\{0\}$，·＞不是群。这说明，整环不一定是域。

环和域在密码学中有着广泛的应用，它们为密码算法的设计和实现提供了坚实的数学基础。环和域的主要区别如表 31-1 所示。

表 31-1　环和域的主要区别

	环	域
加法运算	封闭性、结合律、交换律、存在零元素、逆元素	同环
乘法运算	满足封闭性、结合律，不一定满足交换律	满足封闭性、结合律、交换律
分配律	满足左分配律和右分配律	同环
乘法逆元素	不一定所有元素都有	除零元素外，所有元素都有
乘法交换性	不一定满足	必须满足

31.2 环在密码学中的应用

1. RSA 算法

RSA 算法是一种广泛使用的公钥密码算法，它基于大数据分解的困难性来确保算法的安全性。虽然 RSA 算法本身并不直接基于域的概念，但域论中的模运算和欧拉函数等概念在 RSA 算法的实现中起到了重要作用。例如，RSA 算法中的密钥生成、加密和解密过程都涉及模运算，而模运算本质上是在整数域上的运算。

2. ECC（椭圆曲线密码学）

ECC 是一种基于椭圆曲线理论的公钥密码学方法，它利用椭圆曲线上的点群运算来实现加密、解密、签名和验证等功能。在 ECC 中，椭圆曲线上的点（包括无穷远点）和加法运算构成一个阿贝尔群，同时定义了一个乘法运算，使得这些点（除了无穷远点）构成一个有限域。这个有限域上的运算规则是 ECC 安全性的基础。ECC 算法由于其较短的密钥长度和较高的安全性而逐渐被广泛应用于各种密码学应用中。

3. 数字签名算法

除了 RSA 算法外，还有许多其他数字签名算法也利用了域论中的概念。例如，DSA（Digital Signature Algorithm）算法和 ECDSA（Elliptic Curve Digital Signature Algorithm）算法都使用了模运算和哈希函数等概念来确保签名的安全性和不可伪造性。这些算法中的模运算同样是在整数域或有限域上进行的。

综上所述，环和域在密码学中有着广泛的应用，它们不仅为密码算法的设计和实现提供了数学基础，还通过具体的算法和协议实现了信息的加密、解密、签名和验证等功能，从而保障了信息的安全性和完整性。随着密码学的不断发展和演进，环和域在密码学中的应用也将不断深化和拓展。域是一种更为特殊和更强大的代数结构，它在乘法运算上比环更加严格。所有域都是环（因为域满足环的所有定义和性质，并额外要求乘法交换性和非零元素的乘法逆元素存在），但并非所有环都是域（因为环的乘法不一定满足交换律，且环中的元素不一定都有乘法逆元素），这种区别使得域在数学和计算机科学中具有更广泛的应用和更深入的研究价值。

习　题

1. 判断代数系统 $\langle A,+,*\rangle$ 是否是环，其中 $A=\{x \mid x=2n+1, n\in A\}$，+、* 分别为普通加法和普通乘法。

2. 设 $\langle \mathbf{R},+,\cdot\rangle$ 是一个环，$\forall a\in\mathbf{R}$，有 $a\cdot a=a$。证明：如果 $a,b\in\mathbf{R}$，则 $(a+b)^2=a^2+a\cdot b+b\cdot a+b^2$。

3. 设 A 和 B 为环 $\mathbf{R}$ 的子环，证明 $A\cap B$ 也是 $\mathbf{R}$ 的子环。

4. 判断代数系统 $\langle A,+,*\rangle$ 是否是域，并说明原因。其中 $A=\{x \mid x=a+b\sqrt{3}, a, b\in\mathbf{Q}\}$，+、* 分别为普通加法和普通乘法。

5. 设 $\langle \mathbf{R},+,\cdot\rangle$ 为一个域，若 $F_1\subseteq\mathbf{R}$，$F_2\subseteq\mathbf{R}$ 且 $\langle F_1,+,\cdot\rangle$ 和 $\langle F_2,+,\cdot\rangle$ 都构成域，证明：$\langle F_1\cap F_2,+,\cdot\rangle$ 也构成域。

格与布尔代数

1. 格代数

格代数也称为格或格论，起源于19世纪中叶的数学研究，特别是对集合论和布尔代数的探索。格是一种特殊的代数结构，由有序对(a,b)的全体组成，满足一定的序关系（如传递性、反对称性和完全性）和运算规则（如交换律、结合律等）。随着代数学、拓扑学等学科的发展，格论逐渐成为研究代数结构的重要工具。

2. 布尔代数

布尔代数（Boolean Algebra）起源于数学领域，是一个用于集合运算和逻辑运算的公式：$<B,\vee,\wedge,\neg>$。其中B为一个非空集合，$\vee$、$\wedge$为定义在B上的两个二元运算，$\neg$为定义在B上的一个一元运算。布尔代数由英国数学家乔治·布尔（George Boole）于19世纪40年代创立，他在1854年出版的《思维规律》一书中详细阐述了这一理论。布尔代数的主要目的是将逻辑运算简化为代数形式，使逻辑推理能够像数学运算一样进行。

3. 布尔代数与格代数的联系

布尔代数在某种意义上可以看作特殊的格。在布尔代数中，每个元素都可以表示为其他元素的逻辑运算结果，即可以表示为0和1的逻辑运算。同时，布尔代数中的运算满足交换律、结合律和吸收律等，这些性质在格论中也有体现。因此，可以说布尔代数是格论在逻辑运算和集合运算领域的一个具体应用和发展。

总之，从格（代数）到布尔代数的发展历程是数学领域中的一个重要演变过程。格代数作为研究代数结构的重要工具，为布尔代数的诞生提供了理论基础。而布尔代数则通过将逻辑运算简化为代数形式，极大地推动了数学和工程技术领域的发展。随着计算机科学的发展，布尔代数在形式语言、自动机理论、编译器设计等领域也得到了广泛应用。

格与布尔代数思维导图

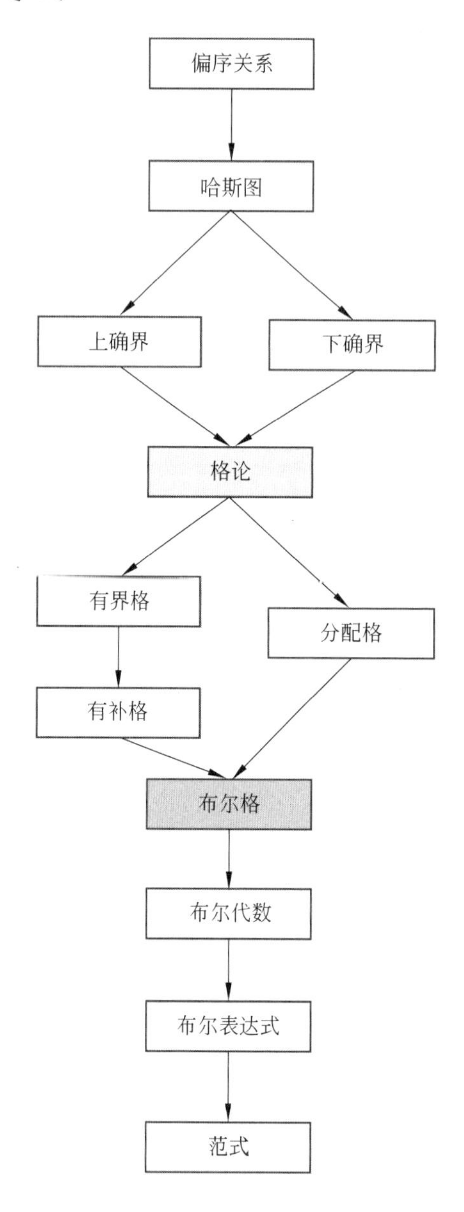

格与布尔代数之间关系的文氏图

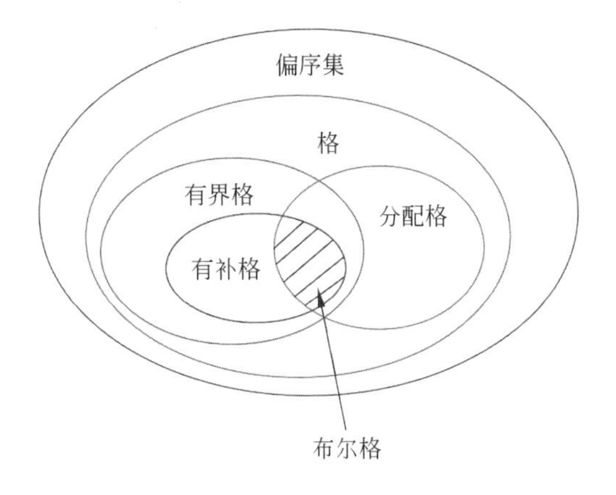

第32章 格

本章思维导图

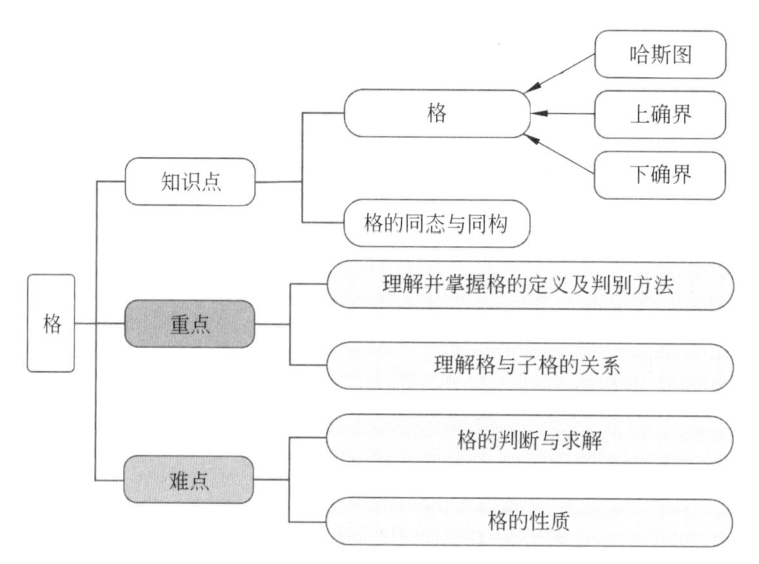

格论，通常简称为“格”，它宛如一把功能强大的“钥匙”，为人们描述与分析那些具备特定运算以及相应性质的代数系统提供了极为有力的手段。

从其发展脉络来看，格论的起源有着深厚的学术根基，它与集合论、逻辑以及代数等诸多重要的数学领域的研究紧密相连。在早期对这些基础领域的不断探索过程中，格论的雏形逐渐显现，并随着时间的推移不断发展完善。

而在当今时代，格论的影响力早已突破了传统数学领域的范畴，在现代数学这座“大厦”中持续发挥着不可或缺的作用，成为众多理论研究和实际应用的重要支撑。同时，它还在计算机科学等前沿领域大放异彩，比如在数据结构、算法设计以及程序逻辑分析等诸多方面，都有着格论活跃的“身影”，其应用范围正变得越来越广泛，展现出了强大的生命力和广阔的发展前景。

32.1 格的概念

在第23章的偏序关系中，对偏序集的任一子集可引入上确界（最小上界）和下确界（最大下界）的概念，但并非每个子集都有上确界或下确界，例如在图32-1（与图23-3相同）所示的偏序集里，{24,36}没有上确界。

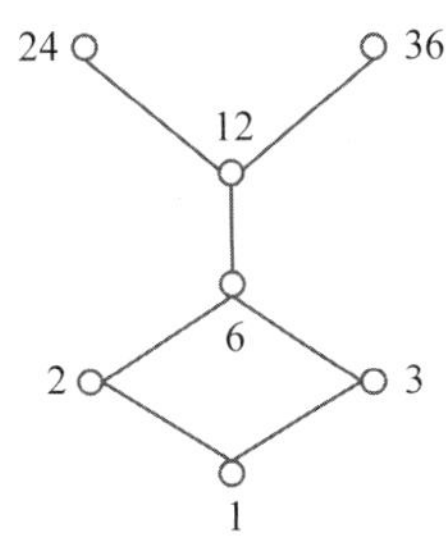

图 32-1　集合 $R=\{1,2,3,6,12,24,36\}$ 上整除关系的哈斯图

然而，有一些偏序集却有这样的一个共同特征，即任意两个元素都有上确界和下确界（不妨把 $\{a,b\}$ 的上（下）确界称为元素 a、b 的上（下）确界）。

【定义 32-1】 如果偏序集 $<L,\leqslant>$ 中的任何两个元素都有上确界和下确界，则称偏序集 $<L,\leqslant>$ 为**格**（Lattice）。

【例 32-1】 判断图 32-2 中的偏序集是否为格。

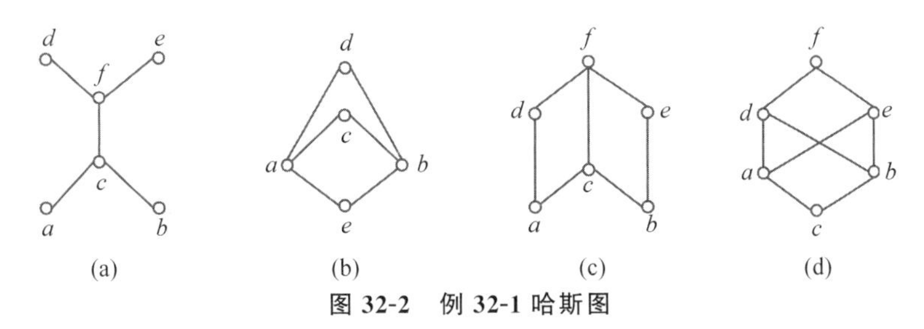

图 32-2　例 32-1 哈斯图

解：

在图 32-2(a)中，$\{a,b\}$ 没有下界，因此没有最大下界。

在图 32-2(b)中，$\{a,b\}$ 虽有两个上界，但没有最小上界。

在图 32-2(c)中，$\{a,b\}$ 没有下界，因此没有最大下界。

在图 32-2(d)中，$\{a,b\}$ 虽有三个上界，但没有最小上界。

因此，它们都不是格。

【例 32-2】 设 n 是一正整数，S_n 是 n 的所有正因子的集合。$S_{12}=\{1,2,3,4,6,12\}$ 是 12 的因子构成的集合，"|"是整除关系，其上的整除关系 $R=\{<x,y>|\ x\in S_{12}\wedge y\in S_{12}\wedge x \text{ 整除 } y\}$，验证偏序集 $<S_{12},|>$ 是否为格。

解： S_{12} 上的盖住关系为

$$\text{COV}(S_{12})=\{<1,2>,<1,3>,<2,4>,<2,6>,<3,6>,<4,12>,<6,12>\}$$

哈斯图如图 32-3 所示。

从哈斯图可以看出，集合 S_{12} 的任意两个元素都有上确界和下确界，故偏序集 $<S_{12},R>$ 是格。

同理也可证明：$S_6=\{1,2,3,6\}$，$S_8=\{1,2,4,8\}$，$S_{30}=\{1,2,3,5,6,10,15,30\}$，则 $<S_n,|>$ 是格，因为 $\forall x,\forall y\in S_n$，均有上确界和下确界。

例如 $<S_8,|>$、$<S_6,|>$、$<S_{30},|>$ 的哈斯图如图 32-4 所示。

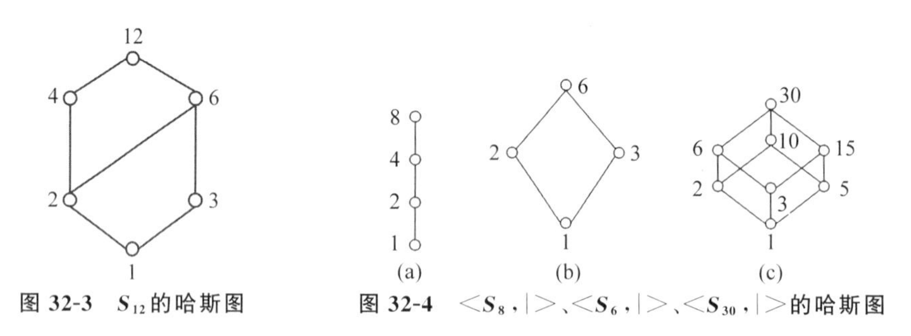

图 32-3　S_{12}的哈斯图　　图 32-4　$<S_8, |>$、$<S_6, |>$、$<S_{30}, |>$的哈斯图

虽然偏序集合的任何子集的上确界、下确界并不一定都存在，**但存在则必唯一**。而格的定义保证了任意两个元素的上确界、下确界的存在性。

因此，通常用 $a \vee b$ 表示$\{a,b\}$的上确界，用 $a \wedge b$ 表示$\{a,b\}$的下确界，即

$$a \vee b = \text{LUB}\{a,b\} \text{(Least Upper Bound)}$$

$$a \wedge b = \text{GLB}\{a,b\} \text{(Greatest Lower Bound)}$$

其中，$\vee$ 和 $\wedge$ 分别称为并(Join)和交(Meet)运算。

由于对任何 a、b，$a \vee b$ 及 $a \wedge b$ 都是 L 中确定的成员，因此 $\vee$、$\wedge$ 均为 L 上的二元运算。

【定义 32-2】 设$<L, \preccurlyeq>$是一个格，$\vee$ 和 $\wedge$ 分别为 L 上的并和交运算，则称代数系统$<L, \vee, \wedge>$为由格$<L, \preccurlyeq>$ 所诱导的**代数系统**。

32.2　格的对偶原理

给定一个偏序集合$<L, \preccurlyeq>$，若将$<L, \preccurlyeq>$中的小于或等于关系换成大于或等于关系$\succcurlyeq$，即对于 L 中的任意两个元素 a、b，定义 $a \succcurlyeq b$ 的充分必要条件是 $b \preccurlyeq a$（$\succcurlyeq$恰是$\preccurlyeq$的逆关系），则$<L, \succcurlyeq>$也是偏序集。

把偏序集$<L, \succcurlyeq>$和$<L, \preccurlyeq>$称为是相互对偶的，并且其所对应的哈斯图是互为颠倒的。可以证明，若$<L, \preccurlyeq>$是格，则$<L, \succcurlyeq>$也是一个格，可以说这两个格互为对偶，且$<L, \succcurlyeq>$的并、交运算 $\vee_r$、$\wedge_r$ 对任意 $a, b \in L$ 满足

$$a \vee_r b = a \wedge b, \quad a \wedge_r b = a \vee b$$

拓展：

对偶这个概念在日常生活中也是屡见不鲜的。例如，不同国家的交通规则可能不同，但基本上分为两种，一种是以左为准，另一种是以右为准。那么，在以左为准的交通规则中，如果将左换成右，就可以得到另一种以右为准的交通规则。这里，左和右就是对偶的概念。

32.3　格 的 性 质

格的基本性质如下。

(1) 自反性。

$$a \preccurlyeq a \quad \text{对偶：} a \succcurlyeq a$$

(2) 反对称性。

$$a \preccurlyeq b \quad \text{且} \quad a \succcurlyeq b \Rightarrow a = b$$

$$对偶：a\geqslant b \quad 且 \quad a\leqslant b\Rightarrow a=b$$

(3) 传递性。

$$a\leqslant b \quad 且 \quad b\leqslant c\Rightarrow a\leqslant c$$

$$对偶：a\geqslant b \quad 且 \quad b\geqslant c\Rightarrow a\geqslant c$$

(4) 最大下界描述之一。

$$a\wedge b\leqslant a \quad 对偶：a\vee b\geqslant a$$

$$a\wedge b\leqslant b \quad 对偶：a\vee b\geqslant b$$

(5) 最大下界描述之二。

$$c\leqslant a, \quad c\leqslant b\Rightarrow c\leqslant a\wedge b$$

$$对偶：c\geqslant a, \quad c\geqslant b\Rightarrow c\geqslant a\vee b$$

(6) 交换律。

$$a\vee b=b\vee a, \quad a\wedge b=b\wedge a$$

(7) 结合律。

$$a\wedge(b\wedge c)=(a\wedge b)\wedge c$$

$$对偶：a\vee(b\vee c)=(a\vee b)\vee c$$

证明：令 $R=a\wedge(b\wedge c)$，$R'=(a\wedge b)\wedge c$

则由(4) $R\leqslant a$， $R\leqslant b\wedge c$

$\Rightarrow R\leqslant a$， $R\leqslant b$， $R\leqslant c$

$\Rightarrow R\leqslant a\wedge b$， $R\leqslant c$

$\Rightarrow R\leqslant(a\wedge b)\wedge c$

$\Rightarrow R\leqslant R'$

同理可证明：$R\geqslant R'$

所以

$$R=R'$$

注意：格的证明思路总是利用反对称性。

(8) 等幂律。

$$a\wedge a=a \quad 对偶：a\vee a=a$$

(9) 吸收律。

$$a\wedge(a\vee b)=a \quad 对偶：a\vee(a\wedge b)=a$$

(10) $a\leqslant b \quad \Leftrightarrow \quad a\wedge b=a$

$$a\vee b=b$$

证明：$\Rightarrow$ $a\leqslant b$

所以 $a\leqslant a$，$a\leqslant b$

所以 $a\leqslant a\wedge b$

又 $a\geqslant a\wedge b$

所以 $a=a\wedge b$

$\Leftarrow$ $a\wedge b=a$

若 $b\leqslant a$ 且 $b\neq a$，则 $a\wedge b=b$，矛盾；

若 a、b 不可比较，则与 $a\wedge b=a$ 矛盾；

所以 $a \leqslant b$

(11) $a \leqslant c, b \leqslant d \quad \Rightarrow a \wedge b \leqslant c \wedge d$

$$a \vee b \leqslant c \vee d$$

证明：$a \wedge b \leqslant a, a \leqslant c \Rightarrow a \wedge b \leqslant c$

$a \wedge b \leqslant b, b \leqslant d \Rightarrow a \wedge b \leqslant d$

$$\Rightarrow a \wedge b \leqslant c \wedge d$$

(12) 保序性。

若 $a \leqslant b$，则 $a \vee c \leqslant b \vee c, a \wedge c \leqslant b \wedge c$

证明：因为 $a \leqslant a, b \leqslant c$，由性质(10)可知 $a \wedge b \leqslant a \wedge c$。

保序性作为格的一个基本性质，其目的在于确保格中的元素在通过特定运算（如并运算和交运算）后，其原有的偏序关系得以保持或具有某种一致性。具体而言，它要求当两个元素在格中存在某种偏序关系时，它们通过运算得到的结果也应当保持或反映这种偏序关系。

(13) 分配不等式。

$$a \vee (b \wedge c) \leqslant (a \vee b) \wedge (a \vee c)$$

对偶：$a \wedge (b \vee c) \geqslant (a \wedge b) \vee (a \wedge c)$

证明：　$a \leqslant a \vee b, a \leqslant a \vee c$

$\Rightarrow a \leqslant (a \vee b) \wedge (a \vee c)$

$b \leqslant a \vee b, \quad c \leqslant a \vee c$

$\Rightarrow b \wedge c \leqslant (a \vee b) \wedge (a \vee c)$（性质 10）

因此

$$a \vee (b \wedge c) \leqslant (a \vee b) \wedge (a \vee c)$$

由格的性质可知，格是带有两个二元运算的代数系统，它的两个运算有上述(6)～(9)四个性质，那么具有上述四个性质的代数系统 $<L, \wedge, \vee>$ 是否是格？

回答是肯定的。

为了解决这个问题，先给出下述引理。

【引理 32-1】 设 $<L, \wedge, \vee>$ 是一个代数结构，$\wedge$、$\vee$ 是 L 上两个二元运算，若二元运算 $\wedge$、$\vee$ 均满足结合律、交换律、吸收律、等幂律，则称 $<L, \wedge, \vee>$ 是**格**。

证明：对任意的 $a, b \in L$，由吸收律知

$$a \vee (a \wedge b) = a \tag{32-1}$$

$$a \wedge (a \vee b) = a \tag{32-2}$$

将式(32-1)中的 b 取为 $a \vee b$，则有

$$a \vee (a \wedge (a \vee b)) = a$$

再由式(32-2)得

$$a \vee a = a$$

同理可证

$$a \wedge a = a$$

【例 32-3】 设 **N** 为自然数集合，$*$ 和 $\oplus$ 定义如下：

$$\forall a, b \in \mathbf{N}, \quad a * b = \text{GCD}\{a, b\}, \quad a \oplus b = \text{LCM}\{a, b\}$$

其中，GCD 表示求最大公约数的运算，LCM 表示求最小公倍数的运算。

由于两个自然数的最大公约数和最小公倍数是唯一的,且均为自然数,故 $*$ 和$\oplus$是 $\mathbf{N}$ 上的两个二元运算。

(1) $\forall a,b,c\in\mathbf{N}$,由于有

$$(a * b) * c = \mathrm{GCD}\{a,b,c\} = a * (b * c)$$
$$(a \oplus b) \oplus c = \mathrm{LCM}\{a,b,c\} = a \oplus (b \oplus c)$$

故 $*$ 运算和$\oplus$运算满足结合律。

(2) $\forall a,b\in\mathbf{N}$,由于有

$$a * b = \mathrm{GCD}\{a,b\} = \mathrm{GCD}\{b,a\} = b * a$$
$$a \oplus b = \mathrm{LCM}\{a,b\} = \mathrm{LCM}\{b,a\} = b \oplus a$$

故 $*$ 运算和$\oplus$运算满足交换律。

(3) $\forall a\in\mathbf{N}$,由于有

$$a * a = \mathrm{GCD}\{a,a\} = a$$
$$a \oplus a = \mathrm{LCM}\{a,a\} = a$$

故 $*$ 运算和$\oplus$运算满足幂等律。

(4) $\forall a,b\in\mathbf{N}$,由于有

$$a * (a \oplus b) = \mathrm{GCD}\{a,\mathrm{LCM}\{a,b\}\} = a$$
$$a \oplus (a * b) = \mathrm{LCM}\{a,\mathrm{GCD}\{a,b\}\} = a$$

故 $*$ 运算和$\oplus$运算满足吸收律。

由格的定义知,$<\mathbf{N},*,\oplus>$是格。

32.4 格的同态与同构

类似群的同态与同构,也可以定义格的同态与同构。

【定义 32-3】 设$<L,\preccurlyeq_1>$,$<S,\preccurlyeq_2>$是两个格,由它们诱导的代数系统分别为$<L,\vee_1,\wedge_1>$和$<S,\vee_2,\wedge_2>$,如果存在映射 $f:L\to S$,使得对任意的 $a,b\in L$ 满足:

$$f(a\vee_1 b)=f(a)\vee_2 f(b)$$
$$f(a\wedge_1 b)=f(a)\wedge_2 f(b)$$

则称 f 是从$<L,\vee_1,\wedge_1>$到$<S,\vee_2,\wedge_2>$的**格同态**,亦称 $<f(L),\preccurlyeq_2>$ 是$<L,\preccurlyeq_1>$的**格同态像**;若 f 是双射,则称 f 为从$<L,\vee_1,\wedge_1>$到$<S,\vee_2,\wedge_2>$的**格同构**,亦称从$<L,\preccurlyeq_1>$到$<S,\preccurlyeq_2>$是同构的。

【定理 32-1】 设 f 是从格$<L,\preccurlyeq_1>$到格$<S,\preccurlyeq_2>$的格同态,则对任意的 $a,b\in L$,如果 $a\preccurlyeq_1 b$,则 $f(a)\preccurlyeq_2 f(b)$。称该性质为**格同态的保序性**。

证明:因为 $a\preccurlyeq_1 b$,所以 $a\wedge_1 b=a$,从而 $f(a\wedge_1 b)=f(a)$。

另一方面,$f(a\wedge_1 b)=f(a)\wedge_2 f(b)$,故 $f(a)\wedge_2 f(b)=f(a)$。

因此,$f(a)\preccurlyeq_2 f(b)$。

注意:定理 32-1 说明格同态是保序的,但定理 32-1 的逆不一定成立。

下面举一个反例。

【例 32-4】 设$<L,\vee_1,\wedge_1>$和$<S,\vee_2,\wedge_2>$是两个格,其中 $L=\{a,b,c,d\}$,$S=\{e,g,h\}$,如图 32-5 所示。作映射 $f:L\to S$,$f(b)=f(c)=g$,$f(a)=e$,$f(d)=h$,显然 f

是保序的，但 $f(b\wedge_1 c)=f(a)$，而 $f(b)\wedge_2 f(c)=g\neq f(a)$，因此 f 不是格同态。

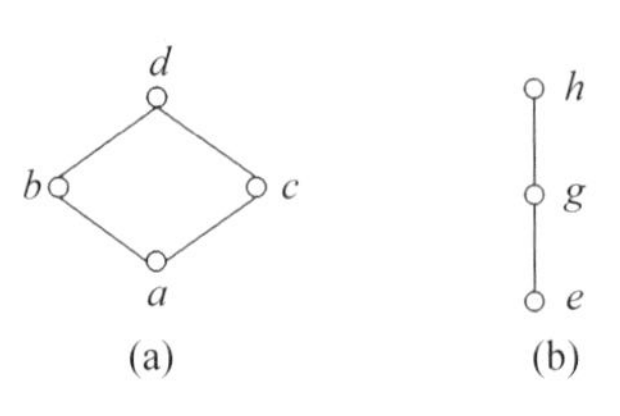

图 32-5　非同态的格

【例 32-5】　在同构意义下，具有 1 个、2 个、3 个元素的格分别同构于元素个数相同的链。4 个元素的格必同构于图 32-6 中给出的含 4 个元素的格之一；5 个元素的格必同构于图 32-6 中的含 5 个元素的格之一。其中，图 32-6(g) 称作五角格，图 32-6(h) 称作钻石格。

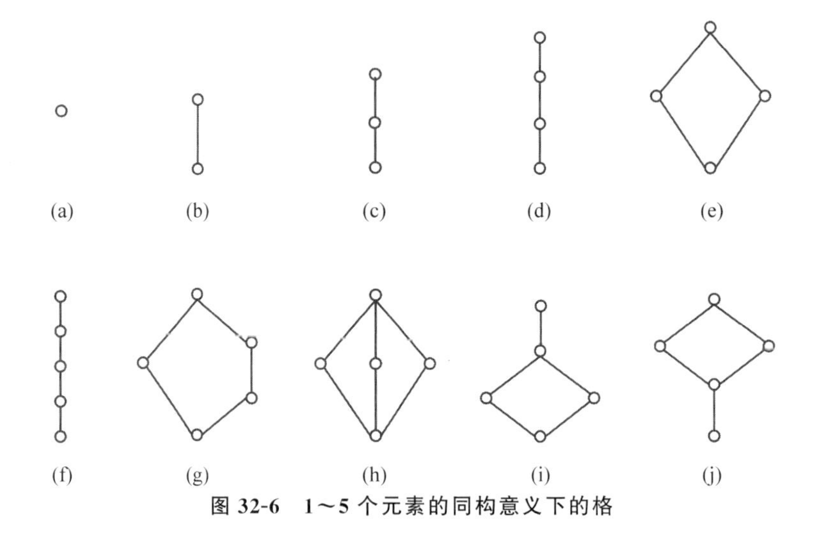

图 32-6　1～5 个元素的同构意义下的格

【例 32-6】　画出 $<S_{12},|>$ 与 $<S_{12},\leqslant>$ 的哈斯图，并判断其保序性与二者之间的同态关系(图 32-7)。

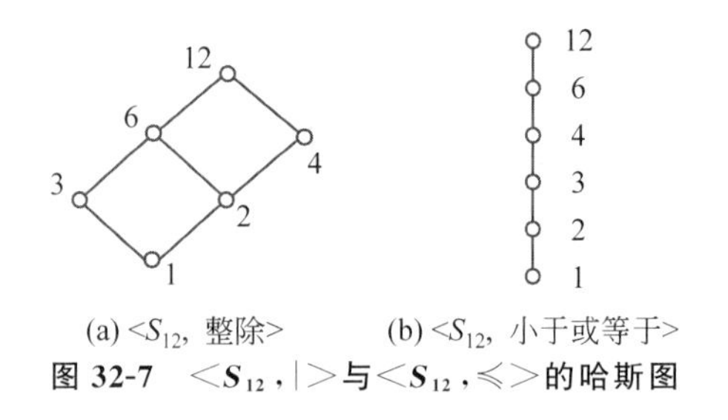

图 32-7　$<S_{12},|>$ 与 $<S_{12},\leqslant>$ 的哈斯图

解：显然，$f: S_{12}\rightarrow S_{12}, f(x)=x$。

则 f 是保序的，即

a 整除 $b\Rightarrow f(a)\leqslant f(b)$，但 f 不是同态的。

$f(3*2)=f(1)=1$，而 $f(3)\wedge f(2)=2$。

【定理 32-2】　格同构的充要条件。

设 f 是双射，则 f 是从 $<A_1,\leqslant>$ 到 $<A_2,\leqslant'>$ 的格同构，当且仅当 $\forall a,b\in A_1, a\leqslant b\Leftrightarrow f(a)\leqslant' f(b)$。

证明：设上述二代数结构为 $<L,\wedge,\vee>$、$<L',*,+>$。

(1) **必要性**。

f 是格同构，由格同态的保序性知

$$a \leqslant b \Rightarrow f(a) \leqslant' f(b)$$

另一方面，设 $f(a) \leqslant' f(b)$，则 $f(a)=f(a) * f(b)=f(a \wedge b)$。

而 f 是双射，故 $a=a \wedge b$，所以，$a \leqslant b$。

(2) **充分性**。

已知 $\forall a,b \in A_1, a \leqslant b \Leftrightarrow f(a) \leqslant' f(b)$。

若证 f 是同构，需证明：$f(a \wedge b)=f(a) * f(b)$。

令

$$c=a \wedge b$$

则

$$c \leqslant a \Rightarrow f(c) \leqslant' f(a)$$

$$c \leqslant b \Rightarrow f(c) \leqslant' f(b)$$

于是

$$f(c) \leqslant' f(a) * f(b) \tag{32-3}$$

令

$$f(a) * f(b)=f(d)$$

则

$$f(d) \leqslant' f(a) \Rightarrow d \leqslant a$$

$$f(d) \leqslant' f(b) \Rightarrow d \leqslant b$$

故

$$d \leqslant a \wedge b=c$$

所以 $f(d) \leqslant' f(c)$，即

$$f(a) * f(b) \leqslant' f(c) \tag{32-4}$$

所以，由式(32-3)、式(32-4)有 $f(a \wedge b)=f(c)=f(a) * f(b)$。

32.5 子 格

若偏序集 $\langle L, \leqslant \rangle$ 是格，非空集合 $B \leqslant L$，显然 $\langle B, \leqslant \rangle$ 也是一个偏序集。

自然会问，$\langle B, \leqslant \rangle$ 是否是格？若 $\langle B, \leqslant \rangle$ 是格，是否对任意的 $a,b \in B$，有

$$\underset{L}{\mathrm{LUB}}\{a,b\}=\underset{B}{\mathrm{LUB}}\{a,b\}, \underset{L}{\mathrm{GLB}}\{a,b\}=\underset{B}{\mathrm{GLB}}\{a,b\}$$

【例 32-7】 设 $\langle A, \leqslant \rangle$ 是一个格，取 $\langle B_i, \leqslant \rangle$ 的哈斯图如图 32-8 所示。

$$B_1=\{b,d,h\} \qquad B_2=\{a,b,d,h\} \qquad B_3=\{a,b,d,f\}$$

$$B_4=\{c,e,g,h\} \qquad B_5=\{a,b,c,d,e,g,h\}$$

显然偏序集 $\langle B_1, \leqslant \rangle$ 不是格，而 $\langle B_2, \leqslant \rangle, \cdots, \langle B_5, \leqslant \rangle$ 都构成格，但是在 $\langle B_2, \leqslant \rangle$ 中：

$$h=\underset{B_2}{\mathrm{GLB}}\{b,d\} \neq \underset{A}{\mathrm{GLB}}\{b,d\}=f \notin B_2$$

B_2 关于"$\wedge$"不封闭。

在 $\langle B_5, \leqslant \rangle$ 中，

$$h=\underset{B_5}{\mathrm{GLB}}\{b,d\} \neq \underset{A}{\mathrm{GLB}}\{b,d\}=f \notin B_5$$

$$h=\underset{B_5}{\mathrm{GLB}}\{b,d\} \neq \underset{A}{\mathrm{GLB}}\{b,d\}=f \notin B_5$$

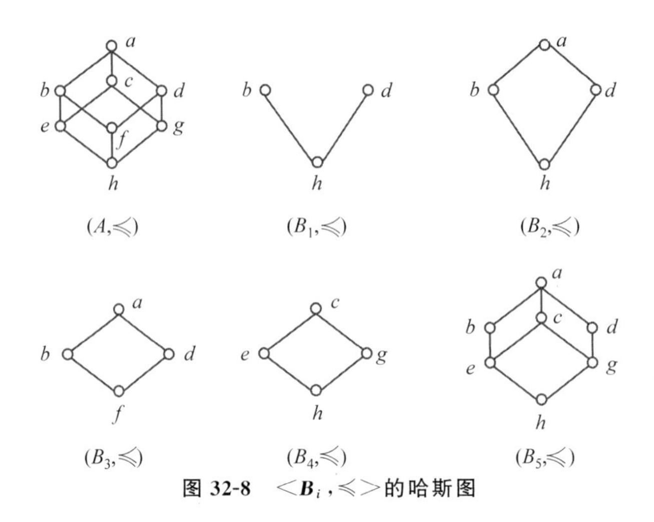

图 32-8　<B_i,≤>的哈斯图

B_5 关于"∧"也不封闭。

而在<B_3,≤>和<B_4,≤>中,显然对任意的 $a,b \in B_3$ 或 B_4,均有

$$\underset{B_3(B_4)}{\mathrm{LUB}}\{a,b\}=\underset{A}{\mathrm{LUB}}\{a,b\},\underset{B_3(B_4)}{\mathrm{GLB}}\{a,b\}=\underset{A}{\mathrm{GLB}}\{a,b\}$$

即 B_3、B_4 关于 A 中的代数运算"∨"和"∧"是封闭的。称<B_3,≤>和<B_4,≤>为<A,≤>的子格。

【定义 32-4】 设<L,≤>是一个格,<L,≤>诱导的代数系统为<L,∨,∧>,B 为 L 的非空集合,若 B 关于<L,∨,∧>中的运算∨和∧封闭,则称<B,≤>是<L,≤>的**子格**。

【例 32-8】 设<L,≤>是一个格,其中 $L=\{a,b,c,d,e\}$,其哈斯图如图 32-9 所示。$S_1=\{a,b,c,d\}$,$S_2=\{a,b,c,e\}$,则<S_1,≤>是<L,≤>的一个子格。<S_2,≤>不是<L,≤>的一个子格。

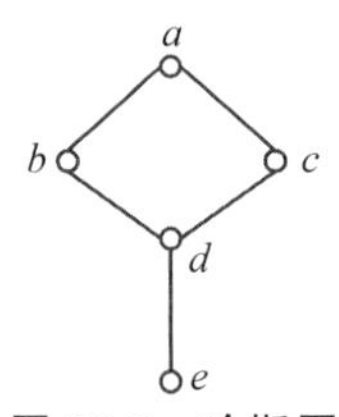

图 32-9　哈斯图

从子格的定义可知:

(1) 集合中无孤立点,每个点都至少有一条边;

(2) 仍然满足格的定义,即能找到任意两个元素的最小上界和最大下界;

(3) 子格必是格;而格的某个子集构成的格却不一定是子格。

第 33 章 分配格

分配格是格论中的重要概念,其理论是格论的起源和基础。

33.1 分配格

在格的性质中,第 32 章提到了运算 $\vee$、$\wedge$ 满足交换律、结合律、吸收律和幂等律,但没有涉及它是否满足分配律。一般来说,格中的运算 $\vee$、$\wedge$ 不满足分配律,但有下面的定理。

【定理 33-1】 设 $<L,\leqslant>$ 是一个格。那么对 L 中任意元素 a、b、c,有

(1) $a\vee(b\wedge c)\leqslant(a\vee b)\wedge(a\vee c)$;

(2) $(a\wedge b)\vee(a\wedge c)\leqslant a\wedge(b\vee c)$。

证明:(1) 因为 $a\leqslant a\vee b$,$a\leqslant a\vee c$,故

$$a\leqslant(a\vee b)\wedge(a\vee c) \tag{33-1}$$

又因为

$$b\wedge c\leqslant b\leqslant a\vee b,\quad b\wedge c\leqslant c\leqslant a\vee c$$

所以有

$$b\wedge c\leqslant(a\vee b)\wedge(a\vee c) \tag{33-2}$$

由式(33-1)和式(33-2)可得

$$a\vee(b\wedge c)\leqslant(a\vee b)\wedge(a\vee c) \tag{33-3}$$

(2) 因为 $(a\wedge b)\leqslant a$,$(a\wedge b)\leqslant b\leqslant b\vee c$,故

$$(a\wedge b)\leqslant a\wedge(b\vee c) \tag{33-4}$$

同理

$$(a\wedge c)\leqslant a\wedge(b\vee c) \tag{33-5}$$

所以由式(33-4)和式(33-5)可得

$$(a\wedge b)\vee(a\wedge c)\leqslant a\wedge(b\vee c) \tag{33-6}$$

定理 33-1 中的两个不等式中的"$\leqslant$"换成"$=$"后仍成立,就得到了一种特殊的格分配格。

【定义 33-1】 格 $<L,\wedge,\vee>$ 如果满足分配律,即对任意 $a,b,c\in L$,有

$$a\wedge(b\vee c)=(a\wedge b)\vee(a\wedge c) \tag{33-7}$$

$$a\vee(b\wedge c)=(a\vee b)\wedge(a\vee c) \tag{33-8}$$

则称$<L,\wedge,\vee>$为**分配格**(Distributive Lattice)。

注意到,上述两个分配等式中有一个成立,则另一个必成立。如果式(33-7)成立,则同理可证若式(33-8)成立,则式(33-7)也成立。

$$
\begin{aligned}
(a\vee b)\wedge(a\vee c)&=\underbrace{((a\vee b)\wedge a)}_{\text{吸收律}}\vee((a\vee b)\wedge c)\\
&=a\vee((a\vee b)\wedge c)\\
&=a\vee((a\wedge c)\vee(b\wedge c))\\
&=(a\vee(a\wedge c)\vee(b\wedge c)\\
&=a\vee(b\wedge c)
\end{aligned}
$$

【定理 33-2】 若$<L,\preccurlyeq>$是全序集,则$<L,\preccurlyeq>$是分配格。

证明:设$<L,\preccurlyeq>$是全序集,对于该集合中任意的三个元素 a、b、c,分情况讨论:

(1) $b\preccurlyeq a,c\preccurlyeq a$,此时 $a\wedge(b\vee c)=b\vee c$,同时$(a\wedge b)\vee(a\wedge c)=b\vee c$;

(2) $a\preccurlyeq b,a\preccurlyeq c$,此时 $a\wedge(b\vee c)=a$,同时 $(a\wedge b)\vee(a\wedge c)=a$;

(3) $b\preccurlyeq a\preccurlyeq c$,此时 $a\wedge(b\vee c)=a\wedge c=a$,同时 $(a\wedge b)\vee(a\wedge c)=b\vee a=a$。

因此无论任何情况,皆有

$$a\wedge(b\vee c)=(a\wedge b)\vee(a\wedge c)$$

所以$<L\preccurlyeq>$是分配格。

【例 33-1】 图 33-1 所示的格是分配格。

注意:并不是所有的格都是分配格。

【例 33-2】 图 33-2 所示的哈斯图中的格均不是分配格。在图 33-2(a)中,有

$$c\wedge(b\vee d)=c\wedge a=c,\quad (c\wedge b)\vee(c\wedge d)=e\vee d=d$$

所以图 33-2(a)不是分配格。

在图 33-2(b)中,有

$$b\wedge(c\vee d)=b\wedge a=b$$

$$(b\wedge c)\vee(b\wedge d)=e\vee e=e$$

所以图 33-2(b)不是分配格。

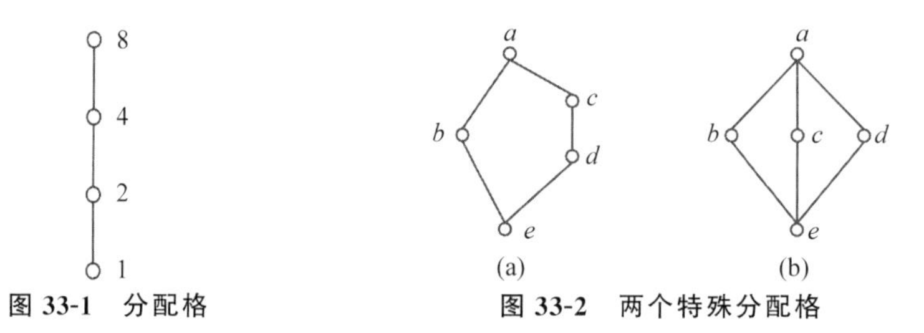

图 33-1 分配格　　**图 33-2 两个特殊分配格**

图 33-2(a)称作五角格,图 33-2(b)称作钻石格。

【定理 33-3】 一个格是分配格的充分必要条件是该格中没有任何子格与两个五元格中的任何一个同构。

此定理给出了**非分配格的判别方法**。

【例 33-3】 设 $A=\{a,b,c,d,e\}$,$<A,\preccurlyeq>$是格,其哈斯图如图 33-2(a)所示,证明$<A,\preccurlyeq>$不是分配格。

证明:

$$d \vee (b \wedge c) = d \vee e = d$$
$$(d \vee b) \wedge (d \vee c) = a \wedge c = c$$
$$d \vee (b \wedge c) \neq (d \vee b) \wedge (d \vee c)$$

所以，$<A, \leqslant>$ 不是分配格，即五角格不是分配格。

【例 33-4】 $A=\{a, b, c, d, e\}$，$<A, \leqslant>$ 是格，其哈斯图如图 33-2(b)所示，证明 $<A, \leqslant>$ 不是分配格。

证明：

$$b \vee (c \wedge d) = b \vee e = b$$
$$(b \vee c) \wedge (b \vee d) = a \wedge a = a$$
$$b \vee (c \wedge d) \neq (b \vee c) \wedge (b \vee d)$$

所以，$<A, \leqslant>$ 不是分配格，即钻石格不是分配格。

分配格有以下性质。

【定理 33-4】 设 $<L, \wedge, \vee>$ 为分配格，那么对 L 中的任意元素 a、b、c，若 $c \wedge a = c \wedge b$ 且 $c \vee a = c \vee b$，则 $a = b$。

证明：因为

$$(c \wedge a) \vee b = (c \wedge b) \vee b = b \qquad (\text{因 } c \wedge a = c \wedge b)$$
$$\begin{aligned}(c \wedge a) \vee b &= (c \vee b) \wedge (a \vee b) \\ &= (c \vee a) \wedge (a \vee b) && (\text{因 } c \vee a = c \vee b) \\ &= a \vee (c \wedge b) \\ &= a \vee (c \wedge a) && (\text{因 } c \wedge a = c \wedge b) \\ &= a\end{aligned}$$

所以 $a = b$。

33.2 模 格

分配格中，要求交和并两种运算有较强的联系，这使得许多重要的格并不是分配格。因此提出了一类条件较弱的格，使其概括一些常见的格。

【定义 33-2】 设 $<L, \leqslant>$ 是一个格，由它诱导的代数系统为 $<L, \wedge, \vee>$，如果对任意 $a, b, c \in L$，当 $b \leqslant a$ 时，有

$$(b \vee c) \wedge a = b \vee (c \wedge a)$$

则称 $<L, \leqslant>$ 为**模格**(Module Lattice)。

【定理 33-5】 设 $<L, \wedge, \vee>$ 为分配格，则 $<L, \wedge, \vee>$ 是模格。

证明：对于任意的 $a, b, c \in L$，若 $b \leqslant a$，则 $a \wedge b = b$，并有

$$(b \vee c) \wedge a = (b \wedge a) \vee (c \wedge a) = b \vee (c \wedge a)$$

因此，$<L, \wedge, \vee>$ 是模格。

注意：定理 33-5 的逆不成立。

【例 33-5】 证明图 33-2(a)所示的五角格不是模格。

证明：因为

$$e \leqslant d \leqslant c \leqslant a$$

而

$$d \vee (b \wedge c) = d, (d \vee b) \wedge c = c$$

例如，两个五元格之一的图 33-2(b)所示的格是模格，但不是分配格。

【定理 33-6】 格 $< L, \wedge, \vee >$ 是模格的充分必要条件是它不含有同构于五角格的子格。

第 34 章 有补格

有补格是一种特殊的格结构，存在于有界格之中，其核心特点在于，对于格中的任意元素，都能找到至少一个补元，使得该元素与其补元的并集为最大元，交集为最小元。这种性质确保了格中元素的完备性和对称性，是研究格论和布尔代数等领域的重要概念。

34.1 有界格

【定义 34-1】 设$<L,\preccurlyeq>$是一个格，如果存在一个元素 $a\in L$，使得对任意 $x\in L$ 均有

$$a \preccurlyeq x(\text{或 } x \preccurlyeq a)$$

则称 a 为格$<L,\preccurlyeq>$的**全下界**(Universal Lower Bound)(或**全上界**(Universal Upper Bound)(相应于偏序集中的最小元、最大元)，且记全下界为 0，全上界为 1。

全下界(全上界)有如下性质。

【定理 34-1】 全下(上)界如果存在，则必唯一。

证明：略。

【定义 34-2】 如果格$<L,\vee,\wedge>$中既有**全上界 1**，又有**全下界 0**，则称格$<L,\vee,\wedge>$为**有界格**(Bounded Lattice)，记作：$<L,\vee,\wedge,0,1>$。

【例 34-1】 图 34-1 所示的格均为有界格。

不难看出，任何有限格必是有界格。而对于无限格，有的是有界格，有的不是有界格。

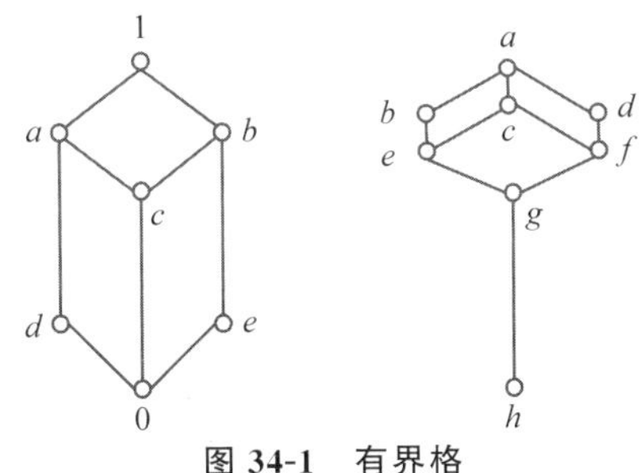

图 34-1 有界格

有界格有如下性质。

【定理 34-2】 设$<L,\preccurlyeq>$是有界格，则 $\forall\ a\in L$，有

$$a\wedge 0=0,\quad a\wedge 1=a, a\vee 0=a,\quad a\vee 1=1$$

证明留做练习。

定理 34-2 说明：0 是关于运算 $\vee$ 的幺元，是关于运算 $\wedge$ 的零元；1 是关于运算 $\vee$ 的零元，是关于运算 $\wedge$ 的幺元。

34.2 有 补 格

【定义 34-3】 设 $<L,\wedge,\vee>$ 为有界格，a 为 L 中任意元素，如果存在元素 $b\in L$，使 $a\vee b=1$，$a\wedge b=0$，则称 b 是 a 的**补元**(Complement of b)。

补元有下列性质。

(1) 补元是相互的，即若 b 是 a 的补，那么 a 也是 b 的补。

(2) 并非有界格中的每个元素都有补元，有补元也不一定唯一。

例如在图 34-2 所示的格中，c 没有补元，d 有两个补元 b 和 e，e 有两个补元 a 和 d。

(3) 全下界 0 与全上界 1 互为唯一的补元。

【例 34-2】 分析图 34-3 中哈斯图所示的格中元素的补元。

图 34-3(a)中除 0、1 之外，a、b、c 均没有补元。

图 34-3(b)中 a 的补元是 b，b 的补元是 a。

图 34-3(c)中元素 a、b、c 两两互为补元。

图 34-3(d)中除 0、1 之外，没有元素有补元。

事实上，多于两个元素的全序集除 0、1 之外没有元素有补元。

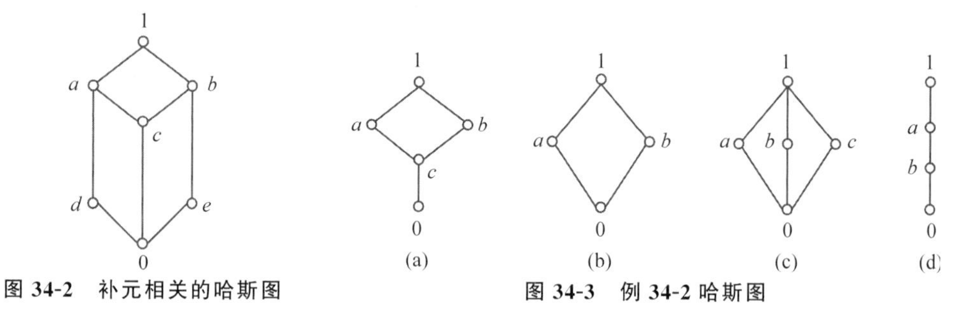

图 34-2 补元相关的哈斯图

图 34-3 例 34-2 哈斯图

【定义 34-4】 如果有界格 $<L,\vee,\wedge>$ 中的每个元素都至少有一个补元，则称 $<L,\vee,\wedge>$ 为**有补格**(Complemented Lattice)。

例 34-2 中(b)、(c)均是有补格，(a)、(d)不是有补格。多于两个元素的全序集都不是有补格。

【定理 34-3】 若 $<L,\wedge,\vee>$ 是有补格，则任意 $a\in L$，其补元是唯一的。因此，可用 a 来表示 a 的补元。

证明：

采用反证法：若存在 a 为 L 中一元素，有两补元 b、c，且 $b\neq c$，则

$$a\vee b=a\vee c=1,\quad a\wedge b=a\wedge c=0$$

由定理 34-2 可知，$b=c$，a 与 $b\neq c$ 矛盾。因此 a 只有唯一补元 a。

第35章 布尔代数

布尔代数,它建立在集合运算以及逻辑运算的基础之上,其中涵盖了与(AND)、或(OR)、非(NOT)这三种至关重要的基本运算方式。

在数理逻辑的广袤领域中,布尔代数有着举足轻重的地位。它巧妙地将逻辑运算进行了代数化的呈现,这一创举意义非凡,使得原本抽象的逻辑推理过程能够借助代数运算的方式来实现,仿佛为逻辑推理搭建起了一座坚实的"代数桥梁"。

正是由于布尔代数与数理逻辑之间这种紧密且不可分割的联系,布尔代数的不断发展宛如一股强劲的动力,有力地推动着数理逻辑持续向前迈进。而伴随着科学技术的蓬勃发展,它们的影响力也早已突破了纯理论研究的范畴,在众多实际应用领域大放异彩,尤其是在计算机科学以及电子工程等领域,布尔代数更是无处不在,发挥着极为关键的作用,为这些领域的诸多技术实现、问题解决等提供了不可或缺的理论支撑与运算工具。

35.1 布尔代数

【定义 35-1】 一个至少有两个元素的有补分配格称为**布尔格**(Boolean Lattice)。

例如,对任意非空集合 S,$<S(S),\cap,\cup>$就是一个布尔格。

设$<B,\leqslant>$是一个布尔格,因为布尔格中的每个元素 a 都有唯一的补元"$^-$",所以求补运算也可看成 B 中的**一元运算**,记为"$\bar{a}$"。

【定义 35-2】 由布尔格$<B,\leqslant>$所诱导的代数系统$<B,\vee,\wedge,^->$称为**布尔代数**(Boolean Algebra)。

具有有限个元素的布尔代数称为有限布尔代数。

【例 35-1】 集合代数、命题代数、开关代数$<\{0,1\},\vee,\wedge,^->$均为布尔代数。

因为满足结合律、交换律、吸收律、分配律,故存在补元及 0、1。

【定义 35-3】 设$<B,\vee,\wedge,^-,0,1>$和$<B^*,\cup,\cap,\sim,0,1>$是两个布尔代数,若存在映射 $f:B\to B^*$,满足对任何元素 $a,b\in B$,有

$$f(a\vee b)=f(a)\cup f(b)$$

$$f(a\wedge b)=f(a)\cap f(b)$$

$$f(\bar{a})=\backsim(f(a))$$

则称 f 是从$<B,\vee,\wedge,^-,0,1>$到$<B^*,\cup,\cap,\backsim,0,1>$的布尔同态。

若 f 是双射,则称 f 是从$<B,\vee,\wedge,^-,0,1>$到$<B^*,\cup,\cap,\backsim,0,1>$的布尔同构。

重要结论：

（1）Bool(n)中的任意函数可以表示为多个 Bool(n)的原子（也称为基本积或最小项）的∨运算。

（2）布尔代数的每一子代数仍是布尔代数。

（3）一个布尔代数的每一满同态像均是布尔代数。

（4）有限布尔代数与某集合代数同构。

【例 35-2】 设 $S_{110}=\{1,2,5,10,11,22,55,110\}$是 110 的正因子集合，GCD 表示求最大公约数的运算，LCM 表示求最小公倍数的运算，问$<S_{110}$，GCD，LCM$>$是否构成布尔代数？为什么？

解：

（1）不难验证 S_{110}关于 GCD 和 LCM 运算构成格。（略）

（2）验证分配律$\forall x,y,z\in S_{110}$，有

$$(x,\mathrm{LCM}(y,z))=\mathrm{LCM}(\mathrm{GCD}(x,y),\mathrm{GCD}(x,z))$$

（3）验证它是有补格，1 作为 S_{110}中的全下界，110 为全上界，1 和 110 互为补元，2 和 55 互为补元，5 和 22 互为补元，10 和 11 互为补元，从而证明了$<S_{110}$，GCD，LCM$>$为布尔代数。

35.2 布尔表达式

在布尔代数$<B,\vee,\wedge,^{-}>$上，“∨”关于“∧”是可分配的，所以

$$a\vee(b\wedge c)=(a\vee b)\wedge(a\vee c)$$

是$<B,\vee,\wedge,^{-}>$上的一个恒等式。

那么，如何判定$<B,\vee,\wedge,^{-}>$上的两个表达式是恒等式？$<B,\vee,\wedge,^{-}>$上有多少种互不恒等的表达式？

为了回答上述问题，先引入布尔表达式的概念，然后通过把表达式转换为规范形式的方法来判定两个表达式是否恒等。

【定义 35-4】 设$<B,\vee,\wedge,^{-}>$是一个布尔代数，取值于 B 中元素的变元称为布尔变元，B 中的元素称为**布尔常元**。

【定义 35-5】 设$<B,\vee,\wedge,^{-}>$是一个布尔代数，这个布尔代数上的**布尔表达式**（Boolean Representative）定义如下：

（1）单个布尔常元是一个布尔表达式；

（2）单个布尔变元是一个布尔表达式；

（3）如果 e_1 和 e_2 是布尔表达式，则 (e_1)、$(e_1\vee e_2)$、$(e_1\wedge e_2)$也是布尔表达式；

（4）有限次应用规则(1)～(3)形成的字符串是布尔表达式。

布尔表达式的定义类似于第一部分数理逻辑中的命题逻辑中的命题公式，以及谓词逻辑中的谓词公式。它们之间有一定的联系，命题逻辑是一种特殊的布尔代数(取值 T 或 F)。这就是研究布尔代数的意义。

***n* 元布尔表达式**：含有 n 个不同的布尔变元的表达式记为：$E(x_1,x_2,\cdots,x_n)$。

布尔表达式的值：将 A 中的元素代入表达式所得到的值也称对此表达式赋值。

【定义 35-6】 一个含有 n 个相异变元的布尔表达式称为 **n 元布尔表达式**，记为 $E(x_1,x_2,\cdots,x_n)$ 或 $f(x_1,x_2,\cdots,x_n)$，其中 $x_1,x_2,\cdots,x_n$ 是式中可能含有的布尔变元。

约定运算"$\vee$""$\wedge$""$^{-}$"的优先级依次为"$^{-}$""$\wedge$""$\vee$"。因此，布尔表达式中的某些圆括号可以省略，约定类似于命题公式。

【例 35-3】 设 $<\{0,a,b,1\},\vee,\wedge,^{-},0,1>$ 是布尔代数，则

$$f_1=a$$
$$f_2=0\wedge x$$
$$f_3=(1\wedge x_1)\vee x_2$$

这些都是这个布尔代数上的布尔表达式。

【定义 35-7】 布尔代数 $<B,\vee,\wedge,^{-}>$ 上的布尔表达式 $E(x_1,x_2,\cdots,x_n)$ 的值指的是：将 B 的元素作为变元 $x_i(i=1,2,\cdots,n)$ 的值而代入表达式以后（对变元赋值）计算出来的表达式的值。

【例 35-4】 设 $<\{0,1,a,b\},\vee,\wedge,',0,1>$ 是一个布尔代数，其中符号"$'$"表示取反，其上有表达式：

$$f(x_1,x_2)=(x_1'\vee a)\wedge x_2$$
$$f(x_1,x_2,x_3)=(x_1\wedge x_2\wedge x_3)'\vee(x_1\wedge x_3'\wedge x_3')$$

则有

$$f(1,b)=(1'\vee a)\wedge b=a\wedge b=0$$
$$f(a,b,0)=(a\wedge b\wedge 0)'\vee(a\wedge b'\wedge 0')=0'\vee(a\wedge b')=1$$

其中 $a'=b$（否则 $a'=0,1,a$ 都会得到矛盾）。

【定义 35-8】 布尔代数 $<B,\vee,\wedge,^{-},0,1>$ 上两个 n 元布尔表达式 $f_1(x_1,x_2,\cdots,x_n)$ 和 $f_2(x_1,x_2,\cdots,x_n)$，如果对 n 个变元的任意指派，f_1 和 f_2 的值均相等，则称这两个布尔表达式是等价的。

记作：

$$f_1(x_1,x_2,\cdots,x_n)\Leftrightarrow f_2(x_1,x_2,\cdots,x_n)$$

实际上，如果能有限次应用布尔代数公式，将一个布尔表达式转换成另一个表达式，就可以判定这两个布尔表达式是等价的。

【例 35-5】 有 $<\{0,1\},\vee,\wedge,^{-}>$ 布尔代数，则有

$$E_1(x_1,x_2,x_3)=(x_1\wedge x_2)\vee(x_1\wedge x_3)$$
$$E_2(x_1,x_2,x_3)=x_1\wedge(x_2\vee x_3)$$

列出所有可能的值，如表 35-1 所示。

表 35-1　例 35-5 表

x_1	x_2	x_3	$E_1(x_1,x_2,x_3)$	$E_2(x_1,x_2,x_3)$
0	0	0	0	0
0	0	1	0	0
0	1	0	0	0
0	1	1	0	0

续表

x_1	x_2	x_3	$E_1(x_1,x_2,x_3)$	$E_2(x_1,x_2,x_3)$
1	0	0	1	1
1	0	1	0	0
1	1	0	1	1
1	1	1	1	1

因此 $E_1 \Leftrightarrow E_2$。

在命题逻辑中，讨论了任一命题公式的主析取范式和主合取范式。主析取范式是小项的并，主合取范式是大项的交，即将命题公式规范化；类似地，引进布尔小项和布尔大项。

35.3 布尔表达式的范式

【定义 35-9】 给出的等价关系将 n 元布尔代数表达式集合划分成等价类，处于同一个等价类中的表达式都相互等价。

可以证明当 $|B|$ 有限时，等价类数目是有限的。

【定义 35-10】 给定 n 个布尔变元 $x_1,x_2,\cdots,x_n$，表达式 $\tilde{x}_1 \wedge \tilde{x}_2 \wedge \cdots \wedge \tilde{x}_n$ 称为**布尔小项**，简称**小项**。这里 $\tilde{x}_i$ 表示 x_i 或 $\bar{x}_i$ 两者之一。

显然，有 2^n 个不同的极小项，分别记为 $m_0,m_1,m_2,\cdots,m_{2^n-1}$。

【定理 35-1】 任何一个 n 元布尔表达式都唯一地等价于一个主析取范式。

小提示：*把一个 n 元布尔表达式转换成等价的主析取范式，主要应用德·摩根定律等，其方法与“数理逻辑”中转换成主析取范式的方法完全一致。*

【例 35-6】 将布尔代数 $<\{0,a,b,1\},\vee,\wedge,^{-},0,1>$ 上的布尔表达式

$f(x_1,x_2)=(a \wedge x_1) \wedge (x_1 \vee \bar{x}_2) \vee (b \wedge x_1 \wedge x_2)$

转换成主析取范式。

解：

$$
\begin{aligned}
f(x_1,x_2) &= (a \wedge x_1) \wedge (x_1 \vee \bar{x}_2) \vee (b \wedge x_1 \wedge x_2) \\
&= (a \wedge x_1 \wedge x_1) \vee (a \wedge x_1 \wedge \bar{x}_2) \vee (b \wedge x_1 \wedge x_2) \\
&= (a \wedge x_1) \vee (b \wedge x_1 \wedge x_2) \\
&= (a \wedge x_1 \wedge x_2) \vee (a \wedge x_1 \wedge \bar{x}_2) \vee (b \wedge x_1 \wedge x_2) \\
&= (x_1 \wedge x_2) \vee (a \wedge x_1 \wedge \bar{x}_2) \\
&= m_3 \vee (a \wedge m_1)
\end{aligned}
$$

同样地，可讨论极大项和主合取范式。

【定义 35-11】 给定 n 个布尔变元 $x_1,x_2,\cdots,x_n$。表达式

$$\tilde{x}_1 \vee \tilde{x}_2 \vee \cdots \vee \tilde{x}_n$$

称为大项。这里 $\tilde{x}_i$ 表示 x_i 或 $\bar{x}_i$ 二者之一。

显然，有 2^n 个不同的极大项，分别记为 $M_0,M_1,M_2,\cdots,M_{2^n-1}$。

极小项和极大项满足以下性质：

(1) $i \neq j$ 时，$m_i \wedge m_j = 0, M_i \vee M_j = 1$；

(2) $m_0 \vee m_1 \vee \cdots \vee m_{2^n-1} = 1, M_0 \wedge M_1 \wedge \cdots \wedge M_{2^n-1} = 0$。

【定义 35-12】 布尔表达式 $f(x_1, x_2, \cdots, x_n)$ 的**主析取范式**和**主合取范式**分别指下列布尔表达式：

$$(a_0 \wedge m_0) \vee (a_1 \wedge m_1) \vee \cdots \vee (a_{2^n-1} \wedge m_{2^n-1})$$

$$(a_0 \vee M_0) \wedge (a_1 \vee M_1) \wedge \cdots \wedge (a_{2^n-1} \vee M_{2^n-1})$$

其中，a_i 为布尔常元，m_i 和 M_i 分别为极小项与极大项，且两式对 $x_1, x_2, \cdots, x_n$ 的一切取值均与 $f(x_1, x_2, \cdots, x_n)$ 等值。

类似于命题逻辑中的主析取范式。

求主析取范式和主合取范式的方法如下。

(1) 将布尔常元看作变元做同样处理。

(2) 利用德·摩根律将运算符号深入每个变元(常元)上。

(3) 利用分配律展开。

(4) 当构成极小项或极大项缺少变元 x 时，用添加合取项 $(x \vee x')$ 或析取项 $(x \wedge x')$ 来处理。

(5) 计算合并常元、变元和表达式(只要可能，这一步骤可随时进行)。

【例 35-7】 将布尔代数 $<\{0,1\}, \vee, \wedge, ^-, 0, 1>$ 上的布尔表达式转换成主合取范式。

$$f(x_1, x_2, x_3) = (x_1 \wedge x_2) \vee x_3$$

解：

$$\begin{aligned} f(x_1, x_2, x_3) &= (x_1 \wedge x_2) \vee x_3 \\ &= (x_1 \vee x_3) \wedge (x_2 \vee x_3) \\ &= \{(x_1 \vee x_3) \vee (x_2 \wedge \bar{x}_2)\} \wedge \{(x_1 \wedge \bar{x}_1) \vee (x_2 \vee x_3)\} \\ &= (x_1 \vee x_2 \vee x_3) \wedge (x_1 \vee \bar{x}_2 \vee x_3) \wedge (\bar{x}_1 \vee x_2 \vee x_3) \\ &= M_0 \wedge M_2 \wedge M_4 \\ &= \prod_{0,2,4} \end{aligned}$$

【例 35-8】 求布尔代数 $<\{0,1,a,b\}, \vee, \wedge, ', 0, 1>$ 上的布尔函数

$$f(x_1, x_2) = ((a \wedge x_1) \vee (b \vee x_1)') \wedge (x_1 \vee x_2)$$

的主析取范式和主合取范式。

解：

(1) 主析取范式为

$$\begin{aligned} f(x_1, x_2) &= ((a \wedge x_1) \vee (b' \wedge x_1')) \wedge (x_1 \vee x_2) \\ &= ((a \wedge x_1) \wedge (x_1 \vee x_2)) \vee ((a \wedge x_1') \wedge (x_1 \vee x_2)) \\ &= (a \wedge x_1) \vee (a \wedge x_1 \wedge x_2) \vee (a \wedge x_1' \wedge x_1) \vee (a \wedge x_1' \wedge x_2) \\ &= (a \wedge x_1) \vee (a \wedge x_1' \wedge x_2) \\ &= ((a \wedge x_1) \wedge (x_2 \vee x_2')) \vee (a \wedge x_1' \wedge x_2) \\ &= (a \wedge x_1 \wedge x_2) \vee (a \wedge x_1 \wedge x_2') \vee (a \wedge x_1' \wedge x_2) \end{aligned}$$

(2) 主合取范式为

$$f(x_1, x_2) = ((a \wedge x_1) \vee (b' \wedge x_1')) \wedge (x_1 \vee x_2)$$

$$
\begin{aligned}
&=((a \wedge x_1) \vee a) \wedge ((a \wedge x_1) \vee x_1') \wedge (x_1 \vee x_2) \\
&=a \wedge (a \vee x_1) \wedge (a \vee x_1') \wedge (x_1 \vee x_2) \\
&=a \wedge (x_1 \vee x_2) \\
&=(a \vee x_1 \vee x_2) \wedge (a \vee x_1 \vee x_2') \wedge (a \vee x_1' \vee x_2) \wedge \\
&\quad (a \vee x_1' \vee x_2') \wedge (x_1 \vee x_2) \\
&=(x_1 \vee x_2) \wedge (a \vee x_1 \vee x_2') \wedge (a \vee x_1' \vee x_2) \wedge (a \vee x_1' \vee x_2')
\end{aligned}
$$

习　　题

1. 判断下列偏序集是否构成格，并说明理由。

(1) $<\rho(B),\subseteq>$，其中 $\rho(B)$ 是集合 B 的幂集。

(2) $<\mathbf{Z},\leqslant>$，其中 $\mathbf{Z}$ 是整数集，$\leqslant$ 为小于或等于关系。

(3) 偏序集的哈斯图分别在图 35-1 中给出。

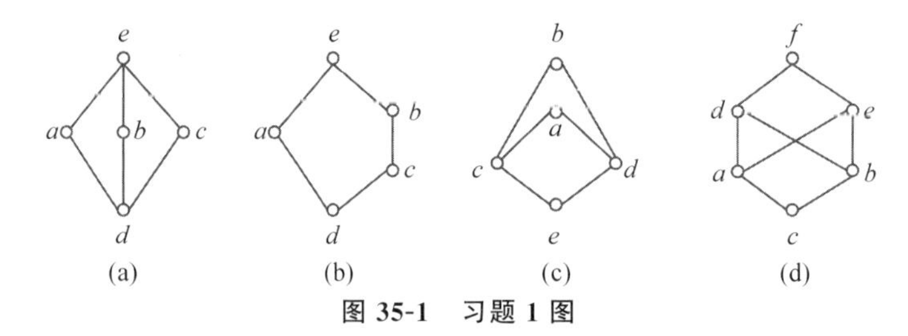

图 35-1　习题 1 图

2. 设 $<L,\leqslant>$ 是偏序集，$\leqslant$ 是 L 上的整除关系。问当 L 取下列集合时，$<L,\leqslant>$ 是否是格。

(1) $L=\{1,2,3,4,6,12\}$

(2) $L=\{1,2,3,4,6,8,12\}$

(3) $L=\{1,2,3,4,5,6,8,9,10\}$

3. 设 L 是图 35-2 所示的格，判断 $S_1=\{a,e,f,g\}$、$S_2=\{a,b,e,g\}$ 是否为 L 的子格，并说明理由。

4. 图 35-3(a)和(b)的 a,b,c 的补元是否存在，如存在求相应的补元。

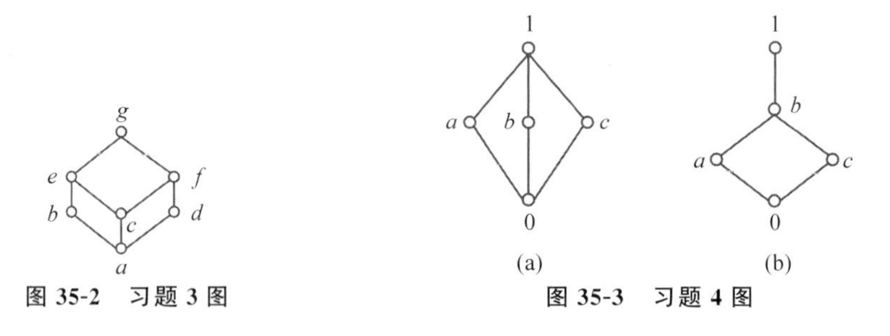

图 35-2　习题 3 图　　**图 35-3　习题 4 图**

5. 设 G 是 30 的因子集合，G 上的关系"|"是整除关系。

(1) 画出 $<G,|>$ 的哈斯图。

(2) 画出 $<G,|>$ 的所有元素个数大于或等于 4 的不同构的子格的哈斯图。

(3) 第(2)中的各子格都是什么格(分配格、模格或者有补格)?

(4) 第(2)中的各子格中有布尔代数吗? 若有,则指出并给出原子集合。

拓展阅读

布尔代数与数理逻辑之间有着密切的联系,布尔代数作为数理逻辑中的一个重要工具,对数理逻辑的发展和应用产生了深远的影响。

1. 布尔代数

布尔代数起源于19世纪中叶,由英国数学家乔治·布尔(George Boole)提出。布尔在他的著作《思维规律》中详细阐述了这种代数系统,用于解决逻辑问题。

布尔代数是一个用于集合运算和逻辑运算的公式$<B, \vee, \wedge, \neg>$,其中B为一个非空集合,$\vee$、$\wedge$为定义在B上的两个二元运算(分别代表"或"和"与"),$\neg$为定义在B上的一个一元运算(代表"非")。

布尔代数的核心思想是将所有命题视为只有两种状态——真和假,通过代数运算来描述和处理逻辑问题。

2. 数理逻辑

数理逻辑是数学的一个分支,主要研究那些"真"或"假"的命题和它们之间的逻辑关系,它通过语言符号的表示和逻辑规则的使用,对序列命题的形式进行推演和证明。

数理逻辑的历史可以追溯到古希腊时期,但直到19世纪中叶才逐渐形成了现代数理逻辑的基本框架。欧拉、勒定、康德、弗雷格、罗素等都为数理逻辑的发展做出了重要贡献。

3. 布尔代数与数理逻辑

布尔代数是数理逻辑中的一个重要工具,特别是在命题逻辑和谓词逻辑中,布尔代数提供了描述和处理逻辑问题的代数方法。

布尔代数不仅限于逻辑运算,还广泛应用于集合论、拓扑空间理论、测度论、概率论、泛函分析等数学分支。同时,在计算机科学、电子工程等领域中,布尔代数也发挥着重要作用。

布尔代数的提出和发展推动了数理逻辑的进一步发展,它使得逻辑问题可以像数学问题一样进行精确的处理和分析,为逻辑推理和证明提供了有力的工具。

4. 布尔代数在数理逻辑中的应用场景

(1) 命题逻辑:在命题逻辑中,布尔代数用于描述和处理命题之间的逻辑关系。例如,使用布尔代数可以方便地表示和证明命题的等价性、蕴含关系等。

(2) 谓词逻辑:在谓词逻辑中,布尔代数用于处理具有量词和谓语等复杂结构的命题。通过布尔代数的运算规则,可以对这些命题进行形式化的描述和推理。

总之,布尔代数作为数理逻辑中的一个重要工具,对数理逻辑的发展和应用产生了深远的影响,它不仅丰富了数理逻辑的理论体系,还为实际应用提供了有力的支持。

人物简介

布尔代数、布尔表达式、布尔函数都指向了同一个人——布尔。从布尔开始,可以说进入了数字时代,接下来了解一下从布尔到通用计算机的出现过程中,有谁做出了哪些贡献。

• 乔治·布尔——发明了二进制。

- 香农——将布尔的逻辑运算用于计算机。
- 图灵——以数理逻辑语言来设计计算机。
- 冯·诺依曼——设计并实现了现代计算机的基础结构。

布尔

乔治·布尔(George Boole,1815—1864)

乔治·布尔被誉为现代计算机科学的奠基人之一,19世纪最重要的数学家之一,出版了《逻辑的数学分析》,这是他对符号逻辑的第一次贡献。1854年,他出版了《思维规律的研究》,这是他最著名的著作。在这本书中,布尔介绍了以他的名字命名的布尔代数。布尔逻辑是计算机的核心理论,通过**异类联想将亚里士多德的三段论与代数结合起来,并发明了二进制**,将这个梦想向前推动。

香农

克劳德·艾尔伍德·香农(Claude Elwood Shannon,1916—2001)

克劳德·艾尔伍德·香农,美国数学家、发明家、密码学家,信息论创始人。

香农的伟大成就之一在于他将逻辑融入计算机内,将二进制运算与电子器件相结合,实现了逻辑功能,奠定了如今计算机的运算机制。得益于香农将逻辑映射到现实物理世界,计算机才得到了空前的发展。

图灵

阿兰·麦席森·图灵,英国计算机科学家、数学家、逻辑学家、密码分析学家、理论生物学家,被誉为"计算机科学之父""人工智能之父"。为了纪念图灵的贡献,计算机科学领域的最高奖项被命名为"图灵奖"。1936年,他发表了传世论文《论可计算数及其在判定性问题上的应用》,给出了现代电子计算机的数学模型,从理论上论证了通用计算机产生的可能性。

阿兰·麦席森·图灵(Alan Mathison Turing,1912—1954)

冯·诺依曼

冯·诺依曼(John von Neumann,1903—1957)

冯·诺依曼,20世纪最重要的数学家之一,在现代计算机、博弈论、核武器和生化武器等诸多领域均有杰出建树,被后人称为"计算机之父"和"博弈论之父"。

他提出了冯·诺依曼体系机,即"程序控制+存储程序"的思想,也称为冯·诺依曼原理。1946年,在美国宾夕法尼亚大学诞生的世界上第一台数字计算机就是遵循冯·诺依曼原理而研制的。到目前为止,大部分计算机都未跳出冯·诺依曼原理的范畴。

第 4 部分　图　　论

图论简介

图论(Graph Theory)专注于研究由一系列特定的点(通常称为顶点或节点)以及连接这些点的线(通常称为边或线段)所组成的图形结构。图论中的图概念突破了传统二维图形的限制,能够拓展至多维空间乃至更复杂多变的结构形态。

图论的起源可追溯至一个极具代表性的经典问题——柯尼斯堡(Königsberg)七桥问题。1736 年,瑞士杰出数学家欧拉(Leonhard Euler)成功攻克了这一难题,图论由此宣告诞生,欧拉也因此被尊崇为图论的奠基人。

在数学的持续演进过程中,图论逐步发展成为一门独具特色的独立学科。19 世纪至 20 世纪,图论迎来了蓬勃发展的黄金时期,期间诞生了诸多意义非凡的重要定理与引人入胜的猜想,诸如四色猜想、哈密顿问题等,为图论的理论体系增添了丰富的内涵。

自 20 世纪 60 年代起,图论的应用范畴急剧拓展,开始在计算机科学、人工智能、深度学习、推荐系统以及大数据分析等诸多前沿领域大放异彩,化身为科研探索及解决各类实际问题的有力武器,其独特的理论价值与强大的应用潜力不断被深度挖掘与广泛认可。

图论思维导图

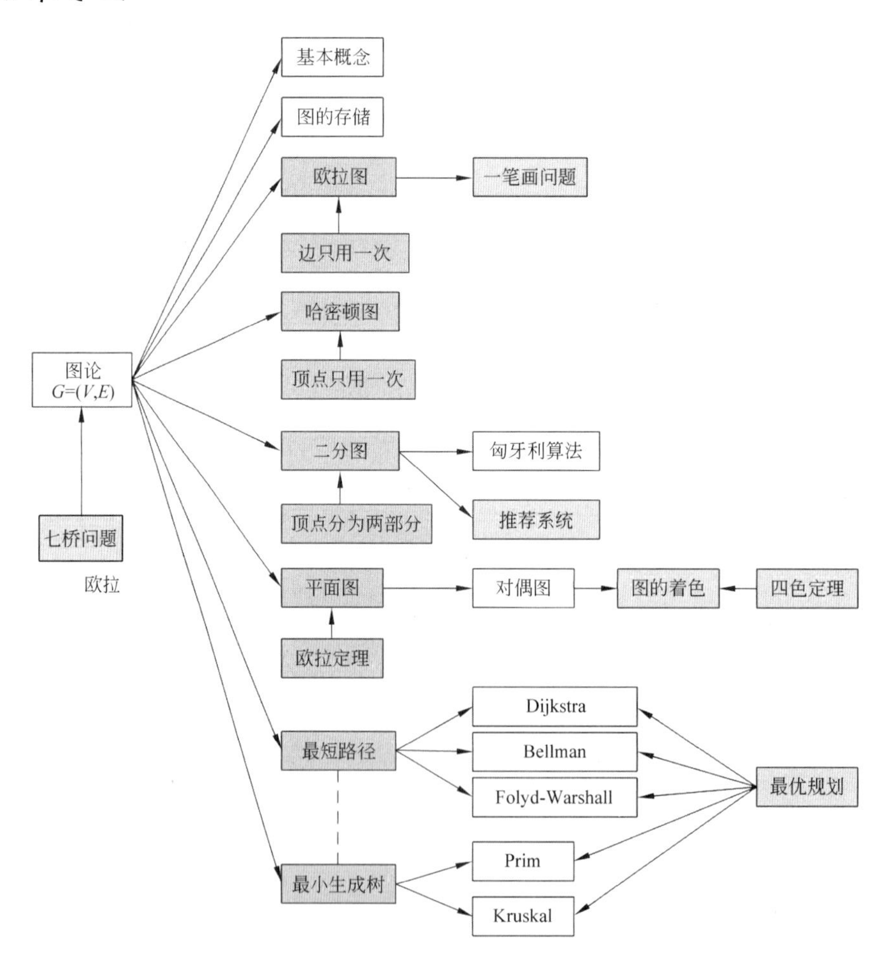

欧拉

莱昂哈德·欧拉(Leonhard Euler,1707—1783)

莱昂哈德·欧拉,瑞士数学家和物理学家,近代数学先驱之一。

- 欧拉,这位历史上赫赫有名的多产数学家,一生的学术成就令人瞩目。他生前发表了多达560余种著作与论文,而他去世后留下的丰富手稿更是浩如烟海。欧拉曾自信地表示,他未发表的论文足以让彼得堡科学院持续研究20年,事实上,直至1862年,也就是他逝世80年后,彼得堡科学院院报仍在陆续刊登他的遗作,其学术影响力之深远可见一斑。
- 从18岁开始创作,直至76岁逝世,欧拉在这漫长的学术生涯中,仅收录进全集的文稿就已数量惊人。据估算,他平均每天需撰写约1.5页大四开纸的内容,而1771年彼得堡那场灾难性的大火,更是无情地将他不少珍贵手稿化为灰烬,令人扼腕叹息。
- 在个人健康遭遇重大挫折时,欧拉依然坚守学术阵地。28岁时左眼失明,56岁时双目完全失明,但他凭借惊人的记忆力和卓越的心算能力,继续在数学的海洋中乘风破浪,进行着艰难却富有成效的研究与写作,其坚韧不拔的毅力和对数学的执着热爱令人敬佩不已。
- 欧拉在数学领域的诸多开创性贡献中,值得一提的是,他是第一个使用"函数"一词来描述包含各种参数的表达式的人,尽管函数的定义最早由莱布尼兹在1694年给出,但欧拉的这一用法极大地推动了函数概念的普及与发展。同时,欧拉也是将微积分应用于物理学的先驱者之一,为物理学的发展注入了强大的数学动力,拓展了微积分的应用边界。
- 1736年,欧拉成功解答了著名的"七桥问题",这一壮举不仅标志着图论和拓扑学的诞生,也让欧拉被尊称为图论之父,他在数学史上的地位因此更加稳固,其学术成就跨越了多个学科领域,成为人类有史以来最多产且最具影响力的数学家之一。

第 36 章 基本概念

在图论中，基本概念对于理解复杂的网络结构至关重要，这些概念不仅可以帮助分析网络结构的强健性，还是图论研究的核心基础。

36.1 图的基本概念

【定义 36-1】 图 G 是由非空结点集合 $V=\{v_1,v_2,\cdots,v_n\}$ 以及边集合 $E=\{e_1, e_2,\cdots, e_m\}$ 所组成，其中每条边可用一个结点对表示，这样一个图 G 可用 $G=<V,E>$ 表示。若边 e_i 与无序偶 (v_j,v_k) 相关联，则称为无向边。若边 e_i 与有序偶 $< v_j,v_k>$ 相关联，则称为有向边。其中 v_j 称为 e_i 的始点，v_k 称为 e_i 的终点。

【定义 36-2】 图 $G=<V,E>$ 是由非空结点集合 V 及边集合 E 所组成的。

(1) 图中每条边都是由无向边构成的图称为**无向图**；

(2) 图中每条边都是由有向边构成的图称为**有向图**；

(3) 图中一些边是有向边、另一些边是无向边构成的图称为**混合图**。

【例 36-1】 图 36-1(a)、(b)、(c)所示分别是无向图、有向图和混合图。

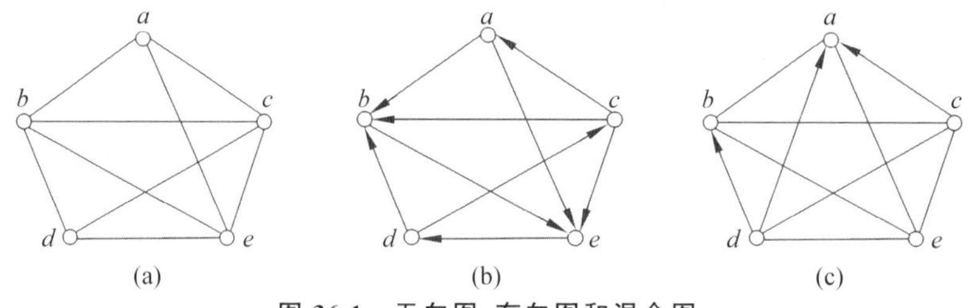

图 36-1 无向图、有向图和混合图

用图形表示无向图时，常用小圆圈表示结点。用结点之间的连线表示无向边；表示有向图时，则用从始点到终点带箭头的连线表示有向边。

【例 36-2】 (1) 图 36-2(a)给定无向图 $G=<V,E>$，其中 $V=\{v_1,v_2,v_3,v_4,v_5\}$，$E=\{(v_1,v_1),(v_1,v_2),(v_2,v_3),(v_2,v_3),(v_1,v_5),(v_2,v_5),(v_4,v_5)\}$。

(2) 图 36-2(b)给定有向图 $G=<V,E>$，其中 $V=\{a,b,c,d\}$，$E=\{<a,a>,<a,b>,<b,a>,<c,b>,<a,d>,<d,c>,<c,d>\}$。

设 $G=<V,E>$ 为一有向图或无向图，下面是一些与之相关的概念和规定。

(1) V、E 分别表示 G 的结点集、边集，$|V|$、$|E|$ 分别表示 G 的结点数、边数。若 $|V|=$

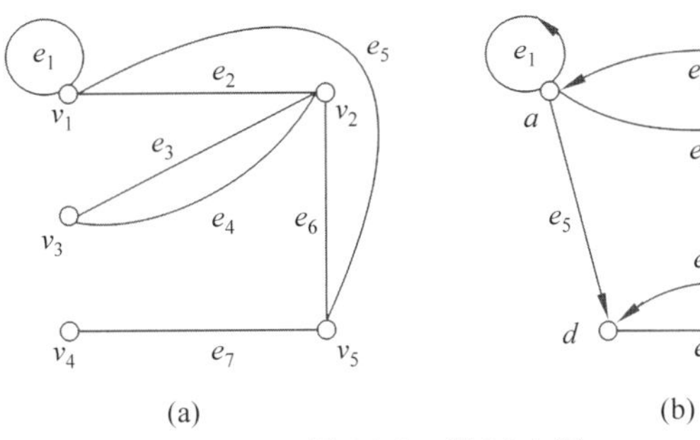

图 36-2　例 36-2 图

n,则称 G 为 **n 阶图**。例如图 36-3(a)是 4 阶图。

(2) 若 $|V|$ 、$|E|$ 均为有限数,则称 G 为**有限图**。

(3) 若 $E=\varnothing$,则称 G 为零图。此时,若 $|V|=n$,则称 G 为 **n 阶零图**,记作:Nn。例如图 36-3(b)是 4 阶零图。

(4) 若 $|V|=1$,则称 G 为平凡图。

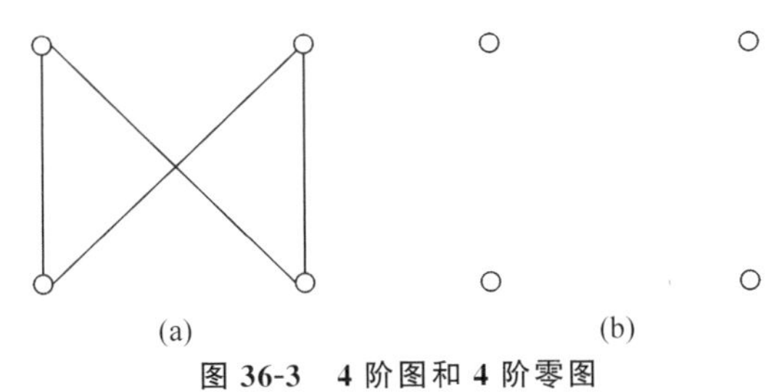

图 36-3　4 阶图和 4 阶零图

设图 $G=\langle V,E\rangle$,v_i、v_j 为边 e_k 的端点,e_k 与 v_i 或 e_k 与 v_j 是彼此关联的。

(1) 无边关联的结点称为**孤立点**。

(2) 若一条边所关联的两个结点重合,则称此边为**环**。

(3) 若 $v_i \neq v_j$,则称 e_k 与 v_i 或 e_k 与 v_j 的关联次数为 1。

(4) 若 $v_i = v_j$,则称 e_k 与 v_i 的关联次数为 2。

(5) 若 v_i 不是 e_k 的端点,则称 e_k 与 v_i 的关联次数为 0。

(6) 在一个图中,两个结点由一条有向边或无向边关联,则这两个结点称为**邻接点**。

(7) 在一个图中,关联于同一个结点的两条边称为**邻接边**。

【定义 36-3】 无向图中结点的度:设 $G=\langle V,E\rangle$ 为一无向图,$v_i \in V$,v_i 作为边的端点的次数之和称为 v_i 的度数,简称为**度**,记作:$d(v_i)$。称度数为 1 的结点为悬挂结点,它所对应的边为**悬挂边**。

【定义 36-4】 有向图中结点的度:设 $D=\langle V,E\rangle$ 为一有向图,$v_j \in V$,则

出度:v_j 作为边的始点的次数之和,记作:$d^+(v_j)$。

入度:v_j 作为边的终点的次数之和,记作:$d^-(v_j)$。

度:$d^+(v_j)+d^-(v_j)$为 v_j 的度数,记作:$d(v_j)$。

无向图 G 中,令

$$\Delta(G)=\max\{d(v) \mid v \in V(G)\}$$

$$\delta(G)=\min\{d(v) \mid v \in V(G)\}$$

称 $\Delta(G)$和 $\delta(G)$分别为 G 的**最大度**和**最小度**。

在有向图 D 中，可类似地定义 $\Delta(D)$、$\delta(D)$。另外，令

最大出度：$\Delta^{+}(D)=\max\{d^{+}(v)\mid v\in V(D)\}$

最小出度：$\delta^{+}(D)=\min\{d^{+}(v)\mid v\in V(D)\}$

最大入度：$\Delta^{-}(D)=\max\{d^{-}(v)\mid v\in V(D)\}$

最小入度：$\delta^{-}(D)=\min\{d^{-}(v)\mid v\in V(D)\}$

简记作：Δ^{+}、δ^{+}、Δ^{-}、δ^{-}。

【例 36-3】 图 36-4 中各结点的度是多少？

解：图 36-4(a)中，$d(v_1)=4$，$d(v_2)=4$，$d(v_3)=3$，$d(v_4)=1$，$d(v_5)=0$；最大度 $\Delta=4$，最小度 $\delta=0$；其中 v_5 为孤立结点，v_1 为悬挂结点，边 e_6 为悬挂边。

图 36-4(b)中，$d^{+}(v_1)=2$，$d^{-}(v_1)=1$，$d(v_1)=3$；$d^{+}(v_2)=1$，$d^{-}(v_2)=3$，$d(v_2)=4$；最大出度 $\Delta^{+}=3$，最大入度 $\Delta^{-}=3$；最小出度 $\delta^{+}=1$，最小入度 $\delta^{-}=0$。

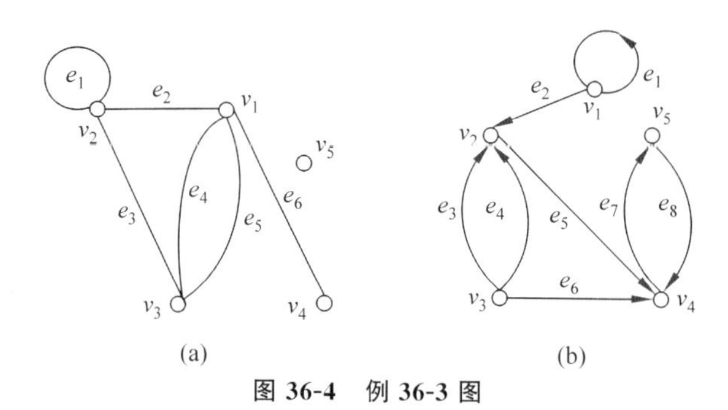

图 36-4 例 36-3 图

【定理 36-1】(握手定理) 在任何图中，所有结点度数的总和等于边数的两倍。

$$\sum_{i=1}^{n} d(v_i)=2\mid E\mid$$

证明：因为每条边关联着两个结点，而每条边分别给这两个结点的度数为 1。因此在一个图中，结点度数的总和等于边数的两倍。

推论：在任何图中，度数为奇数的结点的个数必定是偶数。

【定理 36-2】 在有向图中，所有结点入度之和等于所有结点出度之和，都等于边数。

$$\sum_{i=1}^{n} d^{+}(v_i)=\sum_{i=1}^{n} d^{-}(v_i)=\mid E\mid$$

证明：因为每条有向边必对应一个入度和一个出度，若一个结点具有一个入度或出度，必关联一条有向边。所以，有向图中各结点入度之和等于边数，出度之和也等于边数。因此，在任何有向图中，入度之和等于出度之和。

【定义 36-5】 设 $V=\{v_1,v_2,\cdots,v_n\}$为图的结点集，称$(d(v_1),d(v_2),\cdots,d(v_n))$为 G 的**度数序列**。

【例 36-4】 (1) (3,3,2,3)，(5,2,3,1,4)能成为图的度数序列吗？

(2) 已知图 G 中有 10 条边，4 个 3 度结点，其余结点的度数均不大于 2，问图 G 中至少有多少个结点？为什么？

解：(1) 由于这两个序列中奇数个数均为奇数，由握手定理的推论可知，它们都不能成

为图的度数序列。

(2) 图中边数 $m=10$,由握手定理可知,G 中各结点度数之和为 20,4 个 3 度结点占去 12 度,还剩 8 度,若其余全是 2 度结点,则至少还需要 4 个结点来占用这 8 度,所以 G 至少有 8 个结点。

【定义 36-6】 在图中连接于同一对结点间的多条边称为**平行边**。

把含有平行边的图称为**多重图**。

把既不含有平行边又没有环的图称为简单图。

【例 36-5】 图 36-5 中(a)和(b)含有平行边,是多重图,(c)为简单图。

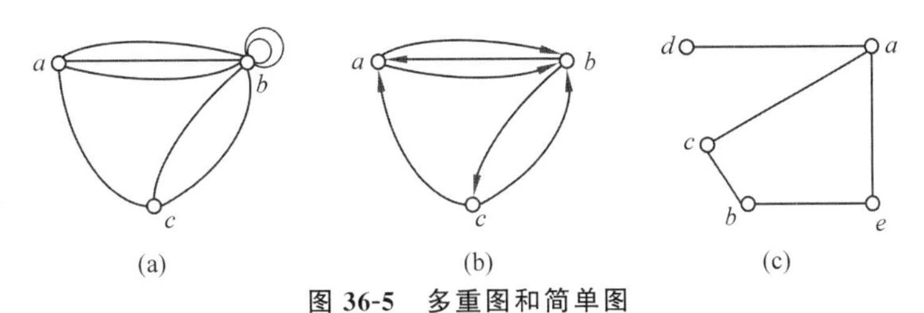

图 36-5　多重图和简单图

【定义 36-7】 设 G 为 n 阶无向简单图,若 G 中每个结点均与其余的 $n-1$ 个结点相邻,则称 G 为 ***n* 阶无向完全图**,简称 n 阶完全图,记作:$K_n(n\geqslant1)$。

【例 36-6】 图 36-6(a)为 K_3,(b)为 K_6。

【定义 36-8】 设 D 为 n 阶有向简单图,若 D 中每个结点都邻接到其余的 $n-1$ 个结点,又邻接于其余的 $n-1$ 个结点,则称 D 为 n 阶有向完全图。

【例 36-7】 图 36-7 给出了一个 3 阶有向完全图。

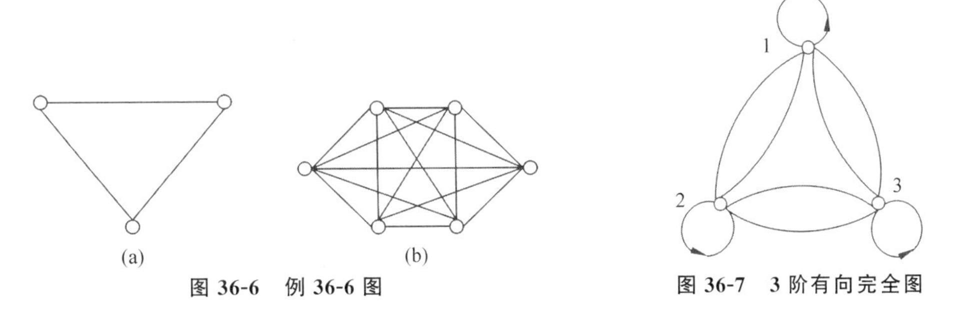

图 36-6　例 36-6 图　　图 36-7　3 阶有向完全图

【定义 36-9】 设 $G=<V,E>$是无向简单图,若 $\Delta(G)=\delta(G)=k$(各个结点度数相同,都等于 k),则称 G 为 ***k*-正则图**。

【例 36-8】 图 36-8 给出了两个 2-正则图。

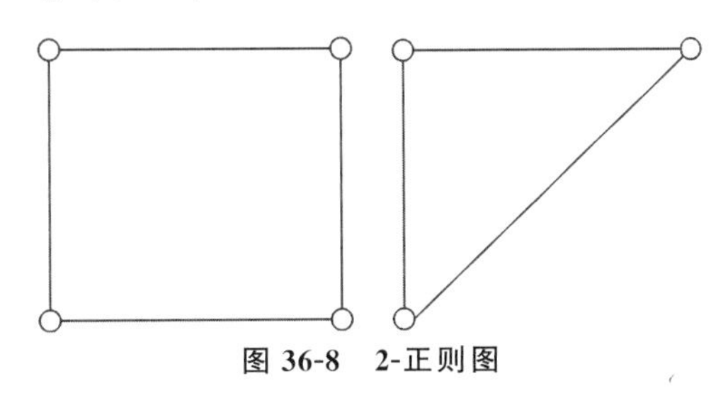

图 36-8　2-正则图

【定义 36-10】 设 $G=<V,E>$,$G'=<V',E'>$为两个图(同时为无向图或有向图),

若$V'\subseteq V$且$E'\subseteq E$，则称G'为G的**子图**，G为G'的**母图**，记作：$G'\subseteq G$。若$G'\subseteq G$且$G'\neq G$（满足$V'\subset V$或$E'\subset E$），则称G'为G的**真子图**。若G的子图包含G的所有结点，则称该子图为G的**生成子图**。

【例 36-9】 图 36-9(b)是(a)的真子图，(c)是(a)的生成子图。

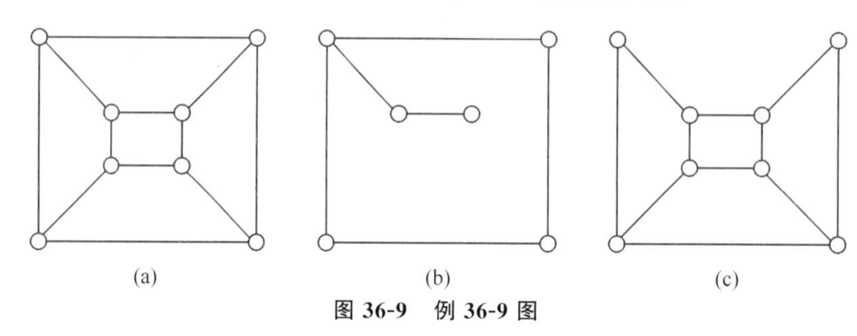

图 36-9 例 36-9 图

【定义 36-11】 设$G=\langle V,E\rangle$为n阶无向简单图，以V为结点集，以所有使G成为完全图K_n的添加边组成的集合为边集的图，称为G的补图，记作：$\overline{G}$。

【例 36-10】 图 36-10 中，(b)是(a)的补图；同时，(a)也是(b)的补图。

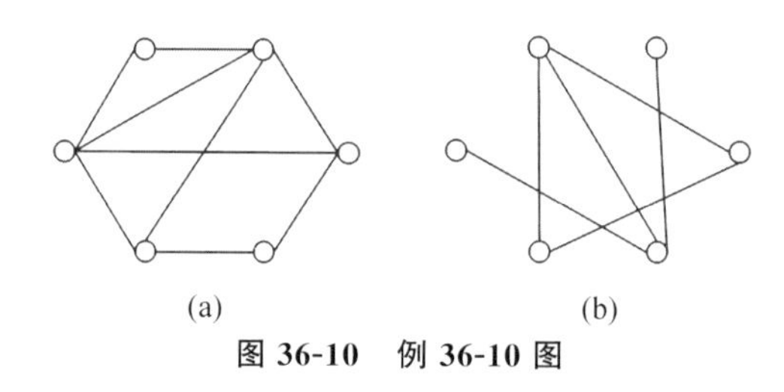

图 36-10 例 36-10 图

【定义 36-12】 $G_1=\langle V_1,E_1\rangle$，$G_2=\langle V_2,E_2\rangle$为两个无(有)向图，若存在双射函数$f:V_1\to V_2$，对于$\forall v_i,v_j\in V_1$，$(v_i,v_j)\in E_1\Leftrightarrow(f(v_i),f(v_j))\in E_2$或者$\langle v_i,v_j\rangle\in E_1\Leftrightarrow\langle f(v_i),f(v_j)\rangle\in E_2$，并且$(v_i,v_j)$($\langle v_i,v_j\rangle$)与$(f(v_i),f(v_j))$($\langle f(v_i),f(v_j)\rangle$)重数相同，则称$G_1$与$G_2$是同构的，记作：$G_1\cong G_2$。

显然，两个图$G_1=\langle V_1,E_1\rangle$，$G_2=\langle V_2,E_2\rangle$，如果它们的结点间存在一一对应关系（双射），而且这种对应关系也反映在表示边的结点对中（如果是有向边，则对应的结点对还保持相同的顺序），则称两图是同构的。

【例 36-11】 图 36-11 中，(a)与(b)是同构的，(c)与(d)也是同构的。

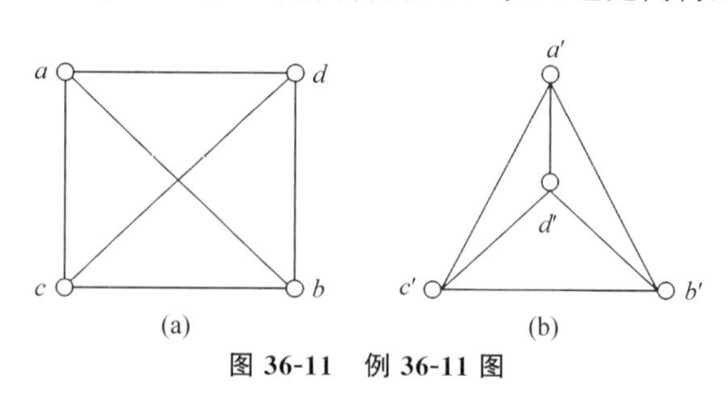

图 36-11 例 36-11 图

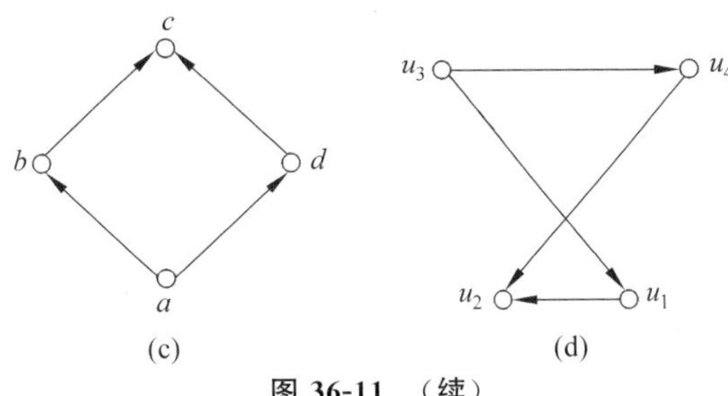

图 36-11 （续）

在(c)与(d)中可以看出，两图在结点间存在一一对应的映射 f：$f(a)=u_3$，$f(b)=u_1$，$f(c)=u_2$，$f(d)=u_4$，且有 $<a,d>$、$<a,b>$、$<b,c>$、$<d,c>$ 分别与 $<u_3,u_4>$、$<u_3,u_1>$、$<u_1,u_2>$、$<u_4,u_2>$ 一一对应。

两图同构的一些必要条件：

(1) 结点数目相等；

(2) 边数相等；

(3) 度数相等的结点数目相等。

需要指出的是，这几个条件不是两图同构的充分条件，例如图 36-12 中的(a)和(b)满足上述三个条件，但两图并不同构。

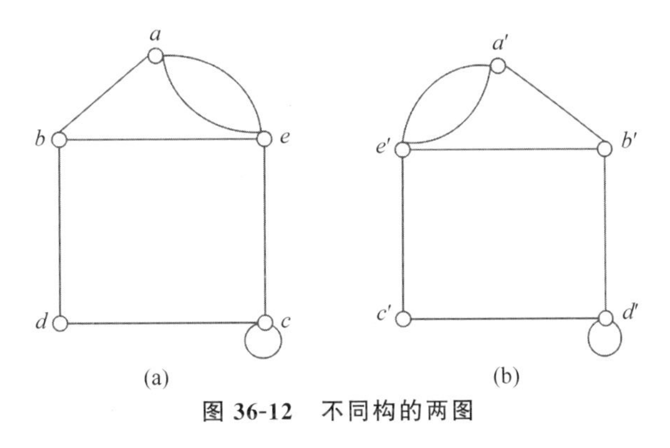

图 36-12 不同构的两图

寻找一种简单有效的方法来判断图的同构，仍是图论中一个**未能解决的问题**。

36.2 通路与回路

在现实世界中，常常要考虑这样一个问题：如何从一个图 G 中给定的结点出发，沿着一些边连续移动，到达另一个指定的结点，这种依次由点和边组成的序列就形成路的概念。

【定义 36-13】 给定图 $G=<V,E>$，设 G 中结点与边的交替序列 $\Gamma=v_0e_1v_1e_2\cdots e_lv_l$。若 Γ 满足如下条件：

(1) v_{i-1} 和 v_i 是 e_i 的端点(在 G 是有向图时，要求 v_{i-1} 是 e_i 的始点，v_i 是 e_i 的终点)，$i=0,1,\cdots,l$，则称 Γ 为结点 v_0 到 v_l 的通路(路)；

(2) v_0 和 v_l 分别称为此通路的起点和终点；

(3) Γ 中边的数目 l 称为 Γ 的长度；

(4) 若 Γ 中所有边各异，则称 Γ 为简单通路(迹)；

(5) 若通路中所有结点 $v_0,v_1,\cdots,v_l$ 各异，所有边也各异，则称此通路为初级通路(路径)。

【定义 36-14】 给定图 $G=\langle V,E\rangle$，设 G 中结点与边的交替序列 $\Gamma=v_0e_1v_1e_2\cdots e_lv_l$。若 Γ 满足如下条件：

(1) 若 $v_0=v_l$，则称此通路为**回路**。

(2) 若回路中所有边各异，则称 Γ 为**简单回路**。

(3) 若回路中，除 $v_0=v_l$ 外，其余结点各不相同，所有边也各异，则称此回路为**初级回路或圈**。

(4) 有边重复出现的通路称为复杂通路，有边重复出现的回路称为**复杂回路**。

由定义可知，初级通路(回路)是简单通路(回路)，但反之不真。一般来说，通路、回路是图的子图。

【例 36-12】 如图 36-13 所示，

图(a)为 v_0 到 v_4 的长为 4 的初级通路(路径)；

图(b)为 v_0 到 v_8 的长为 8 的简单通路；

图(c)为 v_0 到 $v_5(=v_0)$ 的长为 5 的初级回路；

图(d)为 v_0 到 $v_8(=v_0)$ 的长为 8 的简单回路。

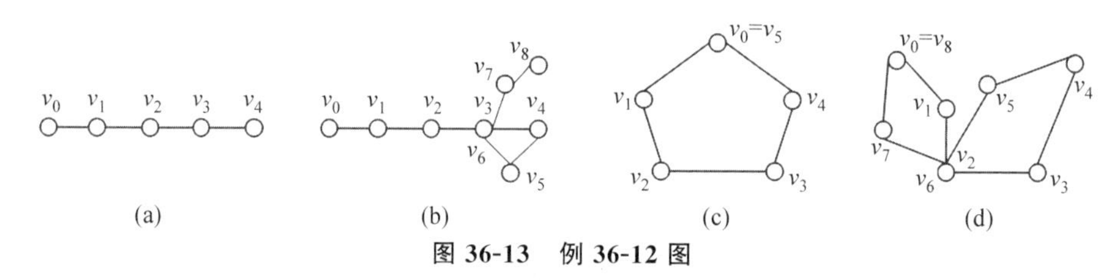

图 36-13　例 36-12 图

对于无环和平行边的简单图，若结点确定，则其相关联的边也确定，因此简单图中的通路与回路可以舍弃边，仅用结点序列($v_0v_1\cdots v_n$)来表示。

在有向图中，边是有方向的，若边确定，则其相关联的端点序列也确定，因此有向图的通路与回路也可以舍弃结点，仅用边序列($e_1e_2\cdots e_n$)表示。

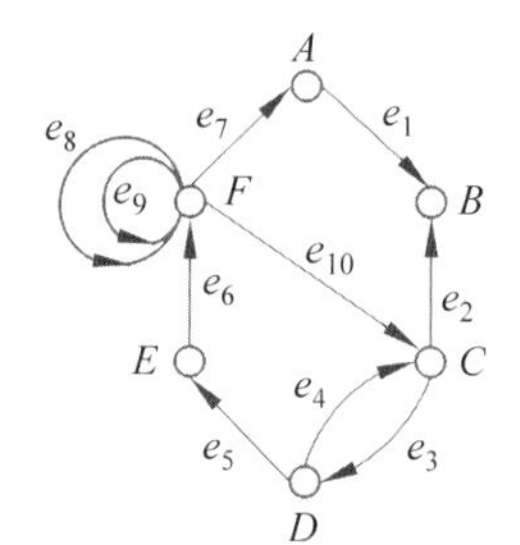

图 36-14　例 36-13 图

【例 36-13】 求图 36-14 中的回路和从 C 到 B 的通路，要求各找出 4 条。

解：通路和回路如下。

$\langle e_2\rangle$、$\langle e_3,e_4,e_2\rangle$、$\langle e_3,e_5,e_6,e_{10},e_2\rangle$、$\langle e_3,e_5,e_6,e_7,e_1\rangle$是从 C 到 B 的 4 个有向通路，其中第 1 条和第 4 条是简单通路；$\langle e_3,e_4\rangle$、$\langle e_3,e_5,e_6,e_{10}\rangle$、$\langle e_8\rangle$、$\langle e_9\rangle$是 4 条有向回路。

注意：从 B 到其他任意结点都没有向通路。

36.3　图的连通性

【定义 36-15】 有一个无向图 $G=\langle V,E\rangle$，如果它的任何两点均有通路，则称图 G 为**连通图**，否则称图 G 为**非连通图**。

在图 36-15 中，(a)和(b)均是连通图，但(c)是非连通图，因为结点 v_1、v_2、v_3 与结点 v_4、v_5、v_6 间没有通路。

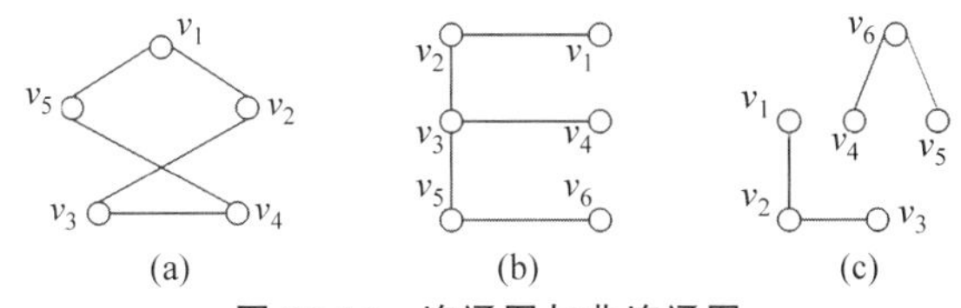

图 36-15　连通图与非连通图

【定义 36-16】 设 G 是一个无向图，R 是 G 中结点之间的连通关系(等价关系)，按照 R 可将 $V(G)$ 划分成 $k(k\geqslant 1)$ 个等价类，记为 $V_1, V_2, \cdots, V_k$，由它们导出的子图 $G[V_i]$ $(i=1, 2, \cdots, k)$ 称为 G 的**连通分支**，连通分支数个数记为 $p(G)$。

在图 36-16 中，(a)、(b)、(c)的连通分支数分别为 1、3、3。

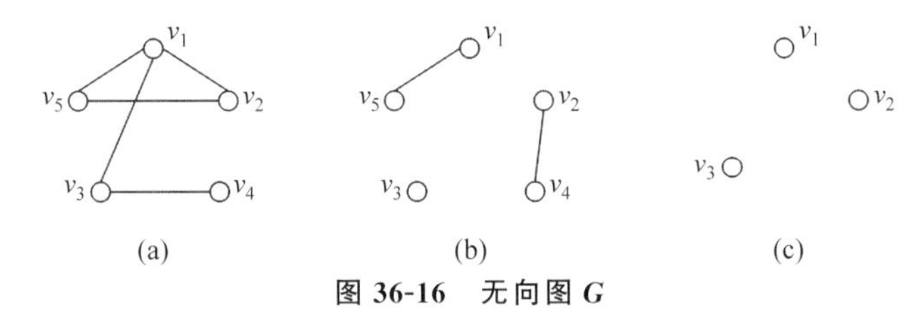

图 36-16　无向图 G

【定义 36-17】 设 $D=\langle V, E\rangle$ 为一个有向图，若略去 D 中各有向边的方向后所得无向图 G 是连通图，则称 D 是连通图，或称 D 是**弱连通图**。若 D 中任意两点至少一个可达另一个，则称 D 是**单向连通图**。若 D 中任何一对结点都是相互可达的，则称 D 是**强连通图**。

由定义可知，强连通图一定是单向连通图，单向连通图一定是弱连通图，图 36-17 中，(a)为强连通图，(b)为单向连通图，(c)为弱连通图。

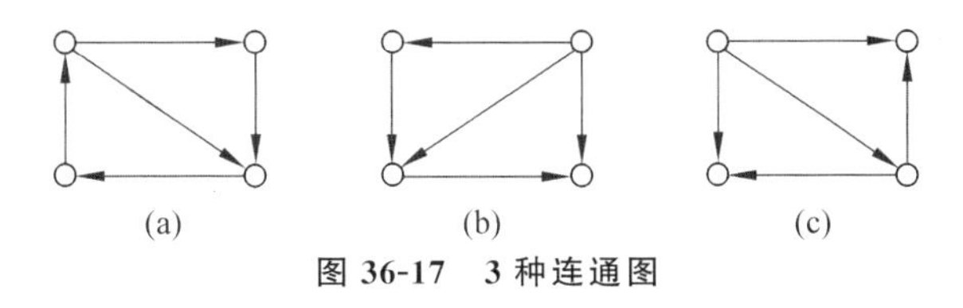

图 36-17　3 种连通图

【定义 36-18】 设无向图 $G=\langle V, E\rangle$，若存在 $V'\subset V$，且 $V'\neq\varnothing$，使得 $p(G-V')>p(G)$，而对于 V' 的任意真子集 V''，即 $V''\subset V'$，均有 $p(G-V'')=p(G)$，则称 V' 是 G 的**点割集**。若点割集中只有一个结点 v，则称 v 为**割点**。

在图 36-18 中，$\{v_3, v_5\}$、$\{v_2\}$、$\{v_6\}$ 为点割集。$\{v_4, v_2\}$ 不是点割集，因为它的真子集 $\{v_2\}$ 已经是点割集了，类似地，$\{v_1, v_6\}$ 也不是点割集。

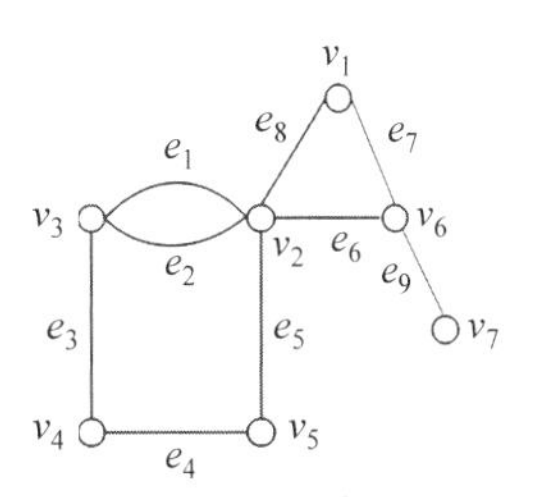

图 36-18　无向图 G

【定义 36-19】 设无向图 $G=\langle V, E\rangle$，若存在 $E'\subseteq E$，且 $E'\neq\varnothing$，使得 $p(G-E')>p(G)$，而对于 E' 的任意真子集 E''，即 $E''\subseteq E'$，均有 $p(G-E'')=p(G)$，则称 E' 是 G 的**边割集**。若边割集中只有一条边 e，则称 e 为**割边**或**桥**。

在图 36-18，$\{e_3,e_4\}$、$\{e_1,e_2,e_3\}$、$\{e_1,e_2,e_4\}$、$\{e_9\}$等都是边割集，其中 e_9 是割边。$\{e_6,e_7,e_9\}$不是边割集，因为它的真子集$\{e_9\}$已是边割集。

习　题

1. 已知图 G 中有 1 个 1 度结点，2 个 2 度结点，3 个 3 度结点，4 个 4 度结点，求图 G 的边的个数。

2. 设图 G 如图 36-19 所示，则图 G 的点割集和边割集分别是什么？

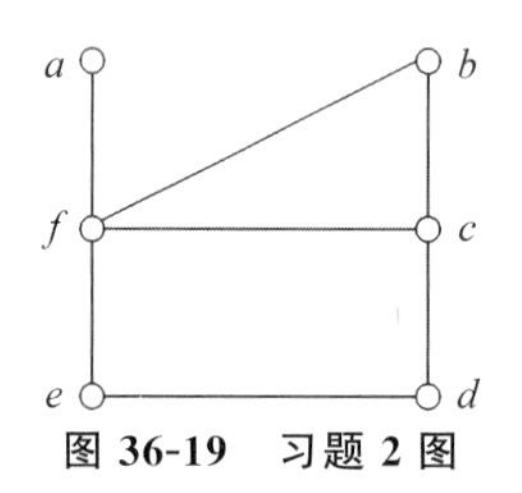

图 36-19　习题 2 图

3. 设有向图 D 如图 36-20 所示，求图 D 中长度为 3 的通路数，并指出其中的回路数。

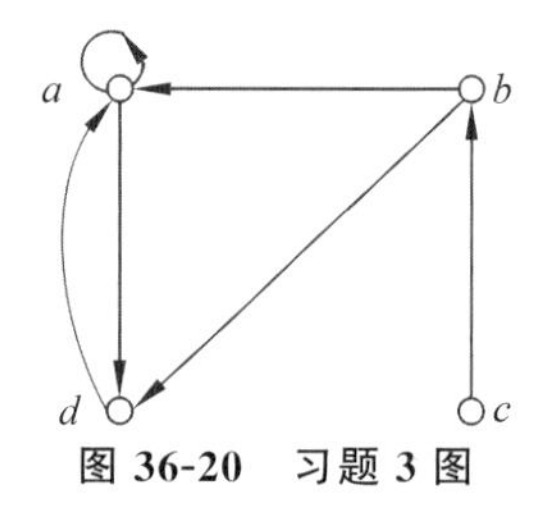

图 36-20　习题 3 图

4. 分析图 36-21，求：

(1) 从 A 到 F 的所有通路；

(2) 从 A 到 F 的所有(简单通路)迹；

(3) A 到 F 之间的距离；

(4) $k(G)$、$\lambda(G)$和 $\delta(G)$。

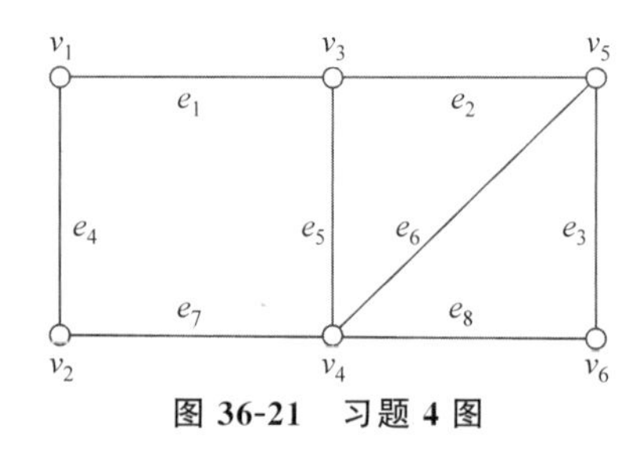

图 36-21　习题 4 图

5. 证明：若无向图 G 中只有两个奇数度结点，则这两个结点一定是连通的。

6. 设 $G=\langle V,E\rangle$ 是一个连通且$|V|=|E|+1$ 的图，则 G 中有一个度为 1 的结点。

7. 若 n 阶连通图中恰有 $n-1$ 条边，则图中至少有一个结点度数为 1。

第37章 图的矩阵存储

本章思维导图

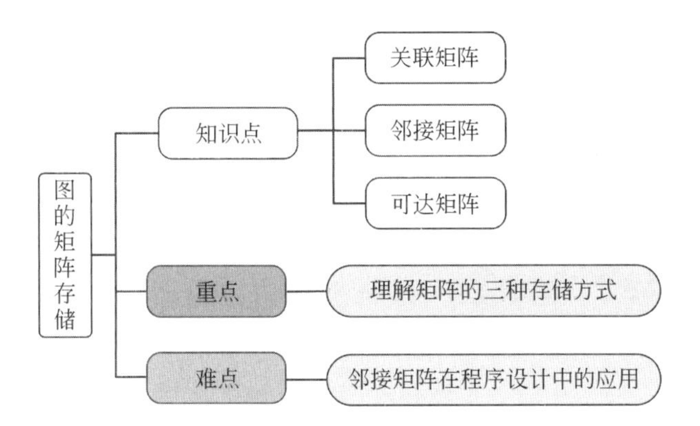

图的矩阵表示是一种利用二维数组(矩阵)来表示图的方法。在矩阵中,行和列可以代表图中的顶点或边,用矩阵表示图是为了用代数方法研究图的性质。

37.1 关联矩阵

【定义 37-1】 设无向图 $G=<V,E>$,$V=\{v_1,v_2,\cdots,v_n\}$,$E=\{e_1,e_2,\cdots,e_m\}$,令 m_{ij} 为顶点 v_i 与边 e_j 的关联次数,则称 $(m_{ij})_{n\times m}$ 为 G 的**关联矩阵**,记作:$\boldsymbol{M}(G)$。结点数为矩阵的行数,边为矩阵的列数。m_{ij} 的取值为:0(v_i 与 e_j 不关联),1(v_i 与 e_j 关联 1 次),2(v_i 与 e_j 关联 2 次,即 e_j 是以 v_i 为端点的环)。

【例 37-1】 图 37-1(a)中无向图 G 的关联矩阵如图 37-1(b)所示。

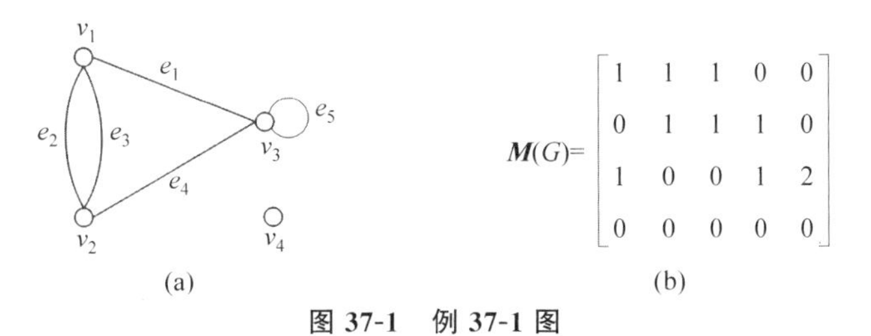

图 37-1 例 37-1 图

图的关联矩阵的相关性质如下:

(1) 每列恰好有一个 2 或者两个 1;

(2) 第 i 行元素之和为结点 v_i 的度数；

(3) 所有元素之和等于 $2m$；

(4) 当 $\sum_{j=1}^{m} m_{ij}=0$ 时，当且仅当 v_i 为孤立点；

(5) 若第 j 列与第 k 列相同，则说明 e_j 与 e_k 为平行边。

【定义 37-2】 设有向图 $D=\langle V,E\rangle$ 中无环，$V=\{v_1,v_2,\cdots,v_n\}$，$E=\{e_1,e_2,\cdots,e_m\}$，令 m_{ij} 为结点 v_i 与边 e_j 的关联次数，则称 $(m_{ij})_{n\times m}$ 为 D 的关联矩阵，记作：$M(D)$。m_{ij} 的取值为

$$m_{ij}=\begin{cases}1 & v_i \text{ 为 } e_j \text{ 的始点}\\ 0 & v_i \text{ 与 } e_j \text{ 不关联}\\ 1 & v_i \text{ 为 } e_j \text{ 的始点}\end{cases}$$

【例 37-2】 图 37-2(a)中有向图 D 的关联矩阵如图 37-2(b)所示。

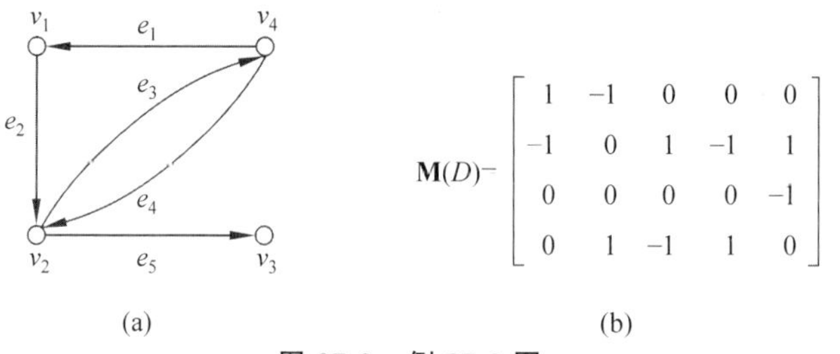

图 37-2　例 37-2 图

有向图的关联矩阵 $M(D)$ 的相关性质如下：

(1) 每列恰好有一个 1 和一个 -1；

(2) 第 i 行 1 的个数为 $d^+(v_i)$，-1 的个数为 $d^-(v_i)$；

(3) 1 的个数等于 -1 的个数，都等于边的个数 m。

(4) 若第 j 列与第 k 列相同，则说明 e_j 与 e_k 为平行边。

37.2 邻接矩阵

【定义 37-3】 设图 $G=\langle V,E\rangle$，$V=\{v_1,v_2,\cdots,v_n\}$，$|E|=m$，n 阶方阵 $\mathbf{A}=(a_{ij})_{n\times n}$ 称为 G 的邻接矩阵，记作：$\mathbf{A}(G)$。其中 a_{ij} 为 v_i 邻接到 v_j 的边的条数。

【例 37-3】 图 37-3(a)中无向图 G 的关联矩阵如图 37-3(b)所示。

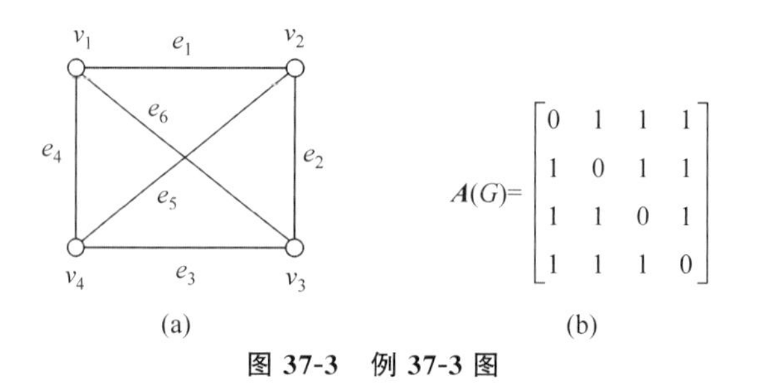

图 37-3　例 37-3 图

无向图的邻接矩阵 $\boldsymbol{A}(G)$ 的相关性质如下：

(1) 若邻接矩阵的元素全为零，则其对应的图是零图。

(2) 若对角线元素为1，则其对应结点上有环。

(3) 若除对角线元素为零外全为1，则其对应的图为完全图。

(4) 矩阵某结点行的和与列的和均为该结点的度。

(5) 矩阵所有元素之和为图的边的总数的2倍。

【例 37-4】 图 37-4(a)中有向图 D 的关联矩阵如图 37-4(b)所示。

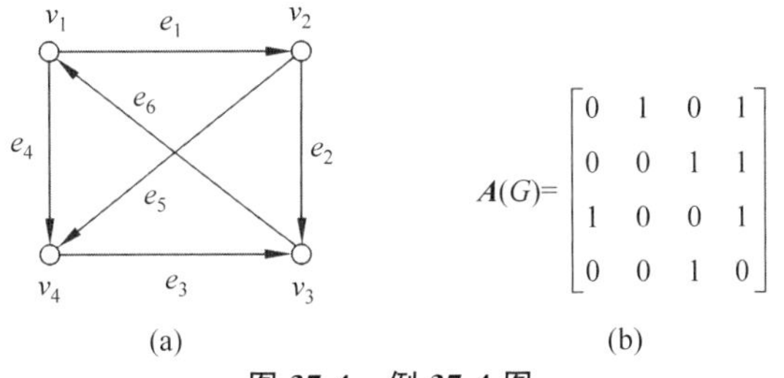

图 37-4　例 37-4 图

图的邻接矩阵 $\boldsymbol{A}(D)$ 的相关性质如下：

(1) 若邻接矩阵的元素全为0，则其对应的图是零图；

(2) 若对角线元素为1，则其对应结点上有环；

(3) 若对角线元素除为0外全为1，则其对应图为完全图；

(4) 矩阵某结点行的和为出度，列的和为入度；

(5) 矩阵所有元素之和为图的边的总数。

37.3　可达矩阵

【定义 37-4】 设 $D=<V,E>$ 为有向图，$V=\{v_1,v_2,\cdots,v_n\}$，n 阶方阵 $\boldsymbol{P}=(p_{ij})_{n\times n}$ 称为 D 的**可达矩阵**，记作：$\boldsymbol{P}(D)$，p_{ij} 的取值为

$$p_{ij}=\begin{cases}1 & v_i \text{ 为 } v_j \text{ 的始点}\\0 & \text{其他}\end{cases}$$

【例 37-5】 图 37-5(a)中有向图 D 的关联矩阵如图 37-5(b)所示。

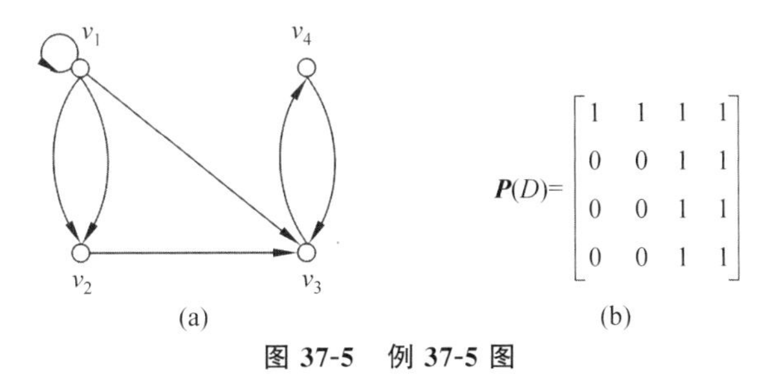

图 37-5　例 37-5 图

【定理 37-1】 设 $\boldsymbol{A}$ 为有向图 D 的邻接矩阵，$V=\{v_1,v_2,\cdots,v_n\}$ 为 D 的结点集，则 $\boldsymbol{A}^l(l\geqslant1)$ 中元素 $a_{ij}^{(l)}$ 为 v_i 到 v_j 长度为 l 的通路数，$\sum\limits_{i,j}a_{ij}^{(l)}$ 为 D 中长度为 l 的通路总数，

$\sum_{i,j} a_{ij}^{(l)}$ 为 D 中长度为的 l 回路总数。

【推论 37-1】 设 $\boldsymbol{B}_r=\boldsymbol{A}^1+\boldsymbol{A}^2+\cdots+\boldsymbol{A}^r(r\geqslant 1)$，则 $\boldsymbol{B}_r$ 中元素 $b_{ij}{}^{(r)}$ 为 D 中 v_i 到 v_j 长度小于或等于 r 的通路数，$\sum_{i,j} b_{ij}^{(r)}$ 为 D 中长度小于或等于 r 的通路总数，$\sum_i b_{ii}^{(r)}$ 为 D 中长度小于或等于 r 的回路总数。

可达矩阵的求法：

由邻接矩阵 $\boldsymbol{A}$ 计算 $\boldsymbol{B}_{n-1}=\boldsymbol{A}+\boldsymbol{A}^2+\cdots+\boldsymbol{A}^{n-1}$。

$$p_{ij}=\begin{cases}1, & b_{ij}^{(n-1)}\neq 0\\ 0, & b_{ij}^{(n-1)}=0\end{cases}\quad i\neq j$$

即得可达矩阵 $\boldsymbol{P}(D)$。

【例 37-6】 求图 37-6(a)中 $D=<V,E>$ 的可达矩阵，其中 $V=\{v_1,v_2,v_3,v_4\}$，$E=\{<v_1,v_2>,<v_2,v_3>,<v_2,v_4>,<v_3,v_2>,<v_3,v_4>,<v_3,v_1>,<v_4,v_1>\}$。

解： 根据图 37-6(a)中有向图 D 获得关联矩阵如图 37-6(b)所示。

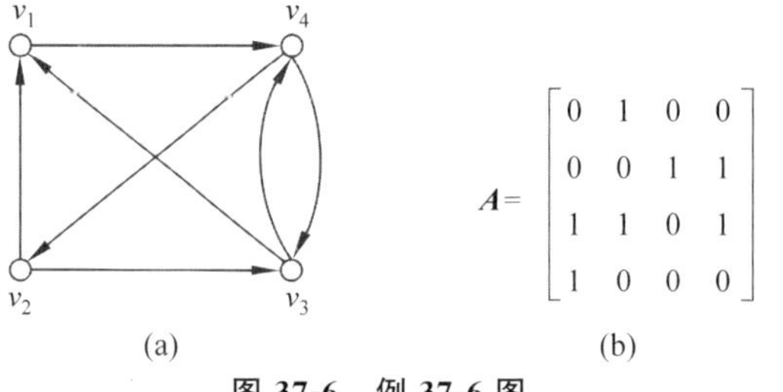

图 37-6 例 37-6 图

接着分别求出 $\boldsymbol{A}^2$ 和 $\boldsymbol{A}^3$ 为

$$\boldsymbol{A}^2=\begin{bmatrix}0&1&0&0\\2&1&0&1\\1&1&1&1\\0&1&0&0\end{bmatrix},\quad \boldsymbol{A}^3=\begin{bmatrix}2&0&1&1\\1&2&1&1\\2&2&1&2\\0&0&1&1\end{bmatrix}$$

进而求出 $\boldsymbol{B}_n$ 和 $\boldsymbol{P}(D)$为

$$\boldsymbol{B}_3=\begin{bmatrix}2&2&1&2\\3&3&2&3\\4&4&2&4\\1&1&1&1\end{bmatrix},\quad \boldsymbol{P}(D)=\begin{bmatrix}1&1&1&1\\1&1&1&1\\1&1&1&1\\1&1&1&1\end{bmatrix}$$

由 $\boldsymbol{P}(D)$可知，图 D 的任意两点间均可达，并且每个结点均有回路通过，该结果与图 D 的可达矩阵所示结果一致。

习　题

1. 设有向图 D 如图 37-7 所示，用邻接矩阵完成以下计算。

(1) v_1 到 v_4 长度小于或等于 4 的通路数。

(2) v_1 到自身长度小于或等于 4 的回路数。

(3) 求出 D 的可达矩阵，并说明 D 的连通性。

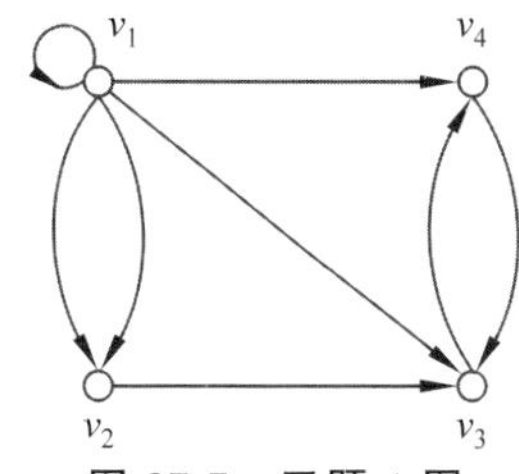

图 37-7 习题 1 图

2. 设图 $G=\langle V,E\rangle$，其中 $V=\{a_1,a_2,a_3,a_4,a_5\}$，$E=\{\langle a_1,a_2\rangle,\langle a_2,a_4\rangle,\langle a_3,a_1\rangle,\langle a_4,a_5\rangle,\langle a_5,a_2\rangle\}$。

(1) 试给出 G 的图形表示。

(2) 求 G 的邻接矩阵和关联矩阵。

(3) 判断图 G 是强连通图、单侧连通图还是弱连通图。

3. 给定图 G 的表示如下：

顶点集 $V=\{v_1,v_2,v_3,v_4,v_5\}$

边集 $E=\{\langle v_1,v_2\rangle,\langle v_1,v_3\rangle,\langle v_2,v_3\rangle,\langle v_2,v_4\rangle,\langle v_3,v_5\rangle\}$

(1) 求图 G 的邻接矩阵；

(2) 求图 G 的关联矩阵；

(3) 求图 G 的可达矩阵。

4. 分别求出图 37-8 的关联矩阵、邻接矩阵和可达矩阵。

拓展：用程序实现图 37-8 的存储、输入和输出。

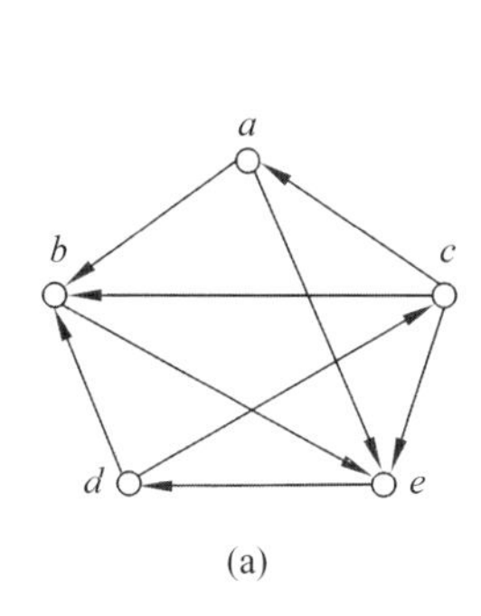

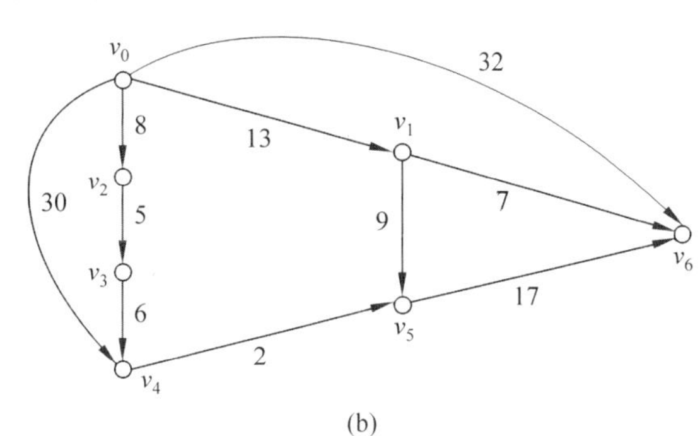

图 37-8 习题 4 图

第38章 欧拉图

本章思维导图

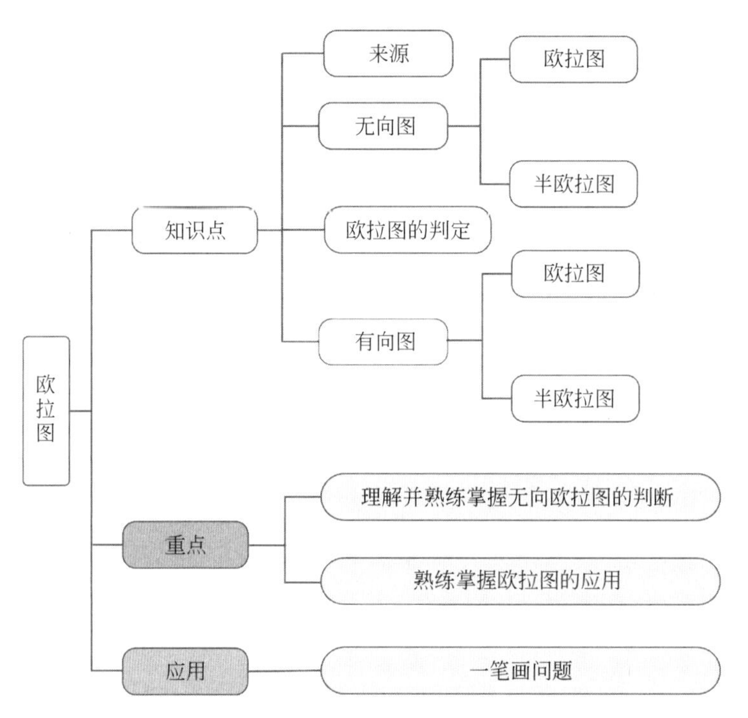

哥尼斯堡有一条横贯全城的普雷格尔河，城的各部分用七座桥连接，每逢假日，城中居民进行环城逛游，这样就产生了一个问题，能不能设计一次“遍游”，使得从某地出发对每座跨河桥只走一次，而在遍历了七座桥之后又能回到原地。图38-1画出了哥尼斯堡城图，城的四个陆地部分分别标以A、B、C和D。

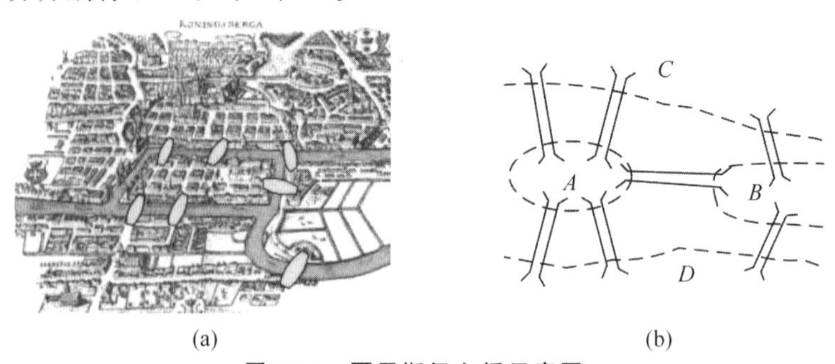

(a)　　(b)

图38-1　哥尼斯堡七桥示意图

1735 年,有几名大学生写信给当时正在俄罗斯的圣彼得堡科学院任职的天才数学家欧拉,请他帮忙解决这一问题。欧拉在亲自观察了哥尼斯堡七桥后,经过一年的研究,于 1736 年提交了名为《哥尼斯堡七桥》的论文,圆满解决了这一问题,并开创了数学的新的分支——图论。

38.1 无向欧拉图

【定义 38-1】(欧拉通路) 经过图 G 中每条边一次且仅一次行遍所有结点的通路。

【定义 38-2】(欧拉回路) 经过图 G 中每条边一次且仅一次行遍所有结点的回路。

【定义 38-3】(欧拉图) 具有欧拉回路的图。

【定义 38-4】(半欧拉图) 具有欧拉通路而无欧拉回路的图。

【定理 38-1】(欧拉图的判定) 无向图 G 是欧拉图当且仅当 G 连通且无奇度结点。

也可以理解为:**图 G 是欧拉图当且仅当 G 的所有顶点均是偶度结点**。

证明:若 G 为平凡图,结论显然成立。

下面设 G 为 n 阶 m 条边的无向图。

(1) 必要性。

设 C 为 G 中一条欧拉回路。

① G 连通显然。

② $\forall v_i \in V(G)$,v_i 在 C 上每出现一次获 2 度,所以 v_i 为偶度结点。由 v_i 的任意性,结论为真。

(2) 充分性。

对边数 m 做归纳法。

① 当 $m=1$ 时,图 G 为一个环,则图 G 为欧拉图。

② 设 $m \leqslant k(k \geqslant 1)$时结论成立。

下面证明 $m=k+1$ 时结论也成立。

① 制造满足归纳假设的若干小欧拉图。由连通及无奇度数结点可知,$\delta(G) \geqslant 2$,G 中必含圈 C_1。删除 C_1 上所有的边(不破坏 G 中结点度数的奇偶性),得 G',则 G' 无奇度结点,设它有 $s(s \geqslant 1)$个连通分支 $G_1', G_2', \cdots, G_s'$,它们的边数均小于或等于 k,因此它们都是小欧拉图。设 $C_1', C_2', \cdots, C_s'$ 是 $G_1', G_2', \cdots, G_s'$ 的欧拉回路。

② 将 C_1 上被删除的边还原,从 C_1 上某一结点出发走出图 G 的一条欧拉回路 C。

【定理 38-2】(半欧拉图的判定) 无向图 G 是半欧拉图当且仅当 G 连通且恰有两个奇度结点。若有两个奇数结点,则它们是每条欧拉通路的始点和终点。

证明:

(1) 必要性。

图 G 的连通性是显然的。设图 G 是 m 条边的 n 阶无向图,因为图 G 为半欧拉图,因此图 G 中存在欧拉通路(但不存在欧拉回路),设 $\Gamma = v_{i0} e_{j1} v_{i1} \cdots v_{im}$ 为图 G 中一条欧拉通路,$v_{i0} \neq v_{im}$。对任意的 v,若 v 不在 Γ 的端点出现,则 $d(v)$必为偶数;若 v 在端点出现过,则 $d(v)$必为奇数,因为 Γ 只有两个端点不同,因此 G 中只有两个奇度结点。

(2) 充分性。

设图 G 的两个奇度结点分别为 u_0 和 v_0，令 $G'=G\cup(u_0,v_0)$，则 G' 连通且无奇度结点的图，因此 G' 为欧拉图，因此存在欧拉回路 C'，而 $C=C'-(u_0,v_0)$ 为 G 中一条欧拉通路，所以图 G 为半欧拉图。

【例 38-1】 判定图 38-2 中哪些是欧拉图，哪些是半欧拉图？

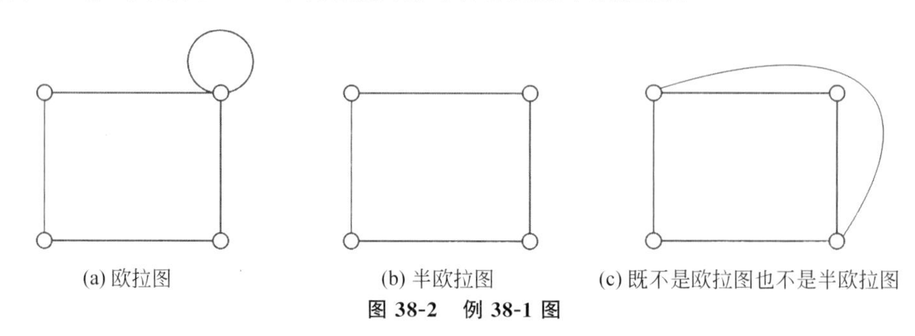

(a) 欧拉图　(b) 半欧拉图　(c) 既不是欧拉图也不是半欧拉图

图 38-2　例 38-1 图

由于有了欧拉路和半欧拉路的判别准则，就可以解答哥尼斯堡七桥问题是否有确切的答案了。

【例 38-2】 将图 38-1 中城的四个陆地部分分别标以 A、B、C、D 看作顶点，而把桥画成相应的连接边，可简化成图 38-3(a)，进一步地简化成图 38-3(b)，于是通过哥尼斯堡城中每座桥一次且仅一次的问题等价于在图 38-3(b)中从某一结点出发找一条通路，通过它的每条边一次且仅一次，并回到原结点。

解：从题意可知，该题是求该图是否是欧拉图。

从图 38-3(b)中可知

$$d(B)=5$$

$$d(A)=d(C)=d(D)=3$$

所有结点的度数均为奇数，欧拉图(欧拉回路)必不存在，故哥尼斯堡七桥问题无解。

拓展[*]：用程序判断哥尼斯堡七桥问题是否有解。

【例 38-3】 如图 38-4 所示，两只蚂蚁甲、乙分别处在图 G 中的结点 a、b 处，并设图中各边长度相等。甲提出同乙比赛：从它们所在的结点出发，走过图中所有边，最后到达结点 c 处。如果它们速度相同，问谁最先到达目的地？

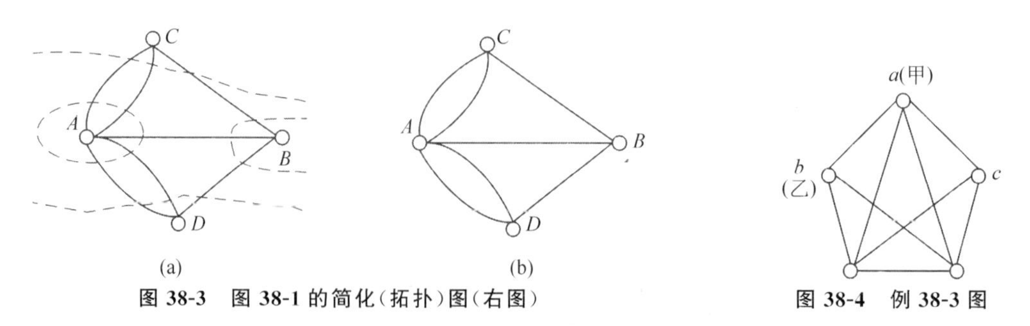

(a)　(b)

图 38-3　图 38-1 的简化(拓扑)图(右图)　**图 38-4　例 38-3 图**

解：图中仅有两个奇度结点(b 和 c)，因此存在从 b 到 c 的欧拉通路，蚂蚁乙走到 c 只要走一条欧拉通路，即 9 条边，而蚂蚁甲要想走完所有的边到达 c，至少要先走一条边到达 b，再走一条欧拉通路，因此要走 10 条边才能到达 c，所以蚂蚁乙必胜。

当给定了一个欧拉图后，如何找出它的一条欧拉回路？

Fleury(于1921年提出)算法解决了这个问题,这个算法的实质是"避桥"。

Fleury算法如下:

(1) 任取 $v_0 \in V(G)$,令 $P_0 = v_0$。

(2) 设 $P_i = v_0 e_1 v_1 e_2 \cdots e_i v_i$,已经行遍,按下面的方法从 $E(G) - \{e_1, e_2, \cdots, e_i\}$ 中选取 e_{i+1}。

① e_{i+1} 与 v_i 相关联。

② 除非无别的边可供行走,否则 e_{i+1} 不应该为 $G_i = G - \{e_1, e_2, \cdots, e_i\}$ 中的桥。

(3) 当(2)不能再进行时,算法停止。

对于上述算法,可理解为:

(1) 可从任一点出发去掉连接此点的一边。

(2) 依序去掉相连的边,但必须注意下列两个条件:

① 如果某边去掉后会导致某点无连通的边,则此顶点不可去。

② 去某边后不能造成图形的不连通。

(3) 当(2)不能再进行时,算法停止。

【例 38-4】 如果可能,求出图38-5中的一条欧拉回路(欧拉图)。

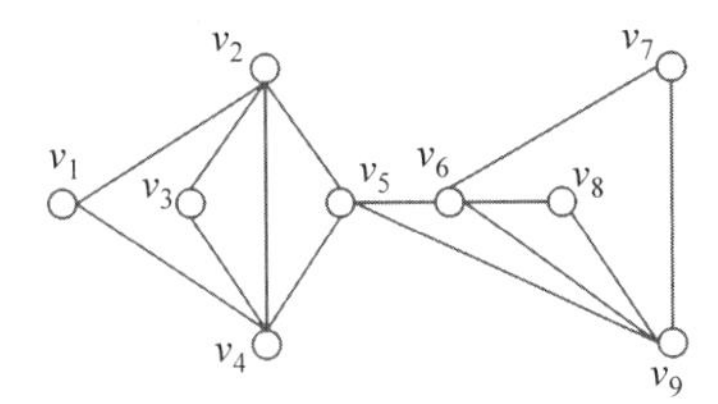

图 38-5　例 38-4 图

解:首先看图中是否有欧拉回路,即看每个顶点的度是否都是偶数。

$$d(v_1) = 2,\quad d(v_2) = 4,\quad d(v_3) = 2$$

$$d(v_4) = 4,\quad d(v_5) = 4,\quad d(v_6) = 4$$

$$d(v_7) = 2,\quad d(v_8) = 2,\quad d(v_9) = 4$$

所以存在欧拉回路。

可以任意一个顶点为起点,这里以 v_2 为起点。

(1) 先去掉(v_2, v_4):

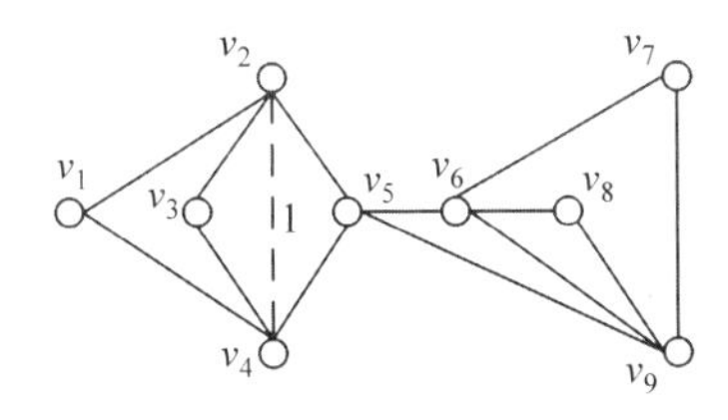

(2) 接着去掉(v_4, v_3):

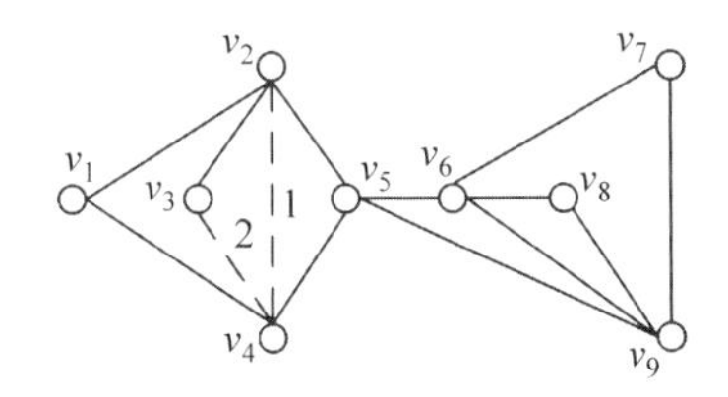

(3) 接着去掉(v_3, v_2)：

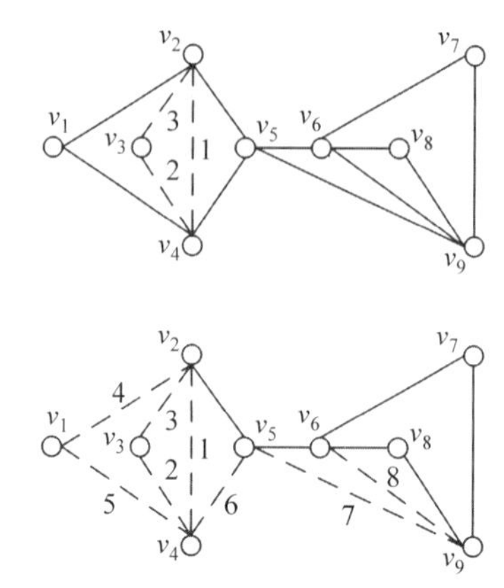

(4) 这时，如果去掉(v_6, v_5)将导致图不连通：

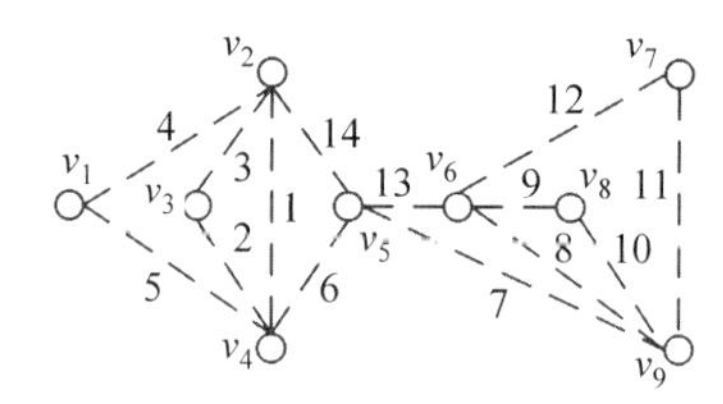

欧拉回路为

$$v_2 - v_4 - v_3 - v_2 - v_1 - v_4 - v_5 - v_9 - v_6 - v_8 - v_9 - v_7 - v_6 - v_5 - v_2$$

从本例可以看出，欧拉回路不唯一。

38.2 一 笔 画

一笔画是指一笔能画出的图形。实际上，一笔画问题其实就是欧拉图和半欧拉图的判定问题。

要判定一个图 G 是否可一笔画出，有两种情况：

(1) 从图 G 的某一结点出发，经过图 G 的每边仅一次再回到该结点(欧拉图)；

(2) 从图 G 中某一结点出发，经过图 G 的每边仅一次到达另一结点(半欧拉图)。

上述两种情况分别可以由欧拉图和半欧拉图的判定条件予以解决。

【例 38-5】 图 38-6 中的图形能否一笔画成？

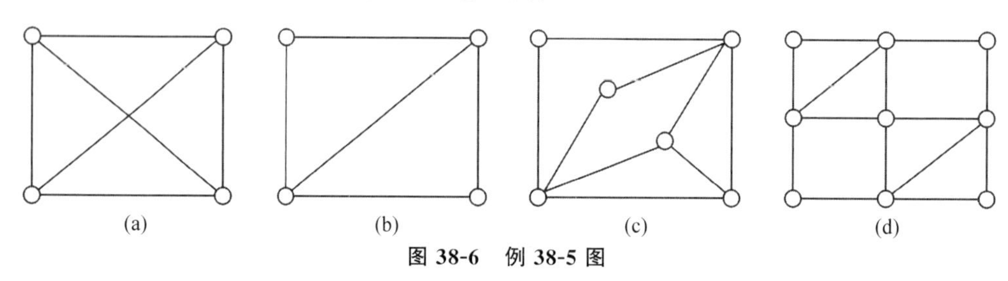

图 38-6 例 38-5 图

解：

图(a)有4个奇度结点，既不是欧拉图也不是半欧拉图，不能一笔画成。

图(b)与图(c)都是2个奇度结点，其余均为偶度结点，是半欧拉图，可一笔画成。

图(d)中均为偶度结点，是欧拉图，可一笔画成。

【例38-6】 从图38-7所示的四个选项中选择最合适的一个填入问号处，使之呈现一定的规律性。

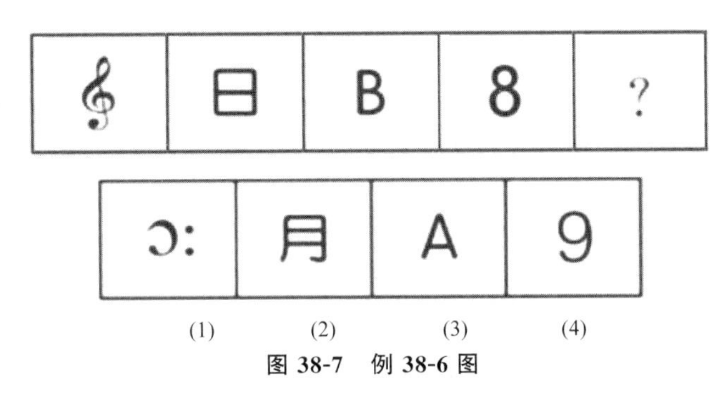

图38-7 例38-6图

解：题目答案整体相异，但“日”字是半欧拉图，也就是一笔画图形，故可尝试一笔画的规律。

题干所有图形均能一笔画出，选项(1)一共3部分，3笔画，排除；选项(2)有6个奇点，故3笔，排除；选项(3)有4个奇点，共2笔，排除；选项(4)有2个奇点，属于一笔画，保留。

故正确答案为选项(4)。

【例38-7】 把图38-8的6个图形分为两类，使每类图形都有各自的共同特征或规律，分类正确的一项是(　　)。

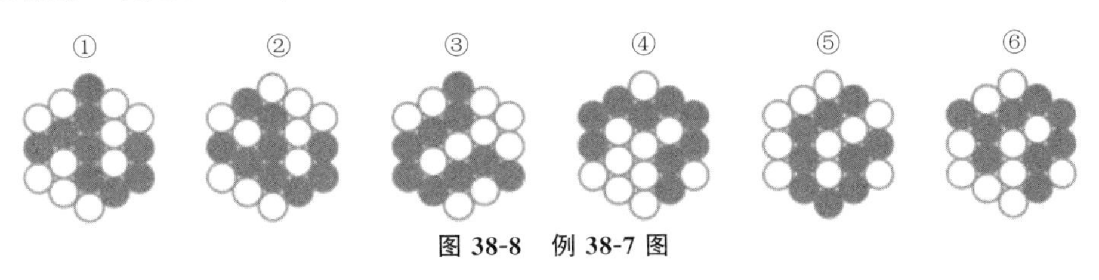

图38-8 例38-7图

(1) ①③④，②⑤⑥　　(2) ①③⑤，②④⑥

(3) ①②⑥，③④⑤　　(4) ①④⑥，②③⑤

解：

第一步：观察特征。图形组成不同，考虑数量类或属性类。黑色小球部分数量均为1，考虑连线的笔画数。

第二步：根据规律进行分组。如图38-9所示，图形①②⑥中黑色小球的连线为2笔画，图形③④⑤中黑色小球的连线为1笔画，分为两组。

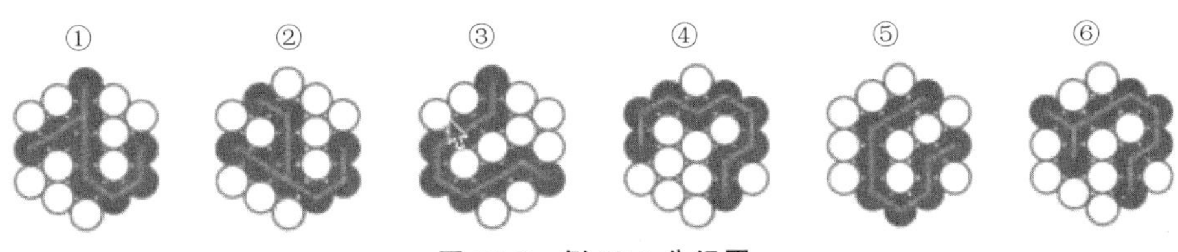

图38-9 例38-7分组图

故正确答案为选项(3)。

【例 38-8】 如图 38-10 所示,请从四个选项中选出最恰当的一项填在问号处,使图形呈现一定的规律性。

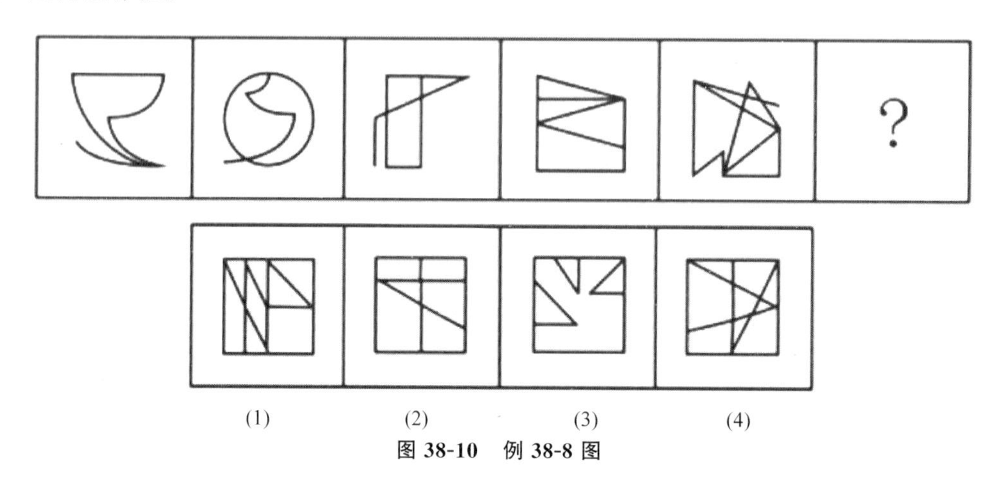

图 38-10 例 38-8 图

解: 题目中的图(2)是一笔画图形的变形,可以考虑数奇点,奇点如图 38-11 所示。

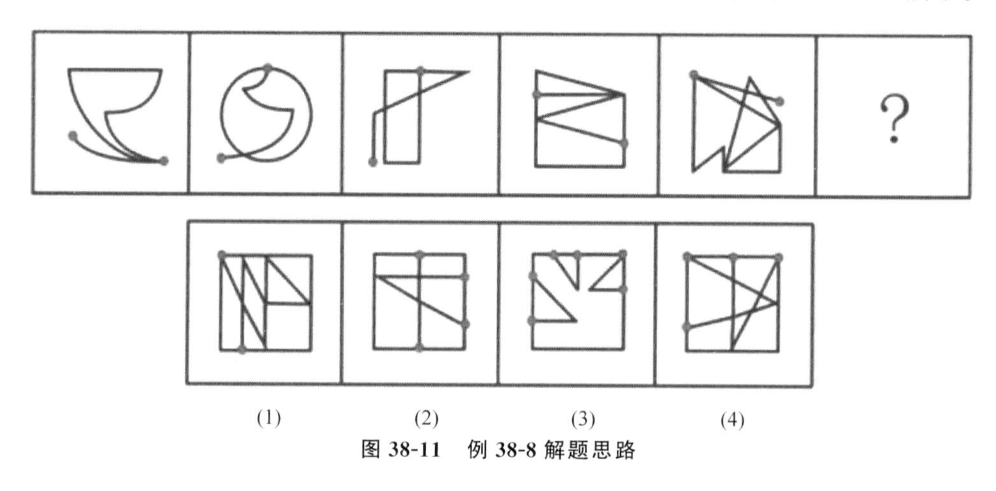

图 38-11 例 38-8 解题思路

题目中的图形均是一笔画图形,只有选项(1)符合。

故正确答案为选项(1)。

38.3 有向欧拉图

可以将欧拉路和欧拉回路的概念推广到有向图中。

【定理 38-3】 有向图 D 是**欧拉图**当且仅当 D 是强连通的且每个结点的入度都等于出度。

【定理 38-4】 有向图 D 是**半欧拉图**当且仅当 D 是单向连通的,且 D 中恰有两个奇度结点,其中一个的入度比出度大 1,另一个的出度比入度大 1,而其余结点的入度都等于出度。

【例 38-9】 图 38-12 中,哪些是欧拉图?哪些是半欧拉图?

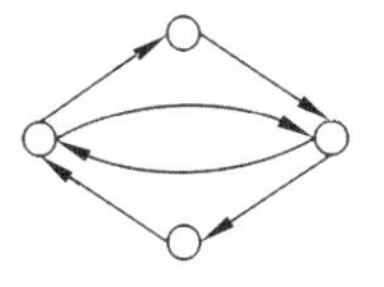

(a) 欧拉图

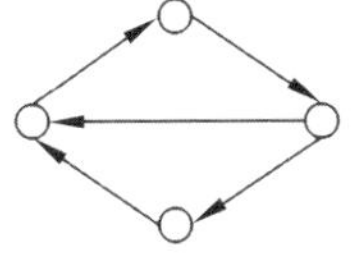

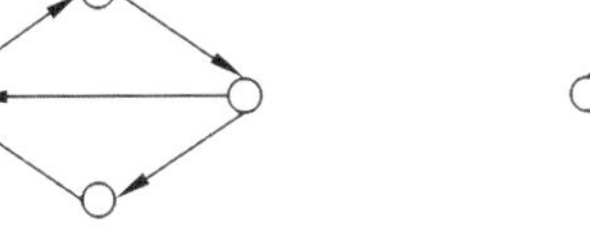

(b) 半欧拉图

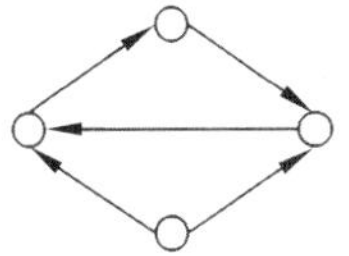

(c) 既不是欧拉图也不是半欧拉图

图 38-12　例 38-9 图

习　　题

1.(单选)把图 38-13 中的 6 个图形分为两类,使每类图形都有各自的共同特征或规律,分类正确的一项是(　　)。

①
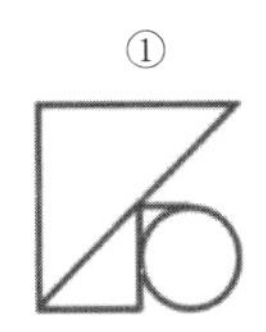
②
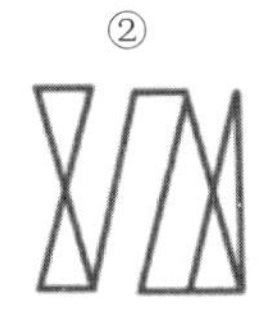
③
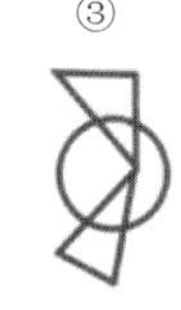
④

⑤

⑥
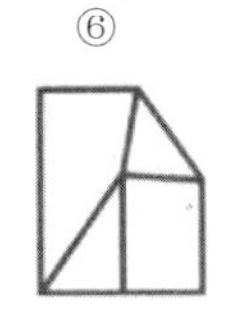

图 38-13　习题 1 图

(1) ①③④,②⑤⑥　　　(2) ①③⑤,②④⑥

(3) ①②⑥,③④⑤　　　(4) ①④⑥,②③⑤

2.(单选)从图 38-14 所示的四个选项中选择最合适的一个填入问号处,使之呈现一定的规律性。

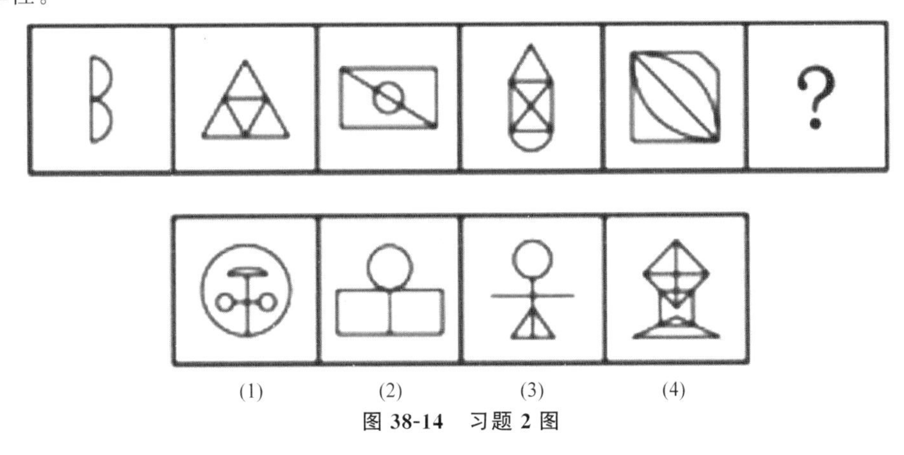

图 38-14　习题 2 图

3. 分别判断图 38-15 中的欧拉图、半欧拉图、既不是欧拉图也不是半欧拉图的图形分别是哪个。

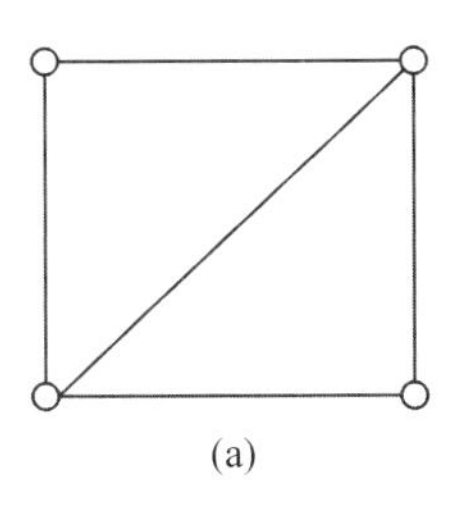

(a)

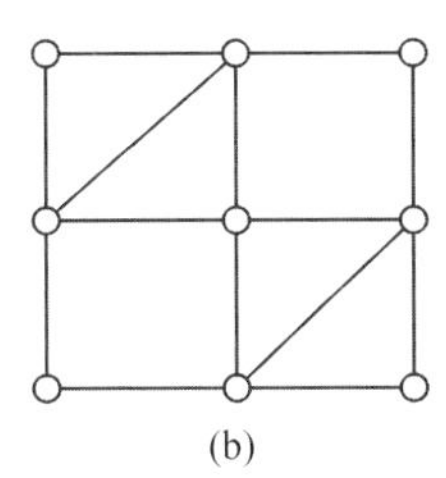

(b)

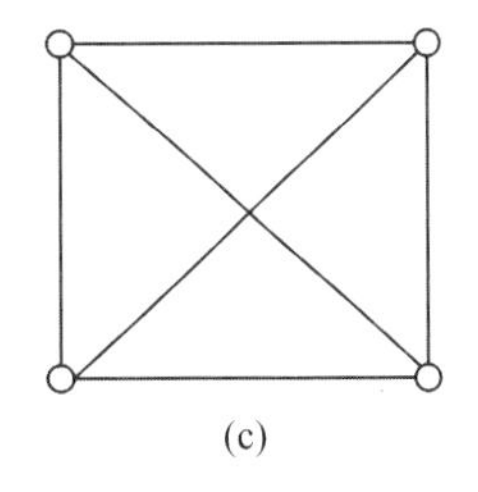

(c)

图 38-15　习题 3 图

4. 判断图 38-16 中的图形能否一笔画出。

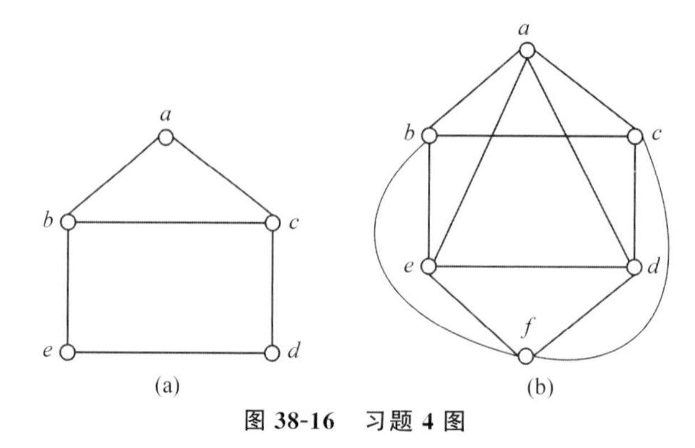

图 38-16　习题 4 图

5. 图 38-17 是否为欧拉图，如是，求出一条欧拉回路；如不是，说明理由。

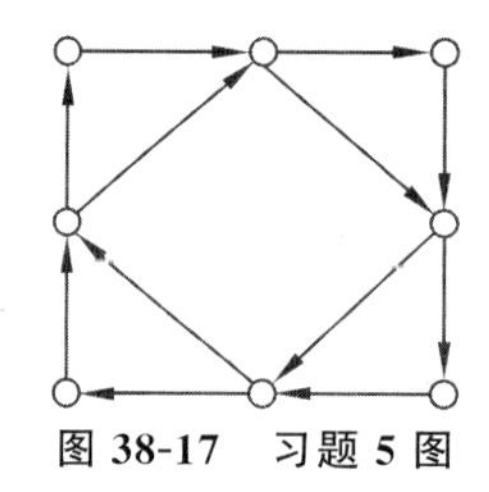

图 38-17　习题 5 图

6. 设无向图 $G=\langle V,E\rangle$，$|E|=12$。已知有 6 个 3 度顶点，其他顶点的度数均小于 3。问 G 中至少有多少个顶点？

7. 设图 $G=\langle V,E\rangle$，$|V|=n$，$|E|=m$。k 度顶点有 n_k 个，且每个顶点或是 k 度顶点，或是 $k+1$ 度顶点。证明：$n_k=(k+1)-2m$。

第39章 哈密顿图

本章思维导图

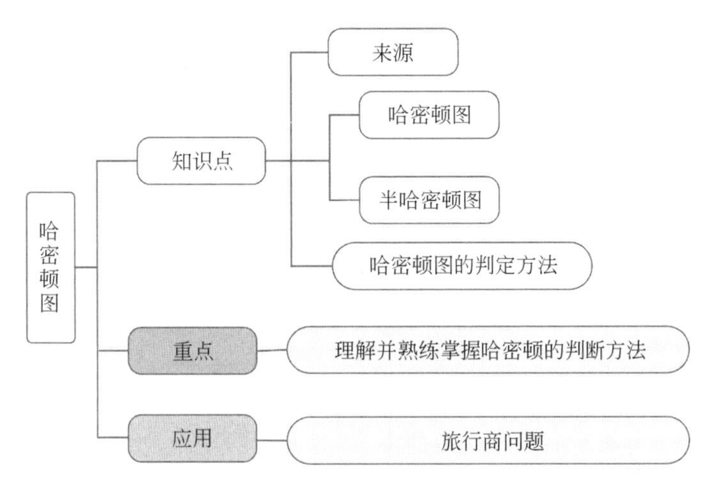

哈密顿图的概念源于1859年爱尔兰数学家威廉·哈密顿爵士(Willian Hamilton)提出的一个"周游世界"的游戏。

这个游戏把一个正十二面体的20个顶点看成地球上的20个城市,棱线看成连接城市的道路,要求游戏者沿着棱线走,寻找一条经过所有顶点(城市)一次且仅一次的圈,如图39-1(a)所示,也就是在图39-1(b)中找一条包含所有顶点的圈,图中的粗线所构成的回路就是这个问题的答案。

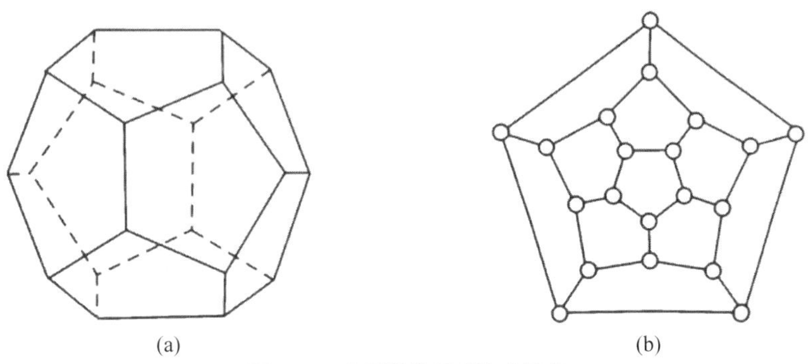

图 39-1 "周游世界"游戏示意

39.1 基本概念

【定义 39-1】

(1) 哈密顿通路：经过图中所有结点一次且仅一次的通路。

(2) 哈密顿回路：经过图中所有结点一次且仅一次的回路。

(3) 哈密顿图：具有哈密顿回路的图。

(4) 半哈密顿图：具有哈密顿通路且无哈密顿回路的图。

哈密顿图的实质是能将图中的所有结点排在同一个圈上。

说明：

- 平凡图是哈密顿图；
- 哈密顿通路是初级通路，哈密顿回路是初级回路；
- 环与平行边不影响哈密顿性。

【例 39-1】 判断图 39-2 是否为哈密顿图或半哈密顿图。

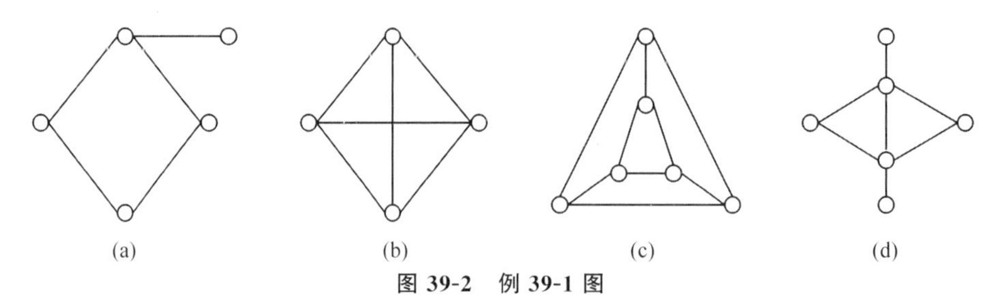

图 39-2 例 39-1 图

解：

图(a)有哈密顿路，但没有哈密顿回路；

图(b)有哈密顿回路；

图(c)有哈密顿回路；

图(d)无哈密顿路。

一般认为，哈密顿图与欧拉图有某种对偶性(点与边的对偶性)。但实际上，前者的存在性问题比后者难得多。

找到一个判断哈密顿图的切实可用的充分必要条件仍是图论中尚未解决的主要问题之一。当前只是分别给出了一些必要条件和充分条件。

39.2 判断方法

1. 必要条件

【定理 39-1】 若图 $G=\langle V,E\rangle$ 具有哈密顿回路，则对于结点集 V 的每个非空子集 S 均有 $W(G-S)\leqslant|S|$，其中 $W(G-S)$ 是 $G-S$ 的连通分支数，$|S|$ 表示 S 中元素的数目。

证明： 设 C 是 G 的一条哈密顿回路，对于 V 的任何一个非空子集 S，在 C 中删去 S 中任一结点 a_1，则 $C-a_1$ 是连通的非回路，$W(C-a_1)=1$，$|S|\geqslant1$，这时 $W(C-S)\leqslant|S|$。若

再删去 S 中另一结点 a_2，则 $W(C-a_1-a_2)\leqslant 2$，而 $|S|\geqslant 2$，这时 $W(C-S)\leqslant|S|$。由归纳法可得：$W(C-S)\leqslant|S|$。同时 $C-S$ 是 $G-S$ 的一个生成子图，因此 $W(G-S)\leqslant W(C-S)$，所以 $W(G-S)\leqslant|S|$。

注意：C 经过图 G 的每个结点恰好一次，C 与 G 的结点集合是同一个，因此 $C-S$ 与 $G-S$ 的结点集合是同一个。

此定理是**必要条件**，可以用来证明一个图不是哈密顿图。

【例 39-2】 判断图 39-3 是不是哈密顿图。

如图 39-4 所示，取 $S=\{v_1,v_4\}$，则 $G-S$ 有 3 个连通分支。

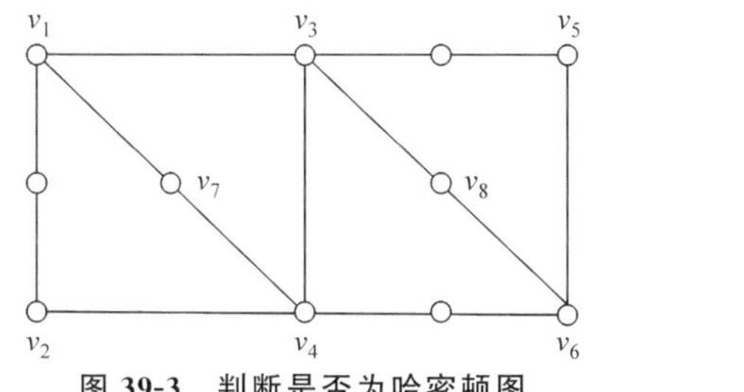

图 39-3 判断是否为哈密顿图

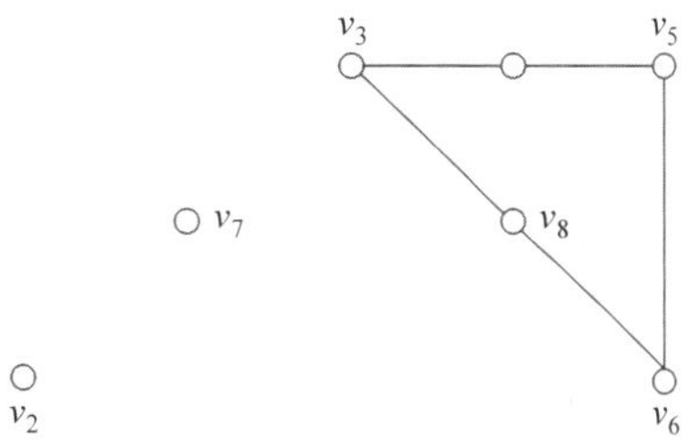

图 39-4 图 39-3 连通分支图

因不满足 $W(G-S)\leqslant|S|$，故该图不是哈密顿图。

2. 充分条件

【定理 39-2】 设 G 是 n 阶无向简单图，若对于任意不相邻的结点 v_i,v_j，均有 $d(v_i)+d(v_j)\geqslant n-1$，则 G 中存在哈密顿通路。

推论：设 G 是 $n(n\geqslant 3)$ 阶无向简单图，若对于任意不相邻的结点 v_i,v_j，均有 $d(v_i)+d(v_j)\geqslant n$，则 G 中存在哈密顿回路，从而 G 是哈密顿图。

【例 39-3】 某地有 5 个风景点，若每个景点均有两条道路与其他景点相通，问游人可否经过每个景点恰好一次而游完这 5 个景点？

解：将景点作为结点，道路作为边，则得到一个有 5 个结点的无向图。

由题意，对每个结点 $v_i(i=1,2,3,4,5)$ 有

$$\deg(v_i)=2$$

则对任两点和均有

$$\deg(v_i)+\deg(v_j)=2+2=4=5-1$$

所以此图有一条哈密顿回路。即经过每个景点一次而游完这 5 个景点是可以的。

【例 39-4】 在 7 天内安排 7 门课程的考试，使得同一位教师所任的两门课程安排在接连的两天中，证明如果没有教师担任多于 4 门课程，则符合上述要求的考试安排总是可能的。

证明：设 G 为具有 7 个结点的图，每个结点对应于一门课程考试，如果这两个结点对应的课程考试是由不同教师担任的，那么这两个结点之间有一条边，因为每个教师所任课程数不超过 4，故每个结点的度数至少是 3，任两个结点的度数之和至少是 6，故图 G 总是包含一条哈密顿路，它对应于一个 7 门课程考试的适当安排。

39.3 旅行商问题

旅行商问题(Travelling Salesman Problem,TSP)是指一个旅行商人(或推销员、货郎等)需要拜访 N 个城市,他必须选择所要走的路径,使得每个城市只能被拜访一次,并最终回到出发城市。路径的选择目标是使得整个旅程的总路程(或总费用、总时间等)为所有可能路径中的最小值。

解决 TSP 有很多好处。例如高效按时交付货物、减少行驶距离和时间以节省燃料用量等,再进一步,还有助于减少碳足迹、改善空气质量、减缓气候变化、加快经济增长。

因为 TSP 是 NP 问题,因此其没有多项式时间内可以求最优解的算法。实际上,**TSP 问题是一个获取哈密顿圈的问题,但找到一个哈密顿圈到目前为止仍是未知难题**。

尽管好处多多,但研究却充满挑战。例如在考虑交通拥堵、运营成本上升、路线突然变化、客户要求等多个制约因素的同时,怎样才能高效实现多个目的地间的最佳送货路线呢?

在解决 TSP 的方法中,一种常见的方法叫作**穷举法**。通过计算所有可能的排列组合方案,从中找到最短的路线。在分支限界算法中,TSP 问题被分解为几个系列的子问题,每个阶段的解决方案都会影响后续阶段找到的解决方案。

在**动态规划**中,重点是避免冗余计算。

在**近似最近邻搜索算法**中,可以在其中任一起始位置开始,然后停在最近的位置,一旦覆盖所有城市,就会回到起点。这种算法虽然实用且相对快速,但它并不总能提供有效的路线。

随着技术的不断进步,例如**人工智能技术**的加持,研究者可以通过快速分析大量数据更有效地解决路线规划和优化等问题。

同样,研究者认为,能够提供计算加速的**量子计算机**非常有助于改善 TSP 的近似值。对此,在理论物理学家 Eisert 教授等的最新研究中,其仅使用分析方法来评估具有量子比特的量子计算机如何解决 TSP 问题,用充分的建设性证据证明:量子计算机在寻找组合优化问题的近似值方面实际上可以胜过传统计算机。

拓展:用程序实现旅行商问题。

拓展阅读

威廉·哈密顿(Sir William Rowan Hamilton,1805—1865),爱尔兰数学家、物理学家及天文学家。哈密顿最为人称道的成就当属四元数的发现,他将这一创新性成果广泛应用于物理学的诸多领域,为相关学科的发展注入了强大动力。在光学、动力学和代数等学科的发展进程中,哈密顿都做出了不可磨灭的重要贡献,其研究成果更是成为量子力学理论体系中的关键支柱。

哈密顿圈与著名的七桥问题存在显著差异,七桥问题的核心在于寻找一条路径以恰好经过每条边一次,而哈密顿圈问题的关键点则在于确保路径恰好经过每个顶点(即城市)一次,从而实现对整个网络的完整遍历。哈密顿圈问题的这一独特设定,为图论领域增添了新的研究课题,激发了众多数学家和研究者的探索热情,其在理论研究和实际应用中都具有重要的价值与意义。

习　题

1. 判断图 39-5 是否为哈密顿图或半哈密顿图。

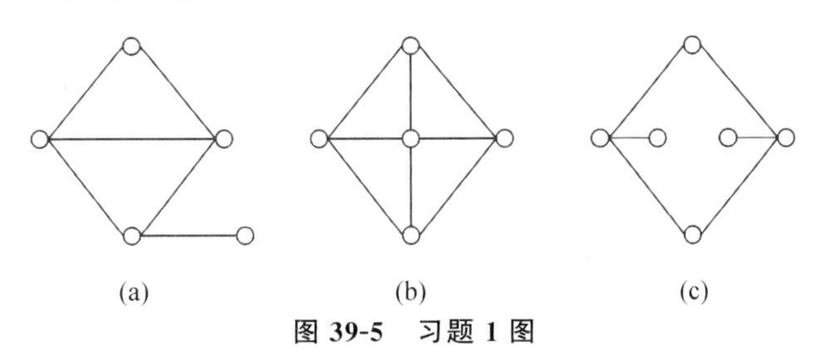

图 39-5　习题 1 图

2. 画一个图,使它分别满足:

(1) 有欧拉回路和哈密顿回路;

(2) 有欧拉回路,但无哈密顿回路;

(3) 无欧拉回路,但有哈密顿回路;

(4) 既无欧拉回路,又无哈密顿回路。

3. 已知 a、b、c、d、e、f、g 7 个人中,a 会讲英语;b 会讲英语和汉语;c 会讲英语、意大利语和俄语;d 会讲汉语和日语;e 会讲意大利语和德语;f 会讲俄语、日语和法语;g 会讲德语和法语。能否将他们的座位安排在圆桌旁,使得每个人都能与他身边的人交谈?

4. 设 $n \geqslant 2$,有 $2n$ 个人参加宴会,每个人至少认识其中的 n 个人,怎样安排座位能使大家围坐在一起时,每个人的两旁坐着的均是与他相识的人?

5. 设 G 为 n 阶无向连通简单图,证明若图 G 中有割点或桥,则图 G 不是哈密顿图。

第 40 章 二分图

本章思维导图

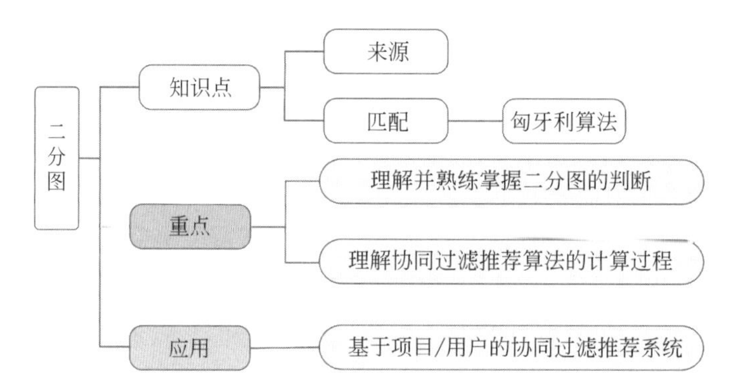

二分图是一种特殊的图结构，其顶点可以被划分为两个互不相交的子集，使得图中的每条边都连接这两个子集中的顶点，而同一子集内的顶点之间没有边相连。

40.1 基本概念

【定义 40-1】 设 $G=(V,E)$是一个无向图。如果顶点集 V 可分割为两个互不相交的子集 V_1、V_2 之并，并且图中每条边依附的两个顶点都分属于这两个不同的子集，则称图 G 为**二分图/二部图/偶图**(Bipartite Graphs)，记为：$G=(V_1,V_2,E)$。

【例 40-1】 某教研室有 4 位教师：A、B、C、D。A 能教课程 C_5；B 能教课程 C_1、C_2；C 能教课程 C_1、C_4；D 能教课程 C_3。能否适当分配他们的任务，使 4 位教师教 4 门不同课程且不发生教师教其不能教的课的情况？

解：把 4 位教师：A、B、C、D 和 5 门课看作图的结点，根据题意，教师之间不能有边相连，课程之间也不能有边相连，但教师和课程之间可以有边相连。

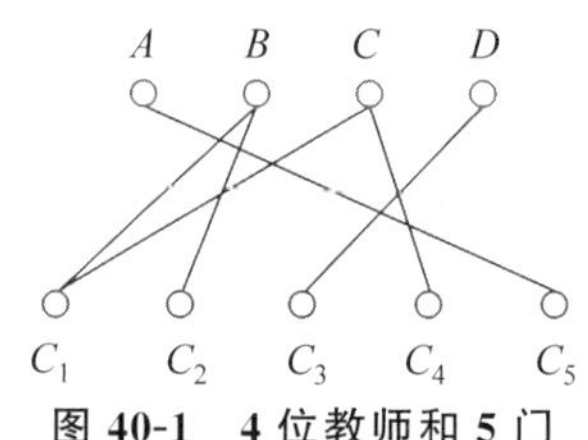

图 40-1 4 位教师和 5 门课组成的二分图

因此，可以将该题目转换为二分图(图 40-1)。

一种满足条件的分配方案如下：

(1) A 教师教 C_5 课程；

(2) B 教师教 C_1 课程；

(3) C 教师教 C_4 课程；

(4) D 教师教 C_3 课程。

通过这样的分析与推理过程，我们找到了一种合适的教师与课程的任务分配方案，使得每位教师教授的课程都在其能力范围内，且 4 位教师担任了 4 门不同的课程。

【定义 40-2】 二分图 $G=<X,E,Y>$ 的边集 E 的子集 M 称为 G 的一个匹配，如果 M 的任两边都没有公共端点，则图 G 中这些边被称为**匹配**。

匹配的两个重点：

(1) 匹配是边的集合；

(2) 在该集合中，任意两条边不能有共同的顶点。

那么，自然而然就会有一个想法：一个图会有多少匹配？有没有最大的匹配(边最多的匹配)？

【定义 40-3】 图 G 中边数最多的匹配称为**最大匹配**(不唯一)。

【例 40-2】 图 40-1 的最大匹配如图 40-2 所示，用红色表示完美匹配。

【定义 40-4】 如果一个匹配中，图中的每个顶点都和图中某条边相关联，则称此匹配为完美匹配(完全匹配)，也称作完备匹配（必为最大匹配仍不唯一）。

图 40-3 中，有 6 个顶点和 6 条边，每个顶点都和其相连。

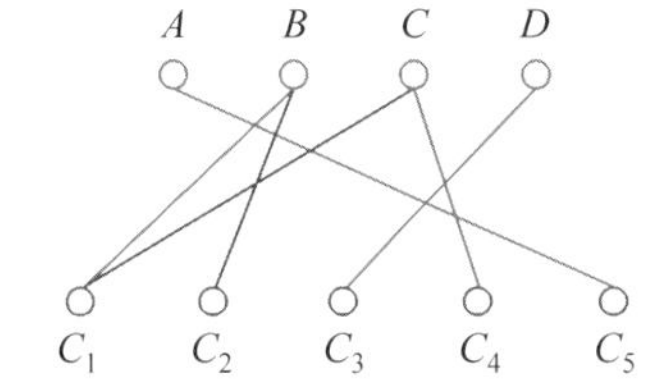

图 40-2　例 40-2 的最大匹配示例

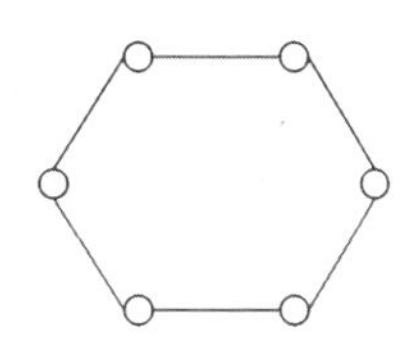

图 40-3　完美匹配示例

【定义 40-5】 **最优匹配**又称为带权最大匹配，是指在带有权值边的二分图中，求一个匹配使得匹配边上的权值和最大。

【定义 40-6】 二分图的**最小覆盖**分为最小顶点覆盖和最小路径覆盖：

(1) 最小顶点覆盖是指最少的顶点数使得二分图 G 中的每条边都至少与其中一个点相关联，二分图的最小顶点覆盖数＝二分图的最大匹配数；

(2) 最小路径覆盖也称为最小边覆盖，是指用尽量少的不相交简单路径覆盖二分图中的所有顶点，二分图的最小路径覆盖数＝$|V|$－二分图的最大匹配数。

【定义 40-7】 **最大独立集**是指寻找一个点集，使得其中任意两点在图中无对应边。对于一般图来说，最大独立集是一个 NP 完全问题。

对于二分图来说：最大独立集＝$|V|$－二分图的最大匹配数。

40.2 匈牙利算法

【定义 40-8】 从一个未匹配点出发，依次经过非匹配边、匹配边、非匹配边……形成的路径叫作**交替路**。

【定义 40-9】 从一个未匹配点出发走交替路，如果途经另一个未匹配点(出发的点不算)，则这条交替路称为**增广路**(Augmenting Path)。

由增广路的性质可知，增广路中的匹配边总是比未匹配边多一条，所以如果放弃一条增广路中的匹配边，选取未匹配边作为匹配边，则匹配的数量就会增加。

匈牙利算法就是在不断寻找增广路,如果找不到增广路,就说明达到了最大匹配。

匈牙利算法思想:

(1) 初始化最大匹配数为0;

(2) 每次从一个未盖点找一条增广路,若找到,则最大匹配数加1,并对找到的增广路上的所有匹配边和未匹配边取反;

(3) 将所找的点集全部遍历完。

【例 40-3】 根据匈牙利算法找出图 40-4 的匹配。

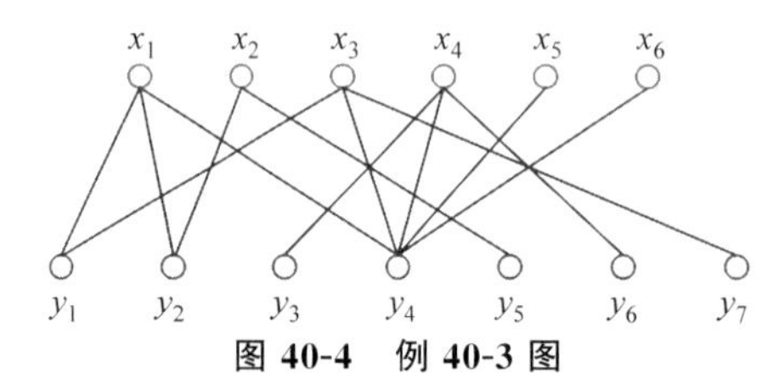

图 40-4 例 40-3 图

(1) 起始没有匹配:

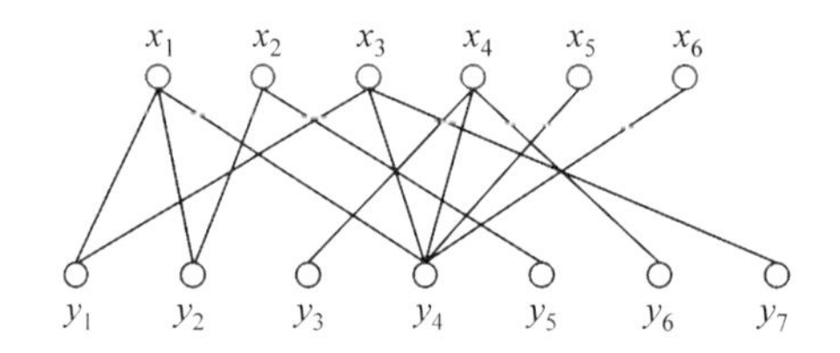

(2) 选中第一个 x 点找第一根连线:

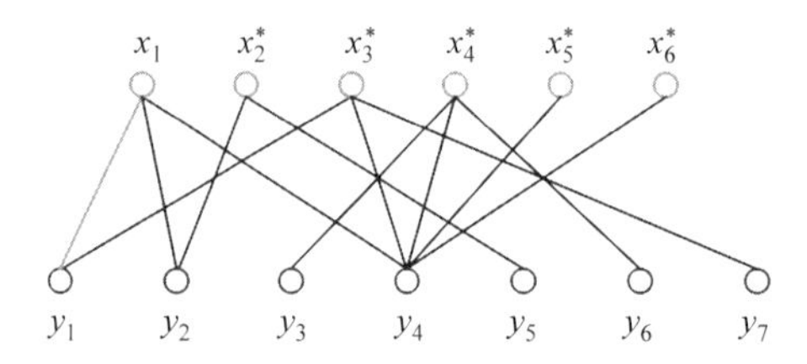

(3) 选中第二个点找第二根连线:

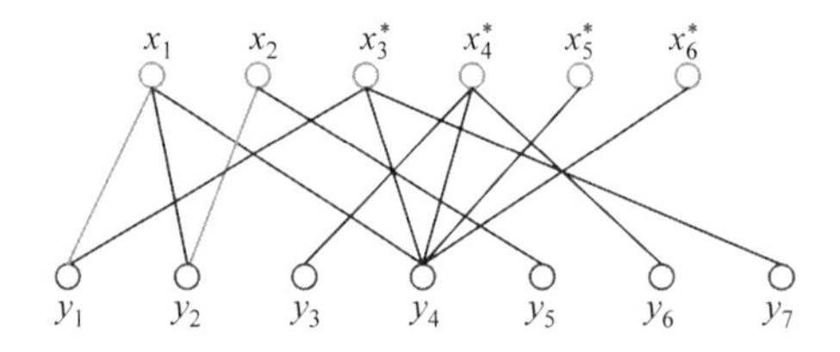

(4) 发现 x_3 的第一条边 x_3y_1 已经被人占了,找出 x_3 出发地的交错路径 $x_3-y_1-x_1-y_4$,把交错路径已在匹配上的边 x_1y_1 从匹配中去掉,将剩余的边 x_3y_1、x_1y_4 加到匹配中:

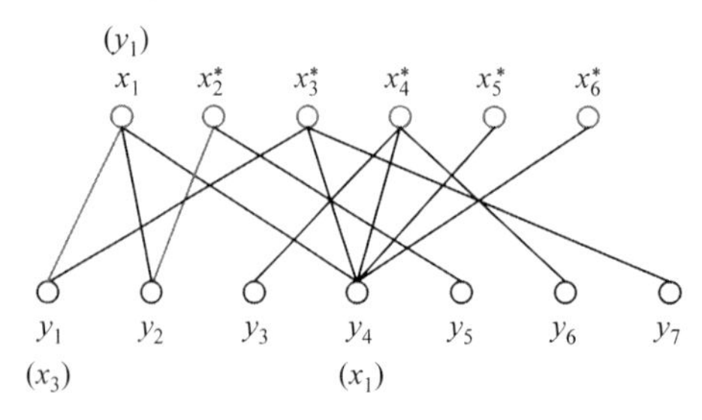

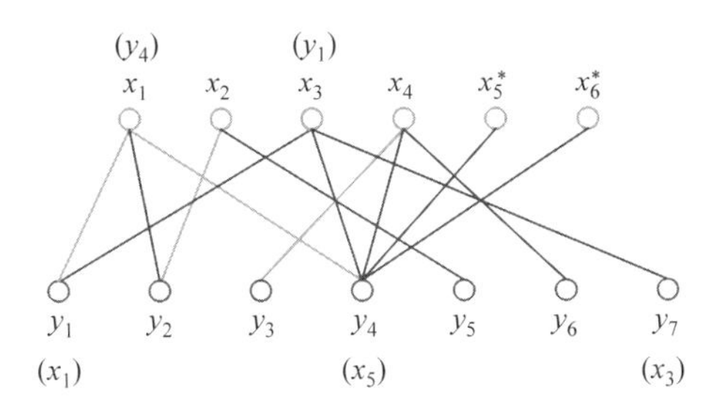

(5) 同理,加入 x_4、x_5:

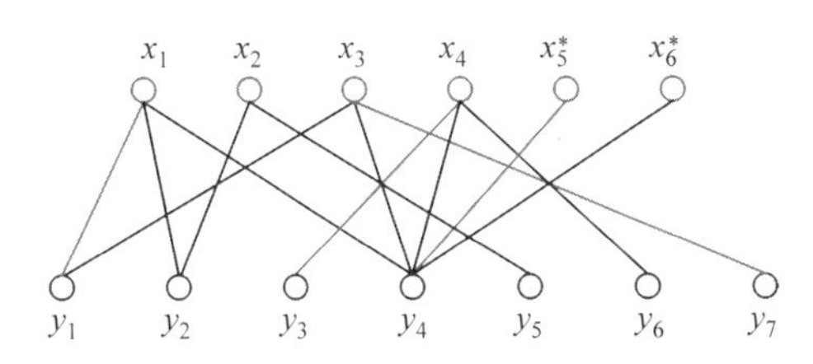

匈牙利算法可以深度优先或者广度优先,刚才的示例是深度优先,即 x_3 找 y_1、y_1 已经有匹配,则找交错路。若是广度优先,应为 x_3 找 y_1、y_1 有匹配,x_3 找 y_2。

拓展:用程序实现匈牙利算法。

从匈牙利算法中不难发现以下规律:

- 增广路的长度必定是奇数,第一条边和最后一条边均为未匹配边;
- 每次增广路的匹配边和未匹配边取反均会使最大匹配数加 1;
- 以上便是匈牙利算法的精髓所在,它的复杂度是 $O(n^3)$;
- 可以用广度优先算法(BFS)来实现,复杂度相当;
- 更快的一种算法叫作 Hopcroft 算法。

40.3 推荐系统

推荐系统是一种利用大数据和人工智能技术,根据用户的兴趣和偏好,向用户提供个性化推荐的系统,它广泛应用于电子商务、在线视频、音乐、社交网络等领域,可以帮助用户更方便地找到自己感兴趣的内容,同时也为相关企业带来了更多的商业价值。

【定义 40-10】 **推荐系统**通过收集和分析用户的历史行为数据、个人信息以及物品的特征信息,利用机器学习、数据挖掘等技术预测用户的兴趣偏好,从而为用户提供个性化的推荐内容。

在推荐系统中,用户(User)与物品/项目(Item)之间的关系可以自然地用二分图来表示。具体如下。

(1) 节点。

用户节点:代表系统中的用户,通常用一个集合 U(User)表示。

项目节点:代表系统中可供推荐的物品,如物品、商品、物品、音乐、电影等,用另一个集合 I(Item)表示。

(2) 边。

用户与物品之间的交互行为(如点击、购买、评分等)用边来表示。如果用户 u 对物品 i

有交互行为，则在用户节点 u 和物品节点 i 之间连接一条边。

协同过滤算法（Collaborative Filtering，CF）是比较经典常用的推荐算法，它是一种完全依赖用户和物品之间行为关系的推荐算法。从它的名字“协同过滤”中，也可以窥探到它背后的原理，就是“协同大家的反馈、评价和意见，一起对海量的信息进行过滤，从中筛选出用户可能感兴趣的信息”。

协同过滤算法主要分为两类：基于用户的协同过滤（User-based CF）算法和基于项目的协同过滤（Item-based CF）算法。

基于用户和基于项目的协同过滤在相似度计算的对象上存在不同，但算法基本思想是一致的，算法流程大致分为数据采集、相似度计算、预测（推荐）。

基于用户/项目的协同过滤算法的主要步骤如下：

（1）计算物品之间的相似度；

（2）根据物品的相似度和用户的历史行为给用户生成推荐列表。

40.3.1 基于用户的协同过滤算法

基于用户的协同过滤算法的主要思想是给用户推荐与他兴趣相似的用户喜欢的物品。

基于用户的协同过滤算法的推荐原理如图 40-5 所示，假设用户甲喜欢电影 1 和电影 3，用户乙喜欢电影 2，用户丙喜欢电影 1、电影 3 和电影 4；从以上历史信息中可以发现，用户甲和丙有共同的偏好，都喜欢电影 1 和电影 3，同时用户丙还喜欢电影 4，因此推荐系统将会根据用户丙的数据为用户甲推荐电影 4。

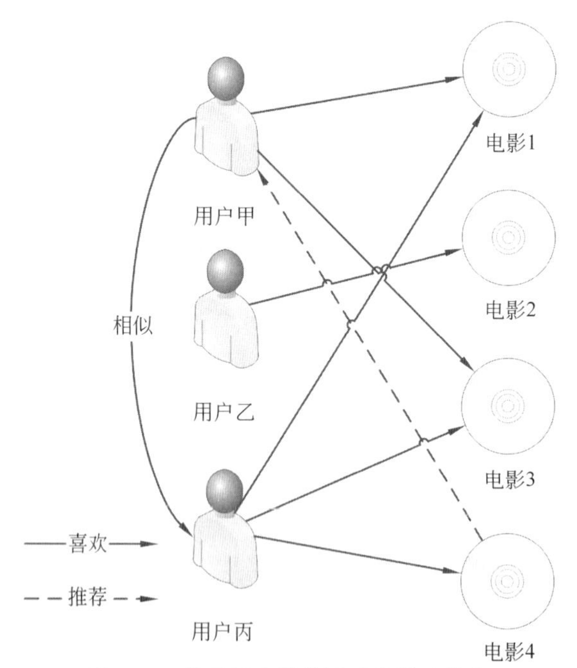

图 40-5 基于用户的协同过滤算法推荐

基于用户的协同过滤算法以寻找与目标用户相似的用户作为目标建立邻居集合，以用户为基础对目标用户做出推荐。

1. 计算相似度

在协同过滤中,一个重要的环节就是**如何选择合适的相似度计算方法**,常用的相似度计算方法包括欧几里得距离、余弦相似度和皮尔逊相关系数等。

皮尔逊相关系数的计算公式如式(40-1)所示。

$$s(u,v)=\frac{\sum_{i\in I_u\cap I_v}(r_{u,i}-\bar{r}_u)(r_{v,i}-\bar{r}_v)}{\sqrt{\sum_{i\in I_u\cap I_v}(r_{u,i}-\bar{r}_u)^2(r_{v,i}-\bar{r}_v)^2}} \tag{40-1}$$

其中,i 表示项目,例如项目;I_u 表示用户 u 评价的项目集;I_v 表示用户 v 评价的项目集;$r_{u,i}$表示用户 u 对项目 i 的评分;$r_{v,i}$表示用户 v 对项目 i 的评分;$\bar{r}_u$ 表示用户 u 的平均评分;$\bar{r}_v$ 表示用户 v 的平均评分。

2. 预测

预测是指计算用户 u 对未评分项目的预测分值并进行推荐。首先根据式(40-1)计算用户间的相似度,寻找用户 u 的邻居集 $N\in U$,其中 N 表示邻居集,U 表示用户集。然后,结合用户评分数据集,**预测用户 u 对项 i 的评分**,计算公式如式(40-2)所示。

$$p_{u,i}=\bar{r}_u+\frac{\sum_{u'\in N}s(u,u')(r_{u',i}-\bar{r}_{u'})}{\sum_{u'\in N}|s(u,u')|} \tag{40-2}$$

其中,$s(u,u')$表示用户 u 和用户 u'的相似度。

【例 40-4】 根据表 40-1 所示的用户对物品的评分数据集,预测用户 C 对物品 d 的评分。

表 40-1 用户对商品的评分数据集

	物品 a	物品 b	物品 c	物品 d
用户 A	4	?	3	5
用户 B	?	5	4	?
用户 C	5	4	2	?
用户 D	2	4	?	3
用户 E	3	4	5	?

表中“?”表示用户对该物品未评分。

解:

(1) 计算相似度。

通过计算用户间的相似度以寻找用户 C 的邻居。

从数据集中可以发现:只有用户 A 和用户 D 对物品 d 评过分,因此候选邻居只有 2 个,分别为用户 A 和用户 D。用户 A 的平均评分为 4,用户 C 的平均评分为 3.667,用户 D 的平均评分为 3,各个用户的平均分如表 40-2 所示。

表 40-2　用户对商品的评分数据集信息统计

	物品 a	物品 b	物品 c	物品 d	平均分 Avg
用户 A	4	?	3	5	4
用户 B	?	5	4	?	4.5
用户 C	5	4	2	?	3.667
用户 D	2	4	?	3	3
用户 E	3	4	5	?	4

为了清晰地计算用户间相似度，表 40-3 所示为用户间的关系，根据式(40-1)，深色区域用于计算用户 C 与用户 A 的相似度为

表 40-3　用户之间计算相似度示意图

	物品 a	物品 b	物品 c	物品 d	平均分 Avg
用户 A	4	?	3	5	4
用户 B	?	5	4	?	4.5
用户 C	5	4	2	?	3.667
用户 D	2	4	?	3	3
用户 E	3	4	5	?	4

$$s(C,A)=\frac{(5-3.667)(4-4)+(2-3.667)(3-4)}{\sqrt{(5-3.667)^2+(2-3.667)^2}\times\sqrt{(4-4)^2+(3-4)^2}}=0.781 \tag{40-3}$$

浅色区域用于计算 C 用户与 D 用户的相似度为

$$s(C,D)=\frac{(5-3.667)(2-3)+(4-3.667)(4-3)}{\sqrt{(5-3.667)^2+(4-3.667)^2}\times\sqrt{(2-3)^2+(4-3)^2}}=-0.515 \tag{40-4}$$

(2) 预测。

预测用户 C 对物品 d 的评分。根据评分预测公式，计算用户 C 对物品 d 的评分：

$$p_{C,d}=3.667+\frac{0.781\times(5-4)+(-0.515)\times(3-3)}{0.781+0.515}=4.270 \tag{40-5}$$

同理，可计算出其他未知的评分。

40.3.2　基于项目的协同过滤算法

基于项目的协同过滤算法的主要思想是给用户推荐与他之前喜欢的物品相似的物品。

图 40-6 所示为基于项目的协同过滤算法，用户甲喜欢电影 1 和电影 3，用户乙喜欢电影 1、电影 2 和电影 3，用户丙喜欢电影 1。从以上历史信息可以得出，电影 1 和电影 3 相对更相似，偏爱电影 1 的用户也会喜欢电影 3。根据用户丙喜欢电影 1，判断其同样喜欢电影 3。

基于项目的协同过滤算法通过计算电影的相似度，直接以相似电影作为推荐项为用户

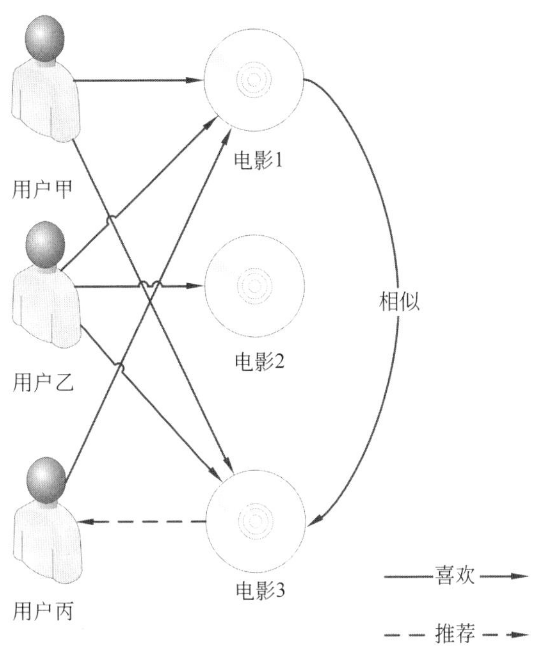

图 40-6　基于项目的协同过滤算法

做出推荐。与基于用户的协同过滤算法相比，基于项目的算法实践更为直接和简单。

基于项目的协同过滤算法给用户推荐那些和他们之前喜欢的物品相似的物品。因为你之前买了手机，基于项目的协同过滤算法计算出来手机壳与手机之间的相似度较大，所以给你推荐了一个手机壳，这就是它的工作原理。

这看起来是不是和基于用户的协同过滤算法很相似？只不过这次不再是计算用户之间的相似度，而是计算物品之间的相似度。

1. 计算相似度

计算相似度的方法也可以采用皮尔逊关系系数或者余弦相似度，这里给出另一种常用的相似度计算方法，计算公式如式(40-6)所示。

$$w_{i,j}=\frac{|N(i)\cap N(j)|}{|N(i)|} \tag{40-6}$$

其中，分母$|N(i)|$是喜欢物品 i 的用户数，而分子$|N(i)\cap N(j)|$是同时喜欢物品 i 和 j 的用户，但是如果物品 j 很热门，就会导致 w_{ij} 很大且接近于 1。因此为了避免推荐出热门的物品，使用式(40-7)表示为

$$w_{i,j}=\frac{|N(i)\cap N(j)|}{\sqrt{|N(i)||N(j)|}} \tag{40-7}$$

从定义可以看出，在协同过滤中，两个物品产生相似度是因为它们共同被很多用户喜欢，也就是说，每个用户都可以通过他们的历史兴趣列表给物品“贡献”相似度。

2. 预测

在获得物品之间的相似度后，可以根据如下公式计算用户 u 对于物品 j 的兴趣：

$$p_{u,j}=\sum_{i\in N(u)\cap S(j,k)} w_{ji}r_{ui} \tag{40-8}$$

其中，$N(u)$是用户喜欢的物品的集合，$S(j,k)$是和物品 j 最相似的 k 个物品的集合，w_{ji} 是

物品 j 和 i 的相似度，r_{ui} 是用户 u 对物品 i 的兴趣（对于隐反馈数据集，如果用户 u 对物品 i 有过行为，即可令 $r_{ui}=1$）。该公式的含义是，和用户历史上感兴趣的物品越相似的物品，越有可能在用户的推荐列表中获得比较高的排名。

【例 40-5】 根据表 40-4 所示的用户对物品的评分数据集，预测用户 C 对物品 d 的评分。

表 40-4　用户对物品的评分数据集

用户 A	*a*	*b*	*d*
用户 B	*b*	*c*	*e*
用户 C	*c*	*e*	
用户 D	*b*	*c*	*d*
用户 E	*a*	*d*	

解：用户访问（购买）的物品用 1 表示，没有访问（购买）的物品用 0 来表示，用户-物品评分表如表 40-5 所示。

表 40-5　用户-物品评分表

	物品 a	**物品 b**	**物品 c**	**物品 d**	**物品 e**
用户 A	1	1	0	1	0
用户 B	0	1	1	0	1
用户 C	0	0	1	0	1
用户 D	0	1	1	1	0
用户 E	1	1	0	0	0

接下来，需要获取每个用户的共现矩阵（喜欢物品 i 也喜欢物品 j 的人数的共现矩阵），如图 40-7 所示。

然后将其累加统计，可得如图 40-8 所示的共现矩阵。

从表 40-4 可以得出，喜欢物品 i 的总人数为

$$a: 2; b: 3; c: 3; d: 4; e: 1$$

根据图 40-8 所示的共现矩阵信息，计算 $w_{a,b}$ 的相似度为

$$w_{a,b}=\frac{1}{\sqrt{2\times 3}}=\frac{1}{\sqrt{6}}\approx 0.408 \tag{40-9}$$

同理，可得到具有相似度的共现矩阵如图 40-9 所示。

此时，对于用户 A 访问的 a、b、d 三个物品，可以看作向量 $\boldsymbol{P}$：

$$\boldsymbol{P}=\begin{bmatrix}1\\1\\0\\1\\0\end{bmatrix}$$

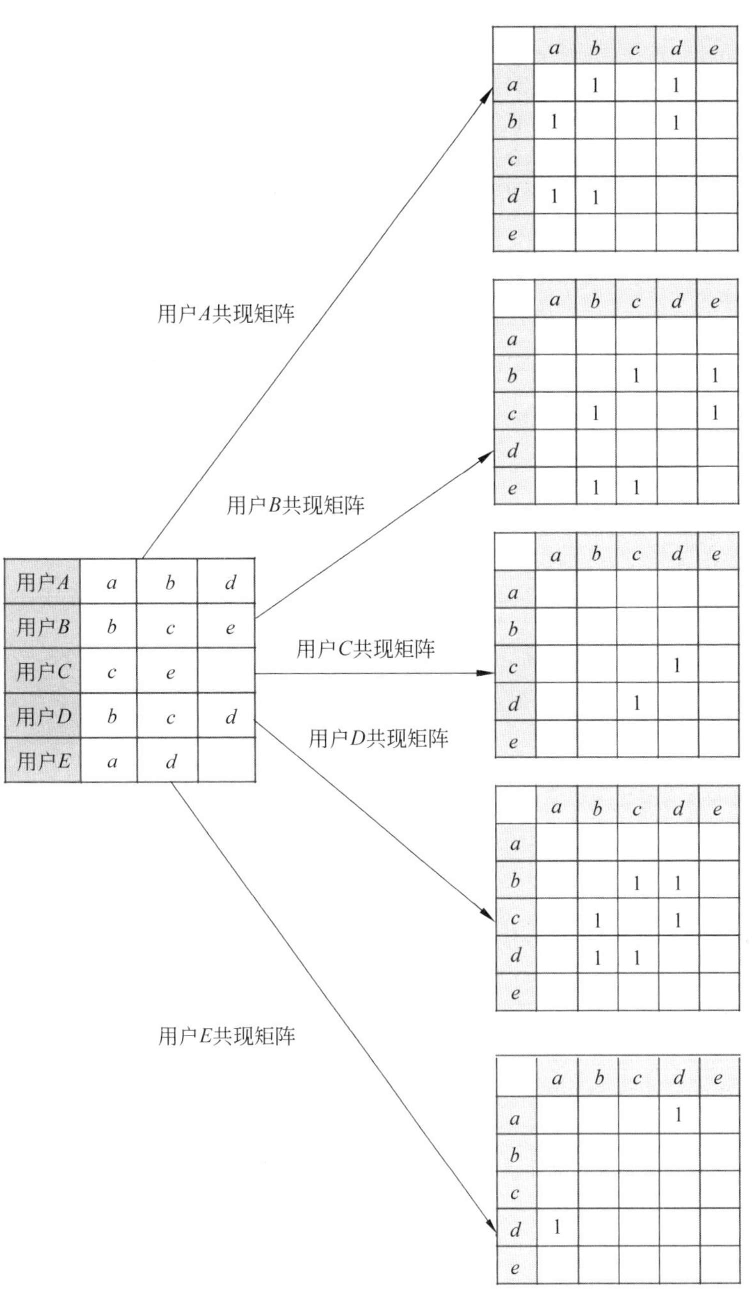

图 40-7　每个用户的物品-物品共现矩阵

	a	b	c	d	e
a		1		2	
b	1		2	2	1
c		2		2	1
d	2	2	2		
e		1	1		

图 40-8　所有物品-物品的共现矩阵

	a	b	c	d	e
a	0	0.408	0	0.707	0
b	0.408	0	0.667	0.577	0.577
c	0	0.667	0	0.577	0.577
d	0.707	0.577	0.577	0	0
e	0	0.577	0.577	0	0

图 40-9　具有相似度的共现矩阵

那么 $\boldsymbol{P}'$ 为相似度的共现矩阵与向量 $\boldsymbol{P}$ 相乘：

0	0.40824829	0	0.707106781	0		1		1.115355072
0.40824829	0	0.666666667	0.577350269	0.577350269		1		0.98559856
0	0.666666667	0	0.577350269	0.577350269	*	0	=	1.244016936
0.707106781	0.577350269	0.577350269	0	0		1		1.28445705
0	0.577350269	0.577350269	0	0		0		0.577350269

此时得到用户 A 对物品 c 和物品 e 的兴趣度，由于物品 c 的兴趣度大于物品 d 的兴趣度，因此把物品 c 推荐给用户 A。

3. 公式理解

现在来理解公式 $i \in N(u) \cap S(j, K)$。

对于用户 A 来说，已经访问了 a、b、d，那么 $N(u)=\{a, b, d\}$；还有两个未访问的物品 c、e，那么 $j=\{c, e\}$。

当 $j=c$ 时，对于和物品 j 最相似的 K 个物品的集合为 $\{b, d\}$，那么 $S(j, K)=\{b, d\}$；得出 $N(u) \cap S(j, K)=\{b, d\}$，如图 40-10 所示。

0	0.408	0	0.707	0		1		1.115
0.408	0	0.667	0.577	0.577		1		0.986
0	0.667	0	0.577	0.577	*	0	=	1.244
0.707	0.577	0.577	0	0		1		1.284
0	0.577	0.577	0	0		0		0.577

图 40-10　物品 c 的相似度

再来看矩阵相乘中的 c 行，乘以 $\boldsymbol{P}$ 实际上就是对上述 $N(u) \cap S(j, K)=\{a, d\}$ 的相似度求和。

同理，当 $j=e$ 时，对于和物品 j 最相似的 K 个物品的集合为 $\{b, c\}$，那么 $S(j, K)=\{b, c\}$；得出 $N(u) \cap S(j, K)=\{b\}$。

再来看矩阵相乘中的 e 行，乘以 $\boldsymbol{P}$ 实际上就是对上述 $N(u) \cap S(j, K)=\{b, d\}$ 的相似度求和，如图 40-11 所示。

0	0.408	0	0.707	0		1		1.115
0.408	0	0.667	0.577	0.577		1		0.986
0	0.667	0	0.577	0.577	*	0	=	1.244
0.707	0.577	0.577	0	0		1		1.284
0	0.577	0.577	0	0		0		0.577

图 40-11　物品 e 的相似度

习　题

1. 计算例 40-4 中其他用户未评分的物品的兴趣度。

2. 给定一个二分图,其中一侧的顶点代表公司,另一侧的顶点代表求职者。如果一条边连接一个公司和一名求职者,则表示该求职者向该公司投递了简历。请问是否存在一种录用方案,使得每家公司都至少录用了一名求职者,且每名求职者都恰好被一家公司录用?

3. 给定一个二分图,其中一侧的顶点代表学生,另一侧的顶点代表课程。如果一条边连接一个学生和一门课程,则表示该学生选修了这门课程。请问是否存在一种选课方案,使得每个学生都至少选修了一门课程,且每门课程都至少被一个学生选修?

4. 在用户-物品二分图中,如何通过社区检测算法识别出具有相似兴趣的用户群组或物品群组?

5. 给定一个无向图,图用邻接表形式表示,请用程序判断该图是否为二分图。

第41章 平面图及着色

本章思维导图

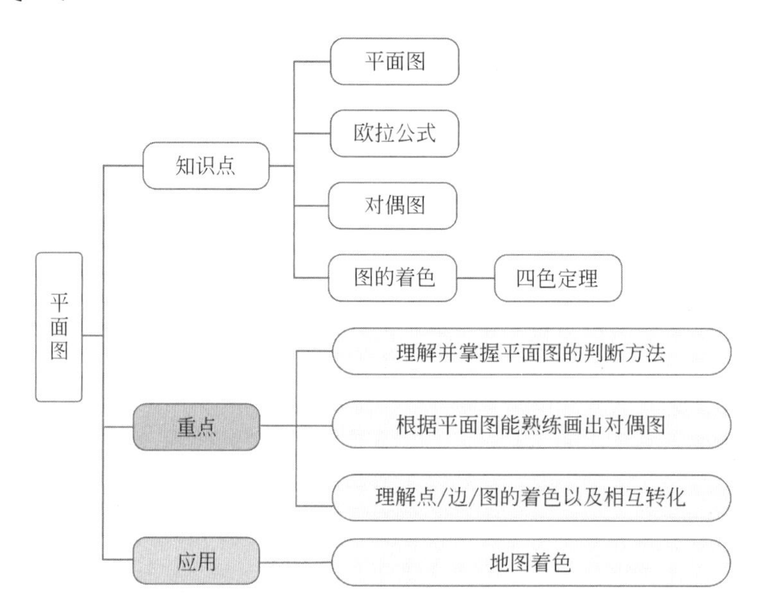

平面图是可嵌入平面的图，即能在平面上绘制而边不交叉。在现实生活中，常常要画一些图形，希望边与边之间尽量减少相交的情况，例如交通道路的设计，印刷线路板的布线等，都与平面图有关。图着色是给图的顶点或边分配颜色，使相邻元素颜色不同。平面图四色定理表明，任何平面图的顶点可用至多四种颜色着色。

41.1 平面图

【定义 41-1】 如果无向图 $G=(v,e)$ 的所有结点和边都可以在一个平面上表示出来，而使各边仅在结点处相交，则无向图 G 称为平面图(Planar Graph)，否则称 G 为非平面图。

有些图形从表面上看有几条边是相交的，但是不能就此肯定它不是平面图，例如图 41-1(a)表面上看有几条边是相交的，但如把它画成图 41-1(b)的形式，则可看出它是一个平面图。

有些图形不论怎样改画，除去结点外，总有边相交，如图 41-2 所示，故它是非平面图。

【定义 41-2】 设图 $G=\langle V,E\rangle$ 是一连通平面图，由图中各边所界定的区域称为平面图的面(regions)。有界的区域称为**有界面**，无界的区域称为**无界面**。界定各面的封闭路径

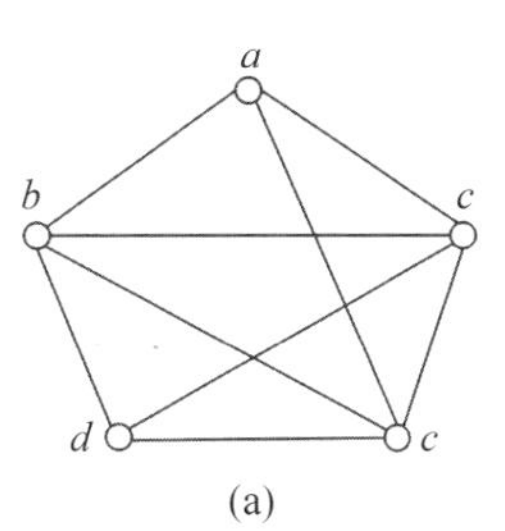

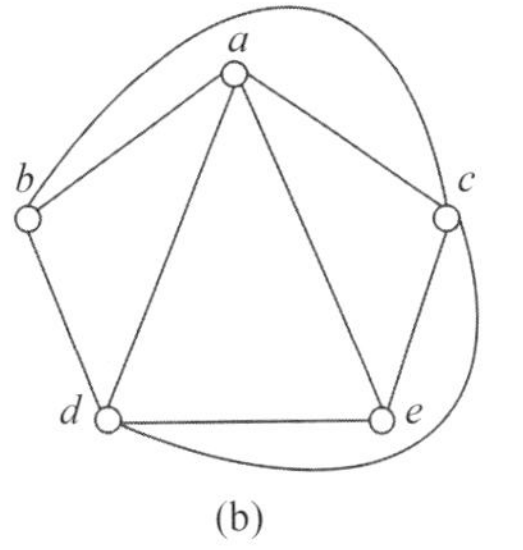

图 41-1 平面图

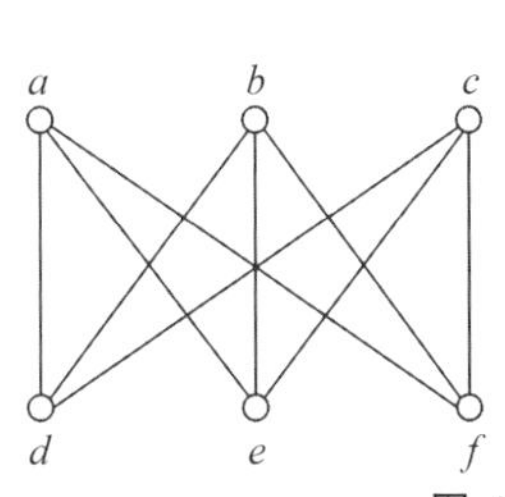

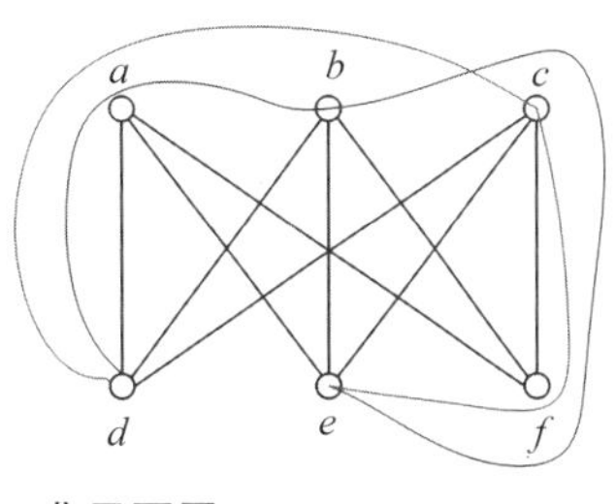

图 41-2 非平面图

称为面的**边界**(boundary),面 r 的边界长度称为面 r 的度(degree),记为:$\deg(r)$,又称为面 r 的次数。

【例 41-1】 求图 41-3 平面图的面的次数。

解:从图 41-3 可以看出,图形由 r_1、r_2、r_3、r_4、r_5 5 个面组成。

图 41-3 例 41-1 图

面 r_1 是由 (a,b)、(b,d)、(d,a) 三条边围成的闭区域。

面 r_2 是由 (b,c)、(c,d)、(d,b) 三条边围成的闭区域。

面 r_3 是由 (c,e)、(e,f)、(e,d)、(d,c) 四条边围成的闭区域。

面 r_4 是由 (a,b)、(b,c)、(c,e)、(e,a) 四条边围成的闭区域。

面 r_5 是由 (a,d)、(d,e)、(e,a) 三条边围成的闭区域。

那么各个面的度数分别为

$$\deg(r_1)=3$$

$$\deg(r_2)=3$$

$$\deg(r_3)=5$$

$$\deg(r_4)=4$$

$$\deg(r_5)=3$$

$$\deg(r_1)+\deg(r_2)+\deg(r_3)+\deg(r_4)+\deg(r_5)=18$$

注意:$\deg(r_3)$ 次数中 (e,f) 边被用了 2 次。

【定理 41-1】 设 G 为一有限平面图,面的次数之和等于其边数的两倍。

证明思路:任一条边或者是两个面的共同边界(贡献 2 次),或者是一个面的重复边(贡献 2 次)。

证明:如果边是两个面的分界线,则该边在两个面的度数中各记一次。如果边不是两个面的分界线(称为割边),则该边在该面的度数中重复记了两次,故定理结论成立。

【定理 41-2】(欧拉公式)　设 G 为一平面连通图，v 为其结点数，e 为其边数，r 为其面数，那么欧拉公式成立。

$$v-e+r=2$$

证明：

(1) 若 G 为一个孤立结点，则 $v=1,e=0,r=1$，故 $v-e+r=2$ 成立。

(2) 若 G 为一个边，即 $v=2,e=1,r=1$，则 $v-e+r=2$ 成立。

(3) 设 G 为 k 条边时，欧拉公式成立，即 $v_k-e_k+r_k=2$。

因为在 k 条边的连通图上增加一条边使它仍为连通图，故只有下述两种。

① 如图 41-4 所示，加上一个新结点 b，b 与图上的一点 a 相连。此时 v_k 和 e_k 两者都增加 1，而面数 r_k 没变，故

$$(v_k+1)-(e_k+1)+r_k=v_k-e_k+r_k=2$$

② 如图 41-5 所示，用一条边连接图上的已知两点，此时 e_k 和 r_k 都增加 1，结点数 v_k 没变，故

$$v_k-(e_k+1)+(r_k+1)=v_k-e_k+r_k=2$$

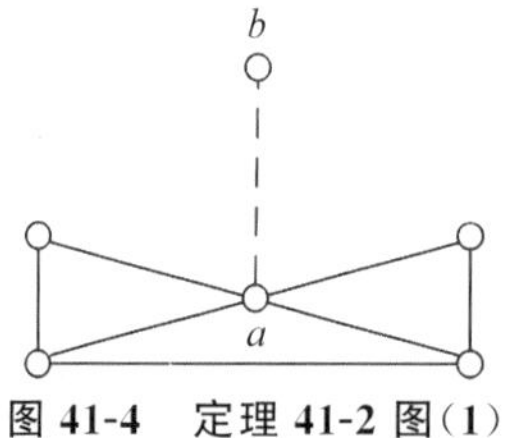

图 41-4　定理 41-2 图(1)

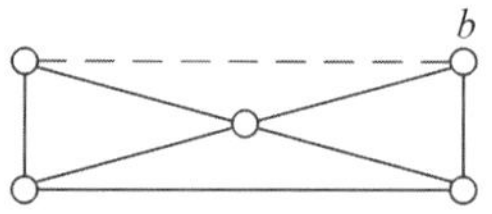

图 41-5　定理 41-2 图(2)

【例 41-2】　已知一个平面图中的结点数 $v=10$，每个面均由 4 条边围成。求该平面图的边数和面数。

解：因每个面的次数均为 4，

则

$$2e=4r$$

即

$$e=2r$$

又

$$v=10$$

代入欧拉公式

$$v-e+r=2$$

有

$$10-2r+r=2$$

解得

$$r=8$$

则

$$e=2r=16$$

【**定理 41-3**】 设 G 为一简单连通平面图，其结点数 $v \geqslant 3$，其边数为 e，那么 $e \leqslant 3v-6$。

证明：设 G 的面数为 r，当 $v=3$、$e=2$ 时上式成立。若 $e=3$，则每一面的次数不小于3，各面次数之和不小于 $2e$，因此

$$2e \geqslant 3r, \quad r \leqslant 2e/3$$

代入欧拉公式

$$2=v-e+r \leqslant v-e+2e/3$$

整理后得

$$e \leqslant 3v-6$$

本定理的用途：判定某图是非平面图。

【**例 41-3**】 如图 41-6 所示，K_5 中 $e=10, v=5, 3v-6=9$，从而 $e>3v-6$，所以 K_5 不是平面图。

定理 41-3 的条件不是充分的。

【**例 41-4**】 如图 41-7 所示，图 $K_{3,3}$ 满足定理 41-3 的条件（$v=6, e=9, 3v-6=12, e \leqslant 3v-6$ 成立），但 $K_{3,3}$ 不是平面图。

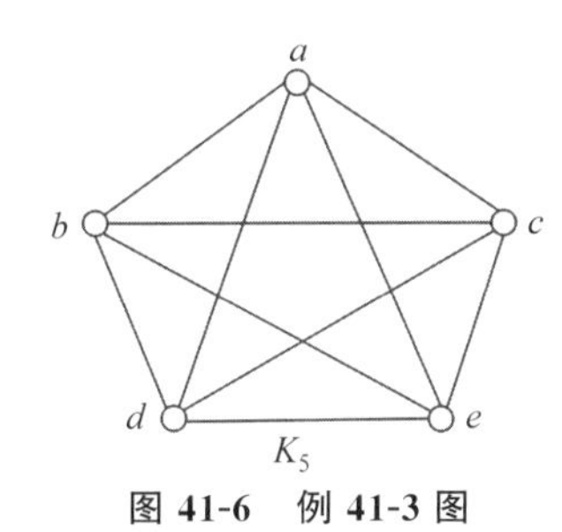

图 41-6 例 41-3 图

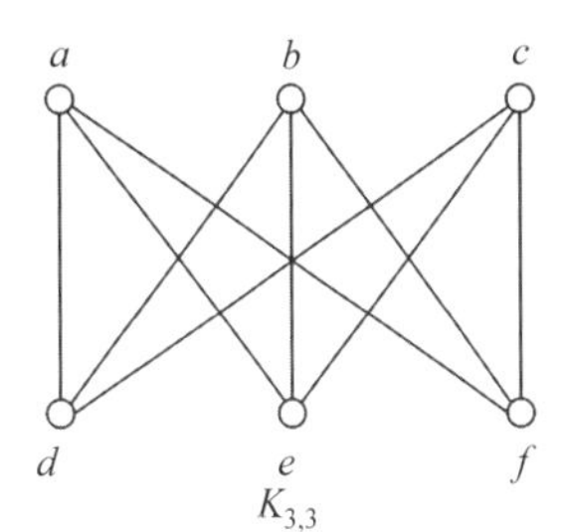

图 41-7 例 41-4 图

证明：

假设 $K_{3,3}$ 图是平面图。

在 $K_{3,3}$ 中任取 3 个结点，其中必有 2 个结点不邻接，故每个面的次数都不小于 4。

由 $4r \leqslant 2e, r \leqslant e/2$，即

$$v-e+e/2 \geqslant v-e+r=2, \quad v-e/2 \geqslant 2, \quad 2v-e \geqslant 4, \quad 2v-4 \geqslant e$$

在 $K_{3,3}$ 中有 6 个结点、9 条边，$2v-4=2\times6-4=8<9$，与 $2v-4 \geqslant e$ 矛盾。

故 $K_{3,3}$ 不是平面图。

在给定图 G 的边上插入一个新的度数为 2 的结点，使一条边分成两条边，或者对于关于度数为 2 的结点的两条边，去掉这个结点，使两条边变成一条边，这些都不会影响图的平面性，如图 41-8 所示。

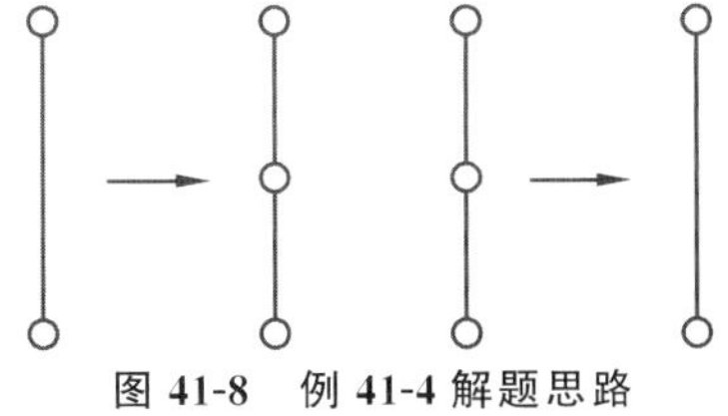

图 41-8 例 41-4 解题思路

【**定义 41-3**】 给定两图 G_1 和 G_2，或者它们是同构的，或者反复地插入或去掉二度结点后，使 G_1 和 G_2 同构，则称 G_1 和 G_2 是在 2 度结点内同构的，也称 G_1 和 G_2 是同胚的。

【**定理 41-4**】 库拉托夫斯基（Kuratowski）定理。

一个图是平面图的充要条件是它不含与 K_5 或 $K_{3,3}$ 在二度结点内同构的子图。

K_5 和 $K_{3,3}$ 常称作库拉托夫斯基图。

41.2 对偶图

【定义 41-4】 对具有面 $F_1,F_2,\cdots,F_n$ 的连通平面图 $G=<V,E>$ 实施下列步骤后，得到的图 G^* 称为图 G 的**对偶图**(Dual of Graph)。

如果存在一个图 $G^*=<V^*,E^*>$ 满足下述条件，则称图 G^* 为 G 的**对偶图**

(1) 在 G 的每个面 F_i 的内部作一个 G^* 的结点 v_i^*，即对图 G 的任一个面 F_i 内部有且仅有一个结点 $v_i^*\in V^*$；

(2) 若 G 的面 F_i、F_j 有公共边 e_k，则作 $e_k^*=(v_i^*,v_j^*)$，且 e_k^* 与 e_k 相交，即若 G 的面 F_i、F_j 有公共边 e_k，那么过边界的每一边 e_k 作关联 $v_i{}^*$ 与 $v_j{}^*$ 的一条边 $e_k{}^*=(v_i{}^*,v_j{}^*)$，$e_k{}^*$ 与 G^* 的其他边不相交；

(3) 当且仅当 e_k 只是一个面 F_i 的边界时(割边)，v_i^* 存在一个环 e_k^* 与 e_k 相交，即当 e_k 为单一面 F_i 的边界而不是与其他面的公共边时，作 v_i^* 的一条环与 e_k 相交(且仅交于一处)，所作的环不与 G^* 的边相交。

【例 41-5】 画出图 41-9 的对偶图。

解：图 41-9 有 3 个面 F_1、F_2 和 F_3，如图 41-10 所示。

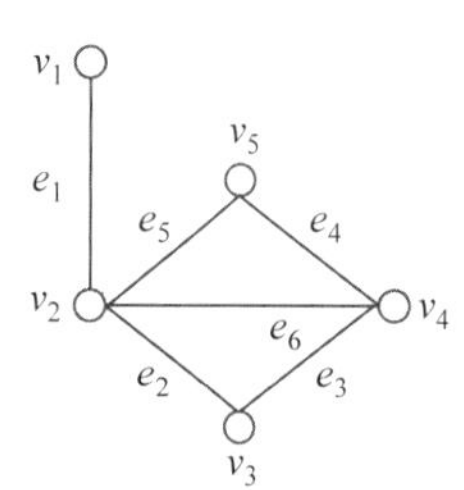

图 41-9　例 41-5 图

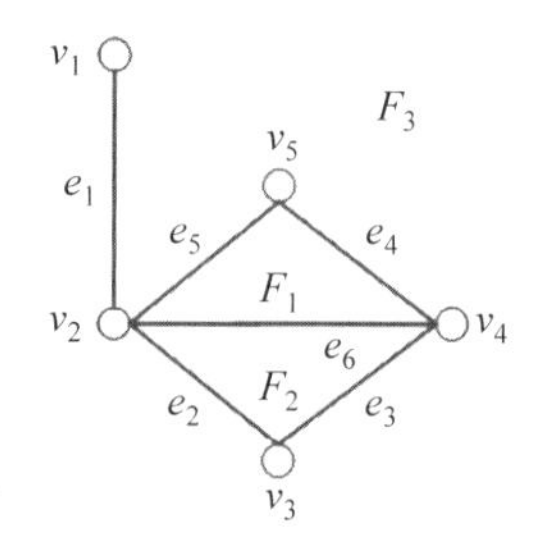

图 41-10　例 41-5 解题思路

步骤(1)：在图 41-10 的每个面内画一个点(实心)，分别为 v_1^*、v_2^*、v_3^*，如图 41-11 所示。

步骤(2)：图 41-11 中分别连接 v_1^*、v_2^*、v_3^* 所经过的公共边，如图 41-12 所示。

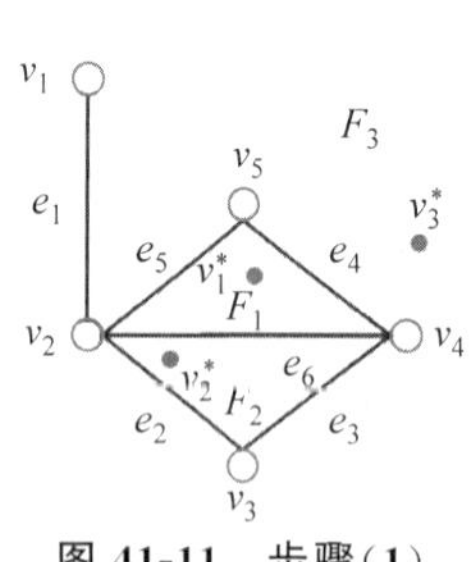

图 41-11　步骤(1)

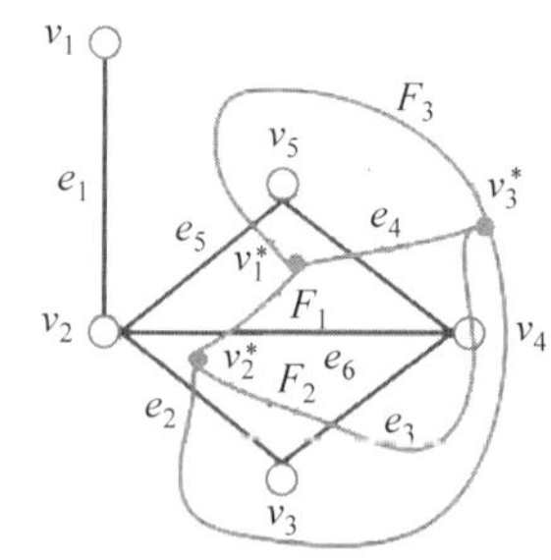

图 41-12　步骤(2)

步骤(3)：在图 41-12 中，边 e_1 是面 F_3 内部的边，则从 v_3^* 经过 e_1 画一个圆环，如图 41-13 所示。

该图即为图 41-13 的对偶图。

说明：$v^*=r,e^*=e,r^*=v$。

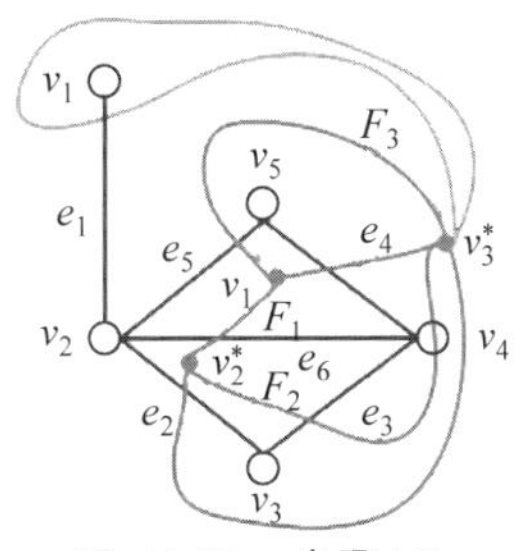

图 41-13　步骤(3)

平面图的对偶图仍满足欧拉定理,且仍是平面图。

41.3 图的着色

平面图与图论中的图形着色问题紧密相连,该问题最初源于地图着色实践。1852 年,英国绘图员佛朗西斯·格思里(F. Guthrie)提出了著名的四色定理,即"任一地图仅需四种颜色即可确保相邻国家颜色相异"。这一猜想在图论及计算机科学领域意义非凡,广泛应用于地理信息系统、电路布线、活动安排与调度等诸多实际场景。众多杰出数学家,如哈密顿(W. R. Hamilton)、闵可夫斯基(H. Minkowski)等,历经百余年努力均未能攻克。直至 1976 年 9 月,美国伊利诺斯大学的阿沛尔(K. Appel)与哈肯(W. Haken)借助每秒 400 万次运算的计算机,历经 1200 小时运算,终证四色定理,开创了计算机辅助证明先河,自此"四色猜想"正式更名为"四色定理"。

图的着色问题起源于地图的着色问题。

(1) 对点着色就是对图 G 的每个结点指定一种颜色,使得相邻结点的颜色不同;

(2) 对边着色就是给每条边指定一种颜色,使得相邻的边的颜色不同;

(3) 给面着色就是给每个面指定一种颜色,使得有公共边的两个面有不同的颜色;

(4) 对边着色和对面着色均可以转换为对结点着色的问题。

从对偶图的概念可以看到,对于地图的着色问题,可以归纳为对于平面图的结点的着色问题,因此四色问题可以归结为要证明对于任何一个平面图,一定可以用四种颜色对它的结点进行着色,使得邻接的结点都有不同的颜色。

【定义 41-5】 图 G 的正常着色(或简称着色)是指对它的每个结点指定一种颜色,使得没有两个邻接的结点有同一种颜色。如果图在着色时用了 n 种颜色,称 G 为 n-色的。

【定义 41-6】 对图 G 着色时,需要的最少颜色数称为 G 的色数,记作:$x(G)$。

对点着色的鲍威尔方法如下。

(1) 对每个结点按度数递减次序进行排列(相同度数的结点次序可任意)。

(2) 用第一种颜色对第一个结点着色,并按次序对与前面着色点不相邻的每一点着同样的颜色。

(3) 用第二种颜色对未着色的点重复第(2)步,用第三种颜色继续这种做法,直到全部点均着了色为止。

【例 41-6】 求解图 41-14 最多用几种颜色可以区分不同的区域。

解：首先求出各结点的度数。

$$\deg(v_1)=5$$
$$\deg(v_2)=4$$
$$\deg(v_3)=5$$
$$\deg(v_4)=5$$
$$\deg(v_5)=5$$
$$\deg(v_6)=4$$
$$\deg(v_7)=4$$

结点 v_1 用红色，与 v_1 不相邻的点 v_5 用红色。

结点 v_3 用黄色，与 v_3 不相邻的点 v_7 用黄色。

结点 v_4 用青色，与 v_4 不相邻的点 v_6 用青色。

结点 v_2 用蓝色，与 v_2 不相邻的点有 v_6 和 v_7，但已经着色。

所以需要 4 种颜色：红色（结点 1 和结点 5），黄色（结点 3 和结点 7），青色（结点 4 和结点 6），蓝色（2），如图 41-15 所示。

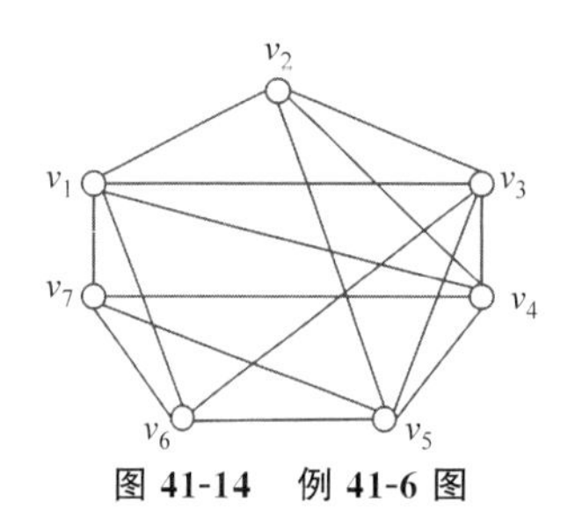

图 41-14　例 41-6 图

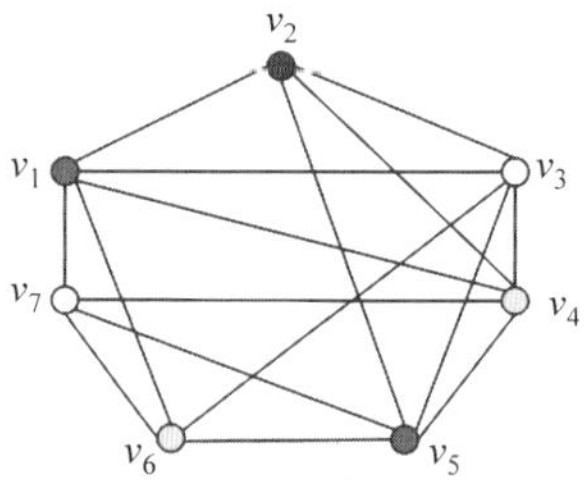

图 41-15　例 41-6 解题思路

【例 41-7】 如何安排一次 7 门课程考试，使得没有学生在同一时有两门考试？

解：用结点表示课程，若在两个结点所表示的课程里有公共学生，则在这两个结点之间有边。用不同颜色来表示考试的各个时间段。考试的安排就对应于图的着色。

（1）构建图模型。

将每门课程视为图中的一个结点。

如果两门课程有公共学生（存在学生同时选修了这两门课程），则在对应的两个结点之间连一条边。这样构建出的图就是一个无向图，其中结点代表课程，边代表课程间的冲突关系。

（2）应用结点着色问题。

结点着色问题的目标是用最少的颜色给图的结点着色，使得任意相邻的结点颜色不同。在这个问题中，每种颜色代表一个考试时间段，相邻的结点（存在冲突的课程）不能在同一时间段内考试。

通过求解这个图的结点着色问题，可以得到至少需要 4 个不同的时间段来安排这 7 门课程的考试，以确保没有学生在同一时间有两门考试。

【定理 41-5】（四色定理）　对于任何地图 M，M 是四着色的，平面图的色数不超过 4，即 $x(M)\leqslant 4$。（证明略）

注意：证明一个图的色数为 n，首先必须证明用 n 种颜色可以着色该图，其次证明用少于 n 种颜色不能着色该图。

习 题

1. 画出图 41-16 的对偶图,并求出对各图的面着色的最少色数。

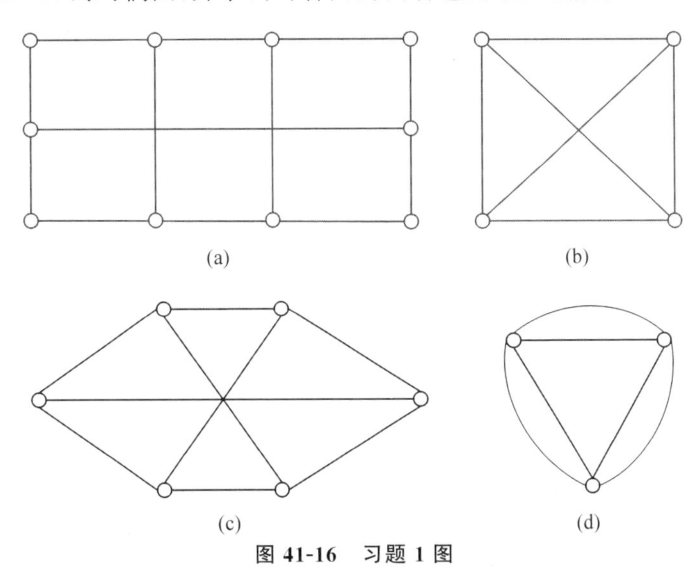

图 41-16 习题 1 图

2. 已知一个平面图中有 $v=15$ 个结点,且每个面恰好由 6 条边围成。求该平面图的边数 e 和面数 f。

3. 考虑一个由 20 个国家和地区组成的地图,其中任意两个国家和地区如果共享边界,则视为相邻。证明或找到一个反例,说明这个地图是否可以用四种颜色来着色,使得任意两个相邻的国家和地区颜色不同。

4. 考虑一个由六边形组成的蜂窝状网格图,每个六边形代表一个单元格,并且任意两个相邻的六边形共享一条边。证明这个网格图可以用三种颜色来着色,使得任意两个相邻的六边形颜色不同。

5. 河南省的 18 个地市之间的相邻关系已知,需要设计一个算法来找到一个有效的着色方案,使得任意两个相邻的地市颜色不同,并且使用的颜色数量尽可能少。

拓展*:用程序实现图的着色。

6. 学校的小礼堂每天都会有许多活动,有时这些活动的计划时间会发生冲突,需要选择一些活动进行举办。小明的工作就是安排学校小礼堂的活动,每个时间最多安排一个活动。现在小明有一些活动计划的时间表,他想尽可能地安排更多的活动,请问他该如何安排?

7. 证明 K_5 和 $K_{3,3}$ 不是平面图。

8. 若图 G 有 n 个结点、m 条边、f 个面,且每个面至少由 $k(k\geqslant 3)$ 条边围成,则 $m\leqslant k(n-2)/(k-2)$。

9. 设 $G=\langle V,E\rangle$ 是连通的简单平面图,$|V|=n\geqslant 3$,面数为 k,则 $k\leqslant 2n-4$。

第 42 章 最小生成树

本章思维导图

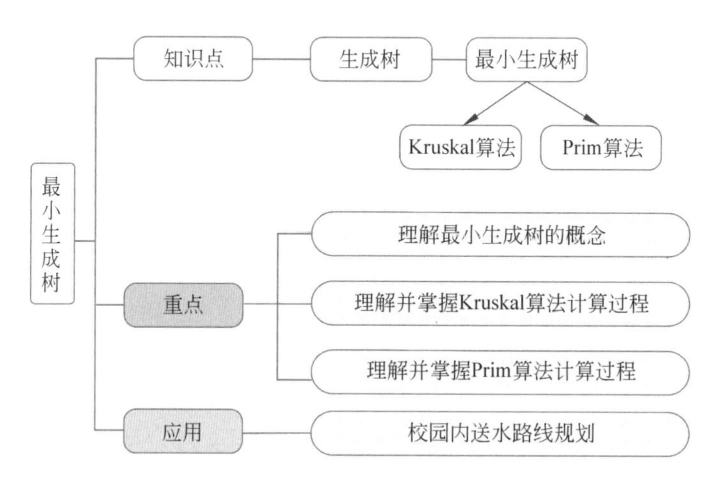

【例 42-1】 6 个村庄(a,b,c,d,e,f),如图 42-1 所示,现在要修建道路把 6 个村庄连起来;各个村庄的距离用边线表示(权值),如(a,c)距离 1km。

问:如何修路才能保证各个村庄都能连通,并且修建公路的总里程最短?

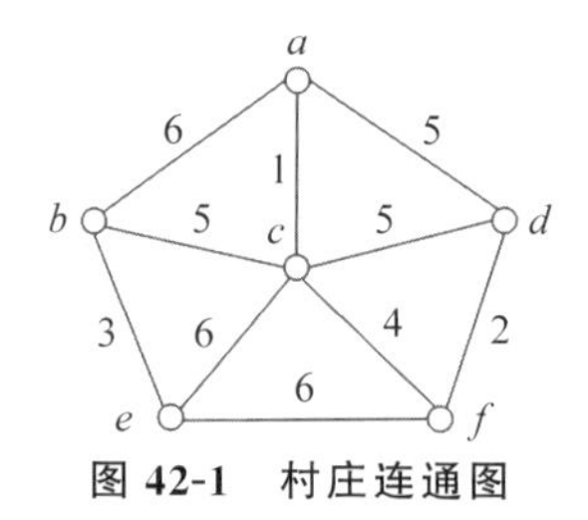

图 42-1　村庄连通图

42.1 基本概念

【定义 42-1】(生成树)　一个连通图的**生成树**是一个极小连通子图,它含有图中全部 n 个顶点和构成一棵树的 $n-1$ 条边。

一个图的生成树具备三个条件:

(1) 顶点是图的全部顶点;

(2) 边是图的部分边,且将图中所有顶点连通;

(3) 不构成回路。

如图 42-2 所示,有 4 个结点和 8 条边组成的无向图,根据生成树的定义,(a)、(b)和(c)均为生成树。

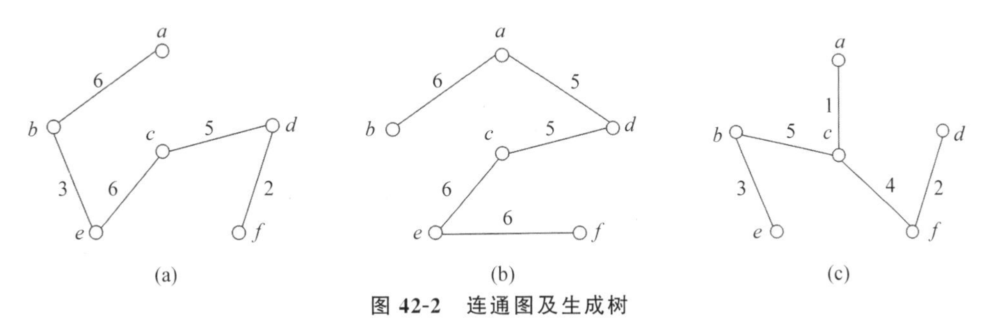

图 42-2 连通图及生成树

由此可以看出,一个连通图的生成树**不一定是唯一**的。

【定义 42-2】 给定边带权的无向图 $G=(V,E)$,其中 V 表示图中点的集合,E 表示图中边的集合,$n=|V|$,$m=|E|$。由 V 中的全部 n 个顶点和 E 中 $n-1$ 条边构成的无向连通子图被称为 G 的一棵生成树,其中边的权值之和最小的生成树被称为无向图 G 的最小生成树。

对于带权连通图 G(每条边上的权均为大于零的实数),可能有多棵不同生成树。每棵生成树的所有边的权值之和可能不同。其中,权值之和最小的生成树称为图的**最小生成树**。

图 42-2 中均是(a)的生成树,其权和分别为 22、28 和 15,前两个并不是最小生成树,只有(d)是最小生成树。

思考:

具有 n 个顶点的带权连通图,其对应的生成树有 $n-1$ 条边,那么到底选哪 $n-1$ 条边呢?

考虑穷举搜索。如果结点和边过多,显然是不现实的。

那么有没有更好的方法呢?当然有,图是由结点和边组成的。

(1) 考虑**边**的因素——**Kruskal 算法**。

(2) 考虑**结点**的因素——**Prim 算法**。

42.2 Kruskal 算法

基本思想: 按照权值从小到大的顺序选择 $n-1$ 条边,并保证这 $n-1$ 条边不构成回路。

具体做法: 首先构造一个只含 n 个顶点的森林,然后依权值从小到大从连通网中选择边加入森林,并使森林中不产生回路,直至森林变成一棵树为止。

实现步骤:

(1) 将图各边按照权值进行排序。

(2) 每次选取一条边。

该边同时满足:

① 在当前未选边中权值最小;

② 与已选边不构成回路。

直到选取 $n-1$ 条边。

拓展：用程序实现 Kruskal 算法。

【例 42-2】 求出图 42-1 的最小生成树。

解：根据 Kruskal 算法思想，首先对图 42-1 中的所有边按照从小到大的顺序排序，然后采取逐条边加入的方法，如图 42-3 所示。

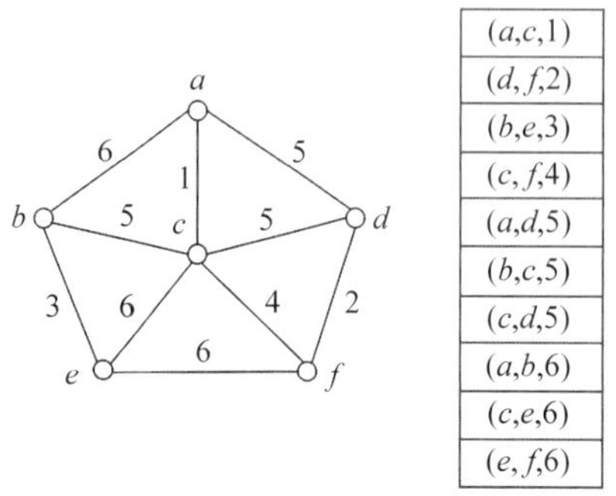

图 42-3　对图 42-1 进行排序

(1) 依次选择权值为 1 的边 (a,c)，如图 42-4(a)所示。

(2) 依次选择权值为 2 的边 (d,f)，如图 42-4(b)所示。

(3) 依次选择权值为 3 的边 (b,e)，如图 42-4(c)所示。

(4) 依次选择权值为 4 的边 (c,f)，如图 42-4(d)所示。

(5) 依次选择权值为 5 的边 (a,d)，但如果选择边 (a,d)，将与边 (c,f)、边 (d,f) 等形成环，故舍去，如图 42-4(e)所示。

(6) 依次选择权值为 5 的边 (b,c)，如图 42-3(f)所示，n 个结点，$n-1$ 条边，最小生成树已经形成，不必进行下去。

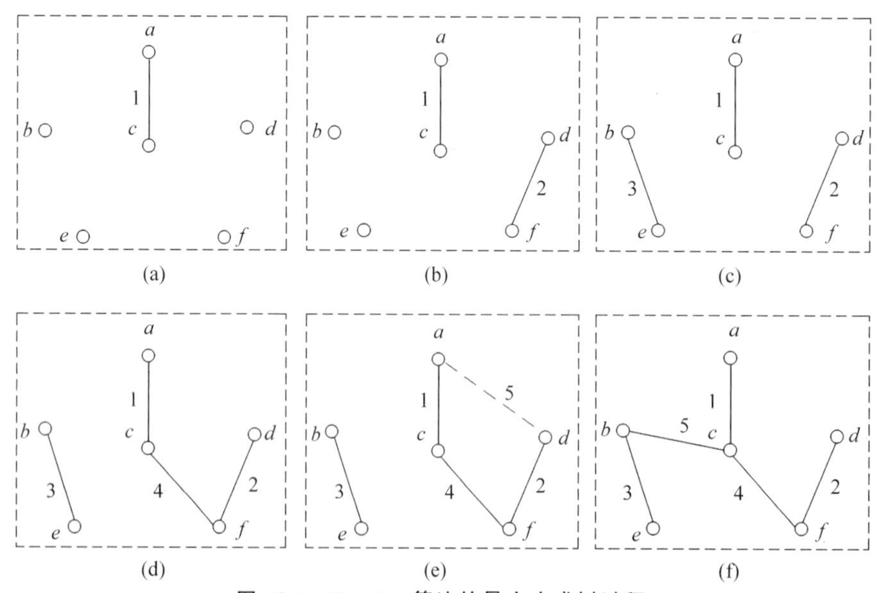

图 42-4　Kruskal 算法的最小生成树过程

如何判断欲加入的一条边是否与生成树中已保留的边形成回路(环)？

避免形成回路：**标号法**（**并查集**）。

算法思想：

(1) 初始时为每个顶点设立一个类标号，表示该顶点属于标号所示的连通分量。

(2) 选中处在同一条边上的两个顶点，如果标号值不同，则将标号修改为同一个类的标号值。

(3) 如果标号值相同，则表示回路的出现，故舍去。

(4) 直到所有顶点的标号值一致为止。

根据**标号法**思想，其步骤如下。

步骤(1)：对每个结点进行编号，该图有6个结点，将结点 a、b、c、d、e、f 分别编号为1、2、3、4、5、6，如图42-5所示。

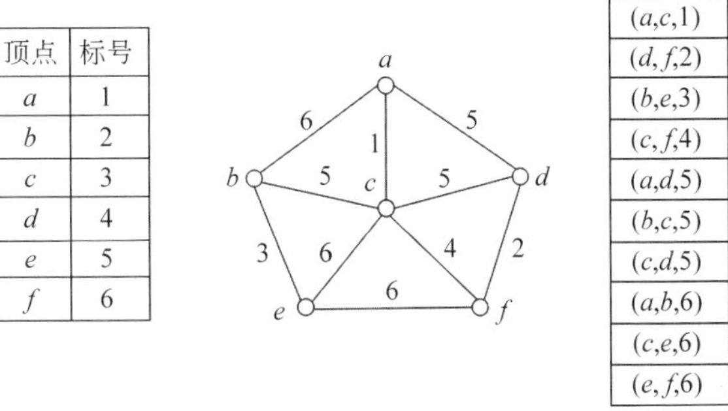

图 42-5　标号

步骤(2)：取第一条边(a,c)，对结点 a 和结点 c 的标号进行比较，发现不等；c 的标号是3，修改为与 a 的标号值相同，即为1。在此约定大的数值向小的数值看齐，如图42-6(a)所示。

步骤(3)：取边(d,f)，对结点 d 和结点 f 的标号进行比较，d 的标号是4，f 的标号是6，发现不等；需修改 f 标号值与 d 的标号值相同，即为4，如图42-6(b)所示。

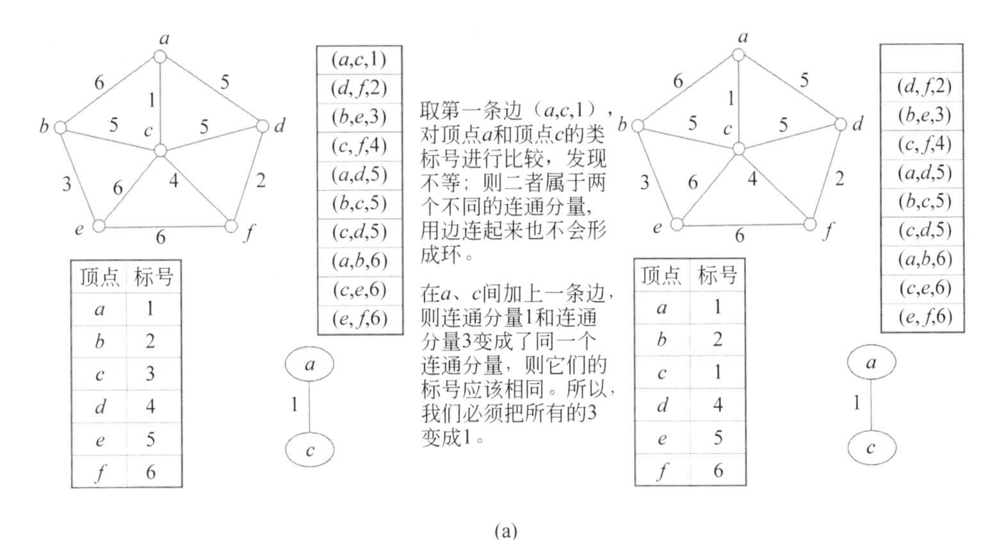

图 42-6　避免环的产生过程

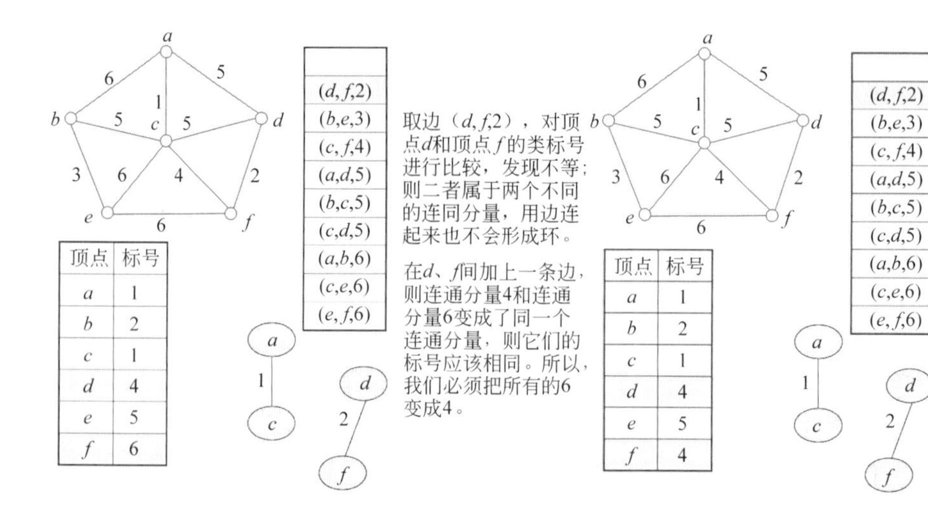

(b)

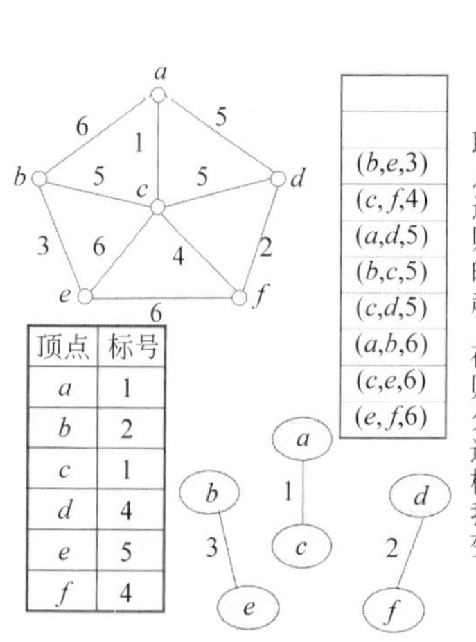

取边（$b,e,3$），对顶点b和顶点e的类标号进行比较，发现不等；则二者属于两个不同的连同分量，用边连起来也不会形成环。

在b、e间加上一条边，则连通分量2和连通分量5变成了同一个连通分量，则它们的标号应该相同。所以，我们必须把所有的5变成2。

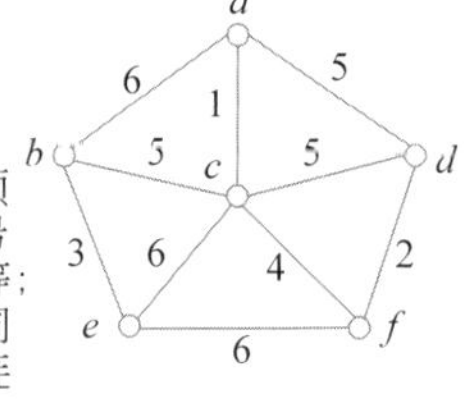

顶点	标号
a	1
b	2
c	1
d	4
e	2
f	4

(b,e,3)
(c,f,4)
(a,d,5)
(b,c,5)
(c,d,5)
(a,b,6)
(c,e,6)
(e,f,6)

(c)

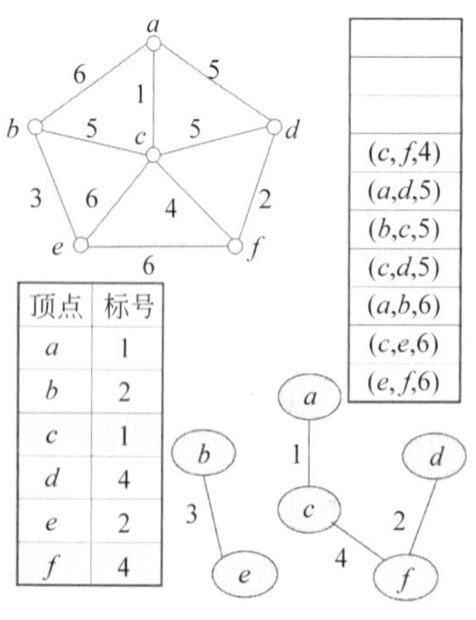

取边（$c,f,4$），对顶点c和顶点f的类标号进行比较，发现不等；则二者属于两个不同的连同分量，用边连起来也不会形成环。

在c、f间加上一条边，则连通分量1和连通分量4变成了同一个连通分量，则它们的标号应该相同。所以，须把所有的4变成1。

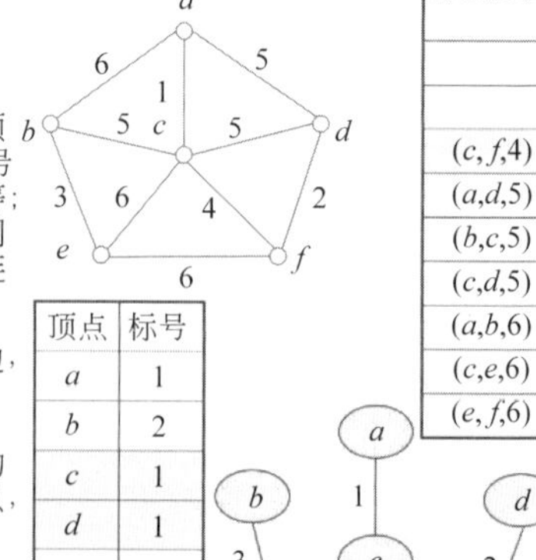

(d)

图 42-6 （续）

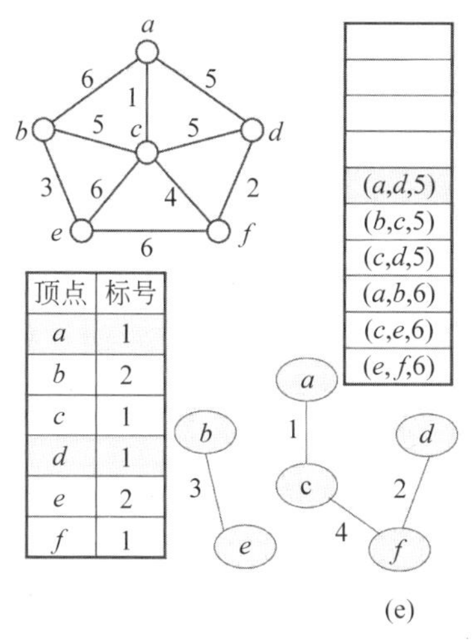

(e)

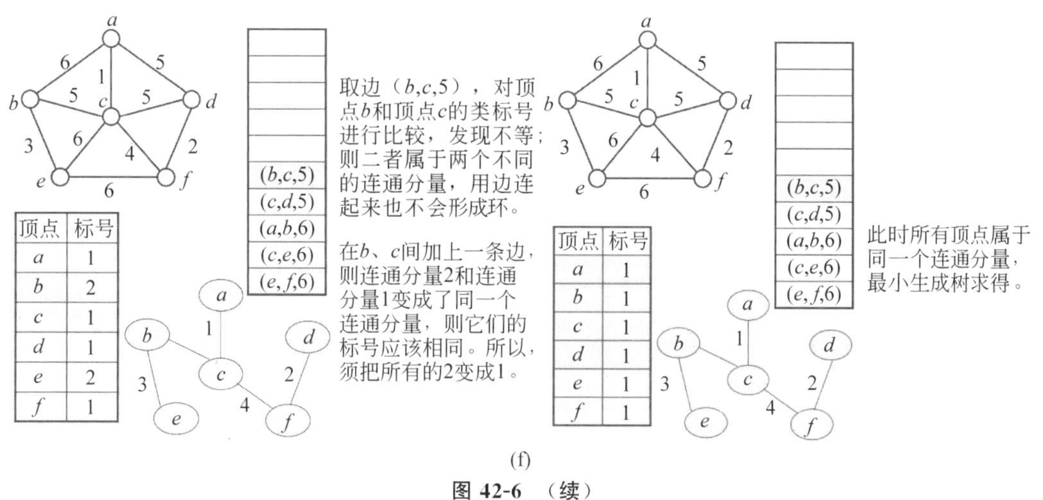

(f)

图 42-6 （续）

步骤(4)：取边(b,e)，对结点b和结点e的标号进行比较，b的标号是2，e的标号是5，发现不等；需修改e的标号值与b的标号值相同，即为2，如图42-6(c)所示。

步骤(5)：取边(c,f)，对结点c和结点f的标号进行比较，f的标号是4，c的标号是1，发现不等；需修改f的标号值与c的标号值相同，即为1，如图42-6(d)所示。

步骤(6)：取边(a,d)，对结点a和结点d的标号进行比较，发现相等；则二者属于同一连通分量，用边连起来会形成环，此时不选择边ad，如图42-6(e)所示。

步骤(7)：取边(b,c)，对结点b和结点c的标号进行比较，b的标号是2，c的标号是1，发现不等；需修改b的标号值与c的标号值相同，即为1，如图42-6(f)所示。

此时所有结点均属于同一个连通分量，即可获得该图的最小生成树。

42.3 Prim算法

Prim(普利姆)算法求最小生成树是指在包含n个顶点的连通图中，找出只有$n-1$条边包含所有n个顶点的连通子图，也就是所谓的极小连通子图。

基本思想：

从任意一个顶点开始，逐步地增加生成树中的边，直到所有顶点都被包含在生成树中为止。在每一步中，算法会选择一条连接生成树和非生成树顶点的边，并将其加入生成树中。这条边的权值必须是当前所有连接生成树和非生成树顶点的边中权值最小的那一条。

实现步骤：

(1) 设 $G=(V,E)$ 是连通网，$T=(U,D)$ 是最小生成树，V、U 是顶点集合，E、D 是边的集合。

(2) 若从顶点 u 开始构造最小生成树，则从集合 V 中取出顶点 u 并放入集合 U 中，标记顶点 v 的 visited[u]=1。

(3) 若集合 U 中顶点 u_i 与集合 $V-U$ 中的顶点 v_j 之间存在边，则寻找这些边中权值最小的边，但不能构成回路，将顶点 v_j 加入集合 U 中，将边(u_i,v_j)加入集合 D 中，标记 visited[v_j]=1。

(4) 重复步骤(2)，直到 U 与 V 相等，即所有顶点都被标记为访问点，此时 D 中有 $n-1$ 条边。

拓展[*]：用程序实现 Prim 算法。

【例 42-3】 写出利用 Prim 算法实现图 42-7 获得最小生成树的过程。

解：步骤(1)：从顶点 a 开始处理，对顶点 a 相邻的还没有被访问的顶点进行处理。

$a \to b$，权值为 6。

$a \to c$，权值为 1。

$a \to d$，权值为 5。

因为对应的边 ac 的权值最小，所以选择边(a,c)，如图 42-8 所示(虚线表示当前选出的权值最小的边)。

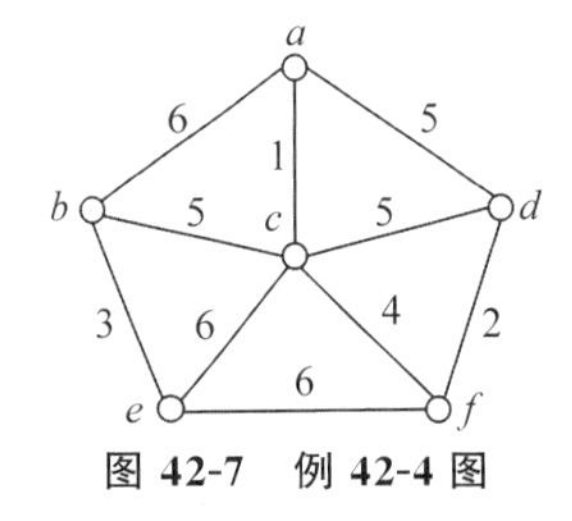

图 42-7　例 42-4 图

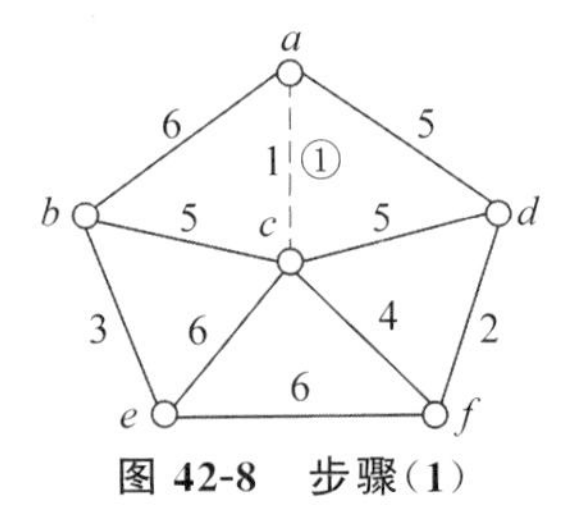

图 42-8　步骤(1)

步骤(2)：从顶点 a、顶点 c 开始处理，对顶点 a、顶点 c 相邻的还没有被访问的顶点进行处理，如图 42-9 所示。

$a \to b$，权值为 6。

$a \to d$，权值为 5。

$c \to b$，权值为 5。

$c \to d$，权值为 5。

$c \to e$，权值为 5。

$c \to f$，权值为 4。

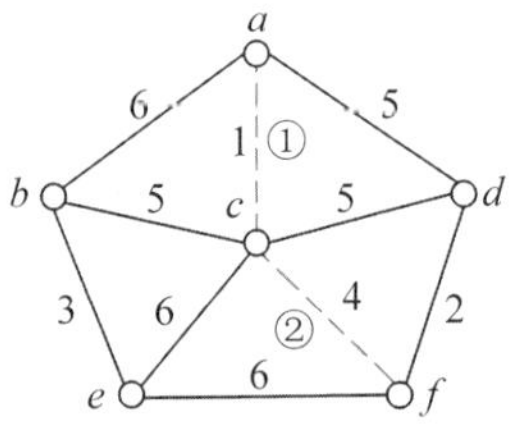

图 42-9　步骤(2)

因为对应的边 cf 的权值最小，所以选择边(c,f)。

步骤(3)：从顶点 a、顶点 c、顶点 f 开始处理，对顶点 a、顶点 c、顶点 f 相邻的还没有被访问的顶点进行处理。

$a \to b$,权值为 6。

$a \to d$,权值为 5。

$c \to b$,权值为 5。

$c \to d$,权值为 5。

$f \to d$,权值为 4。

$f \to e$,权值为 6。

因为对应的边 fd 的权值最小,所以选择边(f,d),如图 42-10 所示。

步骤(4):从顶点 a、顶点 c、顶点 f、顶点 d 开始处理,对顶点 a、顶点 c、顶点 f、顶点 d 相邻的还没有被访问的顶点进行处理。

$a \to b$,权值为 6。

$a \to d$,权值为 5,形成回路,故舍去。

$c \to b$,权值为 5。

$c \to d$,权值为 5。

$f \to e$,权值为 6。

$d \to c$,权值为 5。

按照顺序,应该选择边(a,d)权值最小,但由于对应的边 ad 会形成回路,故舍去。继续选择边(c,b)权值最小,所以选择边(c,f),如图 42-11 所示。

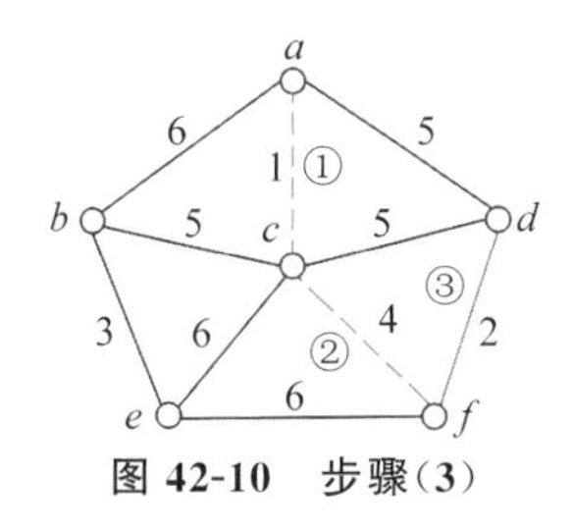

图 42-10 步骤(3)

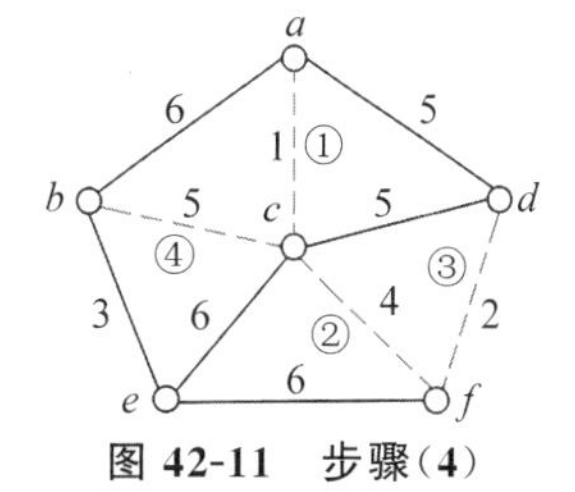

图 42-11 步骤(4)

步骤(5):从顶点 a、顶点 c、顶点 f、顶点 d、顶点 b 开始处理,对顶点 a、顶点 c、顶点 f、顶点 d、顶点 b 相邻的还没有被访问的顶点进行处理。

$a \to b$,权值为 6。

$c \to d$,权值为 5。

$f \to e$,权值为 6。

$d \to c$,权值为 5。

$b \to e$,权值为 3。

因为对应的边 be 的权值最小,所以选择边(b,e),如图 42-12 所示。

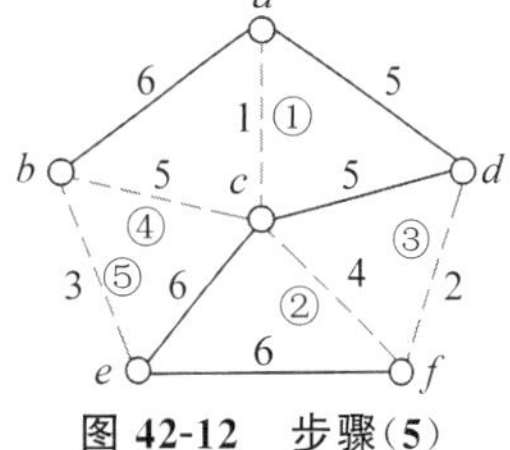

图 42-12 步骤(5)

此时所有结点均属于同一个连通分量,即可获得该图的最小生成树。

Kruskal 算法与 Prim 算法比较:

算法思想

- Kruskal 算法的思想是:将所有边的长度从小到大排序,依次遍历,如果加入这条边不会形成环,就直接加入。当边数=点数−1 时,即完成最小生成树。

- Prim 算法的思想是：随便选一个点开始，向周围找一个距离最近的点，形成一个整体，接着找这个整体与周围距离最近的点，加入这个整体，重复上述步骤，直到所有点均被加入。

习　　题

1. 某大学计划在其新校区内建设一个无线网络覆盖系统，如图 42-13 所示，已知新校区被划分为 5 个不同的区域（如 a 教学楼、b 图书馆、c 宿舍楼、d 计算机学院、e 工程训练中心等），每个区域都需要安装一个无线基站。已知各区域之间的直线距离（建设网络线路的成本），请设计一个算法，找出一种成本最低的基站连接方案，使得所有区域都能通过无线网络相互通信，即求解该网络布局的最小生成树（请分别用 Prim 算法和 Kruskal 算法解答）。

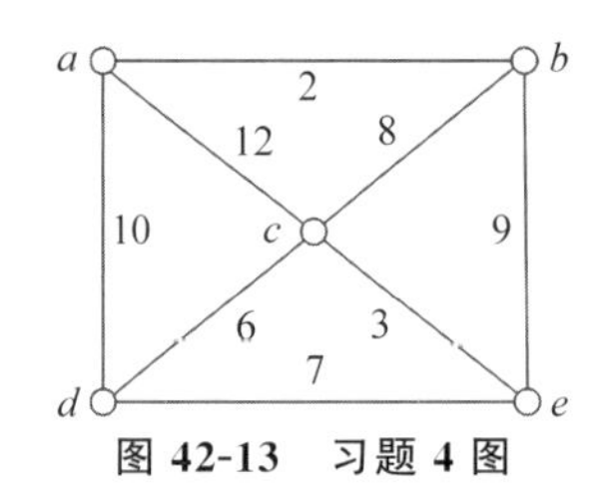

图 42-13　习题 4 图

2. 设 G 是每个面至少由 $k(k\geqslant3)$ 条边围成的连通平面图，试证明 $e\leqslant\dfrac{k(v-2)}{k-2}$，其中 v 为结点数，e 为边数。

3. 某大学校园内，每天需要向各个建筑物内的办公室运送桶装水，请以你所在的校区为例，使用最小生成树算法设计最优送水路径规划。

提示：

(1) 建立校园矢量图（获得学校平面图）；

(2) 数据测量；

(3) 数据导入及处理；

(4) 实现最优路线规划算法设计；

(5) 根据实际面临的问题对算法进行优化。

第 43 章 最短路径

本章思维导图

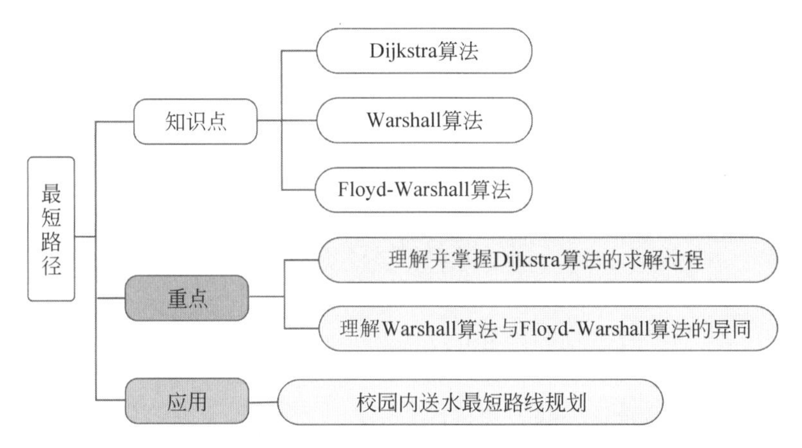

某街道有 7 个社区($v_0,v_1,v_2,v_3,v_4,v_5,v_6$),现在有 6 个快递员从 v_0 点出发,需要分别把邮件送到 v_1、v_2、v_3、v_4、v_5、v_6 这 6 个社区。各个社区的距离用边线表示(权值),如 $<v_0,v_1>$距离 13km(图 43-1)。

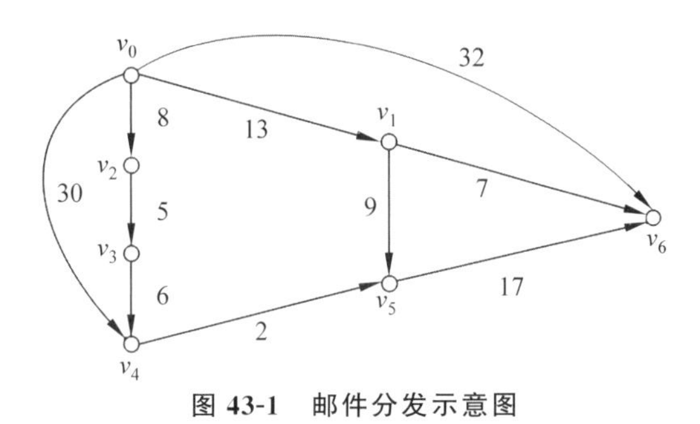

图 43-1 邮件分发示意图

问:如何计算 v_0 社区到其他各个社区的最短距离?如果从其他点出发,到各个点的最短距离又是多少?

43.1 基本概念

解决单源最短路径问题的经典算法是迪杰斯特拉(Dijkstra)算法。

【定义 43-1】(单源最短路径) 给定一个带权有向图 $G=<V,E>$,其中每条边的权是一个实数，要计算**从源点到其他所有各结点的最短路径长度**，这里的长度就是指路上各边权之和。

拓展阅读

迪杰斯特拉(Edsger Wybe Dijkstra，1930—2002)，荷兰著名计算机科学家，是计算机科学领域的先驱之一。他发明了 Dijkstra 最短路径算法，这一算法用于计算图中一个节点到其他所有节点的最短路径，广泛应用于路由算法和图算法中。此外，他还提出了银行家算法，这是一种著名的死锁避免算法，基于银行借贷系统的分配策略，确保系统资源的合理分配，避免死锁的发生。Dijkstra 在程序设计领域也有深远影响，他强调程序的正确性，主张从一开始就正确设计程序，而非通过调试来达到正确。他还因对 GOTO 语句的批判而闻名，其 1968 年发表的文章《Go To Statement Considered Harmful》引发了广泛争议，但最终观点得到普遍认可。Dijkstra 的贡献不仅限于算法，还包括编译器、操作系统、分布式系统、程序设计、编程语言、程序验证、软件工程等多个领域，他的许多论文为后人开拓了新的研究领域。1972 年，Dijkstra 因其卓越贡献获得图灵奖。

43.2 Dijkstra 算法

Dijkstra 算法求最短路径的步骤如下。

(1) 把 V 分成两组。

集合 S：已求出最短路径的结点的集合。

集合 $V-S=T$：尚未确定最短路径的结点集合。

- 若存在 $<v_0,v_i>$，权值为 $<v_0,v_i>$；
- 若不存在 $<v_0,v_i>$，权值为 ∞。

(2) 从 T 中选取一个其距离值为最小的结点 W(中间结点)并加入 S。

(3)对 T 中结点的距离值进行修改：若加入 W 作中间结点后从 v_0 到 v_i 的距离值比不加入 W 的路径要短，则修改此距离值。

(4) 重复上述步骤，直到 S 中包含所有结点，即 $S=V$ 为止。

拓展*：用程序实现 Dijkstra 算法。

【例 43-1】 写出利用 Dijkstra 算法实现图 43-1 获得最短路径的过程。

解：初始状态如图 43-2 所示，集合 S 中只有初始 v_0，T 集合中只有除了 v_0 以外的顶点。

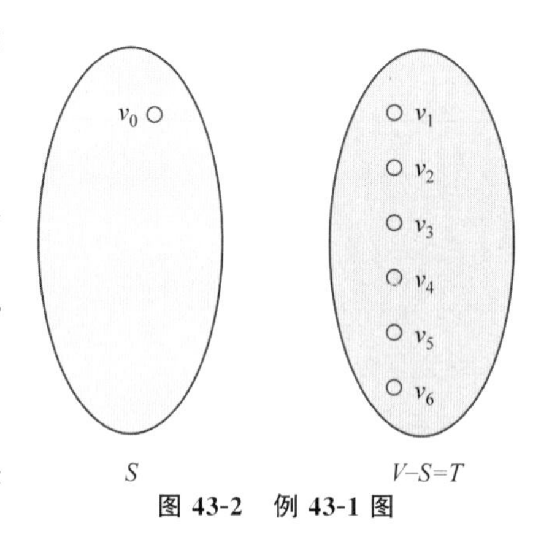

图 43-2 例 43-1 图

表 43-1 的第 1 列是除了初始顶点 v_0 外的顶点，v_j 指的是当前阶段选出的最终顶点。每一列指的是循环的轮次。

表 43-1　例 43-1 表

终点	从 v_0 到各终点的最短路径及其长度					
v_1						
v_2						
v_3						
v_4						
v_5						
v_6						
v_j						

步骤(1)：从 S 集合顶点 v_0 开始处理，写出到 T 集合中所有能够直接到达的顶点的权值。

$v_0 \to v_1$，权值为 13。

$v_0 \to v_2$，权值为 8。

$v_0 \to v_3$，不能直接到达，用无穷大∞表示。

$v_0 \to v_4$，权值为 30。

$v_0 \to v_5$，权值为 32。

$v_0 \to v_6$，权值为 32。

因为＜v_0，v_2＞对应的边的权值最小，所以选择顶点 v_2。

状态图如图 43-3 所示，该轮次结束后的关系如表 43-2 所示。

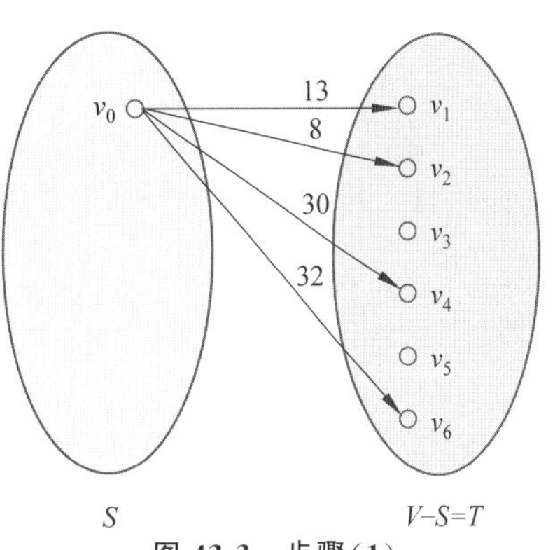

图 43-3　步骤(1)

表 43-2　步骤(1)

终点	从 v_0 到各终点的最短路径及其长度					
v_1	13 ＜v_0，v_1＞					
v_2	8 ＜v_0，v_2＞					
v_3	∞					
v_4	30 ＜v_0，v_4＞					
v_5	∞					
v_6	32 ＜v_0，v_6＞					
v_j	v_2：8 ＜v_0，v_2＞					

步骤(2)：当步骤(1)选出 v_2 后，v_2 从 T 集合转到 S 集合；那么从 v_0 出发，经过选出的

v_2 结点，作为中间结点 W，写出到达 T 集合中所有能够直接到达的顶点的权值；如果比 v_0 原来到达的权值小，则更新其权值，并用序列表示出对应的路径，否则不变。

$v_0 \to v_1$，经过中间结点 $W(v_2)$ 无法到达 v_1，保持原来的权值及路径不变。

$v_0 \to v_2$，已经求出，用横线表示。

$v_0 \to v_3$，经过中间结点 $W(v_2)$ 能够到达 v_3，权值为 13，小于原来 $<v_0, v_3>$ 的无穷大，更新其路径 $<v_0, v_2, v_3>$。

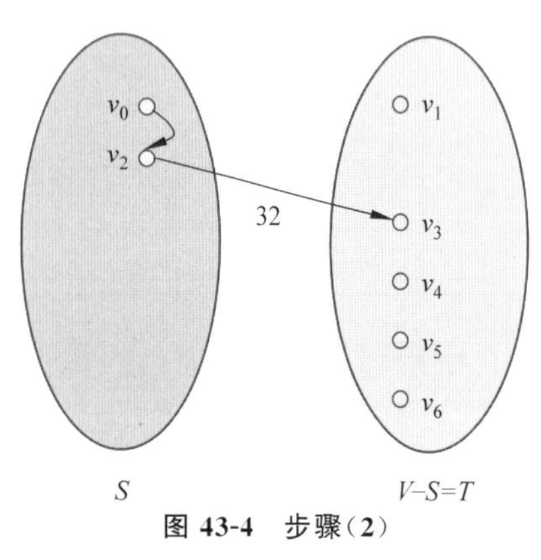

图 43-4 步骤(2)

$v_0 \to v_4$，经过中间结点 $W(v_2)$ 无法到达 v_4，保持原来的权值及路径不变。

$v_0 \to v_5$，经过中间结点 $W(v_2)$ 无法到达 v_5，保持原来的权值及路径不变。

$v_0 \to v_6$，经过中间结点 $W(v_2)$ 无法到达 v_6，保持原来的权值及路径不变。

因为 $<v_0, v_1>$ 对应的边的权值最小，所以选择顶点 v_1。

状态图如图 43-4 所示，该轮次结束后的关系如表 43-3 所示。

表 43-3 步骤(2)

终点	从 v_0 到各终点的最短路径及其长度					
v_1	13 $<v_0, v_1>$	13 $<v_0, v_1>$				
v_2	8 $<v_0, v_2>$	—				
v_3	∞	13 $<v_0, v_2, v_3>$				
v_4	30 $<v_0, v_4>$	30 $<v_0, v_4>$				
v_5	∞	∞				
v_6	32 $<v_0, v_6>$	32 $<v_0, v_6>$				
v_j	v_2:8 $<v_0, v_2>$	v_3:13 $<v_0, v_1>$				

步骤(3)：当步骤(2)选出 v_1 后，v_1 从 T 集合转到 S 集合；那么从 v_0 出发，经过选出的 v_1 结点，作为中间结点 W，写出到达 T 集合中所有能够直接到达的顶点的权值；如果比 v_0 直接到达的权值小，则更新其权值，并用序列表示出对应的路径，否则不变。

$v_0 \to v_1$，已经求出，用横线表示。

$v_0 \to v_2$，已经求出，用横线表示。

$v_0 \to v_3$，经过中间结点 $W(v_1)$ 无法到达 v_3，保持原来的权值及路径不变。

$v_0 \to v_4$，经过中间结点 $W(v_1)$ 无法到达 v_4，保持原来的权值及路径不变。

$v_0 \to v_5$，经过中间结点 $W(v_1)$ 能够到达 v_5，权值为 22(13+9)，小于＜v_0，v_5＞原来的无穷大∞，更新其路径为＜v_0，v_1，v_5＞。

$v_0 \to v_6$，经过中间结点 $W(v_1)$ 能够到达 v_6，权值为 20(13+7)，小于＜v_0，v_6＞原来的 32，更新其路径为＜v_0，v_1，v_5＞。

因为＜v_0，v_2，v_3＞对应的边的权值最小，所以选择顶点 v_3。

状态图如图 43-5 所示，该轮次结束后的关系如表 43-4 所示。

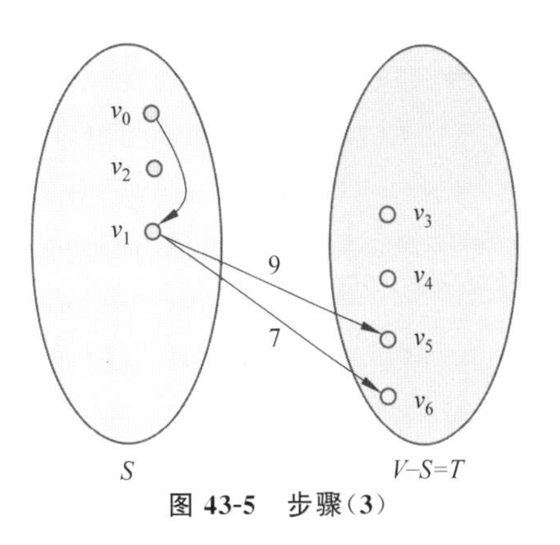

图 43-5　步骤(3)

表 43-4　步骤(3)

终点	从 v_0 到各终点的最短路径及其长度					
v_1	13 ＜v_0，v_1＞	13 ＜v_0，v_1＞	—			
v_2	8 ＜v_0，v_2＞	—	—			
v_3	∞	13 ＜v_0，v_2，v_3＞	13 ＜v_0，v_2，v_3＞			
v_4	30 ＜v_0，v_4＞	30 ＜v_0，v_4＞	30 ＜v_0，v_4＞			
v_5	∞	∞	22 ＜v_0，v_1，v_5＞			
v_6	32 ＜v_0，v_6＞	32 ＜v_0，v_6＞	20 ＜v_0，v_1，v_6＞			
v_j	v_2:8 ＜v_0，v_2＞	v_2:13 ＜v_0，v_1＞	v_3:13 ＜v_0，v_2，v_3＞			

步骤(4)：当步骤(3)选出 v_3 后，v_1 从 T 集合转到 S 集合；那么从 v_0 出发，经过选出的 v_3 结点，作为中间结点 W，写出到达 T 集合中所有能够直接到达的顶点的权值；如果比 v_0 直接到达的权值小，则更新其权值，并用序列表示出对应的路径，否则不变。

$v_0 \to v_1$，已经求出，用横线表示。

$v_0 \to v_2$，已经求出，用横线表示。

$v_0 \to v_3$，已经求出，用横线表示。

$v_0 \to v_4$，经过中间结点 $W(v_3)$ 能够到达 v_4，权值为 19(13+6)，小于＜v_0，v_4＞原来的无穷大 30，更新其路径为＜v_0，v_2，v_3，v_4＞。

$v_0 \to v_5$，经过中间结点 $W(v_3)$ 无法到达 v_5，保持原来的权值及路径不变。

$v_0 \to v_6$，经过中间结点 $W(v_3)$ 无法到达 v_6，保持原来的权值及路径不变。

因为＜v_0，v_2，v_3，v_4＞对应的边的权值最小，所以选择顶点 v_4。

状态图如图 43-6 所示，该轮次结束后的关系如表 43-5 所示。

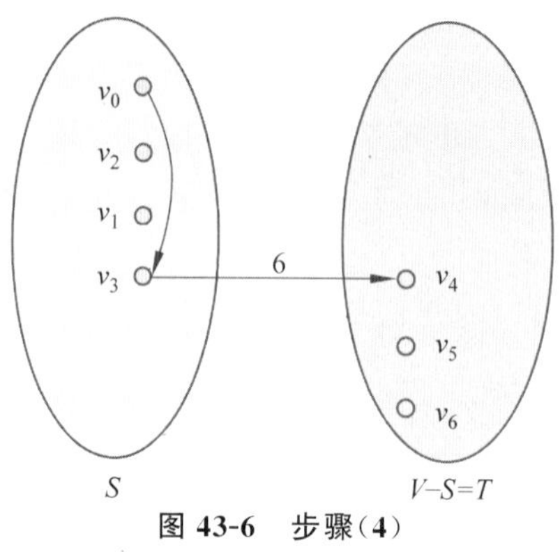

图 43-6　步骤(4)

表 43-5　步骤(4)

终点	从 v_0 到各终点的最短路径及其长度					
v_1	13 $<v_0,v_1>$	13 $<v_0,v_1>$	—	—		
v_2	8 $<v_0,v_2>$	—	—	—		
v_3	∞	13 $<v_0,v_2,v_3>$	13 $<v_0,v_2,v_3>$	—		
v_4	30 $<v_0,v_4>$	30 $<v_0,v_4>$	30 $<v_0,v_4>$	19 $<v_0,v_2,v_3,v_4>$		
v_5	∞	∞	22 $<v_0,v_1,v_5>$	22 $<v_0,v_1,v_5>$		
v_6	32 $<v_0,v_6>$	32 $<v_0,v_6>$	20 $<v_0,v_1,v_6>$	20 $<v_0,v_1,v_6>$		
v_j	v_2:8 $<v_0,v_2>$	v_1:13 $<v_0,v_1>$	v_3:13 $<v_0,v_2,v_3>$	v_4:19 $<v_0,v_2,v_3,v_4>$		

步骤(5)：当步骤(4)选出 v_4 后，v_1 从 T 集合转到 S 集合；那么从 v_0 出发，经过选出的 v_4 结点，作为中间结点 W，写出到达 T 集合中所有能够直接到达的顶点的权值；如果比 v_0 直接到达的权值小，则更新其权值，并用序列表示出对应的路径，否则不变。

$v_0 \to v_1$，已经求出，用横线表示。

$v_0 \to v_2$，已经求出，用横线表示。

$v_0 \to v_3$，已经求出，用横线表示。

$v_0 \to v_4$，已经求出，用横线表示。

$v_0 \to v_5$，经过中间结点 $W(v_4)$能够到达 v_5，权值为 21(19+2)，小于$<v_0,v_1,v_5>$的 22，更新其路径为$<v_0,v_{20},v_3,v_4,v_5>$。

$v_0 \to v_6$，经过中间结点 $W(v_4)$无法到达 v_6，保持原来的权值及路径不变。

状态图如图 43-7 所示，该轮次结束后的关系如表 43-6 所示。

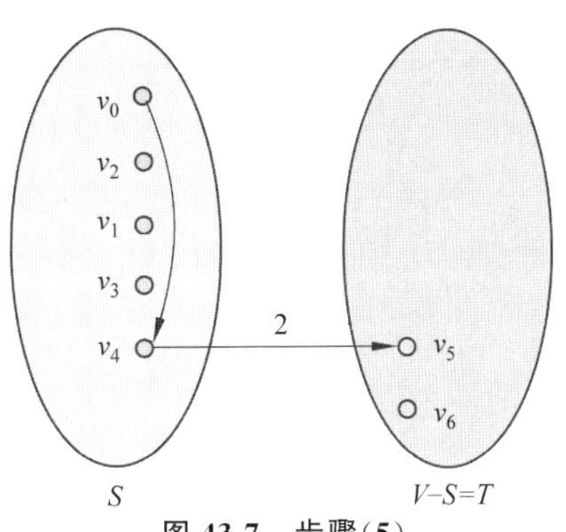

图 43-7　步骤(5)

表 43-6　步骤(5)

终点	从 v_0 到各终点的最短路径及其长度					
v_1	13 $\langle v_0,v_1\rangle$	13 $\langle v_0,v_1\rangle$	—	—	—	
v_2	8 $\langle v_0,v_2\rangle$	—	—	—	—	
v_3	∞	13 $\langle v_0,v_2,v_3\rangle$	13 $\langle v_0,v_2,v_3\rangle$	—	—	
v_4	30 $\langle v_0,v_4\rangle$	30 $\langle v_0,v_4\rangle$	30 $\langle v_0,v_4\rangle$	19 $\langle v_0,v_2,v_3,v_4\rangle$	—	
v_5	∞	∞	22 $\langle v_0,v_1,v_5\rangle$	22 $\langle v_0,v_1,v_5\rangle$	21 $\langle v_0,v_{20},v_3,v_4,v_5\rangle$	
v_6	32 $\langle v_0,v_6\rangle$	32 $\langle v_0,v_6\rangle$	20 $\langle v_0,v_1,v_6\rangle$	20 $\langle v_0,v_1,v_6\rangle$	20 $\langle v_0,v_1,v_6\rangle$	
v_j	v_2:8 $\langle v_0,v_2\rangle$	v_1:13 $\langle v_0,v_1\rangle$	v_3:13 $\langle v_0,v_2,v_3\rangle$	v_4:19 $\langle v_0,v_2,v_3,v_4\rangle$	v_6:20 $\langle v_0,v_1,v_6\rangle$	

因为$\langle v_0,v_1,v_6\rangle$对应的边的权值最小，所以选择顶点 v_6。

步骤(6)：当步骤(5)选出 v_6 后，v_1 从 T 集合转到 S 集合；那么从 v_0 出发，经过选出的 v_6 结点，作为中间结点 W，写出到达 T 集合中所有能够直接到达的顶点的权值；如果比 v_0 直接到达的权值小，则更新其权值，并用序列表示出对应的路径，否则不变。

$v_0 \rightarrow v_1$，已经求出，用横线表示。

$v_0 \rightarrow v_2$，已经求出，用横线表示。

$v_0 \rightarrow v_3$，已经求出，用横线表示。

$v_0 \rightarrow v_4$，已经求出，用横线表示。

$v_0 \rightarrow v_5$，经过中间结点 $W(v_6)$无法到达 v_5，保持原来的权值及路径不变。

$v_0 \rightarrow v_6$，已经求出，用横线表示。

状态图如图 43-8 所示，该轮次结束后的关系如表 43-7 所示。

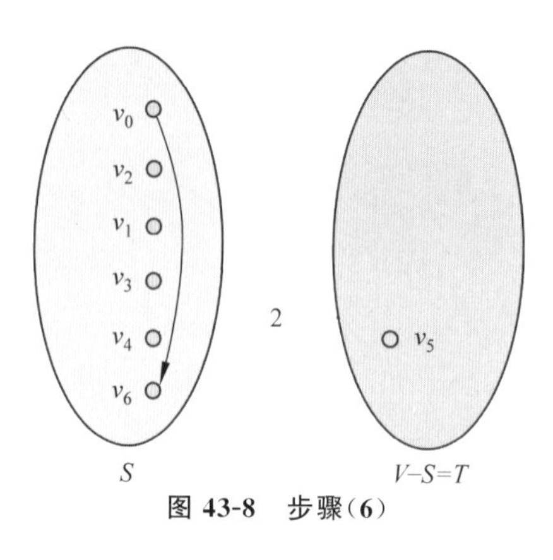

图 43-8　步骤(6)

表 43-7　步骤(6)

终点	从 v_0 到各终点的最短路径及其长度					
v_1	13 $<v_0,v_1>$	13 $<v_0,v_1>$	—	—	—	—
v_2	8 $<v_0,v_2>$	—	—	—	—	—
v_3	∞	13 $<v_0,v_2,v_3>$	13 $<v_0,v_2,v_3>$	—	—	—
v_4	30 $<v_0,v_4>$	30 $<v_0,v_4>$	30 $<v_0,v_4>$	19 $<v_0,v_2,v_3,v_4>$	—	—
v_5	∞	∞	22 $<v_0,v_1,v_5>$	22 $<v_0,v_1,v_5>$	21 $<v_0,v_2,v_3,v_4,v_5>$	21 $<v_0,v_2,v_3,v_4,v_5>$
v_6	32 $<v_0,v_6>$	32 $<v_0,v_6>$	20 $<v_0,v_1,v_6>$	20 $<v_0,v_1,v_6>$	20 $<v_0,v_1,v_6>$	—
v_j	v_2:8 $<v_0,v_2>$	v_1:13 $<v_0,v_1>$	v_3:13 $<v_0,v_2,v_3>$	v_4:19 $<v_0,v_2,v_3,v_4>$	v_6:20 $<v_0,v_1,v_6>$	v_5:21 $<v_0,v_2,v_3,v_4,v_5>$

因为$<v_0,v_2,v_3,v_4,v_5>$对应的边的权值最小，所以选择顶点 v_5。

43.3　Floyd-Warshall 算法

Floyd-Warshall 算法是一种图论算法，用于在一个加权图中寻找全局最短路径。该算法最早由著名的数学家 Steven Floyd 提出，自 1959 年发表以来，被广泛用于解决最短路径问题。

不同于 Dijkstra 算法，Floyd-Warshall 算法可以计算有向图中**任意两点之间的最短路径**，此算法利用动态规划的思想将计算的时间复杂度降低为 $O(v^3)$。

Floyd-Warshall 算法的构造过程非常类似于传递闭包 Warshall 算法的构造过程，只不过传递闭包 Warshall 算法计算的是图中一个结点能否达到另一个结点的问题，并不涉及任意两个结点之间的权值问题。

Floyd-Warshall 算法的核心思想是：**最短路径的本质就是比较经过与不经过两个顶点之间的中转点的距离哪个更短**。

43.3.1 传递闭包 Warshall 算法

有向图的传递闭包表达的就是每个顶点之间的可达性。当然，可以从每个起点开始深度或广度优先遍历，能遍历到的顶点就说明从这个点到它可达，这样即可生成传递闭包。这样做可以对图进行多次遍历。

Warshall **算法思想**(动态规划)：Warshall 算法通过动态规划(算法的一类方法)的形式，**以多阶段决策的方式来逐步构建**一个有向图的传递闭包。

构建有向图的传递闭包步骤如下。

(1) 初始化：用邻接矩阵表示有向图。实际上有向图的邻接矩阵可以看作**没有经过任何中间顶点(一个点仅到它的邻接点为可达)**的图的传递闭包(传递闭包的初始条件)。

(2) 通过一次加入一个点的方式(一共 n 次，加入 n 个点，n 步决策)来构造最终的传递闭包：用 $\boldsymbol{R}^0$ 表示邻接矩阵，通过逐次加入一个顶点来构造 $\boldsymbol{R}^1,\boldsymbol{R}^2,\cdots,\boldsymbol{R}^n$。

- 如果一个元素 r_{ij} 在 $\boldsymbol{R}^{(k-1)}$ 中是 1，那么它在 $\boldsymbol{R}^{(k)}$ 中仍然是 1，如果 $r(i,j)$ 在 $\boldsymbol{R}^{(k-1)}$ 中为 1，那么加入顶点 k 作为中间结点后，$r(i,j)$ 在 $\boldsymbol{R}^{(k)}$ 中的值仍为 1(如果可达了，加入点之后肯定还是可达)。
- 如果一个元素 r_{ij} 在 $\boldsymbol{R}^{(k-1)}$ 中是 0，当且仅当矩阵中第 i 行第 k 列的元素和第 k 行第 j 列的元素都是 1，该元素在 $R^{(k)}$ 中才能变成 1，如果 $r(i,j)$ 在 $\boldsymbol{R}^{(k-1)}$ 中不为 1，仅当 $r(i,k)=1$ 且 $r(k,j)=1$，$r(i,j)$ 在 $\boldsymbol{R}^{(k)}$ 中才为 1(如果现在不可达，仅当加入的一个中间结点可以作为一个桥梁使之可达)。

上述两种情况，用与或式可以直接写成

$$r_{i,j}^{(k)}=r_{i,j}^{(k-1)} \text{ or } r_{i,k}^{(k-1)} \text{ and } r_{k,j}^{(k-1)}$$

其中，or 为逻辑加，and 为逻辑乘。

拓展：用程序实现 Warshall 算法。

43.3.2 Floyd-Warshall 算法

Floyd 算法的构造过程非常类似于 Warshall 算法。

Warshall 算法每次加入一个顶点，并把这个顶点看作中间结点，看这个结点是否能改进传递闭包的矩阵(通过这个新加入的顶点作为中间桥梁，使得原来不可达的 2 个顶点可达，以此逐步向传递闭包逼近)。

Floyd 算法非常类似，通过初始权重矩阵，**每次加入一个顶点，看这个顶点是否能作为中间结点以改变图的权重矩阵**(加入这个中间结点后，看每两个结点之间的最短距离是否减小了)。

$$d_{i,j}^{(k)}=\min\{d_{i,j}^{(k-1)},d_{i,k}^{(k-1)}+d_{k,j}^{(k-1)}\}$$

Floyd-Warshall 算法的基本步骤：

(1) 从图中挑选一个顶点，并以它作为中间结点，然后计算从该顶点出发到其他所有顶点之间的最短路径，这一步可以通过动态规划方法来实现；

(2) 在上一步的基础上，重复以上步骤，直到所有顶点都作为中间结点被计算出最短路径；

（3）计算任意两点之间的最短路径，利用前两步计算出的中间结点计算任意两点之间的最短路径。

43.4 Floyd-Warshall 算法与 Dijkstra 算法比较

Floyd-Warshall 算法与 Dijkstra 算法都是解决图论中最短路径问题的经典算法，但它们在多方面存在显著的联系和区别。

1. 联系

（1）目标相同：两种算法都是为了找到图中结点之间的最短路径。

（2）应用广泛：它们都在许多实际问题中有重要应用，如路网规划、数据通信、电力网络等。

2. 区别

（1）适用范围。

- Dijkstra 算法主要用于解决单源最短路径问题，即给定一个源点，找到该源点到图中其他所有点的最短路径。该算法要求图中不存在负权边，因为负权边可能导致算法陷入无限循环或得到错误结果。
- Floyd-Warshall 算法主要用于解决多源最短路径问题，即计算图中所有顶点对之间的最短路径。该算法可以处理正权边和负权边(但不能处理负权回路)，因为它通过三重循环遍历所有可能的中间结点以更新最短路径。

（2）算法思想。

- Dijkstra 算法采用贪心策略，从源点开始逐步向外扩展，每次选择当前未访问结点中距离源点最近的结点，并更新该结点到其他结点的距离。
- Floyd-Warshall 算法基于动态规划思想，通过三重循环逐步更新所有顶点对之间的最短路径。在每次循环中，尝试通过某个中间顶点来更新任意两点之间的最短路径。

（3）复杂度。

- Dijkstra 算法的时间复杂度通常为 $O((V+E)\log V)$（使用优先队列优化）或 $O(V^2)$（未优化），空间复杂度为 $O(V)$。其中，V 是顶点数，E 是边数。
- Floyd-Warshall 算法的时间复杂度为 $O(V^3)$，空间复杂度为 $O(V^2)$。无论图的稠密程度如何，Floyd-Warshall 算法的时间复杂度都是固定的，因此在稠密图中效率较高。

（4）实现方式。

- Dijkstra 算法通常使用优先队列(如最小堆)来优化查找最近结点的过程，也可以使用邻接矩阵或邻接表来表示图。
- Floyd-Warshall 算法主要通过三重循环和距离矩阵来实现，每次循环都会尝试通过新的中间结点来更新距离矩阵。

总之，Floyd-Warshall 算法与 Dijkstra 算法虽然都是解决最短路径问题的有效方法，但它们在适用范围、算法思想、时间复杂度、空间复杂度以及实现方式上存在显著差异。选择哪种算法取决于具体问题的需求和图的特性。对于单源最短路径问题且图中不存在负权边的情况，Dijkstra算法是更好的选择；而对于需要计算所有顶点对之间最短路径的问题，或者图中存在负权边但无负权回路的情况，Floyd-Warshall算法则更为适用。

拓展阅读

传递闭包Warshall算法主要是由Stephen Warshall在1962年提出的。这一算法在计算机科学中用于寻找有向图的传递闭包，即判断图中任意两个顶点之间是否存在路径。Warshall算法采用了动态规划的思想，通过迭代更新矩阵中的元素，最终得到一个可达性矩阵，其中每个元素表示对应顶点对之间是否存在路径。

Floyd-Warshall算法是由Robert Floyd提出的，对于图中需要计算所有顶点对之间最短路径的问题，或者图中存在负权边但无负权回路的问题，该算法更为适用。

习　题

1. 用Dijstra算法求出从图43-9中结点1到其他结点的最短路径。

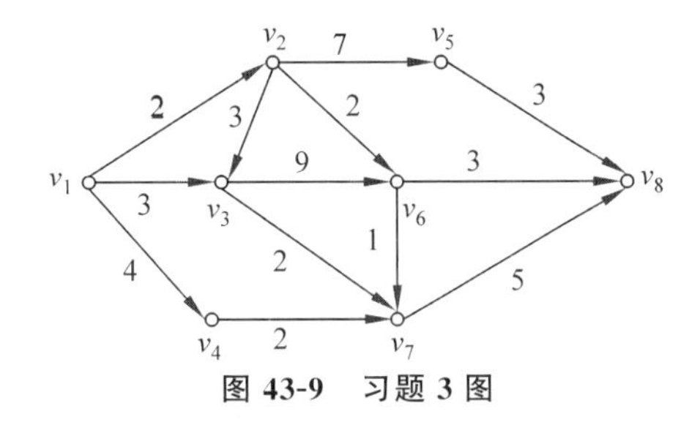

图43-9　习题3图

2. 思考最小生成树算法与最短路径的区别与联系。

3. (与第42章习题6类似)某大学校园内，每天都需要向各个建筑物内的办公室运送桶装水，请以你所在的校区为例，使用最短路径算法设计最优路径规划。

提示：

(1) 建立校园矢量图(获得学校平面图)；

(2) 数据测量；

(3) 数据导入及处理；

(4) 实现最优路径规划算法设计；

(5) 根据实际面临的问题对算法进行优化；

(6) 与第42章习题6进行对比分析。

参考文献

[1] 左孝凌,李为鑑,刘永才. 离散数学[M]. 上海：上海科学技术文献出版社,1982.

[2] 屈婉玲,耿素云,张立昂. 离散数学[M]. 2版. 北京：高等教育出版社,2015.

[3] 刘美红,王建芳,张钦. Discrete Mathematics[M]. 武汉：华中师范大学出版社,2013.

[4] 马殿富,李建欣. 离散数学及其应用[M]. 北京：高等教育出版社,2021.

[5] 肯尼思·H. 罗森. 离散数学[M]. 北京：机械工业出版社,2015.